CARACOLES
CIEN MIL VARIACIONES DE LA ESPIRAL

En esta publicación se ha utilizado papel con gestión forestal certificada, libre de cloro de acuerdo con los criterios medioambientales de la Administración Pública.

Ediciones Doce Calles, S.L.
Apdo. 270 Aranjuez 28300 (Madrid)
Tel.: (+34) 91 892 2234
docecalles@docecalles.com
www.docecalles.com

ISBN: 978-84-9744-487-3
Depósito Legal: M-6304-2025
Preimpresión y edición: Ediciones Doce Calles, S.L.
Impreso en España. Printed in Spain.

CARACOLES
CIEN MIL VARIACIONES DE LA ESPIRAL

Textos y fotografías
Arturo Valledor de Lozoya

SOBRE EL AUTOR

Arturo Valledor de Lozoya, naturalista y médico, es heredero de una tradición ya casi desaparecida que vincula la Medicina y las Ciencias Naturales. Sus investigaciones sobre múltiples aspectos de la Naturaleza le han llevado a visitar la mayoría de los países de Europa, Tanzania, Zaire, Ruanda, Burundi, Namibia, Botsuana, Zimbabue, Marruecos, Egipto, India, Nepal, Indonesia, Tailandia, Malasia, Myanmar, Australia, Nueva Zelanda, Chile, Argentina, Venezuela, Guatemala, Costa Rica, Ecuador, Cuba, Estados Unidos y los archipiélagos de Galápagos, Mascareñas, Seychelles, Svalbard, Cabo Verde, Azores y Canarias. Es autor de numerosos trabajos científicos y artículos divulgativos sobre Zoología, Botánica, Antropología e Historia, así como de los libros *Envenenamientos por animales*, *La especie suicida*, *El Snark cazado* y *Ostrero canario: historia y biología de la primera especie de la fauna española extinguida por el hombre*. Fue miembro fundador de la Sociedad Española de Malacología y se le han concedido varios premios de fotografía.

El autor en 2001 a bordo del barco oceanográfico de la Universidad de La Habana. Al fondo de la fotografía, tomada en un arrecife del sur de Cuba, puede verse el pecio de un carguero griego. Sumergido junto él se halla el de un galeón español.

A Quien nada hay fuera de Él; aunque nuestra única relación con Él y su creación, si es que son entes distintos, solo pueda ser sentirse una ínfima parte de aquella, admirarla unas veces según aquella frase de Dante Alighieri de que «la Naturaleza es el arte de Dios», y otras aceptar las duras e inexorables reglas que la rigen, asumiendo aquella otra que Linnaeus escribió en el manuscrito de su *Systema Naturae*: «Espantosas son [somos] tus criaturas, Señor.»

AGRADECIMIENTOS

A la memoria de Miguel Fernández Antón y a Arturo Lisbona y José María Arrázola, por su probada amistad. También a Oscar Soriano, por dejarme fotografiar el nautilo de cristal del Museo de Ciencias Naturales de Madrid; a Javier Conde de Saro, por permitirme lo mismo con las valiosas volutas y pleurotomarias de su colección, y a Ángel Luque y Raul Fernández Garcés, por haber dado mi nombre a dos especies de caracoles descubiertas por ellos.

Arturo Valledor de Lozoya

Chicoreus palmarosae (India).

Polymita picta (Cuba).

ÍNDICE

Parte I: La espiral

Prólogo: Con las conchas a cuestas ... 19
Capítulo 1: Dioses, monedas y caracoles ... 35
Capítulo 2: Salas de maravillas ... 45
Capítulo 3: La recreación de los ojos y de la mente ... 55
Capítulo 4: Diletantes ilustrados ... 67
Capítulo 5: Navegantes en busca de conchas ... 77
Capítulo 6: La época de los viajes científicos ... 89
Capítulo 7: Bellezas sin par y glorias del mar ... 97
Capítulo 8: Quimeras incomparables ... 107
Capítulo 9: Un mercado en entredicho ... 115
Capítulo 10: Conchas falsificadas ... 123
Capítulo 11: Al borde de la extinción ... 129
Capítulo 12: La mística de la espiral ... 143
Capítulo 13: Naturaleza de las conchas ... 151
Capítulo 14: Paradigmas de la asimetría ... 163
Capítulo 15: Biotopos acuáticos difíciles ... 177
Capítulo 16: La conquista de la tierra firme ... 189
Capítulo 17: Expertos en defensa pasiva ... 199
Capítulo 18: Una alimentación para todos los gustos ... 215
Capítulo 19: Caracoles letales ... 225
Capítulo 20: Costumbres sexuales extravagantes ... 233
Capítulo 21: El caso de los caracoles siniestros ... 247
Capítulo 22: Colonizadores e invasores ... 255
Capítulo 23: Los caracoles como alimento y medicina ... 265
Capítulo 24: Joyas y caracoles ... 277

Parte II: Las variaciones de la espiral

Caracoles marinos

Patélidos (lapas) ... 294
Nacélidos y Lótidos (lapas) ... 295
Fisurélidos (lapas perforadas o de ojo de cerradura) ... 296
Haliótidos (orejas de mar o abulones) ... 297

Pleurotomáridos (pleurotomarias o caracoles de hendidura) 300
Caliostomátidos y Eucíclidos (caliostomas) 301
Tróquidos y Margarítidos (trompos y peonzas) 302
Turbínidos (turbantes y astreas o caracoles estrella) 304
Angáridos y Liótidos (delfínulas o angarias y liotias) 307
Fasianélidos (fasianelas o caracoles faisán) 308
Lepetodrílidos, Provánidos y Peltospíridos (caracoles abisales) 309
Nerítidos y Neritópsidos (neritas) 310
Cerítidos y Campanílidos (ceritios y badajos) 312
Potamídidos (ceritios de manglar o caracoles del fango) 313
Turritélidos (turritelas o torrecillas) 314
Silicuáridos y Vermétidos (vermetos o caracoles gusano) 315
Capúlidos y Caliptreidos (zapatillas y tacitas) 316
Cipreidos (cipreas, cauris o porcelanas) 317
Ovúlidos (óvulas y cifomas o cinturitas) 324
Litorínidos (litorinas o bígaros) 325
Planáxidos, Hidróbidos y Risoidos (planaxis, hidrobias y risoas) 326
Natícidos (náticas y lunatias) 327
Estrómbidos (estrombos, caracolas o cobos y lambis o caracolas araña) 328
Rosteláridos y Terebélidos (tibias y terebelos) 332
Aporráidos y Estrutioláridos (patas de pelícano y patas de avestruz) 333
Cásidos (cascos y bonetes) 334
Tónidos (caracoles tonel) 337
Fícidos (caracoles higo) 338
Búrsidos (bufonarias o tritones sapo) 339
Cimátidos y Persónidos (tritones pilosos, tritones hoja de arce y distorsios) 340
Carónidos y Ranélidos (tritones o trompetas) 342
Trívidos (trivias o porcelanitas) 344
Xenofóridos (xenóforas o caracoles coleccionistas y estelarias o caracoles sol) 345
Epitónidos (escalarias o epitonios) 346
Jantínidos y Eulímidos (caracoles pelágicos y caracoles parásitos) 348
Buccínidos (buccinos, neptúneas y busicones) 349
Pisánidos y Colubráridos (pisanias y colubrarias) 352
Babilónidos (babilonias) 353
Columbélidos y Nasáridos (palomitas y nasas) 354
Fascioláridos (husos, látiros y tulipas) 355
Melongénidos (coronas o caracoles berenjena y pugilinas) 358
Murícidos (múrices, latiaxis, coraliófilas, caracoles rábano, trofones, púrpuras y drupas) 359

Turbinélidos (turbinelas o chankas y vasos o jarrones) 368
Columbáridos (columbarios o pagodas) 370
Mítridos (mitras) 371
Costeláridos (mitras acostilladas) 373
Volútidos (volutas y liras) 374
Olívidos (olivas) 383
Anciláridos (ancilas) 385
Árpidos (arpas y moras) 386
Marginélidos y Cistíscidos (marginelas) 388
Canceláridos (cancelarias o caracoles enrejados) 389
Cónidos (conos) 390
Terébridos (terebras o tornillos) 396
Túrridos (túrridos) 398
Drílidos, Clavatúlidos, Mangélidos y Coclespíridos (túrridos) 399
Rafitómidos y Pseudomelatómidos (túrridos) 400
Arquitectonícidos (arquitectónicas o relojes de sol) 401
Búlidos, Acteónidos y Piramidélidos (bulas, acteones y otros opistobranquios) 402
Pterópodos y Heterópodos (gasterópodos planctónicos y carinarias o nautilos de cristal) 403
Sifonáridos (sifonarias o falsas lapas) 404
Anfibólidos, Elóbidos y Melámpidos (anfíbolas, elobios y otros pulmonados marinos) 405

Caracoles Dulceacuícolas

Ampuláridos (ampularias o caracoles manzana) 408
Vivipáridos y Bitínidos (paludinas y bitinias) 409
Paquiquílidos, Hemisínidos y Pleurocéridos (faunos y brotias) 410
Tiáridos, Melanópsidos y Paludómidos (tiaras, melanias y melanopsis) 411
Limneidos, Físidos y Chilínidos (limneas, fisas y chilinas) 412
Planórbidos (planorbis y lapas dulceacuícolas) 413

Caracoles Terrestres

Helicínidos (helicinas, émodas y vianas) 416
Megalomastómidos y Pupínidos (caracoles cacahuete y pupinas) 417
Anuláridos (caracoles engolados) 418
Pomátidos (pomatias y tropidóforas) 419
Ciclofóridos (ciclóforos) 420
Succineidos (succíneas o caracoles de ámbar) 421
Condrínidos y Énidos (condrinas y enas) 422

Clausílidos (clausilias) 423
Partúlidos y Acatinélidos (pártulas y acatinelas) 425
Ortalícidos (ortalicus, sultanas y ligus) 426
Urocóptidos y Megaspíridos (urocóptidos y megaspiras) 428
Ceriónidos (ceriones) 429
Bulimúlidos (bulimos) 430
Odontostómidos (bulimos dentados) 432
Botriembriόntidos (placostilos) 433
Acatínidos (acatinas o caracoles gigantes africanos, obeliscos, ruminas y subulinas) 434
Oleacínidos y Espiráxidos (oleacinas y euglandinas o caracoles lobo) 437
Testacélidos y Estreptáxidos (testacelas y gulelas) 438
Ritídidos (parifantas o caracoles de charol) 439
Acávidos (acavus, ampelitas y helicofantas) 440
Estrofoqueilidos (megalobulimos o caracoles gigantes sudamericanos) 441
Zonítidos y Oxiquílidos (caracoles de cristal) 442
Ariofántidos y Helicariónidos (naninas y hemiplectas) 443
Dayáquidos y Crónidos (dayaquias, asperitas y risotas) 444
Ságdidos, Plectopílidos y Escolóntidos (sagdas y polidontes) 445
Solarópsidos y Zacrísidos (solaropsis, caracolus y zacrisias) 446
Pleurodóntidos y Laberíntidos (pleurodontes y laberintos) 447
Camaénidos (coclostilas, anfidromos y papuinas) 448
Helícidos (caracoles de jardín, de bosque y de duna, otalas e íberus) 454
Higrómidos y Geomítridos (higromias, helicelas y coclicelas) 458
Elónidos, Trisexodóntidos y Poligíridos (elonas, oestóforas y poligiros) 459
Esfinteroquílidos (álbeas) 460
Cepólidos (polimitas o caracoles pintados cubanos) 461

Bibliografía 465

PARTE 1ª

LA ESPIRAL

Conus litteratus (Zanzíbar).

«... Busque muy en hora buena
el mercader nuevos soles;
yo conchas y caracoles
entre la menuda arena,
*escuchando a Filomena**
sobre el chopo de la fuente,
y ríase la gente.»

Luis de Góngora

*El ruiseñor, en lenguaje poético.

Cymbiola vespertilio (Filipinas).

PRÓLOGO: CON LAS CONCHAS A CUESTAS

Para rememorar la primera imagen que conservo de la concha de un caracol marino he de remontarme a la edad de siete años, que fue cuando, por haber nacido en una ciudad del interior como Madrid y en una época en la que viajar no era tan habitual como lo es hoy, vi por primera vez el mar. Pese al mucho tiempo transcurrido desde entonces, el recuerdo de aquella concha que encontré en una playa del Levante español, concretamente en la de San Juan, sigue tan vívido que puedo afirmar era de un cono ventrudo (*Conus ventricosus*). Esto no lo supe hasta años más tarde, cuando también supe que dicha especie era la única presente en las costas europeas de una familia que incluía algunas más ponzoñosas que una cobra y otras cuyas conchas valían fortunas. Bastantes años después, siendo ya médico y estando en otra playa, esta vez de las remotas islas Seychelles, hube de atender a una persona envenenada por uno de esos caracoles marinos. Ese luctuoso hecho me llevó a publicar mi primer libro, el cual dediqué a los animales ponzoñosos.

Pero, para seguir contando al lector la historia de mi relación con los caracoles y sus conchas, debo retornar a aquellos felices años de la infancia en los que mis conocimientos de tales animales se limitaban a distinguir los que habitaban en tierra, como los que mi madre me traía a veces del mercado para que los alimentara con hojas de lechuga, de los que vivían el mar. Las personas mayores llamaban a estos últimos «caracolas». Yo lo atribuí a la femenina belleza de sus conchas.

Al cumplir los ocho años, mis padres me regalaron un libro sobre las conchas. Con ello me dieron una gran alegría, tanto por la naturaleza del regalo como porque en su

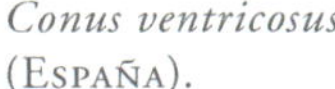

Conus ventricosus (España).

elección vi que por fin se habían dado cuenta de que ya me había hecho mayor y que cuando pedía libros de animales no me refería a *Caperucita Roja y el Lobo*, *El Patito Feo*, *Los Tres Cerditos* o *El Gato con Botas*. El libro era en realidad un álbum con medio centenar de cromos para pegar, otros tantos dibujos para colorear y unos amenos textos en los que aprendí no pocas cosas sobre los caracoles marinos, entre ellas que los había de muchas clases y todas con sugestivos nombres: orejas de mar, turbantes, trompos, neritas, escaleras, turritelas, porcelanas, cascos, estrombos, múrices, tritones, buccinos, husos, volutas, conos, terebras, mitras, olivas...

Aquel álbum se sumó a mi incipiente biblioteca, la cual, además de *La isla del tesoro* y un par de novelas de Emilio Salgari, incluía una Historia Natural para niños, un libro con preciosas ilustraciones titulado *El mundo de las aves*, varios tomos de *La vida de los insectos* de Henri Fabre y un segundo álbum de cromos titulado *Los secretos de los animales*. Guardaba este en casa de mis abuelos y, cuando iba a visitarlos, mi abuelo lo sacaba de su librería de nogal tallado y lo ponía en mis manos junto con un frasco de goma arábiga para que yo pegara en sus páginas nuevos cromos. Leer sus breves textos me descubrió cosas sorprendentes del mundo natural, por ejemplo, que en los ríos de África había peces pulmonados capaces de vivir un tiempo enterrados en barro seco y en los de Sudamérica anguilas eléctricas y pirañas que podían dejar un caballo reducido al esqueleto en cuestión de minutos.

Gracias a los conocimientos adquiridos en aquel álbum, cuando en las siguientes vacaciones de verano regresé a San Juan pude ya dar nombre a algunas de las conchas que encontraba en mis paseos por la playa. Eran los primeros viajes que emprendía en solitario por el mundo, por lo que, dada mi corta edad, tenía que obtener antes el permiso de mis padres y lograrlo no era fácil. Cuando finalmente les oía el consabido «pero no te vayas muy lejos», les dejaba bajo su sombrilla mirando a mis queridos hermanos construir el castillo de arena del día y yo echaba a andar por la larga

Arribazones de conchas en una playa de España.

Pinna nobilis (España).
La moneda sirve de elemento comparativo de tamaño.

playa, la vista puesta en la sinuosa línea dejada por la espuma de las olas, una línea que cada mañana estaba jalonada de nuevas arribazones: algas de variados colores y delicadas texturas, esferas de restos de *Posidonia*, primorosos esqueletos de erizos de mar, caparazones de cangrejos y, por supuesto, conchas. Allí me detenía a recoger la de una iridiscente oreja de mar, allá la de una telina de color rosa, unos pasos más adelante la de un arca de Noé. De este modo alcanzaba el extremo de la playa, donde, bajo las rocas del cabo Huertas, el oleaje depositaba cada día montones de conchas de lapas, burgados, ceritios, turritelas, púrpuras, columbelas, nasas, conos y otras muchas especies. El descubrimiento de esos tesoros y la sensación de libertad recién estrenada con la que iba a buscarlos me hacían sentirme un niño privilegiado. He sabido conservar esa actitud al emprender un viaje y desde entonces no he perdido el gusto por una soledad que considero enriquecedora. Los niños de aquella época teníamos pocos juguetes y los que teníamos no eran tan aburridamente sofisticados como los que tienen los niños de hoy; pero criábamos gusanos de seda en cajas de zapatos y sabíamos hacernos cometas con unas cañas, el plástico de una bolsa de basura y unos metros de cordel. Además, en las playas había muchas más conchas que hoy, como en el campo muchas más mariposas, escarabajos, saltamontes, arañas, lagartos y toda clase de criaturas fascinantes.

Fue también en ese rincón contiguo al cabo Huertas donde vi por primera vez a un «hombre rana», y uso el nombre por el que se conocía a los por entonces escasos practicantes del submarinismo. Aquel emergía en ese momento del agua con varios peces que había arponeado y una enorme nacra (*Pinna nobilis*) que había cogido y a la que, yo ignorante de lo que era, tomé por un mejillón de asombroso tamaño. Sus grandes dimensiones, tanto más para un niño y no muy alto, excitaron mi imaginación, ya de por sí proclive a las fantasías, haciéndome pensar en las muchas maravillas que sin duda ocultaban las profundidades del mar. El mundo era por entonces más grande y misterioso que el actual, en pocas casas había un aparato de televisión, los niños íbamos rara vez al cine y cuanto sabíamos de países y mares lejanos era lo que aprendíamos en las clases de Geografía y en las novelas de Julio Verne y Emilio Salgari. Por otra parte, las praderas de *Posidonia* de las costas del Mediterráneo donde habitan las nacras estaban por entonces casi intactas y había en ellas millones de esos grandes bivalvos antes de que en 2016 desaparecieran debido a un protozoo parásito que los infectó.

Muchos años más tarde regresé a aquel lugar de la playa de San Juan, pero ya no encontré conchas; solo chapapote, trozos de redes, botellas de plástico y toda clase de desperdicios procedentes de los barcos. Este desagradable hecho me hizo tomar conciencia de lo rápidamente que el mundo se había degradado desde aquel año de 1953 en el que yo vine a él, el mismo en el que Hillary y Tensing pisaron por primera vez la cumbre de un Everest hoy lleno de la basura de las muchas expediciones que siguieron a aquella y hasta con unos doscientos cadáveres de escaladores que no han podido ser

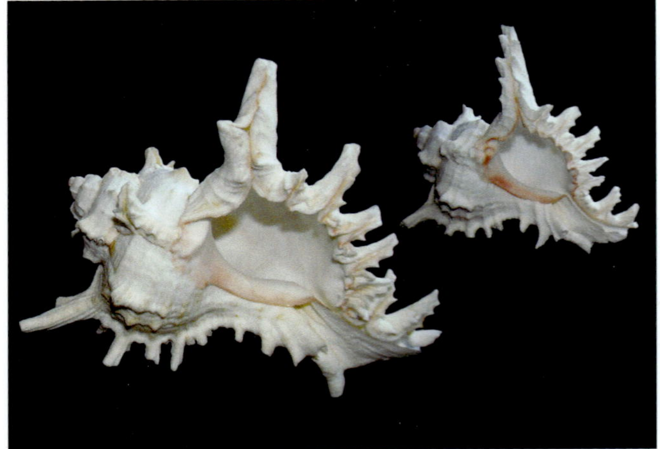

Chicoreus ramosus (Seychelles).

Charonia lampas (España).

recogidos. Esto me indujo a escribir mi segundo libro, el cual trató de la inviabilidad, como mecanismo evolutivo a largo plazo, de la inteligencia, y del incierto futuro que, a plazo más corto, me temo aguarde a la humanidad de seguir creciendo imparable, alterando el medio ambiente e ignorando la Historia, motivo por el cual la repite una y otra vez, siempre de forma sangrienta.

Pero vuelvo a aquellas vacaciones de verano en San Juan para seguir contando al lector cómo alcancé el punto sin retorno de mi afición por las conchas. Ocurrió una tarde en la que, paseando con mi familia por la vecina ciudad de Alicante, doblé una esquina y topé con el escaparate de un bazar en el que, entre guías turísticas, réplicas de veleros metidas en botellas, cañas de pescar y aletas para bucear, había las de unos caracoles mucho más grandes y atractivas que las que yo recogía en mis paseos por la playa y en las que reconocí algunas de las ilustradas en mi álbum. Como no eran caras y como a ellos también les gustaron, mis padres me compraron cinco: una voluta trompa de elefante (*Cymbium glans*), una ciprea tigre (*Cypraea tigris*), un cono mariposa (*Conus pulcher*), un casco rojo (*Cypraecassis rufa*) y un múrice ramoso (*Chicoreus ramosus*). Aún conservo esta última, que, aparte de ser la concha que lleva más tiempo conmigo, es también en la que mejor «se oye» el mar de las muchas que han pasado por mis manos y he aplicado a mi oído.

Así reuní mi primera colección de conchas y así fue como empecé a interesarme más por ellas que por los minerales, fósiles, mariposas, escarabajos, plumas y hojas prensadas que por aquel entonces también coleccionaba. Integraban mi colección las cinco especies exóticas cuyos nombres he referido antes y una veintena de especies del Mediterráneo de las que aún tardé años en saber cómo se llamaban, si es que se llamaban de alguna manera, ya que nadie de mi entorno parecía poder contestar a mi pregunta de si las conchas pequeñas tenían nombre. No tardé en añadir a la colección la concha de

Luria lurida (España).

Liguus virgineus (Haití).

un tritón nudoso (*Charonia lampas*). Mis padres la habían comprado durante su luna de miel en Ibiza, pero desgraciadamente tenía el ápice roto, pues por él había pasado un cable que, conectado a una bombilla en el interior de la concha, había servido para convertirla en lámpara. Yo sabía por mi álbum que los tritones eran también conocidos como «caracoles trompeta», porque sus conchas se usaban como tal. No obstante, tardé meses en hacer sonar la mía y, cuando lo logré, el recio y penetrante sonido sorprendió a mis hermanos, que también quisieron atronar la casa provocando el disgusto de mi padre, quien, como yo actualmente, amaba mucho el silencio y amenazó con requisar la concha si volvía a oírla.

Una mayor libertad, resultado de haber cumplido los doce años, y un cambio en el lugar de vacaciones, primero a un pueblo de la ría de Vigo y luego a otro de Santander, enriquecieron mi colección con especies del Atlántico y el Cantábrico añadidas a las que ya tenía del Mediterráneo. Las guardaba en las cajas vacías de fósforos que mi madre iba desechando, acompañándolas de unas etiquetas en las que, con mi mejor caligrafía, escribía sus localidades de procedencia y sus nombres científicos. Copiaba estos de un librito publicado en 1913 que había encontrado en una librería de lance. Se titulaba *Atlas des Coquilles des Côtes de France*, y su autor era el malacólogo belga Philippe Dautzenberg.

Además, algunos domingos iba al Museo de Ciencias Naturales de Madrid para comparar mis ejemplares con los que se exhibían en la «sala del mar», desaparecida tras la horrible reforma que de dicho museo se hizo pero que por entonces no había cambiado nada desde que Graells y González Hidalgo, ilustres malacólogos del siglo XIX que también fueron médicos, se asomaran a sus vitrinas. En ellas se exhibían raras y preciosas conchas, en su mayoría procedentes de Filipinas, de cuando estas islas todavía eran territorio español. Recuerdo especialmente la voluta imperial (*Cymbiola imperialis*), el escalárido precioso (*Epitonium scalare*) y el nautilo de cristal (*Carinaria cristata*), este tan frágil que se exponía bajo una campana de vidrio.

Sabedores de mi interés por las conchas, mis familiares enriquecían a veces mi colección. Una tía abuela me regaló una rara ciprea ágata (*Schilderia achatidea*) y una prima una caracola pata de pelícano (*Aporrhais pespelecani*). Los compañeros del colegio eran otro cantar. Tardé dos cursos en hacerme con el precioso ejemplar de ciprea ratón (*Luria lurida*) que el chico con quien compartía pupitre había encontrado en una playa de Almería. Lo conseguí aceptando un abusivo cambio por un trozo de lava del Teide, un fósil de trilobites, una lima sin mango que era la envidia de otros niños en los «juegos de clavo», hoy desaparecidos como otros juegos infantiles, y hacerle el castigo que un profesor le había impuesto consistente en copiar un montón de veces «no hablaré más en clase» o algo por el estilo.

Por otra parte, cuando tenía algo de dinero, lo que solo ocurría si había sacado buenas notas o acababa de ser mi cumpleaños, incrementaba mi colección comprando conchas en el único comercio que las vendía en Madrid, el cual regentaba un armenio de pocas palabras llamado Critikian. Aunque la mayoría de las que vendía tenían precios prohibitivos para un chico, podían encontrarse maravillas como el *Liguus virgineus* por solo veinticinco pesetas, menos de veinte céntimos de un euro. En aquella tienda también gasté mi primer billete de mil pesetas, obtenido como premio al acabar el bachillerato y que invertí en dos libros que, por supuesto, trataban de conchas: *Carta d'identità delle conchiglie del Mediterraneo* y *Coquillages du monde entier*. En este último vi por primera vez ilustrado el legendario cono gloria del mar (*Conus gloriamaris*), y estoy hablando de una época en la que, por su extrema rareza, dicha especie aún era lo que su nombre expresaba, pocos malacólogos habían visto un ejemplar y el único existente en España, propiedad del Museo de Ciencias Naturales de Madrid, se guardaba en la caja fuerte de un banco.

Los años fueron haciendo más científica mi afición por los moluscos. Tenía quince cuando empecé a interesarme también por los terrestres, lo cual ocurrió durante otras vacaciones de verano, estas en Jaca, población del Pirineo por entonces ajena al turismo masivo que trajo luego la práctica del esquí y el consiguiente deterioro de los valles debido a la construcción de pistas e infraestructuras hoteleras. Un día de agosto, regresando a casa tras haber dedicado la mañana a pescar, dejé la bicicleta a un lado de la carretera y me puse a revolver entre la tierra, el musgo y la hojarasca de la cuneta. En media hora tenía en la mano un buen número de conchas de *Cepaea nemoralis*, *Helicigona lapicida*, *Pomatias elegans*, *Clausilia bidentata* y *Abida secale*.

Una tarde fría y lluviosa del invierno que siguió a aquel primer verano en Jaca me dirigí a una conocida librería de la Gran Vía de Madrid para buscar libros que trataran

Elona quimperiana (España).

Pyrenaearia carascalensis (España).

sobre caracoles terrestres. Había localizado uno y me disponía a tomarlo del estante cuando encontré a otra persona haciendo lo mismo. Así conocí a Miguel Bech, un naturalista catalán que hasta su muerte en 2007 fue mi amigo y maestro durante más de tres décadas de relación, sobre todo epistolar. Bech me animó a publicar mi primer trabajo malacológico. Lo dediqué a los moluscos de los lagos glaciares y fue un buen pretexto para recorrer las montañas más altas de la península Ibérica en busca de los caracolillos y diminutas almejas que viven en tales lagos, y también de mí mismo.

Mi especialización en los moluscos terrestres y dulceacuícolas pronto quedó truncada por mi reticencia a determinarlos mediante el examen de la genitalia, método que empezaba a estar en boga por ser más seguro que el examen de las conchas que se venía haciendo. Me parecía cruel matar a tan indefensos animales sin otro objeto que el de asignarles un nombre en latín y aún sigo convencido de esas franciscanas ideas de mi juventud, sin duda imbuidas de las lecturas de Hermann Hesse y Gerald Durrell. Tal vez no me hicieron avanzar en el estudio de los moluscos, pero sí en el respeto por la vida. No he colectado desde entonces ningún caracol ni otra criatura que estuviese viva, pues creo que el límite del estudio de la vida es la vida misma. Ciertamente es posible que, si otros biólogos también lo hubiesen creído así, nuestro conocimiento de los seres vivos estaría al nivel del que tenían los bosquimanos, pero con todo considero a esta desaparecida cultura superior a la nuestra en las relaciones con el mundo natural. Como contrapartida a mi escasa productividad en trabajos científicos sobre moluscos, he publicado un buen número de artículos divulgativos sobre ellos y su conservación.

Pseudunio auricularius (España).

Patella ferruginea (Islas Chafarinas).

Si bien debo confesar al lector que en bastantes ocasiones he comprado conchas, como recolector solo me he apropiado de algunas de las vacías que he ido hallando en mis viajes. Oscar Wilde escribió que «un viaje es una vida dentro de la vida», por lo que, haciendo honor a esa frase y en este punto de mi historia con las conchas, he de rememorar los viajes que hice con otras personas también interesadas por ellas, como José María Moreno, amigo precozmente fallecido con quien anduve buscándolas con juvenil entusiasmo por las selvas, manglares y atolones de Malasia e Indonesia, o como Mats Björklund, a quien conocí en Finlandia cuando ambos éramos estudiantes de Medicina y con quien años más tarde viajé a las Galápagos, a Tierra de Fuego y al Ártico.

No por tener destinos menos exóticos, otros viajes en relación con los moluscos tuvieron menor encanto. Recuerdo especialmente una excursión con Rafael Araujo al canal Imperial de Aragón, último reducto de *Pseudunio auricularius*, una gran almeja de agua dulce en vías de extinción de la que allí sobrevivían unos cuantos miles de ejemplares de ochenta años de edad antes de que en 2016 murieran debido a la invasión de dicho canal por una almeja asiática y a la contaminación de sus aguas. También recuerdo con placer otra excursión con Guillermo Faci a cierta gruta de los Pirineos en la que habita un diminuto caracol cavernícola llamado *Zospeum bellesi*, y desde luego las varias realizadas a La Graciosa y las Chafarinas con Javier Zapata, David González, Rafael Serra y Américo Cerqueira, al objeto de estudiar los caracoles terrestres de esas islas y la situación crítica de las lapas herrumbrosa (*Patella ferruginea*) y majorera (*Patella candei*), ambas amenazadas de extinción.

He dejado para el final rememorar los viajes con Enrique Vidal y Ángel Luque, con quienes en 1977 fundé la Sociedad Española de Malacología. El último me invitó a participar en dos expediciones a los cayos y arrecifes coralinos del sur de Cuba a bordo del *Felipe Poey*, el barco oceanográfico de la Universidad de La Habana. También me nombró ayudante suyo en un estudio sobre caracoles coralívoros que auspiciaba la Universidad de Queensland, en realidad pretexto para visitar las remotas islas Capricornio, en la Gran Barrera de Coral. Luque, que hizo de la Malacología su profesión y ha publicado medio centenar de trabajos sobre moluscos y descubierto otras tantas especies de ellos, tuvo la gentileza de dedicarme una nueva, un columbélido de Cabo Verde al que llamó *Anachis valledori*. Con ello me dejó definitiva y honrosamente resuelta aquella cuestión que me planteaba siendo niño de si las conchas pequeñas tenían nombre. Recientemente, otro malacólogo y amigo, Raul Fernández-Garcés, me ha dedicado una especie aún menor, un diminuto marginélido de Cuba al que ha llamado *Dentimargo valledori*.

Ciertamente me hubiese gustado dar también nombre a algún molusco, pero, aparte de no haber descubierto ninguna nueva especie de esos ni de otros animales, mi única y más bien patética aportación a la taxonomía ha sido la de haber dado el finiquito a dos. No me refiero, por supuesto, a haber sido el responsable de su extinción, sobre todo porque una de ellas, el dodo blanco de Reunión, ya estaba extinguida, al menos supuestamente, y lo digo como autor de un trabajo que demostró que nunca había existido y, por tanto, nunca pudo extinguirse.

La otra especie invalidada por mí, y, como en el caso de la anterior, a causa de mi excesivo interés por ella, fue un caracol del Pirineo al que, dedicándomelo como nueva especie, Bech llamó *Perforatella valledori*. Para buscarlo emprendí dos excursiones a un alto collado del Pirineo aragonés donde unos espeleólogos del Museo de Ciencias Naturales de Barcelona lo habían recolectado. En la primera no llegué al lugar a causa de la nieve, y en la segunda me sucedió lo que a aquellos príncipes de Serendip del cuento de Jonathan Swift, que buscaban unas cosas pero encontraban otras. Tras comprobar que «mi» caracol era en realidad la forma juvenil de otro bien conocido y llamado *Pyrenaearia carascalensis*, como Bech así lo confirmó pidiéndome disculpas por su error y por mi desilusión, hallé en ese remoto paraje una subespecie nueva de otro caracol, y, lo más sorprendente, una calavera humana aserrada por la mitad. El lector no debe creer, como yo hice en un primer momento, que tan macabro hallazgo se debiese a un crimen perpetrado en aquel lugar o en cualquier otro si es que el resto óseo fue llevado hasta allí por un quebrantahuesos o un águila real, como los que vi sobrevolando la zona. Pocos meses más tarde, ojeando una revista médica, comprendí que era lo que en Medicina Forense se conoce como un «hueso de estudiante», esto es, un hueso destinado al estudio de la Anatomía que, no siendo ya útil a su propietario, este abandona, en evitación de problemas legales, en algún sitio insólito, por ejemplo un collado de alta montaña, para turbación del viandante que lo encuentra, que tanto puede ser un médico dedicado a la Malacología como un bombero aficionado a la escalada.

En algún otro viaje, más que regresar con conchas partí con ellas en el equipaje. A Namibia llevé algunas de cono leopardo y cono marmóreo (*Conus leopardus* y *Conus marmoreus*), sabedor del gran valor que las dan las mujeres *himba*. Obsequiárselas me permitió acercarme a estos orgullosos pastores nómadas que se llaman a sí mismos «los pobres», pues tal significa la palabra *himba*. Conscientes de la riqueza que les otorgan la leche y carne de sus vacas para vivir en las áridas tierras de Kaokolandia, siempre han presumido ante otras tribus vecinas de no necesitar dinero. Lamentablemente, cuando los visité ya habían empezado a necesitarlo, consecuencia de su encuentro con la civilización y de la lógica fascinación que los bienes materiales de esta inducen en los pueblos primitivos. Para conseguirlo, las mujeres vendían a los por entonces aún escasos turistas las conchas de cono que habían llevado al cuello durante generaciones, y los hombres las azagayas con las que habían defendido a su ganado de los leones, leopardos y hienas, signos de la irreversible pérdida de su cultura que a la larga les hará realmente pobres.

Mujer de la tribu *himba* llevando la *ohumba*, adorno hecho con una concha de cono.

Aparte de la inolvidable noche que aquellas conchas de conos me permitieron pasar en un campamento *himba*, las conchas me han hecho disfrutar de otros buenos momentos con otros amigos, tanto de los que son malacólogos como de los que sin serlo han visitado mi casa para ver mi colección. De los primeros citaré a Miguel Fernández Antón, pionero del submarinismo en España y propietario de muchos de los ejemplares fotografiados en este libro; a Carlos Núñez, miembro del ilustre grupo de cómicos y músicos argentinos *Les Luthiers* y autor de un libro sobre los caracoles marinos de su país, y a Javier Conde, embajador de España en la OTAN, la Comunidad Económica Europea, Japón y otros destinos diplomáticos que ha aprovechado para profundizar en el mundo de los moluscos y aumentar su colección, sin duda la de mayor interés científico de las existentes en España, la cual donó en 2007 al Museo de Ciencias Naturales de Madrid. Conde me contó una vez que su afición por las conchas también le vino de niño, cuando vivía en Filipinas y su padres le llevaron a una exposición de ellas en la que vio por primera vez la de un cono gloria del mar (*Conus gloriamaris*).

No creo en las casualidades y por ello tampoco creo casual mi encuentro con las conchas ni con las personas que a través de ellas he conocido, pese que el hecho más casual que he vivido estuviese precisamente protagonizado por una concha. Durante una de las expediciones del *Felipe Poey*, buceando en un remoto arrecife de Cuba, hallé la de un tritón anguloso (*Cymatium femorale*). Su gran tamaño y peculiares incrustaciones la hacían inconfundible. La subí al barco para medirla, pero, como estaba deteriorada y ocupada por un cangrejo ermitaño, luego la arrojé al agua. Levamos ancla, navegamos varios días, dimos la vuelta y volvimos a bucear. Juzgue el lector mi sorpresa cuando, mientras me quitaba el equipo de buceo, vi que sobre la mesa de trabajo del barco estaba aquella misma concha que yo había arrojado días antes a la inmensidad del océano. Uno de nuestros buzos la acababa de encontrar. Dejaré que el lector saque su propia conclusión sobre lo fortuito del hecho, o sobre la fiabilidad del *Global Positioning System* (GPS).

Antes de acabar este prólogo, recordaré al lector que las conchas no son solo hermosos objetos inanimados, sino partes de la anatomía de unos seres vivos, unos seres que desde hace seiscientos millones de años las construyen para proteger su blando cuerpo. Por desgracia para ellos, la evolución no pudo prever que despertarían la fascinación por la belleza y el afán de posesión de un mamífero aparecido en el Planeta muchos millones de años después. Como bien saben los comerciantes de conchas, los moluscos que viven en los arrecifes coralinos han disminuido de forma muy importante en las últimas décadas, lo que en gran parte se debe a que son masivamente recolectados por sus conchas.

Prefiero que un caracol siga vivo en su hábitat a que su concha, por bella o rara que sea, esté en mi colección. No sin esfuerzo he puesto siempre en práctica esta idea y sugiero a todo malacólogo o coleccionista que también lo haga. Comprendo el afán de los primeros por conocer datos científicos y comparto el interés de los segundos por obtener conchas perfectas y valiosas, pero me permito señalar a aquellos que el respeto por la vida ha de primar sobre el deseo de estudiar sus engranajes, y a los otros que las conchas realmente valiosas son las que los caracoles tienen mientras están vivos. Las que dejan de ser las casas de las criaturas que las construyeron para convertirse en adorno de las nuestras no son, en esencia, sino tristes despojos. Hace muchos años que recojo exclusivamente conchas vacías. Si se busca con paciencia, no pocas son lo bastante buenas para ser guardadas, y otras que a primera vista no lo parecen mejoran con una limpieza meticulosa y un poco de aceite de parafina o de almendras dulces. Habrá ocasiones en que debamos renunciar a una pieza para nuestra colección, pero nos quedará el placer de saber que hemos hecho lo correcto y el consuelo de esta frase del cómico estadounidense Stephen Wright: «Soy el afortunado propietario de una fantástica colección de conchas repartida por las playas de todo el mundo.»

Como sugería el título del primer libro dedicado a las conchas, el que Filippo Buonanni publicó en 1761 con el de *Ricreatione dell'Occhio e della Mente nell'Osservation delle Chiocciole* (Recreación del ojo y de la mente en la contemplación de las conchas), recrearse en la belleza de las conchas supone un alivio de los muchos disgustos y contratiempos de la vida. Mendes da Costa, otro naturalista pionero en el estudio de las conchas, escribió parafraseando a Buonanni: «Una colección de conchas no solo da placer sino que amplía la mente. La elegancia de sus formas puede llamar nuestra atención y la belleza de sus colores despertar nuestra admiración, pero los ojos filosóficos penetran mucho más lejos y, dirigiéndose a la causa, saben ver en la naturaleza la Naturaleza misma de Dios.» De otro modo, el escritor Robert Louis Stevenson, que descubrió las conchas durante sus últimos años de vida en Samoa, expresó así ese placer: «Es un destino más afortunado tener afición por coleccionar conchas que haber nacido millonario.» Por su parte,

Conus gloriamaris (Filipinas).

Lithopoma phoebium (Honduras).

el filósofo Erasmo de Róterdam acuñó el lema *Conchas legere* (Coleccionad conchas). Con él pretendía expresar a los hombres cultos su consejo de tratar de hallar la tranquilidad del alma a través de la búsqueda y contemplación de esos objetos naturales. En realidad reproducía un fragmento de una obra de Cicerón titulada *De Oratore* en el que este autor romano exaltaba los valores del ocio y la amistad entre dos amigos que dedicaban su tiempo libre a buscar y coleccionar conchas.

Ciertamente, el coleccionismo de conchas, como el de cualquier objeto, puede convertirse en un trastorno compulsivo o ser una manifestación del mismo. Los coleccionistas consiguen los objetos de su deseo para descubrir

Lambis crocata (Zanzíbar) y *Lambis scorpio* (Filipinas).

Siratus alabaster (Japón).

enseguida que era solo el deseo mismo y el momento de su satisfacción lo que les llevó a creer un momento que la clave de su felicidad se hallaba en la posesión de ese objeto. Sin embargo, un artículo aparecido en 1942 en el *American Journal of Psychiatry* recomendaba el coleccionismo de conchas como terapia ocupacional. Esta terapia incluye benéficos paseos por la orilla del mar en busca de conchas, para, una vez en el hogar, proceder a limpiar, ordenar y clasificar las recogidas, lo cual representa un traslado de los problemas que nos preocupan a otros más sencillos y gratos de resolver. Muchos coleccionistas de conchas experimentan, en efecto, que su calidad de vida mejora desde que se dedican a ello. Por otra parte, la forma de las conchas de los caracoles nos conduce inconscientemente a la perfección de la *spira mirabilis* y a la armonía del número áureo. Dejar que nuestros ojos y nuestra mente se pierdan en sus espirales es, de manera figurada, recorrer el camino de aquella hormiga con cuya ayuda Dédalo resolvió el problema, en apariencia irresoluble, que Minos, rey de Creta, le había planteado: enfilar un hilo por el ápice de la concha de un caracol marino y sacarlo por su abertura. Dédalo puso una gota de miel en esta, hizo un orificio en el ápice de la concha e introdujo por él a una hormiga con un hilo pegado a su cuerpo. En busca de la miel, la hormiga recorrió toda la espiral hasta salir por la abertura, y el hilo con ella.

Siendo ya adulta, Edith Alice Litton, una de las niñas amigas de Lewis Carroll, pseudónimo literario del autor de *Las aventuras de Alicia en el País de las Maravillas*, escribió: «Siempre atribuyo mi amor por los animales a las enseñanzas del señor Dodgson; sus relatos y conocimiento sobre ellos, su entusiasmo por los pájaros y las mariposas, nos hicieron pasar más de una hora agotadora. Las praderas del Christ Church College y de Merton eran entonces famosas por la gran cantidad de caracoles de todos los tipos que, tanto los días buenos como los lluviosos, salían a tomar el aire y por los que yo sentía una gran aversión y pavor. Pero el señor Dodgson me mostró con tanta amabilidad y paciencia las maravillas de su constitución que pronto superé aquel miedo y reuní una colección completa de conchas vacías.»

En su libro *La creación*, el biólogo Edward Wilson señalaba que el camino a la Naturaleza comienza en la infancia, razón por la cual a los niños, que son coleccionistas innatos y descubridores de nuevos mundos, sus padres y tutores deben abrirles las puertas de aquella y brindarles la opción de explorarla en sus múltiples ámbitos, incluyendo los museos y los parques zoológicos. Para ello convendrá proveerles de guías de campo que les permitan reconocer y nombrar a los animales y plantas que encuentren, de unos binoculares para ver de cerca a las aves, e incluso de un microscopio con el que puedan acceder al mundo de los seres unicelulares. También convendrá alentarles la afición por coleccionar objetos naturales como conchas, plumas, hojas, minerales y fósiles, y, lo más importante, enseñarles a respetar a cualquier ser vivo por insignificante o repugnante que parezca. Estas actividades favorecerán el desarrollo de su inteligencia y sensibilidad en mucha mayor medida que los juguetes sofisticados y los ordenadores, especialmente hoy en día, en que los niños se ven forzados a crecer alejados del medio ambiente. Cuando entren en la adolescencia, habrá que dejarles emprender aventuras con amigos a espacios naturales, y más tarde y si económicamente es posible, que viajen a otros países. Se dediquen o no de adultos a la Biología, serán ya naturalistas para toda la vida, una circunstancia que a larga agradecerán, porque, también en palabras de Wilson, «ser naturalista no es una mera actividad, sino un honorable estado espiritual». William Beebe, naturalista y escritor neoyorquino que dirigió y participó en numerosas expediciones científicas, entre ellas la primera al fondo abisal en una batisfera de su invención, lo expresó con la más contundente frase de «ser naturalista es mejor que ser rey».

Libros para niños sobre conchas usados por el autor de este en su infancia.

Aunque los caracoles no puedan saberlo, ni falta que les hace, este libro pretende ser un homenaje a tales seres que construyen sus conchas según las reglas de la proporción áurea o «divina proporción». Buonanni, que era jesuita, diría que *ad majorem gloriam Dei*. Se trata, sin duda, de un homenaje absurdo. El único real que podemos hacerles es no quitarles la vida para despojarles de sus bellas construcciones espirales.

Remito pues al lector a aquel verso de *El viejo marinero* de Coleridge que la escritora Karen Blixen mandó grabar como epitafio sobre la tumba de Denys Finch-Hatton, su amante: «Bien rezó quien amó al hombre, al pájaro y a la bestia.» No obstante, también recordaré al lector que Finch-Hatton era un cazador profesional y que debe desconfiarse de quien mata aquello que, según dice, es lo que más ama.

Arturo Valledor de Lozoya

Múrex pecten (FILIPINAS).

CAPÍTULO 1
DIOSES, MONEDAS Y CARACOLES

Las conchas de los caracoles han interesado al hombre desde épocas muy remotas, épocas en las que pocas cosas salvo las relacionadas con la supervivencia y la sexualidad interesaban a los miembros de nuestra especie. Así lo confirma el hallazgo de la concha de una oreja de mar (*Haliotis midae*) que, conteniendo ocre, fue hallada en Blombos Cave, una cueva de Sudáfrica. Datada en 75.000 años atrás, se trata del primer recipiente conocido. Ese ancestral interés por las conchas también queda confirmado por los descubrimientos de la de una ciprea pantera (*Cypraea pantherina*) en un enterramiento paleolítico de Inglaterra y la de un casco rojo (*Cypraecassis rufa*) en otra tumba de Francia del mismo periodo. Procedentes del mar Rojo, que es el lugar más próximo a Europa donde tales especies viven, sus conchas solo pudieron haber llegado hasta esos enclaves llevadas de mano en mano por sucesivas emigraciones humanas. Conchas de otras cipreas se han hallado en La Madelaine, localidad que habitaron los hombres de Cro-Magnon, y reproducciones de ellas en piedra y arcilla en enclaves prehistóricos muy alejados del mar en Checoslovaquia, Hungría y Lituania.

Las relucientes conchas de las cipreas parecen haber sido uno de los primeros objetos asociados a simbolismo, en su caso al de una primigenia diosa madre, sin duda porque su abertura se asemeja a una vulva y su forma a un vientre grávido. Para los hombres prehistóricos y algunos pueblos primitivos actuales, tales conchas representaban el principio vital y por eso se las consideraba amuletos de fertilidad. Hasta hace no algunas décadas fue costumbre en ciertas partes de Japón que las mujeres parieran con una concha de ciprea en las manos para asegurarse un buen parto. En la región de Kalash, entre Afganistán y Pakistán, las muchachas casaderas todavía hoy llevan sombreros de lana cubiertos de conchas de cipreas como signo de estar prometidas. Por su parte, los *turkana* de Kenia reservan las conchas de las cipreas para los atuen-

Mauritia mauritiana (Filipinas). Por su forma y abertura, que sugieren un útero grávido y una vulva, las conchas de las cipreas fueron amuletos de fertilidad en tiempos prehistóricos.

dos de las mujeres casadas; las solteras solo pueden llevar cuentas de cáscara de huevo de avestruz, que sustituyen por cipreas en cuanto se desposan.

La palabra «ciprea» proviene de *cyprus*, nombre griego de Chipre, isla en la que, según la mitología, Venus o Venere, diosa de la vida y la belleza, emergió de una concha tras ser engendrada por la espuma del océano. Aunque en el famoso cuadro de Botticelli que representa este mito la concha de la que Venus nace es la de una vieira o venera, la concha a la que los romanos daban el nombre de *concha venerea* era la de la ciprea, y ese era también el nombre con el que los antiguos naturalistas designaban a dichos caracoles marinos. Coincidentemente, en el otro extremo del mundo, en Vanuatu y otras islas de Melanesia, los nativos creían que la primera mujer había nacido de una concha de ciprea.

Las conchas de la ciprea amarilla (*Monetaria moneta*) tuvieron antaño un uso más prosaico como dinero. De hecho han sido las monedas con mayor difusión y vigencia más prolongada de todos los tiempos. Conocidas por el nombre de *kauri*, que en hindi significa «concha», con ellas se traficó en la mayor parte de Asia y África desde la época de Alejandro Magno hasta las primeras décadas del siglo XX, ya que reúnen las características idóneas para servir de monedas: no se pudren, a las ratas no les gustan, resisten los incendios y las inundaciones, son atractivas, compactas, cómodas de transportar, difíciles de reproducir y no ocupan mucho espacio. Marco Polo las vio en uso cuando en el siglo XIII visitó China. Fue este viajero veneciano quien, al hablar de la porcelana, que también vio en China, comparó su lustre con el de los cauris e indujo erróneamente a que los europeos creyeran que ese material se fabricaba con tales conchas, las cuales eran conocidas en Italia por el nombre de *porcellanas* o *porcellettas* debido a su lejano parecido con el orondo cuerpo de un cerdo. Los cauris se usaron como moneda en China desde el 1200 a. J.C., aunque en el 300 a. J.C. hubieron de ser sustituidos por réplicas en bronce debido a la dificultad existente por entonces para conseguirlos. Su uso se reintrodujo en el siglo I, cuando pudieron ser recolectados de nuevo en Taiwán, Filipinas y el archipiélago Sulú. Por la misma época también se usaban en Tailandia, Birmania, Camboya y en la mayoría de los estados de la India. Para representar cantidades mayores de dinero se utilizaban ejemplares inusualmente grandes de ciprea amarilla o cipreas de mayor tamaño como la tigre (*Cypraea tigris*), la tortuga (*Chelycypraea testudinaria*), la lince (*Lyncina lynx*) y la gamo (*Lyncina vitellus*).

En la antigua China también existía la costumbre de colocar cauris en la boca de los muertos antes de enterrarlos. El número de ellos dependía del rango que en vida

Monetaria moneta (Rodríguez). Las conchas de esta especie han sido las monedas más difundidas y de vigencia más prolongada de todos los tiempos.

Monetaria annulus (Mauricio). Esta especie también fue usada como moneda.

había tenido el difunto: nueve para un emperador, cinco para una persona importante, tres para una de clase media, y ninguna, solo unos cuantos granos de arroz, para un campesino. Este hecho permite a los arqueólogos saber la posición social que en vida tuvo una persona, dado que las conchas se conservan incluso mejor que los huesos. En Egipto hubo una costumbre similar, pero allí los cauris se colocaban en las cuencas oculares de los muertos para asegurar a estos un buen viaje al más allá. La remota semejanza que la abertura de las conchas de las cipreas tiene con un ojo humano semicerrado motivó que fuesen considerados amuletos contra el mal de ojo en muchos lugares de África, Oriente Medio, India y América Central. Por eso eran fijadas a los arneses de caballos, camellos y elefantes, o se disponían en ristras colgando de las embarcaciones para que los «ojos» de los cauris las guiaran y protegieran.

Los comerciantes árabes extendieron el uso monetario de los cauris por Persia y Afganistán y, a partir del siglo XIII, por el interior de África. Por entonces, el principal centro de acopio y distribución de estos caracoles moneda estaba en Bengala, a donde grandes cantidades de ellos eran llevadas desde Ceilán y las islas Maldivas y Laquedivas. Los nativos de estos archipiélagos habían desarrollado un efectivo método para colectarlos consistente en introducir haces de frondes de cocotero en ciertos sitios de las lagunas coralinas y dejarlos allí unos meses. Los cauris se acumulaban en ellos para alimentarse de los detritos retenidos. Luego bastaba con sacar los frondes del agua y sacudirlos para obtener los cauris. Estos se enterraban un tiempo en arena para que las conchas quedaran limpias de restos orgánicos. Se calcula en cien millones el número de cauris llevados por los árabes a África durante el siglo XVI y que en el siglo siguiente esa cantidad se había multiplicado por cuatro.

Los *dhows* o barcos de vela árabes fueron seguidos en las rutas del Índico por las naos portuguesas y más tarde por los galeones holandeses, ingleses, franceses y de las ciudades hanseáticas. Pagar con cauris era el único modo que los comerciantes de las compañías de Indias Orientales tenían para comprar especias, perlas, sedas, té y otros productos de su interés, por lo que, para obtenerlos, sus barcos debían hacer escala en los puertos de la costa malabar, en Bengala o en Ceilán. Luego eran llevados a Ámsterdam y Londres, donde se subastaban a fin de aprovisionar a los barcos de la siguiente expedición. La Compañía de la Bahía de Hudson los introdujo en el este de Norteamérica, donde fueron bien aceptados por los indígenas como artículo de trueque. Posteriormente y siguiendo el ejemplo de los árabes, los europeos también empezaron a usar cauris en la costa occidental de África para comprar esclavos. En el pico de este execrable tráfi-

Ovula ovum (Filipinas).

co, los barcos ingleses importaban a África unos cuarenta millones de cauris cada año, cifra que hacia 1850 ya había aumentado a cien millones. En 1845, un comerciante alemán llamado Adolph Jacob Hertz trató sin éxito de comprarlos en las Maldivas, cuyos nativos siempre habían sido reluctantes a vendérselos a los europeos. A su vuelta hizo escala en Zanzíbar, descubriendo que allí era abundante la ciprea de anillo dorado (*Monetaria annulus*), que por su similar tamaño y lustre fue aceptada en sustitución de la amarilla. Se sabe de una compañía mercante con sede en Hamburgo que cada año enviaba catorce barcos a Zanzíbar para abastecerse de cauris. Solo en la década de 1850 se extrajeron de allí 35.000 toneladas de ellos y con posterioridad empezaron a ser recolectados también en Kenia, Mozambique y otros puntos de la costa oriental de África. Lógicamente, el exceso empezó a notarse. Por entonces, la rupia india se cambiaba por 7.000 cauris, y en Uganda, donde una mujer podía comprarse por solo dos cuando los árabes introdujeron allí su uso, ya hacían falta entre 60.000 y 100.000 para el mismo fin. La moneda caracol se estaba devaluando con rapidez debido a la inflación que los europeos habían causado con su masiva colecta y puesta en circulación. Los cauris incluso aparecían en lugares insólitos, como ocurrió en 1873 en las costas de Escocia, cuando un barco inglés llamado *Glendowra*, que venía de Manila con seiscientos sacos de ellos para el mercado africano, naufragó. Durante años las olas estuvieron llevando cauris a las playas contiguas para sorpresa y disfrute de los coleccionistas de conchas.

En muchas partes del mundo se han usado las conchas de otros caracoles como dinero. Las de *Ovula ovum*, *Nerita polita*, *Littoraria coccinea* y *Oliva carneola* se utilizaron con ese fin en ciertas zonas de Oceanía, y las de *Olivella biplicata* en el oeste de Norteamérica, según lo prueban las acumulaciones de ellas datadas en el 7000 a. J.C. que se han hallado en California, Oregón, Nevada, Utah y Arizona. En la costa este de Norteamérica, los indios pulían y enfilaban trozos de conchas para fabricar un tipo de dinero llamado *wampum* por las tribus de Nueva Inglaterra y *peeg* por las de Virginia. Había un *wampum* de cuentas rojas, obtenidas de las conchas del busicón nudoso (*Busycon carica*), y otro de cuentas blancas y moradas hechas con las conchas de la almeja *quahog* (*Mercenaria mercenaria*). Una tercera clase de *wampum* se fabricaba con conchas de orejas de mar.

Por su parte, los nativos de las islas Bismarck recogían miles de ejemplares de *Nassarius camelus*, un pequeño caracol que allí abunda en los manglares. Rompían luego los

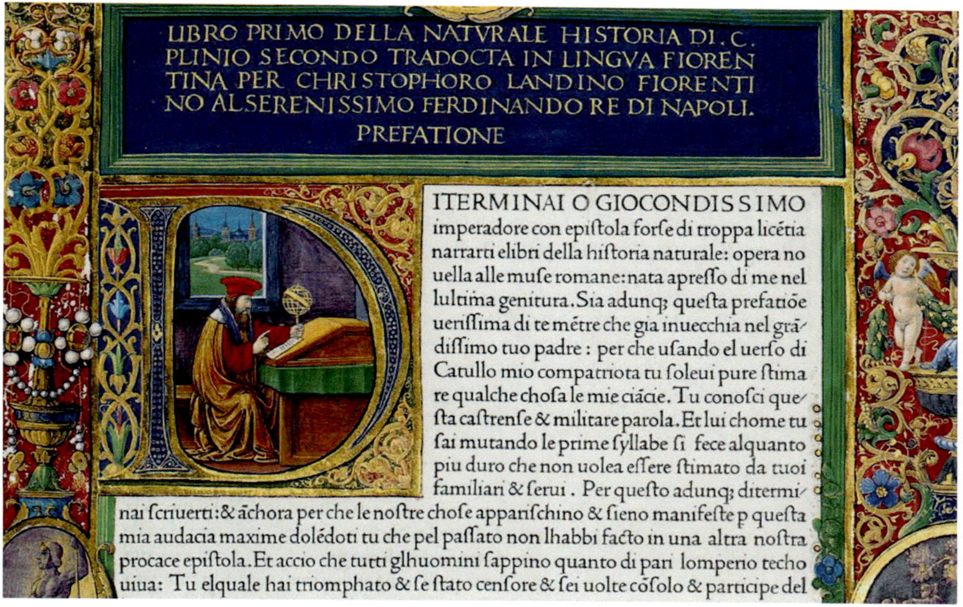

LIBRO PRIMO DELLA NATVRALE HISTORIA DI .C.
PLINIO SECONDO TRADOCTA IN LINGVA FIOREN
TINA PER CHRISTOPHORO LANDINO FIORENTI
NO AL SERENISSIMO FERDINANDO RE DI NAPOLI.
PREFATIONE

ITERMINAI O GIOCONDISSIMO
imperadore con epiſtola forſe di troppa licētia
narrarti elibri della hiſtoria naturale: opera no
uella alle muſe romane: nata apreſſo di me nel
lultima genitura. Sia adunq; queſta prefatiõe
ueriſſima di te mētre che gia inuecchia nel grā
diſſimo tuo padre: per che uſando el uerſo di
Catullo mio compatriota tu ſoleui pure ſtima
re qualche choſa le mie ciācie. Tu conoſci que
ſta caſtrenſe & militare parola. Et lui chome tu
ſai mutando le prime ſyllabe ſi fece alquanto
piu duro che non uolea eſſere ſtimato da tuoi
familiari & ſerui. Per queſto adunq; ditermi
nai ſcriuerti: & āchora per che le noſtre choſe appariſchino & ſieno manifeſte p queſta
mia audacia maxime dolēdoti tu che pel paſſato non lhabbi facto in una altra noſtra
procace epiſtola. Et accio che tutti glhuomini ſappino quanto di pari lomperio techo
uiua: Tu elquale hai triomphato & ſe ſtato cenſore & ſei uolte cōſolo & participe del

Izquierda. Plinio el Viejo en una imagen idealizada de su *Naturalis Historia* impresa en 1476. (*Bodleian Library*, Oxford). Derecha. Aristóteles fue el primer hombre de ciencia que se ocupó de los moluscos. (Museo Arqueológico Nacional, Atenas).

dorsos de las conchas en una cáscara de coco dejando los gruesos labios de las aberturas, ensartaban estas en cuerdas de roatán, agrupaban las cuerdas de diez en diez y las enrollaban en una circunferencia del diámetro de una rueda de carro. De estos rollos de monedas conchas, llamados *loloi*, podían obtenerse fragmentos de longitud variable según lo que se quisiera adquirir. Para comprar una mujer o una canoa se necesitaban alrededor de treinta metros, y un pollo se compraba por un fragmento de un metro. Este extravagante tipo de dinero era conocido como *tambu* o *diwarra*.

Igual uso se daba en Filipinas a los *dibi-dibi*, discos con un dibujo espiral obtenidos de la base pulida de las conchas de conos de gran tamaño. En el oeste de África se usaban como moneda las secciones de las conchas de los grandes caracoles terrestres de la familia acatínidos, en particular las de *Achatina balteata*, especie por ello también llamada *Achatina monetaria*. Las secciones discoidales estaban en uso en Angola, en tanto que las longitudinales se preferían en Senegal, Gambia, Sierra Leona, Camerún y Congo.

Pero, aparte del arbitrario valor material que las diferentes épocas y culturas han dado a las conchas, su belleza ha fascinado a los hombres a lo largo de toda la Historia. Tal vez fuese esa fascinación la que embargó al extravagante emperador Calígula cuando, tras conducir a sus legiones a las playas del norte de Francia y formarlas en orden de batalla frente a las islas Británicas, como si preparara invadirlas, ordenó a los soldados que recogiesen conchas. Estas fueron llevadas a Roma y ofrendadas a los dioses en el Capitolio como «tributo del mar». Debió ser esta la mayor colección de conchas reunida en la Antigüedad, aunque no la única de que se tiene constancia. Otra más pequeña, pero más selecta, apareció durante las excavaciones realizadas en Pompeya. Es probable que perteneciese a algún patricio romano, ya que, en uno de sus discursos, Cicerón criticó que el principal pasatiempo de los cónsules era coleccionar conchas y se sabe que Laelio y Escipión tenían colecciones de ellas entre otras curiosidades traídas de sus campañas militares. Además de cuatro especies de moluscos terrestres, una de agua dulce y varias del Mediterráneo, en la colección pompeyana había conchas de especies del mar Rojo y el golfo Pérsico, como el cono textil (*Conus textile*), la ciprea pantera (*Cypraea pantherina*), la ciprea erosionada (*Naria erosa*) y el tritón de Ranzani (*Cymatium ranzanii*). Es probable que Cayo Plinio Segundo, el patricio y naturalista romano más conocido como Plinio el Viejo, viese esa colección antes de hallar la muerte en la erupción del Vesubio del año 79, cuando, según relató su sobrino Plinio el Joven al historiador Tácito, trataba de observar el fenómeno de cerca y de rescatar a las víctimas con la flota a su mando, la cual estaba anclada en Miseno, al norte de la bahía de Nápoles, desde donde vio el inicio de la erupción.

En su enciclopédica *Historia Naturalis*, Plinio reunió cuanta información pudo conseguir sobre los moluscos comestibles como los caracoles de tierra, las ostras, las madreperlas, las sepias y los pulpos. Sobre ellos también escribió el médico y naturalista romano Claudio Eliano en *Historia Animalium*. Sin embargo, no fueron estos dos autores los primeros en ocuparse de los moluscos. En el 400 a. J.C., Aristóteles ya se había referido a algunas de las especies de dichos animales que observó en la villa costera de Asos y en la isla de Lesbos, y también a otras cuyas conchas le había enviado desde lejanas tierras su discípulo Alejandro Magno. Aristóteles fue asimismo el primer autor que hizo una clasificación de los moluscos y que acuñó para designarlos el término griego *malakos*, que, igual que el latino *mollis*, de donde procede «molusco», significa «blando». Sin embargo, solo incluyó en este término a los cefalópodos; a los gasterópodos, junto con los bivalvos y los equinodermos, los clasificó en otro grupo al que denominó ostracodermos.

Durante la Edad Media, el estudio de los moluscos fue ignorado salvo por los monjes que tradujeron los textos de los citados autores clásicos y los que en alguna rara ocasión ilustraron conchas en los márgenes de los códices. Dos dominicos del siglo XIII escribieron sendos tratados sobre animales: Vincent de Beauvois, autor de *Speculum Naturae*, y Alberto Magno o san Alberto, autor de *De Animalibus*. Empero, las observaciones sobre moluscos contenidas en estas dos obras están literalmente copiadas de Aristóteles.

Por la misma época, los cruzados y peregrinos adquirieron la costumbre de llevar prendidas a las ropas conchas de vieiras (*Pecten maximus* y *Pecten jacobaeus*) como señal de haber pisado Tierra Santa o peregrinado a Santiago de Compostela. El origen de la relación entre el culto jacobeo

Blasón con figuras de vieiras en el *Grand Armorial Equestre de le Toison d'Or*, fechado en 1429 (*Bibliothèque de L'Arsenal*, París).

y tales conchas no se conoce con certeza. Tal vez fuese una referencia al oficio de pescador del apóstol Santiago, o a la leyenda de cierto caballero que, supuestamente salvado del naufragio de la nave en la que viajaba por la milagrosa intervención del santo, emergió de las aguas cubierto de ellas. Hubo un próspero comercio de las mismas en los alrededores de la catedral de Compostela, con pena de excomunión para quienes las vendieran fuera de la ciudad. Se daba por cierto que protegían de las asechanzas del diablo y que el agua que contuvieran quedaba al instante bendita, razón por la que muchas pilas bautismales tienen su forma. El respeto que inspiraban las hizo figurar en los blasones de personas ligadas a la Orden de Santiago y de algunos ilustres apellidos españoles, portugueses, franceses e ingleses. Por ejemplo, tienen conchas de vieiras los escudos de Percy Shelley, Charles Darwin, Winston Churchill, Diana Spencer, el barón de Montesquieu y el papa Inocencio VI.

Por la misma época, las pesadas conchas del espóndilo del Mediterráneo u ostra roja (*Spondylus gaederopus*), un lejano pariente de las vieiras, eran utilizadas en el sur de Europa con una función muy distinta. Se las conocía por el nombre de conchas de san Lázaro, el patrón de los leprosos, ya que estos las llevaban en ristras que colgaban de sus ropas, para que, al entrechocar unas con otras, la matraca fuese advertida por los transeúntes y así pudieran apartarse.

El uso como instrumentos musicales de las conchas de caracoles marinos de gran tamaño estuvo antaño ampliamente extendido en muchas partes del mundo. Al soplar por su ápice perforado, el sonido resultante de la vibración de la columna de aire contenida en las espiras se transmite a largas distancias dada su baja frecuencia. En Nepal, Tíbet, Assam, Bután y la India, los caracoles trompeta todavía se siguen empleando en las ceremonias religiosas budistas e hinduistas. La especie utilizada para ello es la pírula, turbinela sagrada o *chanka* (*Turbinella pyrum*). Los ejemplares pequeños se usan en los rituales funerarios, en tanto que los grandes, que emiten notas más graves, se tañen para alejar a los malos espíritus, en especial durante los eclipses y después de un terremoto, ya que, según la mitología hinduista, al dios Visnú, uno de cuyos títulos es el de *chankapani* o portador del *chanka*, se le representa llevando una de estas conchas, símbolo de su victoria sobre el demonio marino Panchayana, el cual vivía dentro de una. El sonido de los *chankas* anunciando el inicio de una batalla ya es mencionado en el *Mahabharata*. Arjuna, héroe de dicha epopeya india, tañe el suyo con objeto de aterrorizar a sus enemigos y proclamarse vencedor.

Nodipecten subnodosus (México).

Sacerdote hindú tañendo un *chanka* (Claude Renault).

En América, las culturas precolombinas también usaron como trompetas conchas de grandes gasterópodos marinos en sus ceremoniales religiosos. En este caso, las especies empleadas fueron, en las culturas inca y azteca, los grandes estrombos o cobos (*Lobatus gigas* y *Lobatus peruvianus*), y, en la cultura maya, las tulipas gigantes (*Triplofusus giganteus* y *Triplofusus princeps*).

En Europa, la única especie usada como trompeta fue el tritón nudoso (*Charonia lampas*). El motivo es que en las costas de dicho continente no vive ninguna otra especie que alcance el tamaño adecuado para ello. Su uso como tal está documentado desde hace 18.000 años, que es la datación de una concha hallada en 1931 en la cueva de Marsoulas, en los Pirineos franceses. Manipulada en su ápice para que pudiera producir sonidos cuando se soplara por él, a esta concha se la considera el segundo instrumento de viento más antiguo conocido, ya que el primero es una flauta hecha con un cúbito de buitre que se halló en una localidad de Alemania llamada Hohle Fels, cuya antigüedad es de

De izquierda a derecha: *Charonia tritonis* (Kenia), *Charonia lampas* (España) y *Charonia variegata* (Honduras).

Chankas perforados para su uso como trompetas.

Turbinella pyrum (India). Las conchas de esta especie se usan como instrumentos musicales en las ceremonias hinduistas y budistas.

35.000 años. Otras conchas de tritón nudoso con el ápice también intencionadamente roto se han encontrado en enclaves neolíticos de Italia datados en 6.000 años atrás, así como en varios lugares de Grecia y de las islas del Mediterráneo en las que estuvo asentada la cultura helénica. Los griegos las usaban como instrumentos musicales religiosos, ya que, según la creencia mitológica, Tritón había hecho sonar una por orden de su padre Poseidón, dios del mar, a fin de que las aguas se retiraran y dejaran de cubrir el mundo. La figura de Tritón soplando por la concha de un caracol trompeta aparece en monedas acuñadas en Sicilia y Biblos en el año 400 a. J.C. Según otro mito griego, fue Tirreno, hijo de Hércules, quien empezó a usar una de tales conchas para avisar de que él y sus camaradas no devorarían a ningún hombre, como solían hacer, mientras estuvieran celebrando algún funeral, para invitarlos a que asistieran.

Concha de tritón hallada en la cueva de Marsoulas. Fue manipulada hace 18.000 años para que sirviera como instrumento musical de viento, el segundo más antiguo que se conoce. (Didier Descouens - *Musée de Toulouse*).

El mito fue retomado por los etruscos y los romanos y por eso la figura de un tritón nudoso es un motivo frecuentemente representado en tumbas y sarcófagos de las susodichas culturas, como asimismo en el arte del Renacimiento.

Las conchas de los tritones también se han empleado para recabar la atención o para avisar de peligros en otras partes muchas del mundo, por ejemplo, en Polinesia y en Japón, país este último donde los guerreros samurái las usaban para enviar mensajes a sus tropas. Otras especies de gran tamaño cuyas conchas se han empleado al efecto son *Tutufa bubo*, *Turbinella angulata*, *Syrinx aruanus*, *Cassis cornuta*, *Cassis tuberosa* y *Cassis madagascariensis*.

Conchas de nautilos montadas en plata labrada y sobredorada, *circa* 1600. (*Rijksmuseum*, Ámsterdam).

CAPÍTULO 2
SALAS DE MARAVILLAS

La importación de conchas exóticas a Europa y, por tanto, el coleccionismo de estas, se iniciaron con los grandes viajes oceánicos en busca de las especias emprendidos por los europeos desde finales del siglo XV. El gran interés que las especias suscitaban en la época no puede explicarse solo por el uso que hoy las damos como condimentos, sino al que también tenían por entonces como medicamentos. Se las creía las bayas del Paraíso Terrenal, cuya existencia en algún lugar de Oriente era dada por cierta, y por ello se las consideraba con el poder de prolongar la vida. Por eso constituían el principal componente de los fármacos, que por esta razón son todavía hoy llamados «específicos». Su alto precio, motivado por los muchos intermediarios y peligros que su transporte requería, las hacía más deseadas si cabe. Clavo y nuez moscada de las Molucas, pimienta de Java y Sumatra, canela de Ceilán y jengibre de la India, las valiosas especias eran llevadas por barco a los puertos de la costa malabar, desde donde, también por barco, los árabes las llevaban a los del golfo Pérsico y el mar Rojo. Luego, a través de los desiertos de Siria y Egipto, eran transportadas en caravanas de camellos hasta Alejandría y Constantinopla. Allí, los mercaderes venecianos y genoveses las compraban para revenderlas en Europa por su peso en oro. El descubrimiento de una ruta marítima a la India por el navegante portugués Vasco de Gama conllevó una mayor facilidad para obtener no solo especias, sino otros productos orientales también ansiados por los europeos, como perlas, gemas, marfil, porcelanas, sedas, alfombras, índigo, ámbar gris y maderas preciosas.

Pero las naos portuguesas que hacían la carrera de Indias para obtener esos productos, a las que más tarde siguieron los galeones holandeses y luego los ingleses, también llevaban al Viejo Mundo otros objetos nunca vistos antes en él. Algunos eran tan exquisitos que cuestionaban la primacía de la cultura europea, y ello en una

I.

MEMORABILIS ET MISERABILIS HISTORIA NAVTÆ CVIVSDAM, apud Cochinum à graſſatore immani piſce quodam fœdè mutilati & diſcerpti.

AVCTOR libri huius inter cætera meminit, quomodo pridiè eius diei, quo ex Cochino ſoluturi erant, clauum ſeu gubernaculum emendatum & reſartum puppi nauis rurſus innexuri fuerint. Cum ergò poſcente re nauta quidam, lumbis fune recinctо alligatus, ad medium vſque corpus in vndam ſe demitteret: de improuiſo grandis & vaſtus piſcis, quem Luſitani Tubaron ſiue Hayen nominant, approperans, pendentis nautæ pedem arreptum vno morſu integrum demolitus auulſit. Cuius ille relictum truncum cum manu admota tacturus eſſet, mordicus inſiſtens beſtia, manum eandem præterea corripuit: quam totam cum dimidio bracchio immaniter vno q. momento eidem detruncauit: vt ſemianimis exemptus, in noſocomium inferendus fuerit.

In hiſtoria huius cap. 4. mirabile quoque aliud animal, à piſcatoribus in aqua captum nominatur. Huius ipſius effigies quoque hic ſpectanda offertur.

a 2

Grabado de Theodor de Bry que muestra a un marinero atacado por un tiburón. Al fondo se ve un galeón. A bordo de este tipo de barcos empezaron a llegar a Europa conchas exóticas como las que se ilustran en primer plano, pertenecientes a los géneros *Triplofusus*, *Cittarium*, *Natica* y *Pecten*.

Óleo de Jacopo Zucchi titulado *Alegoría de los tesoros del mar* o *El reino de Anfitrite*, 1585. Dicho personaje mitológico era la esposa de Poseidón o Neptuno. (*Galleria Borghese*, Roma).

época en que, por su parte, las ideas de Copérnico también cuestionaban que la Tierra fuese el centro del universo. Para guardar y coleccionar tales objetos exóticos surgieron las *Kunst und Wunder Kammern* (abreviadamente *Kunstkammern* o *Wunderkammern*), un término alemán que significa «salas de artes y maravillas» y que definía bien esos museos privados o de coleccionismo señorial con la pretensión de ser miradores del mundo, intentos de resumirlo en una habitación en la que cada una de sus piezas era una clave para conocerlo a la vez que para experimentar la contemplación de lo ignoto y misterioso. En definitiva, el universo o macrocosmos reflejado en una colección como microcosmos. Cualquier cosa que se saliera de lo habitual, fuese producción de la Naturaleza o creación humana, tenía cabida en una sala de maravillas. No obstante, el contenido de cada una dependía de las peculiares inclinaciones de su propietario. En general, todas constaban de cuatro apartados: *naturalia*, *artificialia*, *scientifica* e *iconografica*. El primero reunía objetos naturales; el segundo, objetos hechos por el hombre, en especial los de interés etnológico; el tercero, instrumentos científicos y aparatos mecánicos, y el cuarto, pinturas y esculturas. En este último estaban las acuarelas de los animales y plantas de la colección, las cuales hacían la función de las actuales fotografías. Además, la *naturalia* de las salas de maravillas más importantes incluía un jardín u *hortus botanicus* y un zoológico o *vivarium*.

En 1594, el filósofo y aristócrata inglés Francis Bacon ofreció en *Gesta Grayarum* una descripción de lo que era una sala de maravillas, señalando al entonces príncipe Jacobo I de Inglaterra, a quien dedicó la obra, que, para alcanzar grandeza, un gobernante debía comprometerse a conocer la Naturaleza y descubrir los secretos del mundo: «Lo primero, una biblioteca perfecta y universal cuyos libros, conteniendo toda la sabiduría y el ingenio del hombre, contribuyan a la sabiduría personal. Lo segundo, un jardín maravilloso y amplio en el que crezcan plantas diversas, tanto silvestres como cultivadas, y que en este jardín se hayan construido establos y jaulas para albergar y criar a raras bestias y pájaros, y con dos lagos, uno de agua dulce y otro salada en los que naden variedad de peces, y así se tendrá una réplica en pequeño del mundo natural. Lo tercero, un magnífico y enorme gabinete para guardar objetos hermosos hechos por el hombre y cualquier cosa singular que la Naturaleza haya producido. Y lo cuarto, un retiro bien provisto de instrumentos, morteros, atanores y matraces que sea el palacio idóneo para la búsqueda de la piedra filosofal.»

El origen de las salas de maravillas está en las colecciones de libros, cuadros, medallas y objetos exóticos reunidas por algunos magnates y humanistas del Renacimiento, como el duque de Berry, los Médicis, el banquero Jacobo Fugger y el pintor Alberto Durero. Se sabe que en el taller de este último había conchas, como también en el de Leonardo da Vinci y en las casas del filósofo Erasmo de Róterdam y del poeta Bernard Palissy. El último hizo un intento de clasificarlas y usó algunas como modelos para sus imitaciones de la porcelana, cuya fórmula trató de descubrir sin éxito. Por su parte, Erasmo acuñó el lema *Conchas legere* (Coleccionad conchas). Con él quería expresar a los hombres cultos su consejo de hallar la tranquilidad del alma a través de la búsqueda y contemplación de esos objetos naturales. Reproducía, en realidad, un fragmento de *De Oratore*, obra de Cicerón en la que dicho autor romano había exaltado los valores del ocio y de la amistad entre dos amigos que pasaban su tiempo libre paseando por la playa en busca de conchas.

Las primeras salas de maravillas aparecieron en la segunda mitad del siglo XVI, es decir, en el Renacimiento tardío. Estaban constituidas por personajes de la realeza, los cuales delegaban en eruditos y hombres de ciencia su conservación y catalogación. Aparte de su significado como teatros del universo o microcosmos domésticos, servían de fuente de estudio a esos sabios, así como de motivos de inspiración a los artistas acogidos al mecenazgo de sus propietarios. También tenían una función protocolaria, ya que les eran mostradas ceremonialmente a los gobernantes y embajadores de otros países como signo del esplendor material e intelectual del personaje al que visitaban. Por último, tenían un sentido religioso, puesto que, al mostrar las maravillas de la Creación, ponían de manifiesto la grandeza del Creador.

Este fragmento de un óleo de Adriaen van Stalbemt muestra la actividad en un gabinete de coleccionista de principios del siglo XVII, probablemente el que Pierre Roose, consejero de los archiduques Alberto e Isabel de Habsburgo, tenía en Bruselas. (Museo del Prado, Madrid).

Los objetos de la *naturalia* se ordenaban por su pertenencia a uno de los tres reinos de la Naturaleza. En la *mineralia* se guardaban cristalizaciones, gemas, corales, perlas, fósiles, meteoritos y piedras con raras propiedades como el ignífugo amianto, el electrizante ámbar, la piedra imán o magnetita, la piedra de águila o aetita, de cuyo poder para calentar o enfriar los huevos había hablado Plinio, y las piedras de bezoar, toda una obsesión para los naturalistas de la época y aún más para sus regios patronos. Los bezoares, concreciones calcáreas que a veces se forman en el estómago de los rumiantes, eran muy apreciados ya que se les atribuía la capacidad de neutralizar venenos. Solían

Óleo de Franz Francken, *circa* 1636. Muestra objetos típicos de una sala de maravillas, conchas entre ellos. Las especies retratadas son *Conus marmoreus*, *Tutufa bubo*, *Lobatus peruvianus*, *Lobatus gigas*, *Amphidromus perversus*, *Mitra mitra*, *Voluta musica*, *Murex trapa* y *Cittarium pica*. (*Kunsthistorisches Museum*, Viena).

Aspecto de la sala de maravillas del médico danés Ole Worm según un grabado de su catálogo, titulado *Musaeum Wormianum*. Obsérvese la existencia de un apartado denominado *Conchiliata*.

venderse sujetos a una cadenita de oro a fin de que pudieran ser introducidos en las copas.

La *vegetalia* constaba de herbarios de plantas prensadas, nueces exóticas y maderas con supuestas propiedades curativas, como la del guayaco o leño santo, cuyo humo se creía remedio de la sífilis, enfermedad que, importada desde el Nuevo Mundo, estaba causando estragos en Europa. Muy valoradas eran las raíces antropomórficas de las mandrágoras, sobre todo las de plantas que crecían al pie de los patíbulos y se nutrían con el semen eyaculado por los ahorcados, ya que se decía que curaban la infertilidad. Igualmente apreciadas eran las rosas de Jericó, crucíferas de los desiertos del norte de África y Oriente Medio que reverdecen al ponerlas en agua. También los cocos de mar, enormes semillas con la forma de unas nalgas femeninas producidas por una especie de palmera de las islas Seychelles, si bien se creía por entonces que su origen estaba en unos supuestos palmerales submarinos del Índico.

Por último, la *animalia* se componía de ejemplares disecados, cráneos, cornamentas y otros restos de animales. Las criaturas malformadas y otras manifestaciones aberrantes de la naturaleza eran especialmente apreciadas. A diferencia del pensamiento medieval, el renacentista ya no consideraba a los monstruos como productos de la ira de Dios que presagiaban desastres, ni engendros satánicos nacidos de relaciones contranaturales, sino partes enigmáticas del orden natural que estimulaban la reflexión y hacían preguntarse por los extraños designios divinos. Muy cotizadas eran las pieles de aves del paraíso y de cualquier otra ave de aspecto singular, como casuarios, dodos, pingüinos, alcas gigantes, albatros, pelícanos, tucanes y cálaos. Otras piezas apreciadas eran los caparazones de tortugas, los colmillos de elefantes y, desde luego, los alicornios o cuernos de unicornio, en realidad dientes de narval, a los que se daba un enorme valor por su supuesto poder para desnaturalizar las ponzoñas y curar las pestilencias. En lo que respecta a las criaturas marinas no solían faltar las rémoras, de las que se decía eran capaces de desviar el curso de los barcos si se fijaban a su casco; ni las rayas manipuladas para que pareciesen monstruos alados, o los peces globo, los peces voladores, los hipocampos y, por supuesto, las conchas. Estas se guardaban en un apartado especial de la *naturalia* denominado *conchylia*.

La primera mención a una sala de maravillas data de 1553 y se refiere a la formada en Viena por el emperador Fernando I. Su hijo el duque Fernando II del Tirol creó otra en Innsbruck que se ha conservado casi intacta hasta hoy. Entre sus muchas piezas estaban los retratos de algunos personajes tan curiosos como Vlad Dracul Tepes, el auténtico conde Drácula, de crueldad legendaria por los miles de turcos que ordenó empalar; Pedro Gonzalo, el hombre velludo de Tenerife, afecto de una hipertricosis genética que le confería aspecto de licántropo, o Franz Baci, un noble húngaro que sobrevivió casi un año con una lanza que le traspasaba la cabeza. La sala de maravillas de Innsbruck también contenía hermosos corales rojos, un fantástico grupo de esmeraldas, un cuerno de unicornio, una copa de ágata que pasaba por ser el Santo Grial, el penacho de plumas de quetzal que Moctezuma regaló a Hernán Cortés y este a Carlos V, y el famoso salero de oro y marfil que Benvenuto Cellini diseñó para Francisco I de Francia y que Enrique II, su sucesor, obsequió a Fernando II del Tirol con motivo de su boda.

Otros príncipes alemanes también formaron salas de maravillas. En 1560 el elector Augusto I de Sajonia estableció la suya en Dresde, e igual hicieron los electores de Brandeburgo en Berlín, los landgraves de Hesse en Kassel, los duques de Baviera en Múnich y los duques de Württenberg en Stuttgart. En Italia, donde eran conocidas por el nombre de *studioli* o *camerini*, las más famosas fueron la de Isabel de Este en Mantua y la que hacia 1570 se hizo construir Francisco I de Médicis en el *Palazzo Vecchio* de Florencia para guardar su colección de objetos raros y emplearla como laboratorio de alquimia.

Pero la sala de maravillas más importante de todas fue la que el emperador Rodolfo II reunió en Hradcany,

Murex pecten (Filipinas). Este caracol es comúnmente conocido como «peine de Venus».

el gótico castillo de Praga, ciudad en la que, huyendo de Viena, donde los asuntos de gobierno le agobiaban, estableció su residencia. A este extravagante emperador le interesaba más el imperio del conocimiento que aquel Sacro Imperio imposible de gobernar, formado por más de trescientas entidades políticas, descompuesto internamente por las ideas religiosas y amenazado externamente por los turcos. Decidido a hacer de Praga su foco de esplendor como tardío príncipe del Renacimiento, convocó a escultores, pintores, orfebres, músicos, astrónomos y una pléyade de alquimistas que trabajaban para él en la consecución del elixir de larga vida, la máquina del movimiento perpetuo y la piedra filosofal. Él mismo se aficionó al gorgoteo de los matraces donde se engendraba al «homúnculo» y se provocaba la cópula del «Rey Azufre» con la «Reina Mercurio». Era apodado «Hermes Trismegisto» y halló un supuesto remedio contra la peste hecho de una mezcla de arsénico, menstruos de doncella, sapos desecados y perlas pulverizadas.

Además de sentirse atraído por la alquimia, a Rodolfo II le poseía un irrefrenable afán coleccionista, herencia de su padre Maximiliano II y de su tío Fernando II del Tirol. En él hallaba alivio de la melancolía que le aquejaba y evasión de los graves problemas que aquejaban al Sacro Imperio y que pronto abocarían en la guerra de los Treinta Años. Quería poseerlo todo y, teniendo los medios para ello, no tardó en reunir en Hradcany una inmensa colección de curiosidades de todo tipo: minerales, gemas, fósiles, conchas, corales, camafeos, marfiles, porcelanas, monedas, medallas, armas, cajas de música, relojes, astrolabios, esferas armilares, instrumentos científicos, copas hechas con conchas de nautilo y cuernos de rinoceronte,

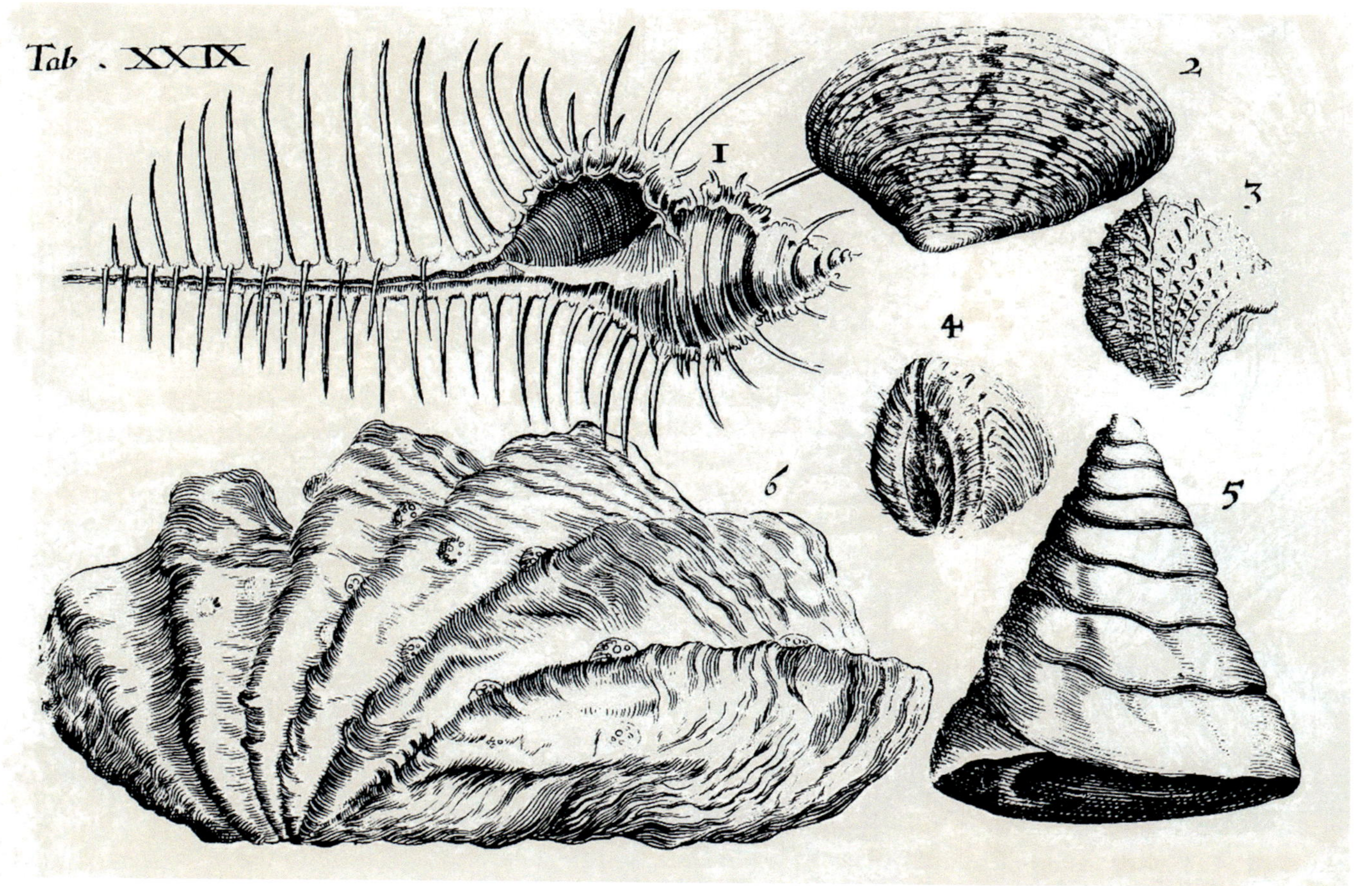

Lámina en el catálogo publicado en 1666 de la sala de maravillas de los duques de Schleswig- Holstein en el castillo de Gottorp. Las especies ilustradas son *Murex pecten*, *Paphia rotundata*, *Spondylus spinosus*, *Pitar dione*, *Rochia nilotica* y *Tridacna maxima*.

vasos tallados en ágatas, jaspes, cornalinas, lapislázulis y calcedonias, y, en fin, una larga lista de objetos extraordinarios, por citar algunos: dos clavos del Arca de Noé, una pella del barro con el que Dios moldeó a Adán, el báculo de Moisés, una daga empleada en el asesinato de César, un hueso de ciruela donde estaba esculpida la Pasión de Jesucristo, una piedra caída de la Luna, el cuerno que le había crecido a una mujer inglesa, las enormes botas de un duque de Sajonia afecto de acromegalia, un órgano automático que interpretaba madrigales, una silla de hierro que se cerraba aprisionando a quien la ocupase, la mandíbula de una sirena griega, un bezoar de cabra montés engarzado en oro y un coco de mar asido por dos tritones labrados en plata. También había bestiarios exquisitamente iluminados y libros tan raros como el aún por descifrar *Codex Voynich* y el *Codex Gigas* o «Biblia del Diablo», el libro de mayor formato jamás hecho. Y, por supuesto, la sala de maravillas rudolfina rebosaba de obras de arte: unas 2.500 esculturas adornaban las galerías y salas de Hradcany y de sus paredes colgaban 3.000 cuadros de Brueghel, Miguel Ángel, Leonardo, Rafael, Giorgione, Durero, Cranach, Holbein, Tiziano, Tintoretto, Parmigianino, Correggio, Veronés, Rubens y otros célebres maestros.

Nunca llegó a realizarse un inventario completo de esta inmensa colección, pero es posible hacerse idea de su desmesura por los sucesivos expolios a que fue sometida en los siglos siguientes. Empezaron con el traslado a Viena de muchas de las obras de arte por orden del emperador Matías, ambicioso hermano menor de Rodolfo II, a quien depuso tras declararle incapaz para gobernar. En 1620, 1.500 carretas con los ejes curvados por el peso salieron de

Rodolfo II de Habsburgo, por Hans von Aachen. El afán coleccionista de este emperador le hizo reunir una enorme sala de maravillas. (*Kunsthistorisches Museum*, Viena).

John Tradescant padre según un retrato atribuido a Emmanuel de Critz, *circa* 1638. La sala de maravillas de este personaje fue el primer museo que abrió sus puertas al público. (*Ashmolean Museum*, Oxford).

Hradcany como recompensa del nuevo emperador Fernando II al duque Maximiliano de Baviera por su victoria sobre los protestantes checos en la batalla de la Montaña Blanca, la primera de la guerra de los Treinta Años. En 1631 el elector de Sajonia cargó cincuenta carretas, y en 1648 el general Königsmarck, comandante de las tropas suecas, envió a la reina Cristina de Suecia otras cincuenta y se reservó cinco para él. En el siglo siguiente, la emperatriz María Teresa dispuso que los cuadros que quedaban fuesen vendidos a la *Gemäldegalerie* de Dresde. El remanente de la colección se subastó en 1782 por orden del emperador José II y lo que no pudo ser vendido fue arrojado como basura al llamado Foso de los Ciervos, donde durante años los chiquillos de Praga disfrutaron desenterrando conchas, fósiles y monedas. Pese a todo, en 1876 un funcionario del emperador Francisco José inspeccionó Hradcany y encontró pinturas y esculturas, de modo que los «nazis» pudieron efectuar un último saqueo con ellas en 1940. Hasta hace pocos años siguieron apareciendo en los sótanos del castillo objetos que una vez formaron parte del imperio de conocimientos de Rodolfo II, el único que le dio algo de felicidad.

Aparte de las salas de maravillas constituidas por reyes y emperadores, las hubo formadas por eruditos y hombres de ciencia, por lo general médicos que fueron a la vez naturalistas. La de Ulisse Aldrovandi, profesor de Anatomía en la Universidad de Bolonia, constaba de 11.000 restos de animales, 7.000 plantas prensadas, 8.000 acuarelas y un jardín botánico. Otros médicos que las tuvieron fueron Konrad Gessner en Basilea, Cristoph Gottwald en Danzig, Basil Besler en Núremberg, Ole Worm en Copenhague y

Acuarela sobre vitela de Joris Hoefnagel, *circa* 1580. Representa una vista de la ciudad de Cádiz y conchas de *Tonna galea*, *Galeodea echinophora*, *Semicassis undulata*, *Bolma rugosa*, *Monoplex corrugatus*, *Pecten maximus*, *Ostrea edulis* y *Spondylus gaederopus*. (*Kupferstichkabinett*, Berlín).

Acuarela sobre vitela de Joris Hoefnagel, *circa* 1580. Representa los caracoles terrestres *Cepaea hortensis*, *Xerolenta obvia*, *Helix pomatia* y *Arianta arbustorum*. (*National Art Gallery*, Washington).

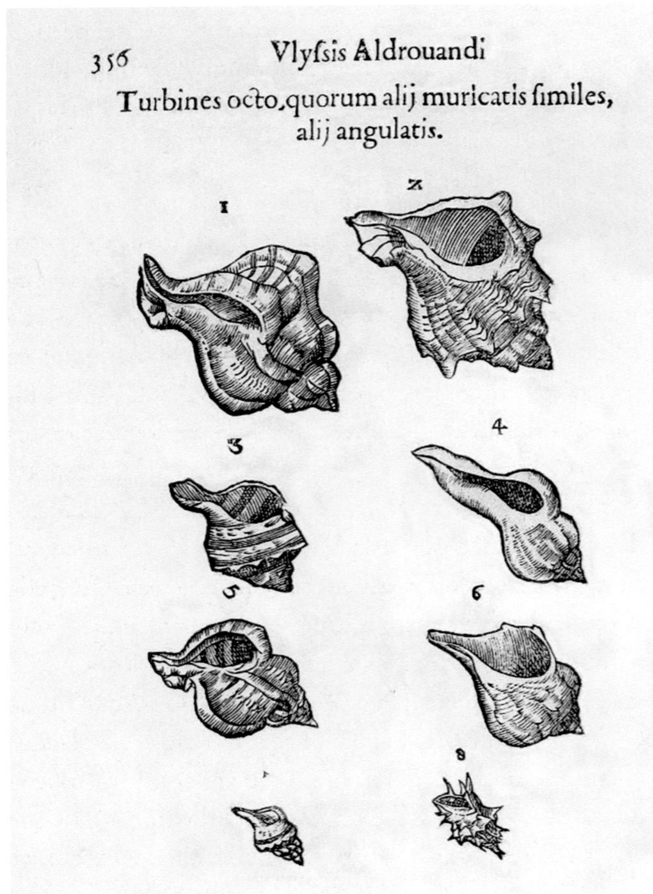
356 Vlyſsis Aldrouandi

Turbines octo, quorum alij muricatis ſimiles, alij angulatis.

XILOGRAFÍA EN *DE RELIQUIS ANIMALIBUS EXANGUIBUS*, OBRA DE ULISSE ALDROVANDI. LAS ESPECIES DEL MEDITERRÁNEO REPRESENTADAS, QUE ESTÁN INVERTIDAS DEBIDO AL PROCESO DE IMPRESIÓN, SON *Hexaplex trunculus*, *Hadriania craticulata*, *Pagodula echinata* Y *Aptyxis syracusana*.

Bernardus Paludanus en Enkhuizen, un puerto próximo a Ámsterdam. En Italia estaban la del clérigo Manfredo Settala en Milán y las de los boticarios Ferrante Imperato en Nápoles y Francesco Calceolari en Verona. En Londres, la de John Tradescant, jardinero de Carlos I de Inglaterra. Esta era conocida por el nombre de *The Ark* (El Arca) y fue el primer museo que abrió sus puertas al público previo pago del precio de la entrada.

En el periodo en el que aparecieron las salas de maravillas también aparecieron los primeros tratados sobre los moluscos y su sistemática, si bien no estaban dedicados solo a dichos animales sino a las criaturas acuáticas o a los animales sin sangre, nombre con el que se conocía a los invertebrados. Todos estaban escritos en latín, el lenguaje científico de la época, e ilustrados con xilografías que representaban por primera vez a las especies de moluscos más significativas. Sus títulos y autores son: *De aquatilibus*, de Pierre Belon (París, 1553); *Universae aquatilium historiae pars altera*, de Guillaume Rondelet (Lyón, 1555); *Historiae animalium, qui est de piscium et aquatilium animantium natura*, de Konrad Gessner (Zúrich, 1558); *De natura aquatilium carmen*, de François Boussuet (Lyón, 1558); *De reliquis animalibus exanguibus*, de Ulisse Aldrovandi (Bolonia, 1606); *Aquatilium et terrestrium aliquot animalium*, de Fabio Colonna (Roma, 1616), e *Historiae naturalis de exanguibus aquaticis*, de John Jonston (Fráncfort, 1650). El más importante fue el de Rondelet, escrito como segunda parte de su *Libri de piscibus marinis*. El autor era un médico y naturalista hugonote que ostentó la cátedra de Anatomía en la Universidad de Montpellier, la primera de Francia que practicó disecciones anatómicas en cadáveres humanos. Su clasificación de las conchas, sus comentarios sobre los animales que las forman y sus grabados fueron copiados por los autores posteriores.

RETRATO DE GUILLAUME RONDELET EN *UNIVERSAE AQUATILIUM HISTORIAE*, OBRA PUBLICADA EN 1555.

CAPÍTULO 3
LA RECREACIÓN DE LOS OJOS Y DE LA MENTE

Mediado el siglo XVII, la importación de especias y otros productos orientales había hecho a Holanda entrar en una edad de oro, pese a que acababa de salir de una enconada guerra por independizarse de España. Su flota suponía en tonelaje las tres cuartas partes de la de toda Europa y los puertos de Ámsterdam y Róterdam eran los almacenes del continente. Sobre la base de una riqueza compartida por el pueblo, artes y ciencias florecieron. La Geografía, la Física, las Matemáticas, la Medicina y la Historia Natural se desarrollaron extraordinariamente en la recién fundada Universidad de Leiden, que no tardó en ser reputada como la más prestigiosa y liberal de Europa. El coleccionismo de pinturas y objetos naturales dejó de ser exclusivo de la aristocracia y se extendió a una burguesía cada vez más opulenta, diletante e interesada en lucir su posición. Buena muestra de ello fue la llamada «fiebre de los tulipanes», que hacia 1635 indujo a que se pagaran fortunas por los bulbos de ciertas variedades de dicha planta importada desde Turquía por un embajador del Sacro Imperio, para especular con los cuales se creó un mercado de bolsa exclusivo.

Óleo de Bartomoleo Bimbi con figuras de conchas exóticas sobre un tapiz oriental, datado en la segunda mitad del siglo XVII. (*Palazzo della Provincia*, Siena).

Óleo de Jacques Linard con figuras de conchas exóticas y un coral rojo, fechado en 1640. (*Musée des Beaux-Arts*, Quebec).

Jan Govertsen van der Aer, coleccionista de conchas de Haarlem, según un retrato hecho por Hendrick Goltzius en 1603. (*Museum Boijmans van Beuningen*, Róterdam).

Aspecto de la sala de maravillas de Levinus Vincent, un rico comerciante de telas de Haarlem. Grabado de Andries van Buysen realizado en 1715 para *Wondertooneel der nature*.

dia, Ceilán, Mauricio, El Cabo, Surinam y las islas de Curazao, Aruba y Bonaire. Las conchas de mayor tamaño, como las de los estrombos, cascos, tritones y bursas, se importaban en cantidades tan grandes que servían de balasto en los barcos durante el viaje antes de convertirse en objetos decorativos para las casas. El famoso diarista inglés John Evelyn dejó constancia de que en 1641 compró conchas y otras curiosidades orientales en una tienda de Ámsterdam. Otro viajero llamado Zacharias von Uffenbach visitó la ciudad en 1711 y dijo haber visto allí medio centenar de colecciones pertenecientes a oficiales, mercaderes, burgueses, artesanos, farmacéuticos y médicos. Prácticamente todas ellas incluían conchas, las cuales habían sido adquiridas en subastas públicas o en tiendas especializadas en objetos exóticos, como la visitada por Evelyn.

De las colecciones de conchas existentes en aquella próspera Holanda, las mejores eran las de Johan Bernard de La Faille, alto funcionario de Delft; Levinus Vincent, acaudalado comerciante de telas en Haarlem; Simon Schijnvoet, preboste del orfanato de Ámsterdam, y Albert Seba, farmacéutico encargado de abastecer las boticas de los numerosos barcos que zarpaban de Ámsterdam y de suministrar las medicinas de los marineros que volvían enfermos, puesto este que le permitió reconstituir su sala de maravillas tras vender en 1716 al zar Pedro I la primera por él formada. La *pièce de résistance* del famoso gabinete de Seba no eran las conchas, pese a las muchas y raras que contenía, sino una criatura reptiliana de siete cabezas conocida como «hidra de Hamburgo», pero Linnaeus descubrió que se trataba de un fraude cuando, durante su estancia en Holanda, visitó el gabinete.

En el resto de Europa, el periodo de paz que siguió a la atroz guerra de los Treinta Años no solo se manifestó en el esplendor artístico del Barroco, sino en la aparición de nuevas salas de maravillas así como de libros impresos dedicados a catalogar y describir sus contenidos, para que, en el caso de que fueran saqueadas o destruidas, algo de ellas quedara. Tuvieron salas de maravillas instituciones científicas inglesas como el Colegio de Médicos de Londres y la *Royal Society*. La Compañía de Jesús, muy poderosa en los tiempos de Contrarreforma que corrían, tenía dos, ambas abastecidas por las donaciones procedentes de todo

Frontispicio de la edición en latín de *Ricreatione dell'Occhio e della Mente nell'Osservation delle Chiocciole*, un libro de Filippo Buonanni que fue el primero dedicado exclusivamente a las conchas.

el mundo que hacían los misioneros jesuitas: la de la biblioteca de la iglesia de Sainte Geneviève de París y la del Colegio Romano, esta última conocida como *Musaeum Kircherianum* ya que la regentaba Athanasius Kircher, un sabio jesuita de origen alemán que escribió sobre materias tan variadas como el magnetismo, la vulcanología, el significado de los jeroglíficos egipcios o la estructura del Arca de Noé. A la muerte de Kircher, el catálogo de su célebre museo fue elaborado y editado por Filippo Buonanni, otro sabio jesuita, este nacido en Roma, que en 1689 sucedió a aquel como director de la institución.

Buonanni fue también autor del primer libro dedicado exclusivamente a las conchas, por las que empezó a interesarse cuando, siendo profesor de Filosofía en el colegio de los jesuitas de Ancona, conoció en esta ciudad a Camillo Pichi, un aristócrata que tenía una colección de ellas. Buonanni dio a su libro el título, muy en consonancia con el sentido diletante y filosófico de una sala de maravillas, de *Ricreatione dell'Occhio e della Mente nell'Osservation delle Chiocciole* (Recreación del ojo y de la mente en la contemplación de las conchas). Sus más de cuatrocientos grabados calcográficos representan los ejemplares del *Musaeum Kircherianum*, algunos de los cuales todavía subsisten en el actual Museo del Instituto de Geología y Paleontología de Roma.

Filippo Buonanni según un grabado de la obra *Giornale de Litterati d'Italia*, publicada en 1726.

El libro de Buonanni se editó en 1681 y se reeditó en 1684 en una versión en latín titulada *Recreatio mentis et oculi in observatione animalium testaceorum*, con cien grabados añadidos a los de la primera edición. Buonanni publicó además varios catálogos ilustrados sobre los hábitos de las órdenes religiosas, los instrumentos musicales de la época y las monedas y medallas acuñadas por el Vaticano. También escribió un opúsculo sobre la técnica del lacado en China y uno de los primeros trabajos sobre microscopía, titulado *Observationes circa viventia* y basado en las observaciones que hizo con un primitivo microscopio que él mismo construyó. En esta obra, Buonanni pretendió demostrar la generación espontánea de las larvas de mosca en la carne muerta, hipótesis en la que, retomando la de Aristóteles al respecto, creía equivocadamente. Fue bien conocida en su época la larga polémica que sobre este asunto entabló con los médicos Francesco Redi y Marcello Malpighi. Dada su creencia en la generación espontánea, Buonanni estaba convencido de que los moluscos testáceos nacían del fango o de la arena.

Al ser la *Ricreatione* una obra prelinneana, los nombres de las especies en ella citadas no son binominales sino polinominales y descriptivos. Por ejemplo, la terebra manchada (*Oxymeris maculata*) y el cono geógrafo (*Conus geographus*) se designan respectivamente como *Turbo elegantissimus quem dixere galli telescopium* (Turbante elegantísimo al que los franceses llaman telescopio) y *Cochlea quem geographicam tabulam representat* (Concha que representa un mapa geográfico). Las conchas están ilustradas *sinistra expressis*, es decir, invertidas, debido al proceso especular de impresión de los grabados. En versión *dextra expressis* se rehicieron para un catálogo de las piezas del *Musaeum Kircherianum*, antigüedades incluidas, que Buonanni elaboró y editó en 1709. Como curiosidad, en la *Ricreatione* se incluye la *Cochlea sarmatica*, monstruoso caracol, probablemente inspirado en el fósil de un ammonítido gigante, que ya habían ilustrado André Thevet en su *Cosmographie Universelle*, Ambroise Paré en su tratado sobre los monstruos y Aldrovandi y Jonston en sus respectivos libros sobre los invertebrados acuáticos.

De 1685 a 1692 aparecieron en Londres las entregas de la primera edición de otro libro pionero sobre los moluscos titulado *Historia conchyliorum* (Historia de las conchas). En segunda edición se imprimió de 1692 a 1697 con el título algo diferente de *Historia sive synopsis methodica conchyliorum* (Historia de las conchas según un método sinóptico). Martin Lister, su autor, era un médico y erudito inglés nacido en 1638, el mismo año que Buonanni. Al igual que este, fue también autor de otros muchos trabajos, como los que dedicó a la sintomatología y tratamiento de diversas enfermedades, a las primeras experiencias con inyecciones intravenosas y a las propiedades terapéuticas de las especias y de las aguas medicinales. Después de la *Historia conchyliorum*, Lister publicó varios opúsculos dedicados a la anatomía de los moluscos, los primeros que se realizaron en este sentido. Fue además médico personal de la reina Ana de Inglaterra, un cargo que ya había ostentado su abuelo como médico de las esposas de Jacobo I y Carlos I. Debe considerarse a Lister una de las grandes figuras de la era precientífica, y así lo avala su nombramiento como vicepresidente de la *Royal Society*, para la cual hizo varias contribuciones, entre ellas un tipo de mapa que por primera vez tenía en cuenta la naturaleza geológica de los terrenos.

Grabado en el libro de Buonanni. Representa las especies *Planobarius corneus*, *Oxymeris maculata*, *Conus tulipa* y *Conus geographus*.

Profusamente ilustrada, la *Historia conchyliorum* contiene un millar de grabados calcográficos realizados por William Lodge a partir de dibujos de Anne y Susanna

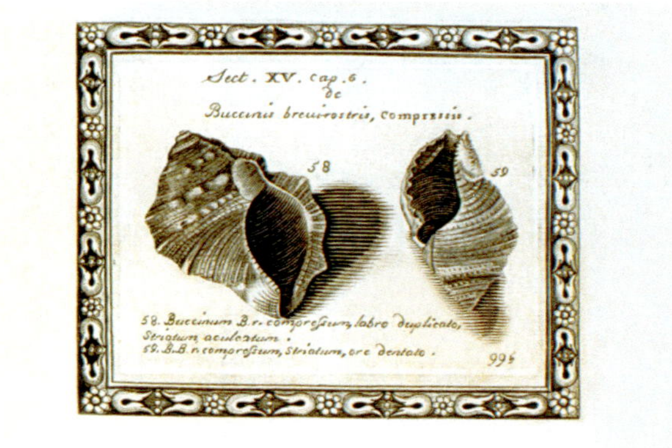

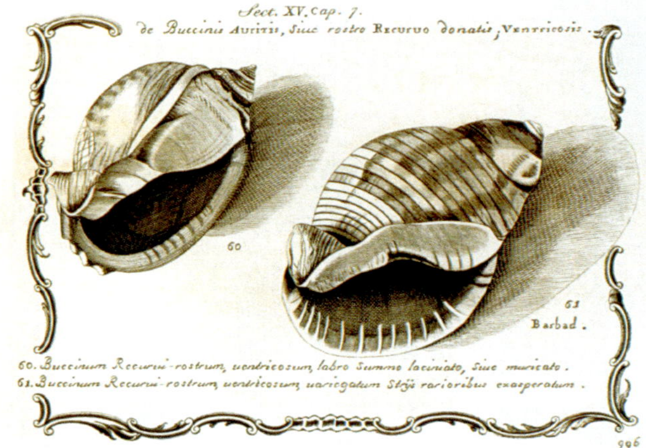

Grabado en *Historia conchyliorum* de Martin Lister. Representa especies de los géneros *Bufonaria*, *Nucella* y *Semicassis*. Los nombres no son binominales al tratarse de una obra prelinneana.

Fotografía en blanco y negro de un retrato al óleo de Martin Lister realizado por Charles Jervas, *circa* 1675. (Colección particular).

Lister, hijas del autor y a las que este educó de forma sin duda exquisita, ya que cuando ilustraron la obra eran adolescentes. Al igual que en la *Ricreatione*, los nombres de las especies en la *Historia conchyliorum* son polinominales, pero las conchas no están representadas invertidas. Aunque carente de texto, esta impresionante obra fue el primer intento serio de sistematizar e ilustrar todas las especies de moluscos testáceos por entonces conocidas. La mayoría de los ejemplares pertenecían a la colección del propio autor y a la de Hans Sloane, otro galeno inglés que presidió la *Royal Society* y a quien Lister encargó coleccionar conchas cuando en 1687 viajó a Jamaica como médico del duque de Albermarle, gobernador de la isla. La inmensa colección de Sloane llegó a contener 100.000 especímenes, muchos de ellos conchas. Junto con la del boticario James Petiver, también *fellow* de la *Royal Society*, fue el núcleo del *British Museum* (*Natural History*). A la muerte de Sloane, esta institución la adquirió por 20.000 libras, una suma muy alta en la época para cuya obtención se celebró un sorteo de lotería. Por su parte, la colección de Lister, junto con las planchas de la *Historia conchyliorum* y los dibujos originales para la obra, fueron a parar por donación suya al *Ashmolean Museum* de Oxford, que por entonces acaba de fundar Elias Ashmole, un astrólogo y heraldista de Carlos II que sumó a su colección de antigüedades la de objetos naturales y etnográficos reunida por John Tradescant. En 1770, dicho museo elaboró una nueva y lujosa edición de la *Historia conchyliorum*. Estaba compuesta por trescientos ejemplares numerados y glosada con las anotaciones de Lister, las cuales había descubierto, al revisar las pruebas de la primera edición, William Huddesford, editor del libro y conservador del museo, a quien también debemos la conservación de la cabeza y una pata del único dodo dise-

Retrato de Rumphius en *D'Amboinsche Rariteitkamer*. La leyenda al pie dice que «tenía los ojos tan ciegos como aguda la mente y por ello era mejor descubriendo que mirando».

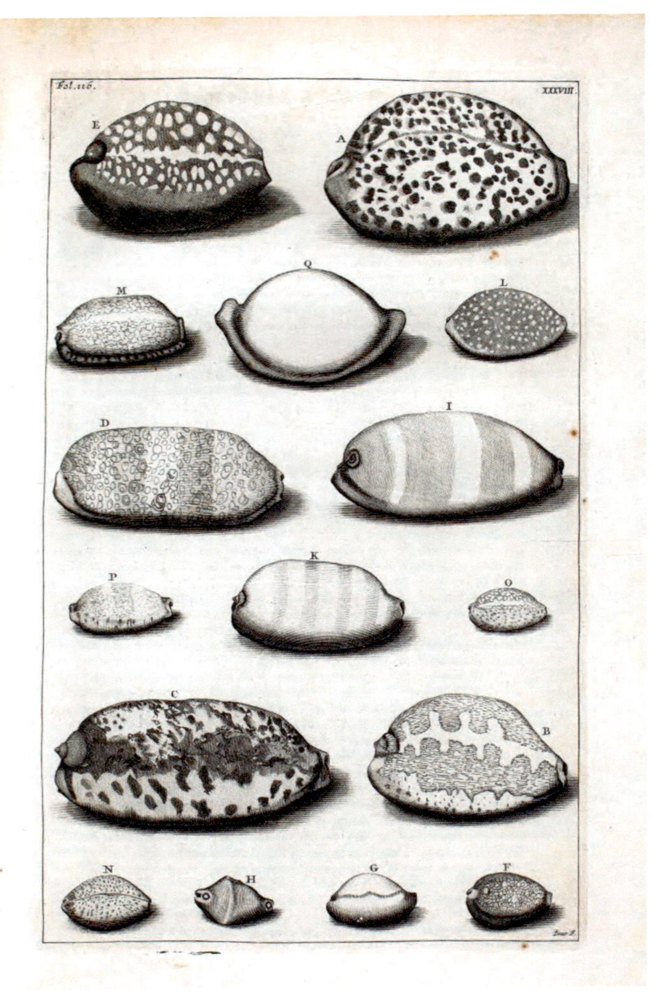

Grabado en *D'Amboinsche Rariteitkamer*. Ilustra cipreas y óvulas del Indopacífico.

cado que quedaba en el mundo, pues los vivos se habían extinguido hacía tiempo.

Pocas décadas antes de que los libros de Buonanni y Lister se publicaran, un alemán llamado Georg Eberhard Rumpf decidió «ir a donde crece la pimienta», expresión por entonces al uso para abandonar la convulsa Europa de la época y emigrar a las remotas Indias Orientales en busca de una vida mejor. Rumpf era natural de Wölfersheim, población cercana a Hanau, la capital del estado protestante de Hesse, en la que casi la mitad de sus habitantes había perecido durante la guerra de los Treinta Años, bien a consecuencia directa del conflicto o bien por la hambruna y la epidemia de peste que aquel propició.

Dado que su padre era ingeniero de obras públicas y su madre la hermana del gobernador de Cléveris, ciudad alemana fronteriza con Holanda, Rumpf había recibido una excelente educación y hablaba bien el holandés. Provisto de estas habilidades, viajó a Ámsterdam, se alistó como soldado y embarcó con rumbo a Brasil a fin de luchar con los holandeses en contra de los portugueses por la posesión de dicho territorio. Pero su barco fue capturado frente a la costa de Portugal y Rumpf pasó tres años en esa nación antes de conseguir regresar a la suya. Tras la muerte de su madre, volvió a Ámsterdam en 1652, sentó plaza como guardiamarina en la Compañía Holandesa de Indias Orientales y viajó a Batavia, actual Yakarta, siendo destinado unos pocos meses después a Amboina, hoy llamada Ambon, una de las islas Molucas o islas de las Especias, en la cual los holandeses habían establecido un puesto comercial dedicado al acopio de clavo, nuez moscada y pimienta. Dados sus conocimientos y su buen juicio, Rumpf no tardó en ser transferido a la rama administrativa de la citada compañía, en la cual alcanzó el grado de comerciante y más tarde el de superintendente.

Su vida en Ambon no fue, sin embargo, nada fácil. Durante un terremoto acaecido en 1674, el cual causó 2.300 víctimas, perdió a su primera mujer, una indonesia llamada Susannah, y a la hija que de ella tenía. A la primera la dedicó una orquídea a la que llamó *Flos Susannae*, según sus palabras «en memoria de quien fue mi primera compañera y la ayuda ideal en la búsqueda de plantas». Para entonces y con poco más de cuarenta años también perdió la vista debido a un glaucoma. Él contó su ceguera de este modo: «Una terrible desgracia que me quitó de repente el mundo entero y todas sus criaturas, obligándome a sentarme en la triste oscuridad y a realizar mi obra con pluma y ojos prestados.» Pese a tan tremendos infortunios, se casó con una viuda holandesa, tuvo de ella un hijo varón y fue autor de dos vastos tratados, uno dedicado a la flora de las Molucas, el *Herbarium Amboinensis*, en el que describió 1.200 especies de plantas, y el otro dedicado a los moluscos, equinodermos, crustáceos y minerales del citado archipiélago, al que tituló *D'Amboinsche Rariteitkamer* (Gabinete de curiosidades de Amboina). Le dio ese título con objeto de que pudiera servir de guía para el creciente número de coleccionistas holandeses que atesoraban conchas y otros objetos naturales procedentes de las Indias Orientales. Sin duda hubiera preferido haberlo escrito en latín, ya que este era el idioma científico de la época, pero no debió encontrar a nadie en Ambon a quien poderle dictar en dicha lengua, de modo que optó por escribirlo en holandés pese a que, desde su ingreso en 1681 en la Academia Leopoldina o *Collegium Naturae Curiosorum*, él mismo había latinizado su nombre según era costumbre en los intelectuales de

Maria Sibylla Merian por Jacob Marrel, 1647. (*Kunstmuseum*, Basilea).

entonces, por lo cual firmaba con el de «Rumphius» y el alias de «Plinio Índico».

Aunque desde 1657, el gobernador de la Compañía Holandesa de Indias Orientales, que residía en Batavia y era un naturalista entusiasta, había eximido a Rumphius de toda función administrativa para que pudiera dedicarse solo a sus estudios y observaciones, la mala suerte que le perseguía hizo que el manuscrito y los dibujos de su *Herbarium Amboinensis*, todos sus libros y la mayor parte de sus colecciones se perdieran durante un incendio que en 1687 devastó la población de Kota Ambon, en la cual vivía. Restituir el trabajo perdido le llevó varios años, pero no acabaron ahí las desgracias, porque el barco que en 1692 llevaba la obra a Holanda para ser impresa fue atacado por otro de bandera francesa y se hundió. Rumphius logró rehacerla a partir de una copia que previamente había dispuesto hacer el gobernador, aunque no sin sufrir en 1695 el robo de muchas de las láminas.

Stellaria solaris (Java). Esta especie fue descrita e ilustrada por primera vez en *D´Amboinsche Rariteitkamer*.

Es pues casi un milagro que los dos libros de Rumphius consiguieran ser escritos y publicados, dados los muchos y serios obstáculos que debieron superar para ello. En 1699, el manuscrito de *D´Amboinsche Rariteitkamer* le fue enviado a Hendrik d´Acquet, a quien Rumphius dedicó la obra. Este era el alcalde de Delft, además de médico y propietario de numerosos libros y pinturas así como de una colección de objetos naturales que contenía sobre todo insectos, aunque también reptiles y conchas. La obra llegó a Holanda en 1701, pero sin los suficientes dibujos para ilustrarla que Rumphius había prometido, quien, dada su edad y su situación, quería apresurarse en publicarla. Ese mismo año, D´Acquet se la entregó a un editor de Ámsterdam llamado Franz Halma. Rumphius murió tres años antes de que en 1705 finalmente se publicara. Por su parte, el *Herbarium Amboinensis* no vio la luz hasta muchos años más tarde, en concreto hasta 1741, y esto a instancias reiteradas de un profesor de Botánica llamado Johannes Burman, que lo tradujo al latín. El motivo de tan importante retraso fue que los directores de la Compañía Holandesa de Indias Orientales vetaron la obra por considerar que podía ser una valiosa fuente de información para otros países que competían con Holanda en el tráfico de especias. Rumphius había adquirido además fama de perjudicial para los intereses de dicha compañía, ya que, desmarcándose de la brutal opresión y del terror que esta había ejercido sobre los nativos de Ambon, él siempre mantuvo una cordial relación con ellos, hasta el punto de que le dieron su nombre a una montaña de la isla.

En una carta fechada en septiembre de 1704, el editor Halma le escribió a D´Acquet que, al no haberle llegado todos los dibujos de conchas prometidos por el autor, había tenido que conformarse con los pocos recibidos y suplir el resto con los de ejemplares existentes en gabinetes de curiosidades, elogiando en este punto al arquitecto y coleccionista Simon Schijnvoet por haberle ayudado a resolver el problema y por sus comentarios añadidos al texto de Rumphius. De esto se desprende que la mayor parte de las sesenta láminas calcográficas que ilustran *D´Amboinsche Rariteitkamer* fueron hechas en Holanda a partir de dibujos y grabados de distintos autores, como Pieter de Hondt, Andries van Buysen, Jacob de Later, Johannes Deur, Jan

Lamsvelt y Wenceslaus Hollar, además de los que originalmente acompañaran al manuscrito, estos debidos a Pieter de Ruijter, de quien se sabe que desde 1694 a 1700 pintó en Ambon para Rumphius. La *Koninklijke Bibliotheek* de la Haya guarda 45 hojas de los *Dessins originaux des raretés d'Amboine par G. E. Rumphius*, que fueron propiedad del antes citado Schijnvoet. Muchos de los dibujos de este álbum se han perdido; algunos los debió utilizar François Valentijn, un clérigo calvinista que durante un tiempo vivió en Ambon y entre 1724 y 1726 publicó una obra sobre las Indias Orientales que, en la parte dedicada a las conchas, copiaba la de Rumphius. Lo relatado explica las numerosas irregularidades existentes en las láminas de *D'Amboinsche Rariteitkamer*, por ejemplo, que en unas las figuras de las conchas estén invertidas y en otras no, que solo lo estén algunas figuras de la misma lámina, que estén representadas especies que no viven en las Molucas o que las referencias a las figuras mezclen series alfabéticas con otras numéricas.

Un asunto debatido pero no del todo resuelto es el de aportación a las ilustraciones de *D'Amboinsche Rariteitkamer* de Maria Sibylla Merian, la célebre pintora de plantas e insectos, autora de *Metamorphosis Insectorum Surinamensium*, obra que publicó en 1705, tras haber regresado en 1701 a Ámsterdam después de vivir un tiempo en la colonia holandesa de Surinam, a la que viajó para acompañar a una hermana casada con un funcionario. En una carta fechada en 1702, Merian dice «estar registrada en la obra de Amboina» y que los dibujos que había hecho para ella estaban casi del todo listos. En otra carta fechada en 1711 dice que aún tenía disponible al precio de diez florines una copia coloreada de ese trabajo, pero que ya no haría ninguna más. En la Academia Rusa de Ciencias de San Petersburgo se conservan 54 láminas de acuarelas sobre vitela, que es un pergamino muy fino, idénticas a los grabados del libro de Rumphius salvo porque todas son imágenes especulares de aquellos. Una hija de Merian se las vendió al zar Pedro I cuando este visitó Holanda por segunda vez en 1717. También subsisten al menos dos copias de las láminas impresas del libro de Rumphius coloreadas por Merian, quien debió hacerlas mientras tuvo las planchas a su disposición, o sea, antes de 1711, ya que en ese año se usaron para una impresión sin texto realizada en Leiden con el título de *Thesaurus Imaginum Piscium Testaceorum*, la cual fue seguida de otra hecha en La Haya en 1739. El libro de Rumphius, con el texto completo y sus grabados, se reimprimió en 1740 en Ámsterdam, esta vez no por Halma sino por otro editor llamado Jan Roman de Jonge.

Merian, que al igual que Rumphius era emigrante alemana en Holanda, se hallaba en Ámsterdam cuando D'Acquet y Halma recibieron el manuscrito de *D'Amboinsche Rariteitkamer*, necesitaba dinero y estaba familiarizada con las colecciones de conchas más importantes del país. Así pues, es muy probable que recibiese el encargo de hacer los dibujos para las láminas de la obra, que para ello usara como modelos ejemplares de esas colecciones, incluyendo la de Levinus Vincent y la del propio D'Acquet, y que luego Schijnvoet y Halma decidieran dónde tenía que ir cada dibujo en cada lámina. Una comparación minuciosa entre las acuarelas de Merian, los diseños de La Haya y los grabados del libro de Rumphius demuestra que no siempre fueron eligidos los dibujos de ella. No obstante, sigue sin saberse con certeza si las acuarelas de San Petersburgo fueron copia de los grabados o si fue al revés. En uno y otro caso las conchas están representadas en unas láminas con su sentido real de giro y en otras no, y esto ocurre en una proporción similar.

En *D'Amboinsche Rariteitkamer* se nombran e ilustran 339 especies de moluscos del Indopacífico, 157 de las cuales eran desconocidas hasta entonces en Europa, algunas de ellas tan significativas como el escalárido precioso (*Epitonium scalare*), la estelaria, caracol sol o caracol espuela (*Stellaria solaris*), el casco cornudo (*Cassis cornuta*), la voluta murciélago (*Cymbiola vespertilio)*, el cono marmóreo (*Conus marmoreus*) y las cipreas arábiga (*Mauritia arabica*), topo (*Talparia talpa*), tortuga (*Chelycypraea testudinaria*), cornalina (*Lyncina carneola*) y argos (*Arestorides argus*). En

Naturaleza muerta por Clara Peeters. La pintura, hecha en 1611, incluye imágenes de conchas de *Harpa harpa*, *Harpa doris*, *Hexaplex rosarium* y *Cittarium pica*. (Museo del Prado, Madrid).

Naturaleza muerta por Balthasar van der Ast, *circa* 1640. Entre las especies representadas están los caracoles terrestres *Polymita picta* y *Liguus fasciatus* de Cuba y *Amphidromus perversus* de Indonesia. (*Museo Boijmans van Beuningen*, Róterdam).

la décima edición del *Systema Naturae*, Linnaeus conservó una treintena de los nombres dados por Rumphius. Debido a que esta obra marca el inicio de la nomenclatura binominal, es Linnaeus quien figura como descriptor de tales especies, pero en realidad lo fue Rumphius. Él fue también el primero en describir un nautilo vivo y en hablar de la capacidad venenosa de los conos.

En la época de Rumphius, los coleccionistas solían exhibir las conchas de sus gabinetes en composiciones simétricas que eran dispuestas en cajones compartimentados forrados de seda, raso o terciopelo. Esta ordenación no solo tenía un carácter decorativo; evidenciaba la relación entre el coleccionista, la colección y Dios como creador de las producciones naturales que el primero se limitaba a ordenar a fin de admirar mejor el gran diseño divino y reflejar en su colección la armonía del universo. En este sentido, Franz Halma, el editor de *D'Amboische Rariteitkamer*, comparaba al coleccionista holandés Levinus Vincent y a su mujer Johanna van Breda con Adán y Eva arreglando el Paraíso Terrenal. La actitud calvinista hacia la Naturaleza fue un estímulo para los coleccionistas holandeses de *naturalia*, hasta el punto de que los gabinetes de este tipo llegaron a considerarse una señal de virtud en sus propietarios. En un poema titulado *De sprekende Kunstkamer* (El gabinete de maravillas parlante), otro coleccionista llamado Christoffel Beudeker señalaba cómo las conchas de su colección daban testimonio de la grandeza de Dios y exhortaba a los seguidores del filósofo ateo Spinoza a contemplar la de un escalárido precioso y preguntarse quién sino Él podría ser artífice de tan maravillosa obra de arte. Por su parte, el médico Bernard Nieuwentijt, autor de *El recto uso de los cosas del mundo para convencer a los ateos*, un libro reeditado ocho veces desde su aparición en 1715, remitía a los no creyentes a los muchos gabinetes existentes en Holanda en manos de caballeros que se entretenían reuniendo y admirando las obras de la Naturaleza, actividad que equiparaba a rezar. No obstante, en esa relación entre coleccionismo y religiosidad hubo posiciones dispares y más rigurosas. En *Sinne-Poppen* (Emblemas), una obra dedicada al simbolismo de los objetos que también fue popular en la Holanda de la época, se hacía de las conchas, al igual que de los tulipanes, símbolos del lujo y la ostentación y paradigmas de cómo un necio podía gastar su dinero en cosas que antes se daban a los niños para que jugaran. Del mismo modo consideraron a las conchas varios moralistas holandeses.

Debido a que las conchas perduran tras la muerte de las criaturas que las construyeron y a que las de los bivalvos simbolizaban la verdad oculta, ya que la parte comestible está por dentro de ellas, fueron frecuentemente representadas en las pinturas de *vanitas*, un subgénero del bodegón o Naturaleza muerta característico del Barroco en el que, en alusión a la fugacidad de la vida y a la precariedad de los bienes materiales, también se representaban calaveras, flores, mariposas, objetos de vidrio, pompas de jabón, velas humeantes, pipas vacías, ristras de perlas, joyas, medallas, relojes, naipes, libros, manuscritos, partituras, títulos honoríficos e instrumentos musicales. El nombre de *vanitas* hace referencia a unas palabras de Salomón recogidas el *Eclesiastés*: *Vanitas vanitatum et omnia vanitas* (Vanidad de vanidades y todo vanidad). Tales palabras del rey sabio recuerdan que la muerte es inevitable y que no vale la pena vivir en lo perecedero sino centrando la existencia en ideales nobles. Pintadas con una precisión casi científica, las conchas figuran en numerosos óleos de Jan Brueghel el Viejo, Adriaen van Stalbemt, Franz Francken, Balthasar van der Ast, Joachim Wtewael, Gillis de Hondecoeter, Jan de Heem, Jan van Kessel, Adriaen Coorte, Clara Peeters, Abraham Susenier, Carstian Luyckx, Georg Hainz, Sebastian Stoskopff, Jacques Linard, Simon Renard de Saint André, Bartolomeo Bimbi, Paolo Porpora y otros pintores del siglo XVII que se especializaron en retratar Naturalezas muertas y *Kunstschränken*, que eran gabinetes de coleccionista reducidos al formato de un mueble. Rembrandt, uno de los pintores más paradigmáticos del Barroco, también retrató la concha de un cono marmóreo (*Conus marmoreus*) en uno de sus más famosos aguafuertes.

Vanitas de Simon Renard de Saint André. La calavera y las conchas vacías, en este caso de *Cittarium pica* y *Archachatina marginata*, simbolizan la fugacidad de la vida. Por su parte, el laurel seco, la fídula y el libro de danzas representan la vacuidad de los honores y placeres. (*Musée des Beaux-Arts*, Marsella).

CAPÍTULO 4
DILETANTES ILUSTRADOS

En el siglo XVIII, las grandes salas de maravillas que eran propiedad de las casas reales habían aumentado sus contenidos hasta tal punto que, por razones de espacio y ordenación, acabaron fragmentándose en gabinetes de Historia Natural, museos de Anatomía, pinacotecas, salas de Numismática, parques zoológicos y jardines botánicos. De esos reales gabinetes de Historia Natural, uno de los más ricos en conchas era el de Luis XV de Francia, núcleo del actual Museo de Historia Natural de París. Lo dirigía Georges Louis Leclerc, a quien el rey ennobleció dándole el título de conde de Buffon. También tenían numerosas conchas los gabinetes de Juan V de Portugal, Federico V de Dinamarca, Luisa Ulrica de Suecia y el emperador Francisco I. Este último, esposo de María Teresa de Habsburgo y heredero del ducado de Toscana a la muerte del último de los Médicis, fue un gran aficionado al coleccionismo de objetos naturales. Su colección, en buena parte comprada al caballero Johann von Baillou, un naturalista florentino que había reunido 30.000 especímenes, dio origen al Museo de Historia Natural de Viena.

En Holanda seguía habiendo muchas y buenas colecciones de conchas. Además de la que el estatúder Guillermo V de Orange tenía en su palacio de La Haya, estaba la de Pieter Lyonet, secretario y traductor oficial del gobierno holandés además de grabador de figuras de insectos y estudios anatómicos. Su gran afición por las conchas se inició cuando Arnaut Vosmaer, conservador del gabinete del estatúder, le regaló algunas. Entusiasmado por ellas, compró varias colecciones completas y las mejores piezas de otras, lo que, unido a su continuo trato con los marchantes, le llevó a formar una importante colección. La guardaba en un mueble de ochenta cajones fabricado con maderas preciosas. La colección de Lyonet era famosa por sus rarezas, entre ellas el único ejemplar por entonces conocido de la carinaria o nautilo de cristal

Este óleo de Franz Messmer y Jacob Kohl, fechado en 1773, muestra al emperador Francisco I con los conservadores de su sala de maravillas. El caballero Johann von Baillou, encargado del gabinete de Historia Natural, es el segundo por la izquierda. (*Naturhistorisches Museum*, Viena).

(*Carinaria cristata*) y uno de los pocos en existencia del cono apodado «sin par» o «sin igual» (*Conus cedonulli*).

Durante el reinado de Luis XIV y emulando a Holanda y a Inglaterra, Francia creó su propia compañía de Indias. Con ello, Ámsterdam dejó de ser el mercado internacional de conchas exóticas, pues estas empezaron a llegar a los puertos franceses para deleite de coleccionistas como Antoine Joseph Dezallier d´Argenville, un abogado que fue consejero de Luis XV y autor de un precioso libro sobre ellas, además de otros sobre jardinería y biografías de pintores y de más de seiscientas entradas a *L'Encyclopédie* de Diderot y D´Alembert. Con un frontispicio de tema mitológico debido al pintor François Boucher, que también coleccionaba conchas, la primera edición del libro de D´Argenville se publicó en París en 1742 con el título de *L'Histoire Naturelle éclaircie dans deux de ses parties principales, la Lithologie et la Conchyliologie*. Abreviadamente se la conoce como *La Conchyliologie*, siendo la primera vez que este término aparece. Cada una de sus 33 láminas, a las que se añadieron como apéndice otras tres de conchas muy raras, fue grabada a partir de dibujos del autor y dedicada a uno de los coleccionistas cuyos gabinetes se citan en la obra y la financiaron. Ello hace de *La Conchyliologie* una colección de colecciones de la época. El texto describe la manera de formar un gabinete de conchas, los usos de estas, los lugares donde recogerlas y la forma de limpiarlas y presentarlas.

D'Argenville según un grabado de *La Conchyliologie*.

Gualtieri según un grabado del *Index Testarum Conchyliorum*.

Fuente de «Los baños de Diana». El decorado del fondo está hecho con conchas de vieiras. (Palacio de La Granja, Segovia).

El mismo año de la primera edición de *La Conchyliologie* se imprimió en Florencia otro libro sobre conchas, el *Index Testarum Conchyliorum* de Niccolò Gualtieri. Su autor, profesor de Medicina en la Universidad de Pisa y médico del duque de Toscana, que a la sazón era Cosme III de Médicis, fue propietario de una importante colección de ellas, muchas de cuyas piezas eran ejemplares repetidos de la colección de su ducal patrón, quien en 1682 había adquirido la de Rumphius.

De *La Conchyliologie* se hizo una segunda edición en 1757 con 38 láminas y un añadido titulado *Zoomorphose ou Représentation des Animaux á coquilles*. En 1780, muerto ya D'Argenville, apareció una tercera y última edición en dos volúmenes dedicada a Luis XVI. Esta corrió a cargo de los editores Jacques y Guillaume Favanne de Montcervelle, que eran padre e hijo, con nuevas adendas al texto y 83 láminas reelaboradas sobre las de ediciones anteriores y grabadas de nuevo. En cuanto a la nomenclatura de las especies, se obvian los prolijos nombres en latín dados por Buonanni y Lister para usar los más sugestivos en francés que los Favanne de Montcervelle y otros marchantes de conchas habían puesto de moda entre los coleccionistas del París de la época. Por ejemplo, las lapas llevan nombres como *le teton de Venus*, *le pain de sucre*, *le lépas d'aile de papillon*, *le soleil de Provence*, *la raquette*, *l'ágate flambée*, *le jade*, etc. Las conchas están ilustradas en composiciones simétricas según un criterio decorativo característico del Rococó. De hecho, la palabra «rococó», término coloquial que empezó a usarse en Inglaterra para referirse a dicho estilo cuando ya se consideraba anticuado, es una combinación del vocablo italiano *barocco* y del francés *rocaille*. Las *rocailles* eran composiciones hechas con conchas, corales y rocas que decoraban los pabellones y los ninfeos o grutas artificiales que estuvieron muy de moda en las mansiones aristocráticas del siglo XVIII. De los últimos, han quedado hermosos ejemplos en las villas italianas de Este, Médicis y Pratolino, en las villas inglesas de Woburn Abbey y Goodwood Park, y en el palacio Weissenstein de Pommersfelden, próximo a Múnich. De los pabellones de conchas, los más bellos son el de Carton House, en Irlanda, y el del parque de Rambouillet, en la localidad homónima próxima a París. Este último fue construido para la princesa de Lamballe, leal amiga de la desventurada reina María Antonieta y una de las primeras víctimas de la Revolución francesa.

Además de D´Argenville, del pintor Boucher y de los Favanne de Montcervelle, entre los coleccionistas franceses o afincados en la Francia del siglo XVIII hay que citar a Madame de Bandeville, a Joseph Bonnier de La Mosson, el cual era tesorero del Languedoc y coronel del regimiento del Delfín; al marqués de Bonnac, embajador francés en Holanda; al conde de La Tour d´Auvergne, mariscal de Francia; al duque de Calonne, ministro de Hacienda poco antes del inicio de la Revolución francesa; a Christian Hwass, un danés residente en París, y a Pedro Franco Dávila, un comerciante nacido en Guayaquil que también residió algún tiempo en dicha ciudad, donde formó un gabinete reputado de ser mejor que el de Luis XV. Solo la parte dedicada a las conchas ocupaba dos armarios con cuarenta cajones. En 1767, acuciado por las deudas contraídas, Dávila subastó la mayoría de las conchas y otras piezas de su colección y le propuso al rey de España, que a la sazón era Carlos III, la compra del resto. Aceptada esta tres años después, Dávila se trasladó a Madrid, se instaló en el palacio Goyeneche de la calle Alcalá, hoy sede de la Real Academia de Bellas Artes de San Fernando, y dispuso que le enviaran desde París 252 cajones conteniendo su colección. De esta manera nació el Real Gabinete de Historia Natural, origen del actual Museo de Ciencias Naturales de Madrid. El edificio del Museo del Prado fue proyectado en principio para albergarlo.

El coleccionismo de conchas en el París de la Ilustración fue posible gracias a marchantes como Pierre Remy, Jean Baptiste Glomy y, sobre todo, Edmé François Gersaint, propietario de una tienda llamada *La Pagode* en el *Pont de Notre Dame* en la que también vendía porcelanas, ágatas y cuadros de Watteau y otros pintores de moda. Con ejemplares adquiridos en Holanda, Gersaint organizó en 1736 la primera subasta de conchas que se efectuó en París, la cual fue seguida de otras muchas. Del elevado número de coleccionistas de conchas existentes por entonces en la ciudad habla la pareja cantidad de catálogos que los

La tienda de Gersaint, fragmento de un óleo de Jean Antoine Watteau fechado en 1721. (*Charlottenburg Schlöss*, Berlín).

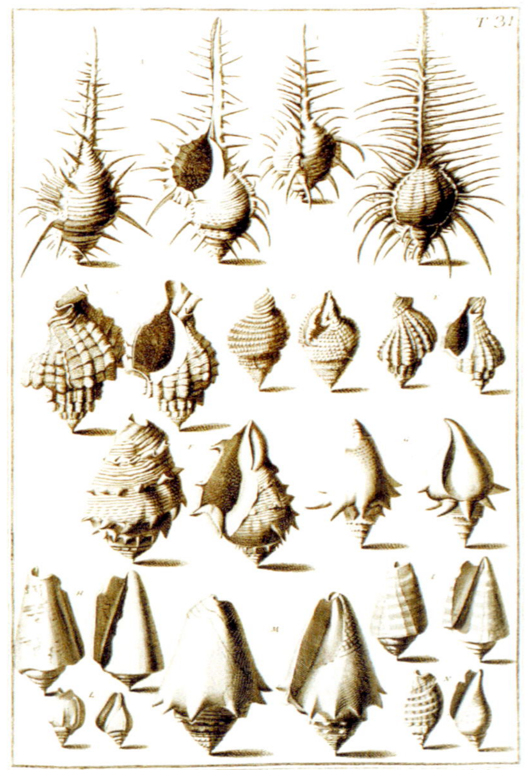

Lámina del *Index Testarum Conchyliorum*, obra de Gualtieri.

antedichos marchantes confeccionaron cuando fueron subastadas. En la edición de 1780 de *La Conchyliologie* se citan 135. Pero la gran convulsión social que supuso la Revolución francesa acabó a golpe de guillotina con toda forma de diletantismo aristocrático en el país.

Michel Adanson, un naturalista francés, publicó en 1757 su *Histoire Naturelle du Sénégal: Coquillages*, libro que debía ser el primero de ocho sobre la fauna y flora de Senegal, aunque los demás no llegaron a aparecer por falta de suscriptores. En él, Adanson abordó la anatomía de los moluscos, de la que con anterioridad solo se habían ocupado Lister en *Historia Animalium Angliae* y D´Argenville en la *Zoomorphose*. En una crítica al desinterés de los coleccionistas de conchas por el estudio de los animales que las producen, Adanson escribió: «La propia belleza de las conchas que ha atraído la atención por ellas se ha convertido en un obstáculo para el progreso de la Historia Natural». Al afirmar que la Conquiliología solo es una parte de la Malacología, Adanson señaló por primera vez el distanciamiento aún existente entre los malacólogos, procedentes del ámbito de la Biología, y los conquiliólogos, que en general proceden del mundo del coleccionismo. Antes de Adanson, ya había criticado la ligereza de los coleccionistas Jacob Theodor Klein, un pastor protestante de Danzig y autor en 1753 de un método de clasificación de las conchas titulado *Tentamen methodi ostracologicae*: «La mayor parte de ellos se recrea sin ciencia alguna en la increíble variedad de las conchas, juegan con ellas y las demandan como los chiquillos demandan nueces y los ricos piedras preciosas. Los más cuidadosos las ponen un rótulo con un bonito nombre, como hacen los holandeses. Pocos son los que, con el pensamiento puesto en la Historia Natural, se dedican a buscar los auténticos caracteres distintivos de las especies.»

En 1758 apareció el tercer volumen de los cuatro que constituyen *Locupletissimum Rerum Naturalium Thesauri*, monumental obra de Albert Seba más conocida como el *Thesaurus*. Ese volumen está dedicado a las conchas, corales y peces del famoso gabinete que dicho farmacéutico había reunido en Ámsterdam. Por entonces él ya había

Albert Seba según un grabado del *Thesaurus*. Exhibe un ejemplar de la pitón que lleva su nombre y las conchas más valiosas de su colección: el escalárido precioso, el cono sin par y la delfínula.

muerto, pero Vosmaer se encargó de publicar los dos últimos tomos en el mismo formato denominado «folio elefante» ya usado en los dos primeros. Los preciosos grabados, coloreados a mano en cada ejemplar, muestran las conchas en composiciones simétricas o formando cenefas, estrellas, flores, mascarones y grotescos. El escueto texto no sigue el sistema binominal de Linnaeus, quien, aunque fue invitado a participar en la obra, declinó la oferta y el mismo año de la edición del tercer volumen del *Thesaurus* publicó la

Linnaeus retratado en 1775 por Alexander Reslin. (Real Academia de las Ciencias de Suecia, Estocolmo).

décima de su *Systema Naturae*, la cual marca oficialmente el inicio de la nomenclatura zoológica.

Carl von Linné, más conocido como Linnaeus, reunió a los moluscos y gusanos en la clase *Vermes*, a la cual dividió en *Vermes Intestina* (gusanos verdaderos), *Vermes Mollusca* (moluscos sin concha) y *Vermes Testacea* (moluscos con concha). De las numerosas ediciones de su *Systema Naturae*, solo la décima y la doceava incluyen los moluscos. En la décima, de 1758, se nombran 453 especies de gasterópodos en diecisiete géneros: *Monoculus*, *Limax*, *Doris*, *Tethys*, *Conus*, *Cypraea*, *Bulla*, *Voluta*, *Buccinum*, *Strombus*, *Murex*, *Trochus*, *Turbo*, *Helix*, *Nerita*, *Haliotis* y *Patella*. En la doceava, aparecida en 1767, Linnaeus describió y nombró nuevas especies. Otras lo fueron en *Regni Animalis Appendix*, un suplemento a *Mantissa Plantarum*, obra publicada en 1771. El hecho de que Linnaeus no ilustrara ninguna de las especies por él nombradas, remitiéndose a las figuras de otros autores, ha motivado que algunas no hayan podido ser identificadas con exactitud. Por otra parte, las colecciones que manejó no eran excesivamente ricas en especies, por lo que los coleccionistas de la época tuvieron dificultades en clasificar algunos de sus ejemplares al no constar en el *Systema Naturae*.

Otra obra en la que Linnaeus hizo referencia a los moluscos fue *Musaeum Reginae Ludovicae Ulricae*, un catálogo del gabinete de la reina Luisa Ulrica de Suecia, muchas de cuyas piezas eran conchas. Las ilustraciones le fueron encargadas a un pintor apellidado Von Kruss, pero, por motivos desconocidos, la obra se publicó en 1764 sin ellas, pese a estar hechas las acuarelas previas. Estas, representando a más de cuatrocientas especies de gasterópodos, se conservan actualmente en la Real Academia de Ciencias de Suecia.

Linnaeus fue propietario de una importante colección de conchas formada a expensas de las contribuciones que de diversas partes del mundo le enviaban sus colaboradores. Por desgracia, sus colecciones resultaron seriamente dañadas durante un incendio que en 1766 destruyó gran parte de la ciudad de Upsala, donde por entonces vivía. Falto de dinero, su hijo Carl, que heredó las pertenencias científicas del padre, vendió durante su estancia en Londres conchas a la duquesa de Portland, a Banks y a Solander. En 1784, el botánico James Edward Smith, que era un ferviente admirador de Linnaeus, compró en subasta casi todos sus efectos y dio algunas de las conchas a William Bullock, un coleccionista que exhibía su colección en *Piccadilly Circus* con el nombre de *London Museum of Natural History*. Entre ellas estaba el ejemplar de *Architectonica perspectiva* que sirvió a Linnaeus para describir la especie, así como un ejemplar inusualmente grande de los tres de escalárido precioso (*Epitonium scalare*) que, pese a su extrema rareza en la época, poseía. En 1828, la viuda de Smith vendió las conchas que quedaban a la *Linnean Society* de Londres, que es donde hoy se hallan aquellas de las cuales se sabe con seguridad que pertenecieron al célebre naturalista sueco.

El primer libro en alemán sobre conchas se publicó en Leipzig en 1744 con el título de *Testaceo-Theologia*. Este curioso título concordaba con el profundo sentimiento religioso por entonces imperante en los países protestantes del norte de Europa, también reflejado en los de otros libros sobre

Lámina de *Neues Systematisches Conchylien-Cabinet*, obra de Martini continuada por Chemnitz.

Una de las doce láminas coloreadas a mano de *Auserlesne Schecken, Muscheln und andre Schaalthiere*, suntuoso libro que el grabador Franz Michael Regenfuss dedicó a la colección de conchas de Federico V de Dinamarca.

Ciencias Naturales como la *Physica Sacra* de Scheuchzer o la *Bible der Natur* de Swammerdam. El autor de la *Testaceo-Theologia*, que también lo fue de una *Insecto-Theologia*, era un médico y pastor protestante llamado Friedrich Christian Lesser. En su obra describió las conchas de los gabinetes más importantes de Alemania, habló de la relación de los moluscos con la Medicina, las artes y el comercio y añadió un índice de los pasajes bíblicos que mencionan a estos animales.

En 1755 y 1757 aparecieron otros dos libros en alemán sobre conchas, ambos ilustrados a color. Sus títulos parafraseaban el del libro de Buonanni: *Monatliche Belustigung im Reiche der Natur* (Placer trimestral en el Imperio de la Naturaleza), del artista hamburgués Nicolaus Georg Geve, y *Vergnügen des Augen und des Gemüths* (Deleite de la vista y del espíritu), de Georg Wolfgang Knorr, un grabador de Núremberg. De este último, que ilustra casi un millar de especies, se hicieron ulteriores ediciones en holandés y francés. Además, inspiró a Friedrich Heinrich Martini, un médico de Hamburgo, otra ambiciosa obra también ilustrada a color: *Neues Systematisches Conchylien-Cabinet* (Nuevo gabinete sistematizado de conchas). Tres tomos de ella vieron la luz antes del fallecimiento de Martini en 1778; el clérigo danés Johann Hieronymus Chemnitz retomó la empresa y de 1779 a 1795 añadió ocho tomos más; un doceavo y último tomo apareció en 1829.

En 1758, otro grabador alemán llamado Franz Michael Regenfuss publicó *Auserlesne Schnecken, Muscheln und andre Schaalthiere* (Selección de caracoles, almejas y otros crustáceos), uno de los más hermosos de todos los libros que se hayan publicado sobre conchas debido a su

El barón Ignaz von Born, retrato de Johann Baptist von Lampi hecho *circa* 1790. (*Naturhistorisches Museum*, Viena).

formato en «folio elefante» y a sus doce exquisitas planchas coloreadas a mano. Estas representan ejemplares pertenecientes a la colección de Federico V de Dinamarca.

Por su parte, la colección que había formado el emperador Francisco I y que a su muerte heredó su esposa María Teresa de Habsburgo fue catalogada e ilustrada a instancias de dicha emperatriz por el barón Ignaz Edler von Born en otro no menos suntuoso libro titulado *Testacea Musei Caesarei Vindobonensis* (Conchas del Museo Imperial de Viena), el cual se publicó en 1780. El autor era un naturalista, mineralogista e ingeniero de minas de origen húngaro. También fue autor de un opúsculo sobre las antigüedades egipcias y de él se sabe que estaba afiliado a la francmasonería, que introdujo a Mozart en la logia vienesa de la cual era maestro y que inspiró al célebre compositor el personaje de Sarastro de su ópera *La flauta mágica*.

En 1795 y asimismo en Viena apareció *Prodromus in Systema Historicum Testaceorum*, de Joachim Spalowsky, con texto a dos columnas, una en latín y otra en alemán, y trece planchas coloreadas a la acuarela en las que, para captar la iridiscencia de las conchas, se aplicaron laminillas de oro y plata. La obra pretendía ser el avance de otra más ambiciosa que nunca pudo llevarse a cabo debido a la muerte del autor.

En la Dinamarca del siglo XVIII también hubo notables expertos y coleccionistas de conchas. Aparte del ya citado Chemnitz, estaban Christian Hwass, que se afincó en París; el conde Adam Gottlob Moltke, que fue consejero y chambelán de Federico V de Dinamarca, y Lorentz Spengler, un suizo llegado a Copenhague para trabajar en calidad de tornero de marfil y maderas preciosas para la casa real y al que Federico V acabó nombrando conservador de su gabinete.

Pero el malacólogo danés de mayor proyección científica fue Otto Friedrich Müller, autor de *Vermium terrestrium et fluviatilium*, una obra publicada en 1774 a la vez en Copenhague y Leipzig y la primera dedicada con exclusividad a los moluscos de tierra y agua dulce, hasta entonces casi ignorados debido a sus conchas por lo general pequeñas y menos vistosas que las de sus parientes marinos. Desafortunadamente, la obra de Müller carece de ilustraciones, lo que la hace poco atractiva pese a su gran interés científico. En la línea iniciada por Müller, el primer tratado sobre moluscos de agua dulce se publicó en 1779 en La Haya con el título de *Die Geschichte der Flüssenconchylien* (La historia de las conchas de río). Johann Samuel Schröter, su autor, fue un clérigo al que el duque Carlos Augusto de Weimar empleó como bibliotecario en los mismos años en los que Goethe era secretario suyo.

Con total independencia de Europa, en Japón existió otro foco de interés por las conchas que, cultivado por la clase aristocrática, provenía de la tradición contemplativa budista y de la búsqueda del zen o paz espiritual a través de la armonía existente en la Naturaleza. Los primeros libros japoneses sobre *kaizu* (conchas) se remontan al siglo X. El titulado *Jouteo gohyaku kaizu*, de Joutei Kichimonjiya, data de 1688 e ilustra más de quinientas. El primer libro sobre conchas impreso en Japón apareció en 1749 con el título de *Kaizukushi Ura no Nishiki* (Conchas de colores en la playa), siendo pues coetáneo de los de D´Argenville, Gualtieri, Seba, Knorr y Regenfuss. Ryuhou Oeda, su autor, describió en él más de doscientas especies. Le siguieron otros libros publicados durante la época Edo, como *Shiohi no tsuto* (Regalos de la bajamar), obra de 1789 debida al célebre pintor Kitagawa Utamaro.

Pintura de conchas de Ito Jakuchu, de finales del siglo xviii. (Museo de las colecciones imperiales, Tokio).

El más importante fue *Mokuhachi fu* (Ilustraciones de conchas), de Musashi Sekiju, que data de 1843 e incluye un millar de especies clasificadas en siete grupos y con los nombres en japonés, ya que en Japón no se empezó a utilizar la nomenclatura linneana hasta finales del siglo XIX, tras la modernización del país impuesta por el emperador Meiji.

En el siglo XX, la escuela japonesa de Malacología experimentó una renovación con la figura del coleccionista e ilustrador Yoichiro Hirase, el cual trabajó en colaboración con la Academia de Ciencias Naturales de Filadelfia. El emperador Hirohito, que coleccionaba conchas y fue un gran aficionado a la Oceanografía, se refirió a esa colaboración durante su encuentro con el general MacArthur al acabar la Segunda Guerra Mundial, que obviamente había terminado con aquella como también con la colección de conchas de Hirase, destruida durante aquel nuevo suicidio de la humanidad.

El navegante, pirata y escritor William Dampier, por Thomas Murray, *circa* 1698. (*National Portrait Gallery*, Londres).

CAPÍTULO 5
NAVEGANTES EN BUSCA DE CONCHAS

Los viajes de circunnavegación emprendidos en la segunda mitad del siglo XVIII por los ingleses y franceses enriquecieron las colecciones de conchas con espectaculares especies hasta entonces desconocidas en Europa. El primer barco que llevó a Inglaterra una concha con fines científicos fue el *Roebuck*, al mando del escritor y antiguo pirata William Dampier. Durante su segundo viaje a Australia, realizado en 1649, Dampier hizo embarcar en Nueva Guinea la concha de una tridacna o almeja gigante (*Tridacna gigas*) como regalo para el museo de la *Royal Society*, dado que Lord Montague, presidente de dicha institución, le había recomendado a los altos mandos de la *Royal Navy* para comandar la expedición. La concha, sin embargo, nunca llegó a su destino, ya que el *Roebuck* naufragó en la isla de Ascensión por los daños que en su casco había ocasionado otro molusco bivalvo de mucho menor tamaño, el teredo o broma de los barcos (*Teredo navalis*). En 2001, unos buzos recuperaron la concha de la tridacna recogida por Dampier junto con la campana de su barco.

El viaje alrededor del mundo de Louis Antoine de Bougainville (1766-1769) y los tres de James Cook (1768-1771, 1772-1775 y 1776-1779) fueron muy fructíferos en lo referente a las conchas. Aparte de que en ellos iban naturalistas con carácter oficial, los marinos y marineros sabían que los «tesoros de coleccionista», como llamó Bougainville a las conchas al referirse a ellas en el relato de su periplo, eran parte del botín del viaje y se las cambiaban a los nativos de las islas en las que hacían escala por clavos, cuentas y pacotilla a fin de venderlas a su regreso a casa e incrementar sus pagas con la ganancia. Por su parte, los nativos pronto aprendieron a obtener ventaja del interés que los europeos tenían por esos objetos naturales. En su diario de viaje en el *Beagle*, Darwin escribió sobre Tahití que el primer y principal artículo que los tahitianos le ofrecieron para comprar fueron conchas. Los oficiales y altos cargos de las compañías de Indias también las atesoraban para venderlas. En 1792, Kermadec vio una veintena de escaláridos preciosos en manos del gobernador de Ambon, y un nautilo de cristal en las de su secretario.

Callistocypraea aurantium (Filipinas). Las primeras conchas de esta especie que llegaron a Europa proceden del segundo viaje del capitán Cook.

La mayor parte de las conchas colectadas durante el primer viaje de Cook fueron retenidas para la colección del *British Museum* y la suya propia por Sir Joseph Banks, un terrateniente rico y ávido de conocimientos que, junto con Daniel Solander, discípulo de Linnaeus, embarcó como naturalista en el *Endeavour* y presidió después durante muchos años la *Royal Society*. No ocurrió lo mismo con las conchas que en los siguientes viajes de Cook fueron llevadas a Inglaterra procedentes de lugares tan variopintos como Australia, Nueva Zelanda, Tierra de Fuego, Hawái, Polinesia, Melanesia, Nueva Guinea y Nueva Caledonia. A través de los *dealers* o marchantes, pasaron a manos de los coleccionistas, lo que, aparte de representar un estímulo para ellos, puso de moda el coleccionismo de «conchas de los mares del Sur», usando el término por el que genéricamente se las conocía. El interés por lo exótico empezó a hacer furor en la alta sociedad británica como anteriormente lo había hecho en la holandesa y un poco más tarde en la francesa.

Entre las nuevas especies traídas en el segundo viaje de Cook había varios ejemplares de ciprea dorada o ciprea aurora (*Callistocypraea aurantium*). Todos estaban perforados en su extremo anterior, ya que habían sido obtenidos del atuendo de los nativos de Tahití, quienes los llevaban colgados al cuello e informaron a Cook y a sus oficiales de que provenían de una isla situada a gran distancia que, por la orientación que señalaban, los ingleses dedujeron era Fiyi. En este archipiélago, por entonces poblado por tribus de caníbales, tales conchas se consideraban objetos dotados de poderes sobrenaturales y solo podían ser poseídas por jefes de alto rango. El número de cipreas doradas traídas en los viajes de Cook y en los siguientes a Tahití debió ser importante, a juzgar por el número de ellas perforadas que hay en las viejas colecciones y por el valor no demasiado alto que alcanzaron en las primeras subastas en las que aparecieron a la venta. No así más tarde, cuando, al agotarse las que se podían obtener en Tahití, se hicieron codiciadas por su belleza y por la fascinación que ejercían para los coleccionistas debido al hecho, relatado por Edward Donovan en 1823 en *Naturalist´s Repository*, de ser muy difícilmente asequibles al provenir de unas islas habitadas por feroces caníbales. En la actualidad, los ejemplares viejos y perforados de la especie se consideran mucho más valiosos que los nuevos, pese a su defecto y a que su color naranja haya palidecido con los años, ya que añaden un interés etnológico.

Del segundo viaje de Cook también llegaron a Inglaterra dos ejemplares de astrea heliotropo o caracol estrella imperial (*Astraea heliotropium*), ambos colectados en el estrecho que separa las dos islas principales de Nueva Zelanda y lleva el nombre del célebre marino. El ejemplar que llegó a bordo del *Resolution* fue a parar a manos de Henry Seymer, un coleccionista e ilustrador de mariposas que vivía en Dorset. Durante muchos años se le perdió la pista, pero en 1960, al ser examinadas las conchas del Museo de Zoología de la Universidad de Cambridge, reapareció con una etiqueta manuscrita por Seymer que señalaba había sido traído por Cook. El otro llegó en el *Adventure*, y, a decir de Alexandre Leroy de Barde, un aristócrata y pintor refugiado en Londres durante la Revolución francesa, que lo retrató en 1803 en una gran acuarela junto con otras conchas dispuestas en estantes, fue hallado sobre el cable del ancla del barco y se lo quedó un oficial que luego se lo vendió a al marchante George Humphrey. Este se lo vendió a su vez a Sir Ashton Lever, otro coleccionista de objetos naturales y etnográficos que exhibía en Londres su colección al público bajo el nombre de *Holophusicon* o *Musaeum Leverianum*. La concha tuvo luego varios propietarios hasta que en 1815 la adquirió el *British Museum* (*Natural History*), que es donde se encuentra en la actualidad.

No pocos de los ejemplares procedentes de los dos últimos viajes de Cook fueron comprados por el antes citado Humphrey o por Thomas Martyn, los primeros *dealers* de conchas que hubo en Inglaterra, y con un interés por ellas que iba más allá de lo pecuniario. Humphrey fue el editor de una publicación con ilustraciones titulada *The Conchology, or Natural History of Shells*. Su autor era Emanuel Mendes da Costa, un judío de ascendencia portuguesa que fue secretario de la *Royal Society* antes de acabar en prisión por apropiarse de las cuotas de sus socios. Él trabajó en la obra desde la cárcel, en la que pasó cuatro años. Finalmente se publicó entre 1770 y 1771 firmada «por un coleccionista», ya que a ninguno de los suscriptores que la subvencionaban le hubiese gustado saber que el autor estaba preso por defraudar los fondos de la *Royal Society*. Por su parte, Martyn fue el autor de *The Universal Conchologist*, obra en cuatro volúmenes con cuarenta láminas cada uno que se editó entre 1784 y 1789. En ella, ilustradas por jóvenes artistas aficionados que trabajaban por poco dinero, figuraban bastantes de las nuevas especies de los mares del Sur llevadas a Inglaterra durante los viajes de Cook, entre ellas las antes citadas ciprea dorada y astrea heliotropo, así como los tróquidos de Nueva Zelanda denominados *Cookia sulcata* y *Maurea punctulata*. Al interés que estos dos libros despertaron por las conchas exóticas se sumó el interés que por las más modestas especies locales conllevó la publicación en 1778 de la *Historia Naturalis Testaceorum Britanniae, or the British Conchology*, obra también de Mendes da Costa cuyas láminas ilustraban los moluscos de las islas Británicas. Fue, junto con el libro de Adanson sobre los de Senegal, el primer libro dedicado a la fauna malacológica de una zona geográfica concreta.

A través de Humphrey y Martyn, algunas de las conchas llevadas a Inglaterra por Cook y otros marinos ingleses como Wallis y Byron, abuelo del célebre poeta, fueron a parar al gabinete de Margaret Cavendish Bentinck, segunda duquesa de Portland, una dama diletante e ilustrada que era amiga del rey Jorge III, de su ministro Walpole y del filósofo Rousseau. La duquesa tenía pasión por la música, la jardinería, las antigüedades y las conchas y, siendo la mujer inglesa más rica de su tiempo, reunió una gran colección de estas, pese a que, por su condición femenina, no le estaba permitido ser miembro de la *Royal Society* ni de ninguna otra institución científica. Además de comprárselas a los antedichos marchantes, la duquesa intercambiaba conchas con coleccionistas de diferente extracción social e incluso recolectaba personalmente las de especies de tierra y agua dulce en los alrededores de su mansión de *Bulstrode Hall*, apodada *The Hive* (La Colmena) por el continuo ajetreo de proveedores y conservadores. Solander fue contratado para clasificarle la colección, y William Huddesford, el conservador del *Ashmolean Museum* de Oxford a quien debemos la salvación de la cabeza y una pata del último dodo disecado, le dedicó la lujosa reedición de 1770 de la *Historia conchyliorum*, obra que, junto con las anotaciones de Lister y los dibujos de las hijas de este que habían servido para ilustrarla, se hallaba en la biblioteca de la duquesa. Otras dos obras sobre conchas de la época, el cuarto volumen de la *British Zoology* de Thomas Pennant y *Minute and Rare Shells* de George Walker, también le fueron dedicadas.

En 1786, año siguiente al de la muerte de la duquesa, su gabinete fue subastado, incluyendo su *pièce de résistance*, el llamado «Vaso Portland», una vasija romana decorada con camafeos que inspiró la famosa porcelana Wedgwood. Los hijos de la duquesa no estaban interesados en la colección y los numerosos acreedores demandaban ser pagados.

Acuarela de Alexandre Leroy de Barde, 1803. Una de las conchas representadas en este «trampantojo», la tercera por la izquierda del cuarto estante, es un caracol estrella (*Astraea heliotropium*) recolectado en el segundo viaje del capitán Cook. (*Musée du Louvre*, París).

Ilustración de la ciprea dorada (*Callistocypraea aurantium*) en *The Universal Conchologist* de Thomas Martyn, 1789.

La duquesa de Portland, por Thomas Hudson, 1744. (Colección particular).

La subasta, que se extendió a lo largo de 38 días, fue un acontecimiento social en Londres y comportó la cantidad, fabulosa para la época, de 11.546 libras. Algunos de sus casi 4.000 lotes, detallados en el catálogo que al efecto confeccionó John Lightfoot, capellán y bibliotecario de la duquesa, fueron adquiridos por el duque de Calonne a través de un agente que este envió desde París. La dispersión de la colección de conchas de la duquesa fue tal que hoy solo se conservan tres ejemplares de los cuales se sabe que pertenecieron con seguridad a ella: una voluta cortesana (*Cymbiola aulica*) en el *British Museum* (*Natural History*) y dos ejemplares del caracol terrestre cubano denominado polimita (*Polymita picta*), ambos en el *Hunterian Museum* de Glasgow.

En 1801 y también en Londres se subastó la colección del duque de Calonne, quien, apodado por el pueblo «Monsieur Déficit» tras haber sido el último ministro de Hacienda de Luis XVI, se había exiliado en dicha ciudad un año antes de que estallara la Revolución francesa. Aparte de ese ejemplar, por entonces el único, de voluta cortesana que antes había pertenecido a la duquesa de Portland, la colección del duque de Calonne incluía otras muchas rarezas de la época, como una ciprea dorada (*Callistocypraea aurantium*), un arpa imperial o arpa doble (*Harpa costata*), un escalárido precioso (*Epitonium scalare*), un cono gloria del mar (*Conus gloriamaris*), un cono sin par (*Conus cedonulli*) y uno de los dos ejemplares por entonces conocidos del nautilo de cristal (*Carinaria cristata*). Los altos precios alcanzados en la subasta de esta colección, organizada por Humphrey y cuyo catálogo también fue confeccionado por él, hicieron que el coleccionismo de conchas se viera como una forma de inversión, lo cual vino a incrementar el valor de otras colecciones existentes por entonces en Inglaterra, como las de Henry Constantine Jennings, Charles Dubois, William Bullock, el conde de Tankerville, Sir Ashton Lever, Lord Valentia, Lady Angus y Elizabeth Bligh. Esta última era la esposa de William Bligh, el protagonista del célebre motín de la fragata *Bounty* fletada en 1789 por la *Royal Navy* para recoger plantones del árbol del pan en Tahití y llevarlos a Jamaica, donde sus frutos alimentarían a los esclavos de las plantaciones de caña de azúcar. Por haber

Izquierda. El duque de Calonne, por Élisabeth Vigée-Lebrun. Este aristócrata francés fue uno de los últimos propietarios de salas de maravillas. La suya incluía una importante colección de cuadros y otra no menos importante de conchas. (*The Royal Collection*, Londres). Derecha. Elizabeth Bligh, por John Webber, 1782. (Colección particular).

sido contramaestre en el tercer viaje de Cook, del cual había vuelto pocos meses antes de casarse, Bligh conocía el valor económico de las conchas exóticas, aparte de su significado como expresión de amor y recuerdo de lugares exóticos. Por ello las coleccionó para su mujer durante su segundo viaje del árbol del pan y su ulterior destino como gobernador de Nueva Gales del Sur, a donde viajó sin su amada «Betsy» dado el extremo temor que esta tenía al mar.

Se desconoce cuándo empezó a coleccionar conchas Elizabeth Bligh. El empleo de su padre como agente de aduanas en la isla de Mann pudo darle precozmente la oportunidad de coger algunas en las playas de la isla o de adquirirlas de los capitanes y tripulaciones de los barcos que pasaban por allí. Lo que sí se sabe es que su colección incluía ejemplares de especies consideradas muy raras en la época, como la ciprea dorada (*Callistocypraea aurantium*), el múrice alado (*Pterynotus alatus*), la voluta imperial (*Cymbiola imperialis*), dos volutas australianas (*Ericusa sowerbyi* y *Ericusa papillosa*), solo conocidas por los ejemplares de esa colección, y un espécimen perfecto de arpa imperial o arpa doble (*Harpa costata*), que aún hoy es una de las conchas más escasas y deseadas y cuya especie había sido descrita por Linnaeus a partir de un ejemplar que, carente de localidad de origen, estaba en la colección de la reina Luisa Ulrica de Suecia. Tampoco se conocían las localidades de procedencia de los otros pocos ejemplares por entonces existentes, el del conde de La Tour d´Auvergne, ilustrado en *La Conchyliologie* y luego comprado por el duque de Calonne, el del abate Crillon y el de Vosmaer. Fue precisamente Bligh quien desveló el misterioso lugar de procedencia del arpa imperial al conseguir para su esposa un ejemplar cuando en 1810 hizo escala en Mauricio, a su regreso de Australia. Con posterioridad se hallaron allí otros ejemplares a decir de Jacques Milbert, un oficial de la expedición de Baudin que, alegando enfermedad, se quedó en la isla y publicó más tarde un libro sobre ella. Al referirse en él al arpa imperial, Milbert escribió: «Los naturalistas y aficionados a las

William Bligh, por John Smart, *circa* 1799. (*National Portrait Gallery*, Londres).

conchas ignoran la patria de estos bellos caracoles, pero yo poseo uno, pues se han hallados vivos en las costas de la isla de Francia (Mauricio).»

En 1822, muertos ya Bligh y su esposa, la colección de esta última fue puesta a la venta por sus hijas en el comercio que en *The Strand*, cerca de Westminster, acababa de abrir John Mawe, un *dealer* de conchas y minerales que antes había sido capitán de barco mercante. Como no hubo comprador en el precio en que fue tasada, se dividió en más de un millar de lotes para subasta, uno de los cuales era el elegante mueble de caoba y maderas de la bahía Botánica en el que estaba guardada. La subasta tuvo lugar en *Covent Garden* bajo la dirección de otro *dealer* llamado Charles Dubois, quien un año antes había subastado la colección de Lady Angus. El naturalista e ilustrador William Swainson contribuyó al catálogo con un par de láminas. Varias litografías de su *Exotic Conchology*, obra publicada ese mismo año, muestran

Harpa costata (Mauricio). En el siglo xviii, esta especie solo era conocida por unos pocos ejemplares sin localidad de origen.

volutas, estrombos y mitras *ex Museum Domina Bligh* (del gabinete de la Señora Bligh). Las mejores piezas las adquirió William Broderip, un juez de Londres muy interesado por la Historia Natural, ya que fue miembro de la *Royal Society* y de la *Linnean Society*, secretario de la *Geological Society* y socio fundador de la *Zoological Society*. Broderip también fue un entusiasta coleccionista de conchas, sobre las cuales publicó numerosos trabajos. Fue además autor de otro trabajo sobre el dodo, cuya imagen, entre las de varias conchas exóticas, descubrió en un óleo del siglo xvii.

Otros ejemplares de la colección de Elizabeth Bligh pasaron a engrosar la de Hugh Cuming, curioso personaje al que sus coetáneos apodaron «el príncipe de los coleccionistas de conchas». De sus inicios en la vida poco se sabe salvo que era de origen muy humilde, que había nacido en una aldea próxima a Devon, que su padre murió cuando él tenía solo un año de edad y que era un niño cuando empezó a trabajar como aprendiz de un constructor local de barcos. A los veintiocho años dejó Devon para ir a la colonia inglesa en Valparaíso, principal ciudad portuaria de Chile. Allí se emparejó con una mujer llamada María de los Santos, de la cual tuvo una hija, y dedicó su tiempo libre a buscar y coleccionar conchas. En 1826, con 35 años, ya había amasado una fortuna construyendo barcos, lo cual le permitió dedicar el resto de su vida a viajar para seguir buscando conchas. Construyó para sí mismo un

Voluta diadema. Lam.

Mus. Dom.ª Bligh

FIGURA DE UNA VOLUTA DE LA COLECCIÓN DE ELIZABETH BLIGH EN *EXOTIC CONCHOLOGY* DE WILLIAM SWAINSON, 1822.

WILLIAM BRODERIP EN UN GRABADO PUBLICADO EN *THE ILLUSTRATED LONDON NEWS*, 1856. ESTE JUEZ DE LONDRES FUE UN GRAN NATURALISTA Y UN ÁVIDO COLECCIONISTA DE CONCHAS, SOBRE LAS QUE PUBLICÓ NUMEROSOS TRABAJOS.

barco al que llamó *Discoverer* y, para gobernarlo, contrató los servicios de un capitán apellidado Grimwood. Además de inspirarse en los viajes de Cook, Cuming tuvo sin duda en cuenta las palabras que Mawe había escrito en su guía para coleccionistas de conchas, publicada en 1821 con el título de *The voyager´s companion, or shells collector´s pilot*: «Habiendo viajado por la mayor parte del mundo, puedo decir por propia experiencia que no hay puesto que ofrezca más facilidades para coleccionar conchas que el de capitán u oficial de barco, tanto si lo que se busca con esta actividad es distracción como hacer negocio.»

En 1831 Cuming se instaló en Londres tras haber dejado Valparaíso, a donde nunca volvió pese a que su mujer había dado a luz a otro hijo suyo. Su casa en *Gower Street* era un emporio de conchas, fruto de sus visitas a las subastas que de ellas tenían lugar en la ciudad y, sobre todo, de los dos grandes viajes que había realizado, el de Polinesia (1827-1828) y el de Sudamérica (1828-1830), a los cuales seguiría un tercero a Filipinas (1836-1840). Se calcula que Cuming recogió en estos viajes unos cinco millones de ejemplares de alrededor de 19.000 especies, algunas en lugares tan remotos como las Galápagos, archipiélago que visitó varios años antes de que lo hiciera Darwin, o como la isla Pitcairn, donde contó con la ayuda de John Adams, el último superviviente de los amotinados de la *Bounty* que, para escapar del castigo, se habían refugiado en dicha isla. Un gran número de las especies colectadas por Cuming no habían sido descritas, pero él permitió a los malacólogos el acceso a su inmensa colección para que las estudiaran y nombraran. Solo durante el año 1832 Broderip describió en el *Journal of the Zoological Society* 247 nuevas especies de la colección de Cuming y siguió publicando más en los años siguientes. Las dos obras sobre moluscos más importantes de esa época y las mejor ilustradas: el *Thesaurus Conchyliorum* (1842-1887), de George Brettingham Sowerby padre, hijo y nieto, y la *Conchologia Iconica* (1843-1878), de Lovell Augustus Reeve y Sowerby hijo, tuvieron como base la colección de Cuming. Darwin también obtuvo de ella datos acerca de las conchas que recogió durante su viaje en el *Beagle*. Cuming no solo tenía muchos ejemplares, sino que los suyos solían ser los más grandes y perfectos en existencia.

El mismo año de la muerte de Cuming, acaecida en 1865, se le vio con su aspecto de hombre grueso, rubicundo

Hugh Cuming fotografiado en 1861. El personaje era un constructor de barcos que dedicó su fortuna a viajar en busca de conchas. Su enorme colección fue adquirida por el *British Museum*.

Los Sowerby se dedicaron a la Malacología durante tres generaciones. En esta fotografía tomada a principios de la década de 1870 aparece George Brettingham Sowerby (II), autor junto con su padre y su hijo del *Thesaurus Conchyliorum*, una de las obras sobre moluscos más importantes del siglo XIX.

y bonachón en una subasta de conchas. De su gran afición por ellas habla su curiosa rúbrica con cuatro vueltas de espiral. Su colección fue comprada por el *British Museum* (*Natural History*) en 6.000 libras, suma equivalente a medio millón de las actuales. La misma institución también adquirió la importante colección de Broderip.

El interés por las conchas en la sociedad inglesa del siglo XIX se reflejó no solo en las frecuentes subastas de ellas, la mayoría efectuadas por la firma *Stevens´s* de *Covent Garden*, sino en los numerosos libros que se publicaron sobre el tema. De ellos, el *Index Testaceologicus*, de William Wood, editado en 1818 y reeditado diez años después, se hizo popular por ser el primer libro de bolsillo dedicado a las conchas y contener 2.300 figuras muy precisas pese a su exiguo tamaño.

En la Francia posterior al periodo napoleónico, el principal coleccionista de conchas fue Jules Paul Benjamin Delessert, banquero en Lyón y fundador de varias empresas comerciales, entre ellas una fábrica de algodón y otra de azúcar que fue pionera en extraer esta sustancia a partir de la remolacha. Ello le valió a Delessert ser distinguido por Napoleón I con la Legión de Honor y el título de barón, pues, por su enfrentamiento con Inglaterra, Francia había perdido por entonces el abastecimiento de azúcar de caña procedente de Mauricio y de las islas del Caribe. Naturalista por afición, Delessert reunió un enorme herbario y una no menor colección de conchas integrada por 150.000 especímenes de unas 25.000 especies, la mayoría de ellas adquiridas a marchantes y viajeros. En 1840 compró la colección del príncipe Masséna, mariscal de la Francia napoleónica, la cual incluía la de Lamarck, la de Madame de Bandeville y la de Sallier de la Touche, que a su vez incluía la de Hwass. Ubicada en una galería de cincuenta metros de recorrido, en la colección de Delessert trabajaron los malacólogos Jean Charles Chenu y Louis Charles Kiener. A la muerte de su propietario, su hermano la vendió a la ciudad de Ginebra, con la que la familia había contraído deudas.

Thomas Say retratado por Charles Wilson Peale en 1819. Se le considera el primer malacólogo americano. (*The Academy of Natural Sciences*, Filadelfia).

Lovell Augustus Reeve en una fotografía tomada a principios de la década de 1860.

La afición por las conchas no tardó en pasar a los Estados Unidos. En 1786, recién acabada la guerra de Independencia, en la cual luchó con el grado de capitán, Charles Willson Peale, hijo de un *dandy* inglés exiliado en el país tras desfalcar en Inglaterra una estafeta de correos, abrió en Filadelfia el primer museo americano de Historia Natural. Consistía en una larga galería iluminada en cuya parte superior se exhibían los retratos hechos por el propio Peale, que era un notable pintor, de norteamericanos ilustres, como Washington y Jefferson. Por debajo de ellos había aves y animales disecados expuestos en vitrinas, además de insectos, minerales y fósiles que en total sumaban alrededor de 100.000 piezas, un millar de las cuales eran conchas.

Thomas Say es considerado el primer malacólogo americano. Procedente de una familia de cuáqueros, este farmacéutico fue uno de los fundadores de la Academia de Ciencias Naturales de Filadelfia, ciudad en la que nació. También participó en varias expediciones por el interior del país exponiéndose al ataque de los indios y fue uno de los pasajeros del barco *Philanthropist*, a bordo del cual un grupo de jóvenes idealistas, artistas y científicos viajó por el río Ohio con idea de crear una comunidad utópica a la que llamaron *New Harmony*. Say conoció en este experimento social a la pintora Lucy Way Sistare, con la que se casó en secreto. En 1837 publicó *The American Conchology, or Descriptions of the Shells of North America*, un libro ilustrado por su mujer y el primero dedicado a las conchas que se imprimió en los Estados Unidos.

Charles Wilson Peale en un autorretrato realizado en 1822. (*The Academy of Fine Arts*, Filadelfia).

Charles Darwin según una acuarela de George Richmond realizada en 1840, cuatro años después de que el célebre naturalista regresara del viaje del *Beagle*. (*Down House*, Downe).

CAPÍTULO 6
LA ÉPOCA DE LOS VIAJES CIENTÍFICOS

En el siglo XIX, las naciones europeas seguían tan interesadas en aumentar sus conocimientos científicos como en colonizar nuevas tierras frente a la competencia comercial de las naciones rivales. La construcción de barcos más capaces y de instrumentos más precisos como sextantes y cronómetros hizo posible fletar ambiciosas expediciones. En ellas siempre iban naturalistas, y en no pocas esos naturalistas estaban especializados en moluscos o tenían un gran interés por estos animales.

Tales fueron los casos, en las expediciones francesas, del médico Jean Guillaume Bruguière, que en 1773 embarcó con Kerguelen rumbo a los mares subantárticos; de François Péron, uno de los naturalistas que en 1800 viajaron a Australia en la expedición de Baudin con las corbetas *Le Géographe* y *Le Naturaliste*; de René Lesson, cirujano en el viaje de 1822 de *La Coquille* comandada por Duperrey; de Jean René Quoy y Joseph Paul Gaimard, participantes en la expedición de 1817 de Freycenet con *Le Uranie* y *Le Physicienne* y en la de 1826 de Dumont d´Urville con *L´Astrolabe*.

Si nos referimos a las expediciones británicas, el capitán Frederick Beechey, que además de marino era un excelente naturalista, viajó por el Pacífico entre 1825 y 1828 a bordo del *Blossom*, viaje del cual regresó con muchos especímenes, conchas entre ellos. De 1836 a 1842, el malacólogo Richard Brinsley Hinds embarcó en el *Sulphur* al mando del capitán Edward Belcher, otro marino aficionado a la Historia Natural que había sido oficial de Beechey. Belcher dirigió en 1843 una nueva expedición a Indonesia con el *Samarang* y en ella iba como cirujano un malacólogo llamado Arthur Adams. Por entonces, Charles Darwin ya había regresado del histórico viaje alrededor del mundo que de 1831 a 1836 hizo en la goleta *Beagle* al mando del capitán James Fitzroy. Aunque el célebre naturalista no estaba particularmente interesado en los moluscos, colectó un buen número de conchas en Sudamérica y en los archipiélagos de Cabo Verde y Cocos-Keeling, así como dieciséis formas de caracoles terrestres en las islas Galápagos. No parece, sin embargo, que estas influyeran en

Lámina del *Catálogo de los Moluscos Terrestres y de Agua Dulce observados en España*. Esta obra de Mariano de La Paz Graells se publicó en 1846 y fue la primera en español sobre moluscos.

El malacólogo austriaco Georg Ritter von Frauenfeld.

El médico Joaquín González Hidalgo fue el malacólogo español más importante del siglo XIX.

Florentino Azpeitia, ingeniero de minas y eminente malacólogo.

la gestación de sus ideas sobre la variación de las especies al estar sometidas a aislamiento, como sí lo hicieron las tortugas terrestres, las iguanas, los pinzones y los sinsontes que también colectó en dichas islas. Al menos no se refirió a ellas en ninguno de sus escritos.

Prusia no quiso ser menos que otras naciones europeas en lo referente a las expediciones marítimas, de modo que en 1869 envió al este de Asia un barco llamado *Thetis*. En él iba el malacólogo Eduard von Martens, pero, por diferencias surgidas con el capitán, decidió seguir viaje por tierra a Indonesia visitando de camino China y Japón.

El Imperio Austro-Húngaro carecía de otras salidas al mar que las que por Trieste y Venecia tenía en pugna con una incipiente Italia unificada. Pese a ello, de 1857 a 1859 envió a la fragata *Novara* para un viaje de circunnavegación. A bordo se hallaba Georg Ritter von Frauenfeld, otro malacólogo que, como Broderip, también estuvo vinculado a la historia del dodo, pues descubrió una imagen de esta ave extinguida en un bestiario de la Biblioteca Imperial de Viena que había pertenecido al emperador Rodolfo II.

La expedición española al Pacífico estuvo integrada por las goletas *Triunfo* y *Resolución*, a las que en Montevideo se sumó la *Covadonga*. De 1872 a 1876, esta expedición visitó Canarias, Cabo Verde, Brasil, Uruguay, Argentina, Chile, Bolivia, Perú, Ecuador y California. En ella iban cinco naturalistas, un taxidermista y un fotógrafo. La dirección estuvo primeramente a cargo de Patricio Paz y Membiela, que era marino y naturalista, pero después pasó a Francisco Martínez y Sáez. Los resultados científicos fueron más bien escasos, como antes lo habían sido los de la expedición de Alejandro Malaspina, llevada a cabo entre 1789 y 1794 con las goletas *Descubierta* y *Atrevida*.

El primer naturalista español que se interesó por los moluscos fue Mariano de la Paz Graells, un médico que durante veintitrés años dirigió el Museo de Ciencias Naturales y el Jardín Botánico de Madrid. Su *Catálogo de los Moluscos Terrestres y de Agua Dulce observados en España*, aparecido en 1846 en forma de opúsculo con una única lámina, fue el primer trabajo malacológico que se publicó en España. En él, Graells citó para el territorio español 142 especies terrestres y 72 dulceacuícolas. Continuadores de Graells fueron los dos malacólogos españoles más relevantes de finales del siglo XIX y principios del XX: el médico Joaquín González Hidalgo y el ingeniero de minas Florentino Azpeitia. El último

Grabado en *The Illustrated London News* que ilustra la maniobra de amarre del *Challenger* en los peñones de San Pedro y San Pablo, situados a quinientas millas de la costa de Brasil.

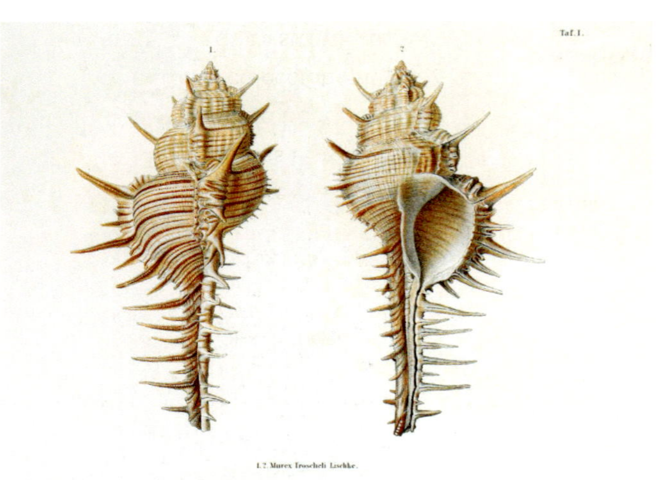

Figura del *Murex troscheli* en *Japanische Meeres-Conchylien*, obra de Karl Emil Lischke publicada en 1869.

conoció al primero como joven paciente. Durante una de sus visitas profesionales, Azpeitia enseñó a González Hidalgo su incipiente colección de conchas, lo cual motivó que este le invitara a su casa a ver la suya y su biblioteca. Las importantes colecciones de ambos están hoy incluidas en la del Museo de Ciencias Naturales de Madrid. Los dos llegaron a presidir la Real Sociedad Española de Historia Natural.

En la época en que las expediciones antes reseñadas se llevaron a cabo, las posibilidades de obtener moluscos de las profundidades oceánicas eran muy escasas y de ahí que las especies que viven en tales lugares resultaran desconocidas para los malacólogos. La mayor parte de ellos creían además en el aserto del naturalista inglés Edward Forbes, quien había postulado que la vida no podía existir por debajo de 600 metros de profundidad. Esto fue desmentido por las expediciones británicas del *Lightning* y el *Porcupine*, que hacia 1860 dragaron fondos marinos situados entre 1.200 y 3.600 metros y en ellos hallaron numerosos organismos, incluyendo un buen número de gasterópodos. El galés John Gwyn Jeffreys se encargó de clasificarlos.

Más decisiva para el conocimiento de los organismos que viven en los fondos oceánicos fue la expedición del *Challenger*, una corbeta de la *Royal Navy* que, dedicada exclusivamente a las investigaciones oceanográficas, navegó por todo el mundo desde 1872 a 1876 bajo el mando del capitán Charles Wyville Thomson. Los resultados científicos de la expedición fueron expuestos en cincuenta volúmenes ilustrados. Durante ella se colectaron y describieron gran número de criaturas abisales, incluyendo varias especies de tróquidos de los géneros *Gaza*, *Bathybembix* y *Basilissa*, así como las volutas *Provocator alabastrina* y *Provocator pulcher*, las cuales habitan aguas subantárticas a una profundidad de entre 1.000 y 4.000 metros.

Para sus investigaciones marinas, Francia disponía de dos barcos de vapor llamados *Le Travailleur* y *Le Talisman*, usados en la exploración de las profundidades del Mediterráneo y del Atlántico Oriental en Madeira, Azores y Cabo Verde. Estados Unidos contaba con otros dos barcos, el *Blake* y el *Albatross*. El primero, en servicio desde 1874 a 1905, prospectó los fondos marinos del golfo de México y las fosas del Caribe mediante las técnicas de anclaje y dragado en profundidad con el cable de acero ideado por el naturalista Alexander Agassiz, participante en tres de las campañas del *Blake*. Durante ellas se dragaron ejemplares vivos de las pleurotomarias *Entemnotrochus adansonianus*

Umbilia armeniaca (Australia). Esta especie de ciprea fue descubierta por Joseph Verco, un médico australiano que coleccionaba conchas.

y *Perotrochus quoyanus*. Por su parte, el *Albatross* estuvo activo en Filipinas desde 1907 a 1910, con frecuencia llevando a bordo al malacólogo Paul Bartsch.

Emulando a Cuming, algunos coleccionistas de conchas de finales del siglo XIX y principios del XX empezaron a operar con sus propios barcos a fin de recolectar especies de aguas profundas. Fueron los casos de Robert MacAndrew, que trabajó en el mar Rojo; de John Henderson, que lo hizo en el golfo de Florida, y de Joseph Verco, que navegó por el sur de Australia con un barco llamado *Adonis*. Desde él, este médico australiano con gran afición por la Malacología dragó los primeros ejemplares conocidos de ciprea armenia (*Umbilia armeniaca*) y de voluta de Cotton (*Livonia nodiplicata*). Verco publicó sus experiencias como navegante y recolector de conchas en un libro titulado *Combing the Southern Seas* (Peinando los mares del Sur).

El enorme número de especies de moluscos descritas durante los siglos XIX y XX fue paralelo al interés por estos animales, un interés que, a diferencia de los siglos anteriores, dejó de estar centrado en las especies con conchas más grandes y vistosas. En la décima edición del *Systema Naturae*, publicada en 1758, Linnaeus había listado 453 especies de moluscos, pero en 1817 la cifra de las especies conocidas ascendía, según Dillwyn, a 2.244; Henry y Arthur Adams listaron 17.321 en 1850, y, según Paetel, en 1891 eran 44.482. La mayoría de ellas no solo fueron descritas, sino también ilustradas gracias a la invención de la cromolitografía primero y de la fotografía después.

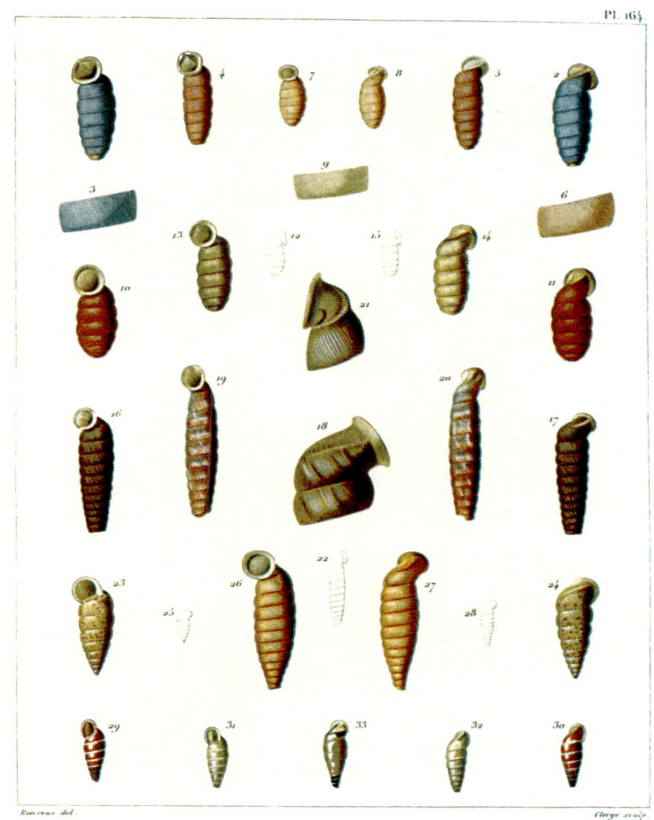

Lámina dedicada a los urocóptidos en la *Histoire Naturelle des Mollusques terrestres et fluviatiles*, obra del barón de Férussac completada por Deshayes.

Los nombres de los malacólogos de los siglos XIX y XX que describieron esas muchas nuevas especies conforman una larga lista. Daremos seguidamente los principales por orden alfabético: los hermanos Adams, Alder, Bartsch, Beck, Bednall, Bequaert, Blainville, Boettger, Bourguignat, Brazier, Broderip, Brown, Bruguière, Chemnitz, Chenu, Clench, Clessin, Da Costa, Cox, Crosse, Dall, Dautzenberg, Delessert, Deshayes, Dillwyn, Donovan, Draparnaud, Duclos, Dunker, Emerson, Férussac, Fischer, Fleming, Forbes, Gaimard, Gaskoin, González Hidalgo, Gould, Gray, Von Frauenfeld, Haas, Hancock, Hanley, Hinds, Hirase, Iredale, Jeffreys, Jousseaume, Kiener, Kobelt, Krauss, Kuroda, Küster, Latreille, La Torre, Lea, Leach, Lesser, Lesson, Lischke, Lovell, Lowe, Von Martens, Martini, Mawe, Melvill, Menke, Monterosato, Montfort, Moquin-Tandon, Mörch, Morelet, Des Moulins, Murdoch, Newcomb, D'Orbigny, Paladilhe, Pelseneer, Pennant, Perry, Petit de la Saussaye, Pfeiffer, Philippi, Pilsbry, Poey, Poli, Ponder, Powis, Quoy, Rafinesque, Rang, Récluz, Reeve, Röding, Rossmässler, Say, Schepman, Schilder, Shuttleworth, Smith, Solander, los Sowerby padre, hijo y nieto, Spengler, Suter, Swainson,

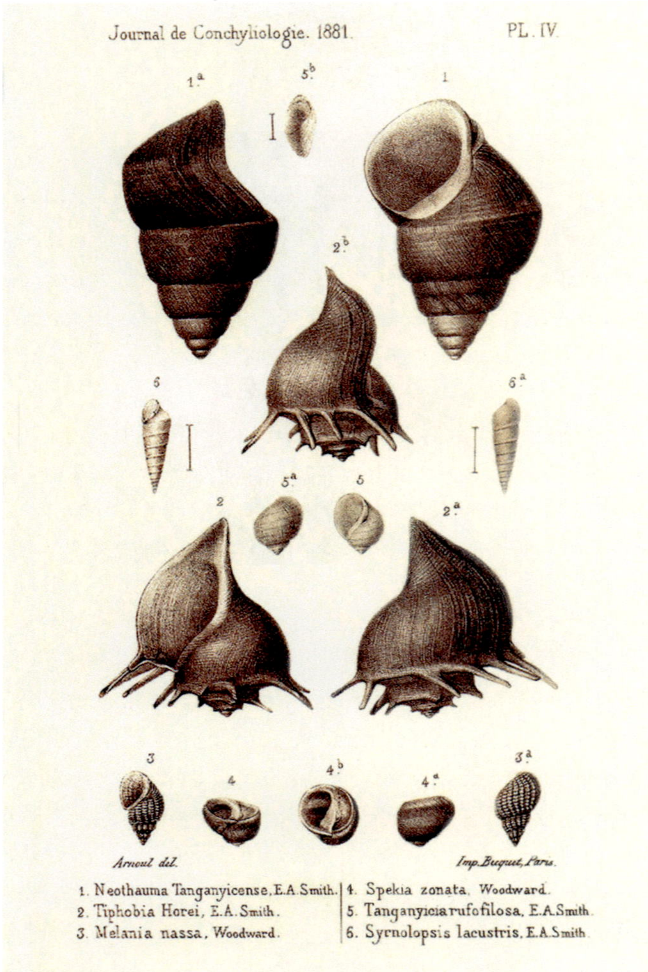

Ilustración en el *Journal de Conchyliologie* de 1881. Muestra varias especies de caracoles colectados en el lago Tanganica por el explorador John Hanning Speke y el misionero Edward Coode Hore.

Thiele, Tomlin, Troschel, Tryon, Turton, Valenciennes, Verco, Verrill, Walker, Wollaston, Wood y Woodward.

Un gran número de especies tienen como descriptores oficiales a Linnaeus, Gmelin, Von Born, Lamarck y Müller, pero en realidad no fueron descubiertas por estos autores. Ellos solo fueron los primeros en nombrarlas con la nomenclatura linneana. La revisión que en 1791 hizo Gmelin para la treceava edición del *Systema Naturae* invalidó los nombres que a esas especies les habían dado los naturalistas prelinneanos como Buonanni, Lister, Rumphius y Gualtieri.

Ciertamente, la segunda mitad del siglo XIX fue muy productiva en lo referente al descubrimiento de nuevas especies de moluscos, hecho atribuible al aumento en el número de malacólogos y al de expediciones científicas. Un cierto papel en ello lo jugó la llamada *Nouvelle École* o escuela fisionista, liderada por Jules René Bourguignat. Este malacólogo francés consideraba que las especies debían ser determinadas en base a caracteres exclusivamente conquiliológicos, lo cual le llevó a él y a sus partidarios a describir como especies nuevas lo que no eran sino variaciones locales de otras bien conocidas, las cuales diferían ligeramente de los holotipos y paratipos en forma, color o tamaño. Esta tendencia se mantuvo hasta los primeros años del siglo XX, en parte por el interés que tenía para los comerciantes de conchas, ya que una especie recién descubierta es más valiosa y fácil de vender que otra que no lo es. También por la vanidad de los coleccionistas a los cuales les eran dedicadas esas supuestas nuevas especies. Esta práctica fue denunciada en 1868 por el naturalista inglés John Edward Gray, por entonces encargado de las colecciones zoológicas del *British Museum* (*Natural History*).

No es intención de este modesto libro hacer una revisión detallada de la Historia de la Malacología, por otra parte ya inmejorablemente hecha por Stanley Peter Dance en su libro *A Shell Collecting*, publicado en 1966 y reeditado veinte años más tarde. El renovado interés por la Malacología acaecido tras la Segunda Guerra Mundial ha multiplicado el número de investigadores y de colec-

Henry Augustus Pilsbry nombró 5.600 taxones de moluscos y publicó alrededor de 3.000 papeles sobre dichos animales, lo cual hace de él el malacólogo más prolífico de todos los tiempos.

Robert Tucker Abbott fue la figura más destacada de la divulgación malacológica durante el siglo XX. Sus libros *Compendium of Seashells* y *Compendium of Landshells* no suelen faltar en la biblioteca de ningún malacólogo o coleccionista de conchas.

cionistas. Gran influencia tuvo en ello la obra de Robert Tucker Abbott, el malacólogo más carismático y con mayor actividad divulgativa de la segunda mitad del siglo XX. Biólogo por la Universidad de Harvard, donde fue alumno del también malacólogo William Clench, Abbott trabajó para la *Smithsonian Institution* de Washington y para el Museo de Historia Natural de Delaware, fundó la *American Malacologists Society* y la revista *The Nautilus* y fue autor una treintena de libros, entre ellos dos en coautoría con el antes citado Dance que no faltan en la biblioteca de prácticamente ningún malacólogo o coleccionista de conchas: *Compendium of Seashells* (1986) y *Compendium of Landshells* (1989). Abbott creía en el derecho a colectar ejemplares vivos con fines tanto científicos como coleccionistas y comerciales, un derecho que en puridad de principios no existe para nadie, aunque los biólogos se lo arroguen en exclusividad, lo cual crea fricciones entre ellos y los coleccionistas y comerciantes de conchas. Abbott también creía en la cooperación entre todas las personas interesadas por los moluscos, fuese cual fuese su tipo de interés por estos animales. Comprendía que tradicionalmente la Malacología había estado ligada al coleccionismo de conchas, y que lo iba a seguir estando.

Cuando los antes citados libros de Abbott se publicaron, los estudios sobre los gasterópodos se limitaban a reseñar las características de las conchas y, en todo caso, el color de las partes blandas de los animales. Rara vez se describían las protoconchas o las rádulas, aún más rara vez se realizaban estudios de genitalia, y la cladística basada en análisis comparativos de ADN era cosa de ciencia ficción. Desde entonces han aparecido y siguen apareciendo con regularidad excelentes libros sobre moluscos y no hay día en que no se publique algún trabajo que aporte nuevos datos sobre la biología de las especies ya conocidas o en el que se describan otras nuevas. A este último respecto cabe decir que, según el *World Register of Marine Species*, Emilio Rolán, un médico y malacólogo español, es el investigador que en las últimas décadas ha descubierto y publicado un mayor número de ellas, 1.960 desde la primera por él publicada en 1980.

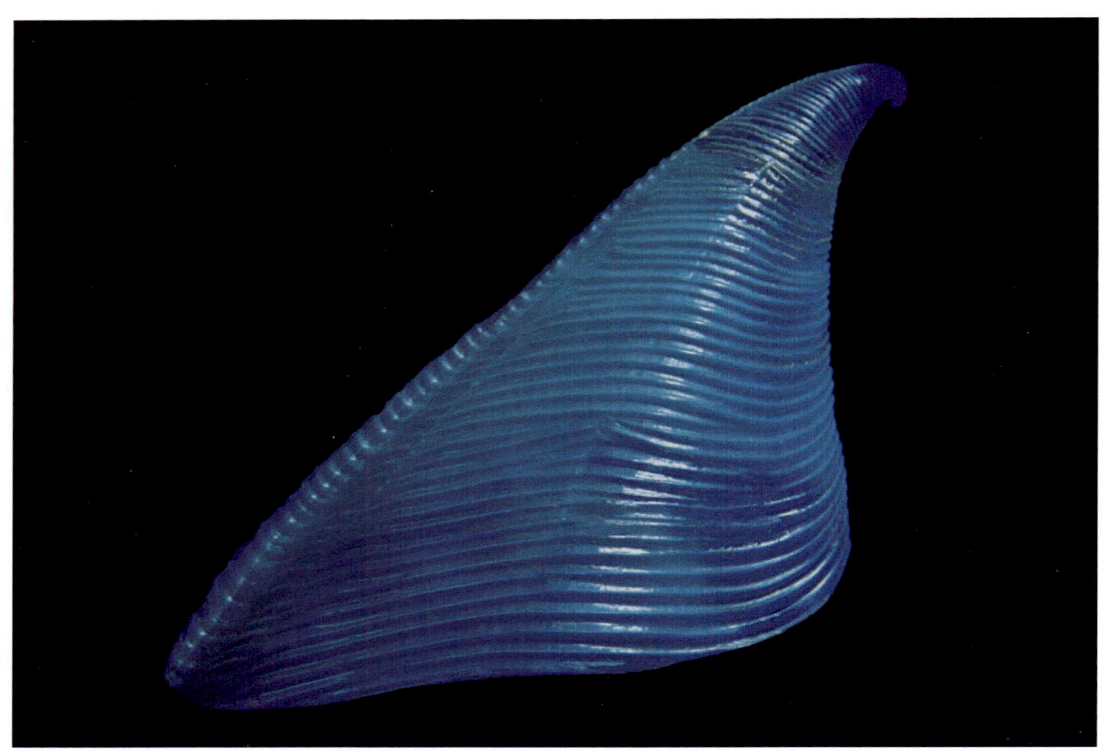

Carinaria cristata (Mozambique). Conocida por el nombre de «nautilo de cristal», la frágil concha de este caracol pelágico era considerada una gran rareza.

CAPÍTULO 7
BELLEZAS SIN PAR Y GLORIAS DEL MAR

Desde que a finales del siglo XVII se extendió la práctica de coleccionar conchas, las de ciertas especies de belleza pareja a su rareza se hicieron casi míticas por los altos precios que llegaron a pagarse por ellas. En la actualidad, la mayoría de esas especies que antaño fueron iconos de rareza ha dejado de serlo. Tal cambio en la apreciación que los malacólogos y coleccionistas teníamos de ellas ha ocurrido en las últimas décadas y se debe al descubrimiento de las localidades donde viven, a la mayor facilidad para acceder a estas y al uso para recolectar conchas de la escafandra autónoma y las redes de arrastre. De este modo, quienes ya tenemos cierta edad hemos podido ver, incluso tener en nuestras colecciones, especies que una vez fueron tan legendarias para nosotros como lo habían sido para las generaciones de malacólogos que nos precedieron.

De esas especies otrora carismáticas, una de las más famosas en el siglo XVIII fue la carinaria (*Carinaria cristata*). Su frágil concha con forma de gorro de gnomo y su diminuta espira apical indujeron a creerla un pariente de los argonautas y a darla en consecuencia el nombre de «nautilo de cristal», si bien no se trata de un cefalópodo sino de un caracol pelágico. El único ejemplar durante mucho tiempo conocido llegó a Holanda en 1754 procedente de Ambon y fue a parar a la colección de Lyonet. Cuando esta se subastó en 1796, la carinaria alcanzó un precio de 3.000 florines, y treinta años después se vendió por el doble.

Una concha aún más codiciada por entonces era el escalárido precioso (*Epitonium scalare*), para muchos la más exquisita de todas. Las pocas que llegaban a Europa las traían y monopolizaban los holandeses, quienes las daban el nombre de *wenteltrappen* (escaleras de caracol), debido a que sus espiras no se tocan sino que solo están unidas por las costillas. La primera de la que existe constancia se hallaba en 1663 en la colección de un médico de Ámsterdam llamado Ernst Roeters. Según *D´Amboinsche Rariteitkamer*, obra de Rumphius publicada en 1705 en la que, en una nota debida al arquitecto Simon Schijnvoet, el escalárido precioso fue descrito por primera vez, por

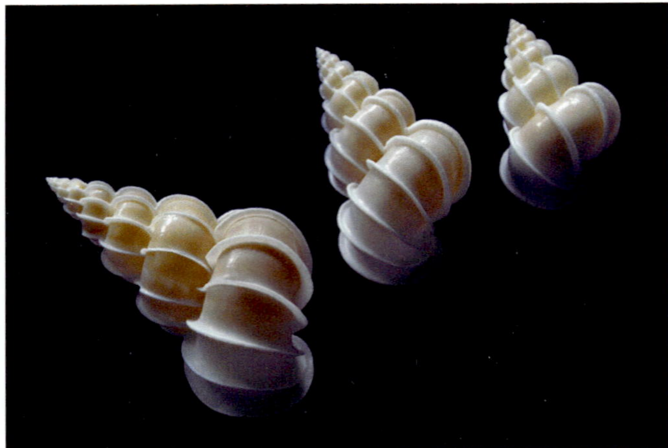

Epitonium scalare (Filipinas). Fue la concha más apreciada por los coleccionistas del siglo xviii.

entonces solo se conocían tres únicos ejemplares. Uno se hallaba en poder de Cosme III de Médicis, al que, con gran desgana pese a que, debido a su ceguera, ya no podía verla, Rumphius había vendido en 1682 su colección de conchas reunida durante veintiocho años, presionado por los directores de la Compañía Holandesa de Indias Orientales. Esta fue llevada por barco desde Ambon a Livorno y luego por tierra a Florencia. En *La Conchyliologie* se dice que ese era el ejemplar que más tarde pasó a la sala de maravillas del emperador Francisco I, quien, al heredar el ducado de Toscana, hizo llevar a Viena algunas conchas de la colección medicea. Se sabe que pagó por él 4.000 florines, una suma equivalente al sueldo anual de uno de sus empleados. Un segundo escalárido precioso estaba en la ciudad holandesa de Delft, en manos de Johan de La Faille, consejero del estatúder Guillermo III y propietario de un rico gabinete constituido por monedas antiguas, medallas, porcelanas, tapices, pájaros disecados y conchas. Ese ejemplar fue adquirido en 1757 por el marqués de Bonnac, que por entonces era el embajador francés en Holanda, el cual lo compró por 1.611 libras, la mitad de lo que ese mismo año pagó Diderot por la primera y lujosa edición de *L'Encyclopédie*. Posteriormente la concha pasó a ser propiedad de Madame de Bandeville. Un tercer ejemplar se hallaba en Inglaterra tras haber pasado por diversas manos, entre ellas las de Jürgen Ovens, un pintor alumno de Rembrandt que de 1649 a 1663 vivió en Ámsterdam,

Johan de La Faille retratado por Jan Verkolje en 1674. Este alto funcionario de Delft fue propietario de uno de los pocos ejemplares por entonces conocidos de escalárido precioso y del único existente de cono sin par. (*Wadsworth Atheneum Museum of Art*, Hartford, Connecticut).

donde se dedicaba a comerciar con cuadros y curiosidades. Es probable que fuese el mismo espécimen citado en el catálogo de subasta de la colección del comodoro Lisle, la cual tuvo lugar en 1753 y fue la primera subasta de conchas que se realizó en Inglaterra.

Más escaláridos preciosos llegaron a Holanda a lo largo del siglo xviii. Seba poseía uno, y debía valorarlo en mucho ya que se hizo retratar con él en un grabado del *Thesaurus* que le representa como autor de la obra. Este ejemplar lo adquirió luego el conde Adam Gottlob Moltke, mariscal y cortesano de Federico V de Dinamarca. Linnaeus tenía nada menos que tres, entre ellos uno de inusual tamaño que su hijo Carl vendió a William Bullock durante su estancia en Londres. Se sabe de otros ejemplares en las colecciones

Simon Schijnvoet según un grabado de Pieter Schenk. Este arquitecto, impresor, admirador de los diseños de la naturaleza y conocedor de las conchas añadió numerosas notas y figuras a la obra de Rumphius, entre ellas las referentes al escalárido precioso.

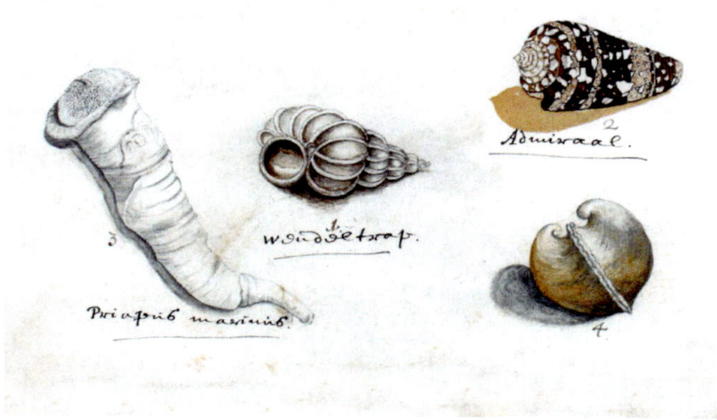

Dibujo de un escalárido precioso en un álbum hecho entre 1656 y 1708 que perteneció a Hendrik d´Acquet, burgomaestre de Delft y dedicatario de *D´Amboische Rariteitkamer*. Es la misma figura del *Buccinum scalare verum* ilustrado en una lámina de dicha obra. (*Bibliotheek der Rijks Universiteit*, Leiden).

Grabado que ilustra el escalárido precioso de la colección del marqués de Bonnac, embajador francés en Holanda. (Colección Van Berkheij, Museo Nacional de Ciencias Naturales, Madrid).

de Luisa Ulrica de Suecia, Catalina II de Rusia, la duquesa de Portland, Franco Dávila, Bonnier de La Mosson, el conde de La Tour d´Auvergne y el duque de Calonne, quien guardaba el suyo en una caja de ámbar hecha a la medida. El precio que alcanzaban estas conchas puede inferirse de las palabras con las que el marchante Gersaint anunciaba una de ellas en la subasta de la colección de Bonnier de La Mosson, realizada en París en 1745: «La famosa concha llamada *la scalata* o *l´escalier*, que es la más rara de todas las conchas, única en Francia y de la que quizás no haya más de media docena en Holanda, país donde se compra esta curiosidad siempre pujada a enormes precios, en especial cuando es tan grande como esta. He sido testigo de ello en muchas ocasiones y en todas alcanzó un precio tan alto que nunca me decidí a hacerme con una. Estuve muy cerca de ello durante una subasta celebrada en La Haya, pero al final decidí desistir por dicha razón.»

Sin embargo, había que ser cauto al adquirir un escalárido precioso, ya que se decía que los mercaderes orientales los falsificaban con pasta de arroz, y de un modo tan convincente que el fraude solo era descubierto cuando, al lavar la concha, esta se disgregaba entre las manos de su nuevo propietario. La veracidad de esta historia, repetida en muchos libros de Malacología, nunca ha podido comprobarse.

Mirabilistrombus listeri (Tailandia). El primer ejemplar traído a Europa llegó en 1620. Hasta dos siglos y medio después no llegó ningún otro.

Thatcheria mirabilis (Japón). La insólita forma de la concha de esta especie indujo a creer a algunos malacólogos del siglo XIX que la única por entonces conocida era la de un ejemplar aberrante.

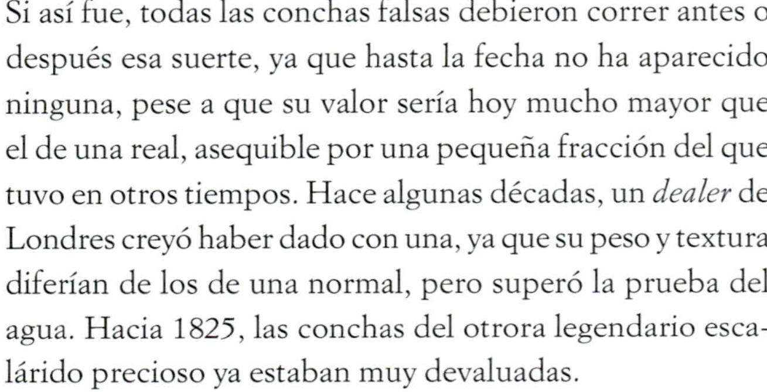

Si así fue, todas las conchas falsas debieron correr antes o después esa suerte, ya que hasta la fecha no ha aparecido ninguna, pese a que su valor sería hoy mucho mayor que el de una real, asequible por una pequeña fracción del que tuvo en otros tiempos. Hace algunas décadas, un *dealer* de Londres creyó haber dado con una, ya que su peso y textura diferían de los de una normal, pero superó la prueba del agua. Hacia 1825, las conchas del otrora legendario escalárido precioso ya estaban muy devaluadas.

Del estrombo de Lister (*Mirabilistrombus listeri*), el primer ejemplar conocido llegó a Inglaterra en 1620 y fue el mismo ilustrado en la *Historia conchyliorum*. Hasta 1869 no apareció otro, este procedente de Ceilán, el cual fue adquirido por una coleccionista inglesa llamada Lady Burgh. Otros cuatro ejemplares recolectados en Birmania se hallaron en la década de 1880. A finales de la de 1960, un pescador de Tailandia capturó más de medio millar, pero, pese a ello, la especie mantuvo su reputación de rara y durante un tiempo se siguió cotizando a mil dólares la pieza. Hoy se consigue por menos de diez.

El caso del túrrido admirable, también conocido como caracol pagoda del Japón o caracol de Thatcher (*Thatcheria mirabilis*), fue parecido. Durante más de medio siglo, de esta elegante y proporcionada concha solo se conocía un único espécimen que, proveniente de Japón, fue llevado a Inglaterra en 1877 por Charles Robert Thatcher, un viajero y comerciante de curiosidades al que George Angas, descriptor de la especie, le dedicó esta. Hasta 1930 no apareció ningún otro ejemplar, por lo que algunos malacólogos creyeron que el único conocido era un cono con una anomalía de tipo escalariforme. No obstante, el túrrido admirable ya había sido ilustrado en un libro japonés sobre conchas de 1775. En la actualidad es una pieza habitual en las colecciones, ya que los barcos arrastreros los pescan con cierta frecuencia a unos 500 metros de profundidad en aguas de Taiwán, Filipinas, Japón y Australia.

La junonia o voluta de Juno (*Scaphella junonia*) fue considerada durante algún tiempo la más rara de las volutas. Además, sus localidades de procedencia, que actualmente sabemos son Florida y el golfo de México, se ignoraban. Incluso en 1825 John Mawe tenía en venta un ejemplar del que afirmaba procedía de Filipinas. Hoy no se la considera una especie rara sino solo escasa, igual que su pariente la voluta de Kiener (*Scaphella dubia*), de la que hasta 1946 no se conocía más que el holotipo existente en el Museo de Historia Natural de Ginebra procedente de la colección del barón Delessert, quien a su vez lo había adquirido con la colección del príncipe Masséna. Lo mismo ha ocurrido con otras volutas otrora asimismo reputadas de muy raras, caso de la voluta cortesana (*Cymbiola aulica*), la festiva (*Festilyria festiva*), la de Bednall (*Volutoconus bednalli*) y la de Roadnight (*Livonia roadnightae*). De esta última, el primer ejemplar conocido estaba en una casa de huéspedes de la ciudad australiana de Victoria, donde era usado como tope para mantener abierta una ventana. La madre del dueño del hotel, apellidada Roadnight, lo había hallado en una playa próxima y por eso la especie lleva su nombre.

Hasta hace no muchos años, algunas volutas fueron tan sumamente raras que ningún ejemplar de ellas estuvo jamás en venta ni por tanto llegó a tener precio. Los pocos en existencia estaban bien guardados en museos. El caso más extremo fue el de la voluta de María Emma (*Cymbiola mariaemma*), porque de ella no se conocía más que el holotipo del *British Museum* (*Natural History*) por el que en 1858 había sido descrita. Su etiqueta reseñaba como posible lugar de procedencia alguna de las islas de Malasia, dado que su puerto de entrada había sido Singapur. En 1994 se descubrieron ejemplares en las Célebes.

La voluta coronada (*Cymbiola cymbiola*) fue otra de esas especies invaluables. Dada por extinguida al no haberse hallado ningún ejemplar en dos siglos, reapareció a finales de la década de 1972 cuando unos barcos tailandeses que faenaban al este de Bali dieron por casualidad con su hábitat. La noticia de su redescubrimiento fue intencionadamente demorada para que las conchas pudieran comercializarse a altos precios. Lo mismo ocurrió con la voluta de boca dorada (*Cymbiola chrysostoma*), de la que antes de 2001 solo había el holotipo en el *British Museum* (*Natural History*) procedente de la colección de Broderip y unas pocas conchas conservadas en varios museos de Holanda desde el siglo XVIII. Sus etiquetas señalaban como ambigua localidad de origen las Indias Orientales. Al dragarse un gran número de estas volutas en Sula, una de las islas Molucas, su precio fue bajando de los más de 4.000 euros que inicialmente se pedían a menos de cien.

De la extensa familia de caracoles marinos llamados conos, el apodado «almirante» (*Conus ammiralis*) se valoraba mucho en el siglo XVIII, pero mucho más valorado era otro cono al que se llamó «sin par» o «sin igual» (*Conus cedonulli*), y, a diferencia del anterior, lo sigue siendo. En-

Scaphella junonia (México).

Livonia roadnightae (Australia).

Cymbiola chrysostoma (Molucas). Esta especie fue considerada extremadamente rara hasta que en 2002 se dragaron ejemplares en Sula, una de las islas Molucas.

Conus cedonulli (San Vicente).

Conus cedonulli (San Vicente). Este ejemplar está fotografiado sobre un dibujo de Melchior Cingelaar fechado en 1751 que representa el de la colección de Lyonet.

démico de Brasil y las Antillas Menores, de este cono no se conocía al empezar el siglo XVIII más que un único ejemplar en poder de Johan de La Faille, a quien antes hemos citado como también propietario de un escalárido precioso. Él lo había comprado en 1711 por 500 florines, pero veinte años más tarde, cuando su colección fue subastada, se vendió por casi el doble. Pagó el precio un comerciante de Delft que a su vez acabó vendiéndoselo al coleccionista Pieter Lyonet. Este lo adquirió pensando que era el único, pero La Faille se había hecho con un segundo ejemplar, el cual compró Juan V de Portugal al ser subastada su colección. Lyonet raramente dejaba ver el suyo. Una de las pocas personas autorizadas a hacerlo fue Seba, quien al respecto comentó lo siguiente: «Cuando tuve tan preciosa pieza en mi mano y pude verla de cerca, quedé turbado por su admirable belleza, su rica gama de colores y los adornos que mostraba.» Este comentario y la actitud casi mística de Lyonet se hicieron contagiosos, de forma que aquel cono se hizo la concha más célebre del siglo XVIII. Fue retratada por el miniaturista holandés Melchior Cingelaar en 1751 e ilustrada en los libros de Knorr, Seba y D´Argenville. La duquesa de Portland trató de hacerse con él, pero, pese a su gran fortuna personal, acabó desistiendo debido a la suma excesiva que Lyonet pedía.

Cuando en 1796 la colección de Lyonet fue subastada, el cono sin par solo alcanzó un precio de 273 florines. Se había devaluado al haber aparecido nuevos ejemplares y al desorden que conllevó la Revolución francesa. De todas formas, ese era un precio cinco veces superior al que en una subasta efectuada poco antes se había pagado por el famoso óleo de Vermeer titulado *Mujer leyendo una carta*, que solo llegó a 43 florines. Un siglo después, Edgar Allan Poe aún comentaba escandalizado el precio de aquella concha en la introducción a *The Conchologist´s First Book*, libro publicado en 1839 en Filadelfia. A su vez el novelista causó un escándalo literario al figurar como autor del mismo, si bien era copia de otro de Thomas Brown publicado en Inglaterra unos años antes. Luego se aclaró que el responsable del supuesto plagio era un tal Thomas Wyatt, autor de otro libro sobre conchas con escasas ventas. Por encargo suyo, Poe había redactado la introducción a la obra y había suavizado sus áridos textos usando los de Brown, y al parecer con éxito, pues *The Conchologist´s First Book* se reeditó en 1840 y 1845.

El cono sin par de Lyonet pasó luego por las colecciones de Lamarck y del barón Delessert y desde 1869 se halla, junto con los demás ejemplares de este coleccionista y banquero francés, en el Museo de Historia Natural de Ginebra. Es la concha de la cual hay referencias históricas más antiguas y completas.

Pero la concha antaño considerada más rara y valiosa de todas fue la de otro cono apodado «gloria del mar»

Conus gloriamaris (Filipinas). Esta ha sido sin duda la concha más apreciada y legendaria de todas.

El coleccionista Miguel Fernández Antón con un lote de *Conus gloriamaris* adquirido en la década de 1970 en Bohol, Filipinas.

(*Conus gloriamaris*). Este sugestivo nombre, que sin duda contribuyó mucho a su fama, aparece por primera vez en el catálogo de subasta de una colección holandesa de conchas efectuada en 1757. En ella se lista el primer ejemplar conocido, el cual adquirió en la ocasión el conde Moltke. En la colección de este cortesano de Federico V de Dinamarca lo vio el malacólogo danés Chemnitz, quien en 1777 describió científicamente la especie en un artículo titulado *Sobre una clase extremadamente rara de cono que lleva el nombre de Gloria maris*. Su descripción se acompañaba de un grabado debido a Regenfuss. Ese ejemplar, que, aunque pequeño y con una línea de crecimiento, es el holotipo de la especie, se halla actualmente en el Museo de Zoología de Copenhague. Unos años después apareció otro de gran tamaño y mejor calidad, el cual fue a parar sucesivamente a las colecciones de Lyonet, la duquesa de Portland, el duque de Calonne, el conde de Tankerville, el juez Broderip y el *British Museum* (*Natural History*). Es el mismo que Sowerby I ilustró en 1825 en el *Catalogue of the Shells contained in the Collection of the Late Earl of Tankerville*. En 1836 Cuming encontró dos ejemplares vivos bajo una piedra en un arrecife de Bohol, uno de los cuales fue a su vez ilustrado por Reeve en su *Conchologia Iconica*. Cuando más tarde se difundió la falsa noticia de que aquel arrecife había sido destruido por un maremoto, el cono gloria del mar se dio por extinguido y las pocas conchas existentes, que hacia 1865 no eran más de una decena, se hicieron todavía más valiosas de lo que ya eran.

En la cumbre de su fama, el cono gloria del mar protagonizó el argumento de una novela publicada en 1887 con el título de *The Glory of the Sea* y firmada por Darley Dale, pseudónimo de la escritora victoriana Francesca Steele. También ocupó la página central de los periódicos cuando en 1951 desapareció de la vitrina en la que estaba expuesto el ejemplar del *American Museum of Natural History* de Nueva York, el cual nunca fue recuperado. Junto con los huevos del alca gigante, estas conchas han sido los objetos naturales por los que se han pagado mayores sumas de dinero. Coleccionistas hubo que manifestaron haberse mareado al ver una y se cuenta la historia, atribuida a Hwass aunque sin fundamento, según la cual siendo este propietario de un ejemplar perfecto, adquirió otro en una subasta al que acto seguido arrojó al suelo y pisoteó reduciéndolo a fragmentos, para que el que ya poseía no tuviera rival ni siquiera en su propia colección.

El primer ejemplar de cono gloria del mar que hubo en España, y durante muchos años el único, fue descubierto por el malacólogo e ingeniero de minas Florentino Azpeitia entre las conchas que había heredado un alumno suyo, el cual se lo regaló a él en 1926. Azpeitia dio a conocer la existencia de ese ejemplar en un artículo publicado al año siguiente. En él enumeraba los otros veintidós por entonces conocidos, de los cuales unos existían y otros ya no. También recordaba la regla dada en 1860 por Woodward para tasar las conchas de la especie, consistente en pagarlas a diez veces su peso en oro, si bien Azpeitia reseñaba el caso de una que hacia 1890 se había vendido en Berlín por 2.000 marcos, lo cual representaba casi veinticuatro veces el valor estimado por Woodward. En 1934 y tras la muerte de Azpeitia, su familia donó su colección al Museo de Ciencias Naturales de Madrid, incluyendo el cono gloria del mar. Este, sin embargo, nunca fue exhibido. Durante años permaneció guardado en la caja fuerte de un banco, lo que probablemente lo salvó de la destrucción de la guerra civil y de la codicia de algún coleccionista cleptómano.

En 1966 y a fin de incluir el dato en su libro *A Shell Collecting*, Dance contabilizó nuevamente el número de conchas de cono gloria del mar que por entonces había en las colecciones de todo el mundo. Su cómputo dio un total de 44, descontando una docena de ejemplares que habían desaparecido o resultado destruidos en las dos guerras mundiales. La mitad de ese número se había recolectado en Nueva Guinea un par de años antes, pero aún con todo el cono gloria del mar seguía siendo la concha más cara y deseada. En 1962 se pagaron 2.000 dólares por una y llegaron a tasarse en 5.000. Así fue hasta septiembre de 1969, cuando se hizo pública la noticia de que unos buceadores australianos que buscaban cipreas raras en Guadalcanal, una de las islas Salomón, habían dado con una población de la especie. En pocos meses se recolectaron en la zona alrededor de 120 ejemplares y en los años siguientes se pescaron con nasas muchos más en Cebú y Bohol, lo cual conllevó su devaluación. Hoy se cuentan por miles los ejemplares existentes en museos y colecciones privadas; solo en España debe haber no menos de tres centenares.

Un año antes de que el cono gloria del mar se depreciara fue descubierto en el mar de Andamán otro cono parecido al cual se le apodó «gloria de Bengala» (*Conus bengalensis*). Su valor no tardó en superar con creces al de su más famoso pariente, lo que ya había ocurrido antes con otro cono apodado «gloria de la India» (*Conus milneedwardsi*). Los primeros ejemplares de este último los halló en 1899 Friedrich Townsend, un marino comisionado para reparar el cable telegráfico submarino tendido entre Sudáfrica y la India. Cuando dicho cable fue izado en aguas próximas a Bombay, sobre él aparecieron dos ejemplares vivos. El malacólogo James Melvill, que, aparte de propietario de una de las mejores colecciones de conchas de la época, era secretario para la India del gobierno británico, describió la nueva especie con el nombre de *Conus clytospira*. El hecho de que ya no lleve este nombre sino otro dedicado al naturalista francés Alphonse Milne-Edwards se debe a que cinco años antes el también francés Jousseaume había descubierto un ejemplar en la antigua colección de Madame de Bandeville, el cual ya constaba en un catálogo de subasta del marchante Gersaint fechado en 1749 como «una concha de extrema rareza» y había sido ilustrado en una lámina de la tercera edición de *La Conchyliologie* con el nombre de *Drap d'or pyramidal*. Otros nuevos ejemplares aparecieron en Mauricio en la década de 1930 y en

Conus milneedwardsi (India).

Ophioglossolambis violacea (REUNIÓN).

Mozambique en 1965. Actualmente hay en las colecciones de todo el mundo un considerable número de conos gloria de la India, y un todavía mayor número de conos gloria de Bengala, estos recolectados en su mayor parte en Tailandia.

Podrían citarse otros caracoles cuyas conchas fueron consideradas raras en el pasado para después dejar de serlo. En la lista de esas rarezas de otras épocas hay que incluir la angaria o delfínula de Kiener (*Angaria sphaerula*), de la que en siglo XVIII solo se conocía el ejemplar del gabinete de Seba. De la estelaria o caracol sol (*Stellaria solaris*), un siglo después de su descripción por Rumphius en 1705 solo había cinco ejemplares y a principios del siglo XX no más de una docena. Hasta finales de la década de 1940 no empezó a ser regularmente pescada con nasas en las aguas profundas de Filipinas. También se consideraron antaño especies raras la caracola araña violeta (*Ophioglossolambis violacea*), la mórula de Dennison (*Morum dennisoni*), el arpa imperial o arpa doble (*Harpa costata*), los múrices de alabastro (*Siratus alabaster*), de Beau (*Siratus beauii*), de Bednall (*Timbellus bednalli*) y de Loebbecke (*Chicoreus loebbeckei*), el latiaxis de Mawe (*Latiaxis mawae*) y el busicón nabo (*Busycoarcton coarctatum*). En cuanto a las cipreas, favoritas de muchos coleccionistas, la hoy común ciprea argos (*Arestorides argus*) fue el empezar el siglo XVIII la más codiciada y valorada de todas. Ese puesto lo ocuparon luego las cipreas dorada (*Callistocypraea aurantium*) y manchada (*Perisserosa guttata*), seguidas más tarde por las cipreas nivosa (*Callistocypraea nivosa*), de dientes blancos (*Callistocypraea leucodon*), de Broderip (*Callistocypraea broderipii*), de Fulton (*Barycypraea fultoni*) y de Lord Valentia (*Leporicypraea valentia*). En la actualidad son otras las especies de cipreas a las que los coleccionistas consideran realmente escasas. De ellas hablaremos en el capítulo siguiente.

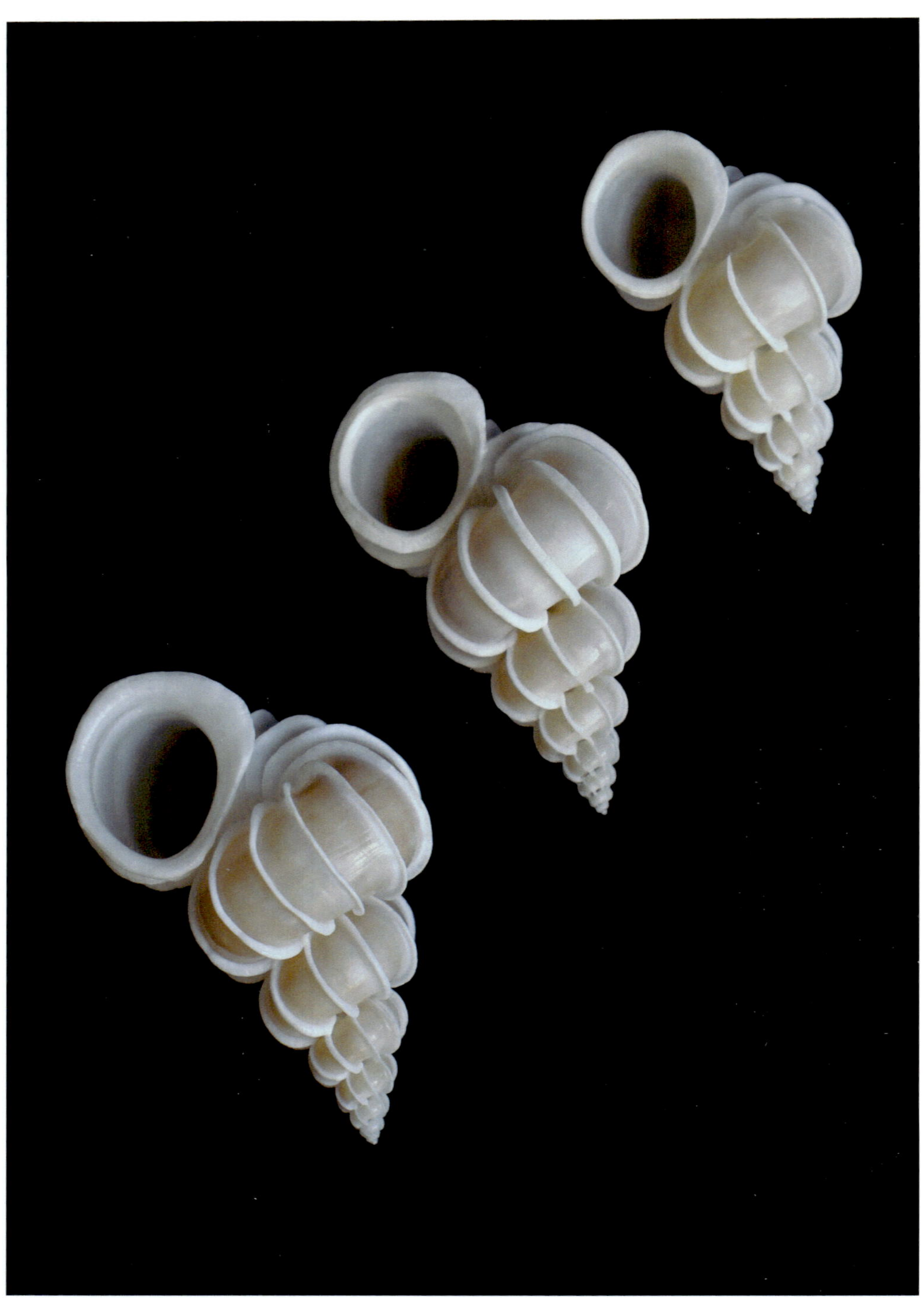

Epitonium scalare (Filipinas).

CAPÍTULO 8
QUIMERAS INCOMPARABLES

La especie cuya concha tiene hoy mayor valor comercial se descubrió hace unas décadas, pero ya es parte de esa "mitología malacológica" que incluye al escalárido precioso y a los conos sin par y gloria del mar. En 1963, las redes de un barco arrastrero soviético que faenaba cerca del Cuerno de África sacaron a la superficie la concha de lo que parecía una ciprea, aunque atípica. Medía nueve centímetros y en el margen externo de la abertura mostraba una treintena de dientes blancos contrastados con el caoba oscuro del resto de la concha. Se la quedó un pescador que vivía en Crimea. En 1982, otro barco soviético dragó en el golfo de Adén dos nuevos ejemplares; uno pasó a la colección de un ruso llamado Yuri Sluvis y el otro a la de Mikhail Vinogradov, subdirector del Instituto de Biología Marina de Moscú. En 1991, un *dealer* de Florida de origen chino llamado Donald Dan o Chen Hongfu, que había oído rumores sobre esas extrañas conchas, viajó a Moscú y le cambió a Sluvis la suya por otras raras; más tarde Vinogradov le vendió la que tenía tras caer en dificultades financieras. Dan vendió las dos a un coleccionista estadounidense, el cual acabó donándolas al *American Museum of Natural History* de Nueva York. Otro ejemplar está en la *Smithsonian Institution* de Washington, a donde llegó de forma misteriosa.

En 1993, otro barco que pescaba gambas en aguas de Somalia obtuvo a un centenar de metros de profundidad dos nuevas conchas de la misma especie. El patrón del barco, un somalí, se las envió a un *dealer* italiano llamado Bruno Briano, al cual ya le había enviado otros caracoles raros de la zona como la ciprea de Broderip (*Callistocypraea broderipii*) y la voluta festiva (*Callipara festiva*). Tras consultar con el malacólogo belga y asimismo *dealer* Guido Poppe, Briano se dio prisa en publicar el descubrimiento de la nueva especie antes de que los americanos le tomaran la delantera. Lo hizo ese mismo año en un trabajo titulado *Descrizione di un nuevo genere e una nuova specie di Cypraeidae dalla Somalia*. Allí la dio el sugestivo y comercial nombre de *Chimaeria incomparabilis*. Luego se puso en contacto con Philippe Bouchet, del Museo de Historia Na-

Espécimen holotipo de *Sphaerocypraea incomparabilis*. (Olivier Imbert - Museo Nacional de Historia Natural, París).

tural de París y, a cambio de otras conchas valiosas, cedió a dicha institución el ejemplar que había designado como holotipo. El otro lo incorporó a su colección, a la espera de hacer en el futuro una buena venta, cosa previsible dado el alto precio que alcanzan las cipreas raras, cuanto más esta que, además de atractiva y procedente de aguas profundas y de una zona difícil de prospectar a causa de la piratería, era grande, nueva y perteneciente a un género asimismo nuevo.

En 1997, un *dealer* de Miami llamado Marty Gill recibió del *American Museum of Natural History*, donde era conocido, el encargo de valorar algunas piezas de la colección de conchas. A poco de ello, el conservador de la misma se percató de que, de los dos ejemplares de quimera incomparable que en ella había, faltaba uno. Se daba el caso de que el museo ya había sufrido en 1951 el robo de un cono gloria del mar cuando esta especie se hallaba en la cumbre de su fama, y en 1964 el de un valioso zafiro apodado «Estrella de la India», que, junto con un diamante y un rubí de gran tamaño, desapareció de la vitrina donde estaba expuesto. El cono gloria del mar nunca fue recuperado, pero no así las gemas, ya que pudo identificarse y atrapar al autor del robo, un ladrón de Miami que, por sus aficiones surfistas era apodado «Murph el Surf». Con tales antecedentes, el museo contrató los servicios de un detective para que diera con el paradero de su quimera incomparable, y, a través de *Internet*, aquel no tardó en descubrir que Marty Gill se lo había vendido a Guido Poppe en 12.500 dólares, quien a su vez se lo había vendido en 20.000 a un industrial y coleccionista chino afincado en Yakarta llamado Widodo Latip. Nunca se había pagado un precio tan alto por una concha.

Tras ser detenido, Gill confesó su culpabilidad en el robo y su abuso de la confianza del museo para llevarlo a cabo. En el juicio, el fiscal le calificó de «Murph el Surf de las conchas» y pidió para él una condena de cinco años de prisión y una multa de 250.000 dólares, pero salió libre tras dejar una fianza de 10.000. Por su parte, Poppe fue detenido en los Estados Unidos, a donde, ignorante de la detención de Gill, había ido para recoger un lote de conchas raras. Tras negar conocer que la quimera incomparable que había vendido era robada y prometer ayudar a la policía a recuperarla, fue liberado sin cargos. A través de él se contactó con el coleccionista de Yakarta que tenía la pieza, quien dijo estar dispuesto a devolverla si se le ofrecían pruebas de que había sido robada y se le reembolsaba la enorme suma que había pagado por ella. No se sabe a qué arreglo llegaron el coleccionista, el museo y la policía, pero sí que la quimera incomparable regresó a Nueva York, aunque eso fue después de que el coleccionista viera su fábrica incendiada durante los disturbios que en 1998 se desataron en Indonesia a causa de una crisis económica, lo que motivó que su familia le pidiera desembarazarse de la concha ya que era evidente que traía mala suerte.

El aura fatídica que empezó a envolver a la quimera incomparable, a la que Poppe tildó de «concha diabólica» y de «ciprea negra», fue en aumento cuando también Briano sufrió varios incidentes desastrosos. Al acudir a una feria internacional de conchas, la caja de ellas que llevaba para la venta desapareció de la habitación de su hotel, de modo que hubo de regresar a Ancona, donde residía, sin conchas y sin dinero. A poco de ello una inundación devastó su vivienda y dejó su colección cubierta de barro. De él pudo

Sphaerocypraea incomparabilis (Somalia). Calificada de "concha diabólica" por la revista *World Shells* en 1996, es la concha por la que hasta ahora se han pagado precios más altos.

Una conchiglia diabólica The diabolic shell

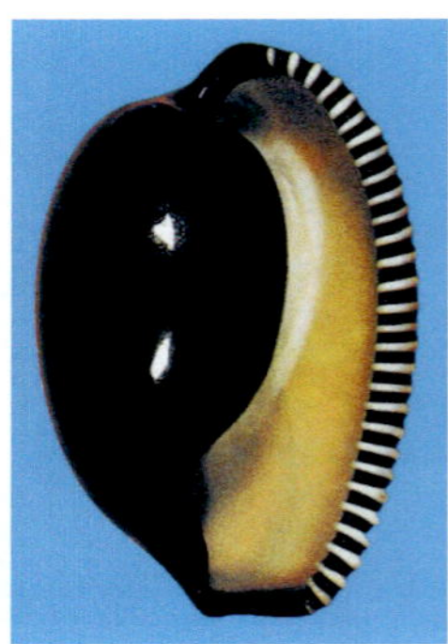

Chimaeria incomparabilis

recuperar su ejemplar de quimera incomparable, el cual acabó vendiendo por 12.000 euros a un coleccionista japonés. De este nuevo propietario de la concha se sabe que, a poco de estar en posesión de ella, el terremoto de Kobe de 1995 destruyó su casa y que en la catástrofe perdió a varios familiares y se dijo que también la concha.

En un correo dirigido al foro de *Conchologists of America*, el malacólogo italiano Marco Oliverio reprochaba a Poppe haber inducido a Briano a describir la quimera incomparable como una ciprea por motivos más comerciales que científicos y le preguntaba cuál habría sido su precio si se hubiese descrito como una óvula. Poppe argumentaba sus razones para haberla clasificado como ciprea, y añadía: «Esa magnífica concha, de la que no quiero ni escribir su nombre y de la que nunca volveré a manejar un ejemplar aunque no valga más que un dólar, bien podría constituir por sí misma una familia propia.»

Y, en efecto, a raíz de un par de trabajos publicados en 2000 y 2002, el género *Chimaeria* pasó a ser sinónimo de *Sphaerocypraea*, unos ovúlidos conocidos por algunas especies fósiles del Eoceno y a los que se creía extinguidos desde mediados del Mioceno. Debido a los caracteres de su concha y de su rádula, se ha propuesto hacer con este género una familia aparte llamada eocipreidos, un nombre que significa «cipreas del alba» y que alude a su posición taxonómica intermedia entre los ovúlidos y los cipreidos. De hecho, las conchas de *Sphaerocypraea* son la expresión neoténica de las de las cipreas, lo que avala que estas evolucionaron de las óvulas.

No obstante, aunque el valor comercial de la quimera incomparable haya aumentado al añadirse su valor científico como «fósil viviente» o «eslabón evolutivo», es improbable que en el futuro se lleguen a pagar los 20.000 dólares que una vez se pagaron por la concha de este caracol. Tal vez algún día otro barco arrastrero eche por azar sus redes en el punto de las profundidades marinas donde las quimeras incomparables habitan y, al recolectarse más ejemplares, su precio baje. Actualmente y asumiendo que sea cierto que el del coleccionista japonés se halla desaparecido, solo uno es susceptible de compraventa, dado que es el único que se encuentra en manos privadas. No se trata de ninguno de los cinco ya referidos, sino de un sexto cuya existencia no se conocía hasta que fue exhibido en la feria internacional de conchas de Amberes de 2000, donde fue la *pièce de résistance*. Lo ofertaba en 25.000 dólares un ucraniano llamado Igor Bondarev, el cual había sido piloto de submarinos científicos e investigador del Instituto de Biología de los Mares del Sur en Sebastopol y había intercambiado especies raras de aguas del este de África y puntos remotos del Índico con museos de los Estados Unidos. Con un valor estimado de 150.000 euros, ese ejemplar, el más grande y de mayor calidad, volvió a ser exhibido en la feria de Shanghái de 2024.

Por otra parte, aunque hasta el momento los pescadores somalíes que andan tras las quimeras incomparables no hayan sacado ninguna más en sus redes, muchos coleccionistas tomarían ejemplo de Poppe y se lo pensarían antes de comprar una, por barata que fuera, habida cuenta del aura fatídica que rodea a esta especie. La palabra «quimera» significa «aquello que se propone a la imaginación como verdadero sin serlo», pero también es el nombre de un monstruo mitológico de fealdad comparable a su ferocidad, y, en francés, es sinónima de «villano».

Después de las quimeras incomparables, los caracoles cuyas conchas alcanzan actualmente precios más altos también viven a gran profundidad y también se las considera «fósiles vivientes». Hasta 1855, las pleurotomarias o caracoles de hendidura solo eran conocidas como criaturas de la era Mesozoica, durante la cual fueron muy abundantes y estuvieron muy diversificadas. Tras ser publicadas múltiples descripciones de ellas en estado fósil, la primera especie viva de esta familia de arqueogasterópodos, la pleurotomaria de Quoy (*Perotrochus quoyanus*), fue descubierta aquel año en las Antillas Menores por un oficial francés aficionado a las conchas apellidado Beau, el cual la halló en una nasa para pescar cangrejos. Aunque la concha estaba ocupada por un paguro, era reciente. El hallazgo causó una enorme sorpresa a los malacólogos y paleontólogos.

Entemnotrochus rumphii (Taiwán).

Perotrochus metivieri (Saya de Malha).

De izquierda a derecha: *Bayerotrochus teramachii* y *Mikadotrochus hirasei* (ambas de Japón).

Seis años después se descubrió en una colección privada de Liverpool la concha de otra especie parecida, la pleurotomaria de Adanson (*Entemnotrochus adansonianus*). Su dueño la había adquirido en una tienda de curiosidades de Barbados. Otras dos nuevas especies, la pleurotomaria de Beyrich (*Mikadotrochus beyrichii*) y la pleurotomaria de Rumphius (*Entemnotrochus rumphii*), se descubrieron algo más tarde, la primera en una tienda de artesanías hechas con conchas de la ciudad japonesa de Enoshima y la segunda en una cesta que, conteniendo conchas variadas, había en una tienda de Róterdam. En 1963 ya se habían descrito ocho especies vivas de pleurotomarias y en la actualidad se conocen unas treinta, casi todas raras o muy raras, ya que, por vivir entre 100 y 800 metros de profundidad, son inalcanzables para los buzos y poco accesibles para las dragas, por lo que solo pueden recolectarse con los brazos mecánicos de los minisubmarinos. La última especie descrita, la pleurotomaria de Poppe (*Bayerotrochus poppei*), se halló en 2003 cerca de las islas Tonga.

Los coleccionistas valoran mucho las conchas de las pleurotomarias, y no solo por su rareza y por la extraña ranura de su última espira, destinada a que el ano y el poro urinario queden situados a distancia de la boca y del orificio de entrada de agua a las branquias. También les cautivan su buen tamaño, su elegante forma cónica, su delicada microescultura, sus colores jaspeados en tonos pastel y el iridiscente nácar de su interior. Pocos, sin embargo, son los que pueden permitirse coleccionarlas dado su elevado precio. La excepción es la pleurotomaria imperial o pleurotomaria de Hirase (*Mikadotrochus hirasei*), una especie que evidencia bien la actual explotación que hacen los barcos arrastreros de los fondos marinos. Desde su descripción en 1903, este caracol del mar de Japón era tan raro que en dicho país se le conocía por los nombres de «concha millonaria» o «caracol del emperador», debido a que los poquísimos ejemplares que muy de vez en cuando salían en las redes le eran enviados al emperador Hirohito, el

Callistocypraea leucodon (Filipinas).

Callistocypraea broderipii (Sudáfrica).

cual fue un gran aficionado a la Oceanografía y al coleccionismo de conchas. Actualmente hay tantos ejemplares en las colecciones y en circulación que pueden conseguirse por unos pocos dólares e incluso en ocasiones se ven en el mercado de pescado de Tokio para su consumo como alimento. La antes asimismo rara y cara pleurotomaria de Rumphius (*Entemnotrochus rumphii*), que con ejemplares de casi treinta centímetros de diámetro es la mayor de todas, también se ha abaratado mucho. En ocasiones, los barcos arrastreros que faenan en aguas de Taiwán sacan gran número de ellas, lo que ocurre cuando sus redes barren casualmente las paredes donde el talud continental se desploma hacia las profundidades abisales, que es el lugar donde viven las pleurotomarias.

Lo mismo ha ocurrido con ciertas cipreas que hasta hace pocas décadas eran prácticamente inasequibles para los coleccionistas dada su extrema rareza. Por ejemplo, en 1962 solo se conocían dos ejemplares de la ciprea de dientes blancos (*Callistocypraea leucodon*), ambos sin localidad de origen. Uno, el holotipo por el que en 1828 Broderip había

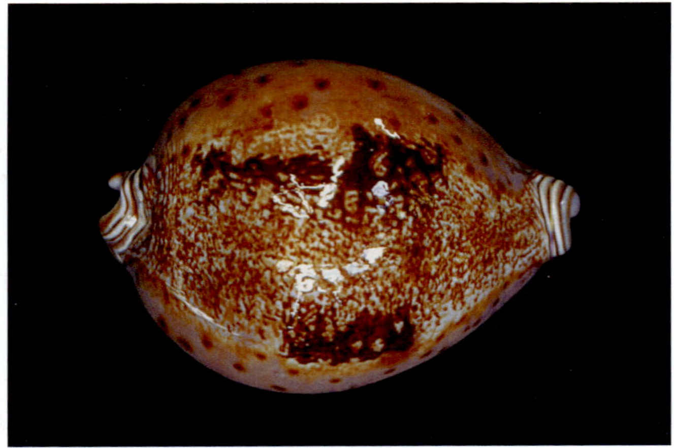

Izquierda. *Leporicypraea valentia* (Filipinas). derecha. *Barycypraea fultoni* (Mozambique). Esta última fue la más cara y deseada de las cipreas cuando de ella solo se conocían unos pocos ejemplares hallados en el estómago de peces.

descrito la especie, estaba en el *Natural History Museum* de Londres, y el otro en el Museo de Zoología de la Universidad de Harvard. De la ciprea príncipe o de Lord Valentia (*Leporicypraea valentia*), así llamada por el ejemplar que Humphrey vendió a dicho aristócrata inglés y por el que Perry nombró a la especie en 1811, un siglo después de su descripción no se conocían más de media docena de conchas. Una de ellas estaba en manos del malacólogo belga Philippe Dautzenberg, heredero de una industria textil cuyos beneficios destinó a reunir la mayor colección privada de conchas del siglo xx, compuesta por más de 30.000 especies.

Tanto la ciprea de Broderip (*Callistocypraea broderipii*) como la ciprea de Fulton (*Barycypraea fultoni*) se ven ahora con cierta frecuencia a la venta o en colecciones privadas, pero durante mucho tiempo solo se conocieron por unos pocos ejemplares *ex pisces*, o sea, hallados en el estómago de peces moluscívoros, en concreto de *Sparodon durbanensis*, un besugo de Sudáfrica vulgarmente llamado *musselcracker* (rompemejillones). La ciprea de Broderip ha mantenido más su valor que la de Fulton, notablemente devaluada desde que a principios de la década de 1990 los barcos arrastreros rusos empezaran a pescarla en Mozambique a 300 o 400 metros de profundidad. Por uno de los primeros ejemplares que por entonces llegaron a España se pagaron dos millones de las antiguas pesetas. Seguramente procedía de un *dealer* portugués que se los compraba a los pescadores rusos a cien dólares y luego se los vendía a otros *dealers* por seiscientos. Así llegó a almacenar más de un millar de ejemplares, pero, al ver que todos los grandes coleccionistas ya tenían al menos uno y que su precio empezaba a bajar, en la feria de conchas de París de 2005 decidió vender los que le quedaban por entre 100 y 300 dólares según su calidad. Mozambique dejó luego de tener un interés comercial para los barcos arrastreros, por lo que ya no volvieron a pescarse allí más cipreas de Fulton. Es por ello que en la actualidad su precio se ha vuelto a incrementar. Fluctuaciones similares ya han ocurrido con otras especies de cipreas, caso de la ciprea dorada (*Callistocypraea aurantium*), que hace cincuenta años se tasaba en 750 dólares y actualmente se puede conseguir por 75. Por el contrario, la ciprea perla (*Zoila perlae*), que antes valía 500 dólares, se cotiza hoy en 12.000. Otras cipreas que en el presente alcanzan altos precios son la ciprea elusiva (*Zoila eludens*), que como la anterior es nativa de Australia; la ciprea de Teramachi (*Nesiocypraea teramachii*), de Nueva Caledonia; la ciprea de Joyce (*Lyncina joyceae*), de Taiwán; la ciprea de Thomas (*Erosaria thomasi*), de Hawái, y las pequeñas cipreas de Iutsu (*Cypraeovula iutsui*) y de Cruikshank (*Cypraeovula cruikshanki*), ambas de Sudáfrica.

De las volutas, la más rara en la actualidad probablemente sea la voluta de Afrodita (*Callipara aphrodite*). Descrita en 1999 por Bondarev, el malacólogo ucraniano a quien antes hemos citado al hablar de la quimera incomparable, esta especie solo se conoce por dos ejemplares colectados al este de Madagascar que el capitán de un barco ruso guardaba en una caja de zapatos. Algo menos rara, la voluta de Kawamura (*Amoria kawamurai*), que puede ser una forma cromática de la mucho más común voluta de Gray (*Amoria grayi*), fue descubierta en 1975, cuando unos pescadores de Taiwán dragaron entre 100 y 200 metros de profundidad un centenar de ellas en el mar de Arafura, al oeste de Australia. Desde entonces no se ha hallado ninguna otra, por lo cual la cotización de las pocas que han estado a la venta nunca ha bajado de 3.000 o 4.000 euros. Un poco menos caras son otras volutas descritas en las últimos años, como *Amoria vinkensis* y *Amoria diamantina*, de Australia; *Callipara ponsonbyi* y *Athleta glabrata*, de Sudáfrica; *Miomelon philippianum*, de la Patagonia, y *Provocator palliatus*, de las islas subantárticas. También son caras ciertas liras, en concreto *Lyria cordis*, *Lyria guionneti*, *Lyria kuniene*, *Lyria valentinae*, *Lyria mikoi* y *Lyria anna*.

Amoria kawamurai (Australia). Desde que en 1975 unos pescadores dragaron algunos ejemplares en el mar de Arafura, no se ha hallado ningún otro.

Los conos excelso (*Conus excelsus*), ciervo (*Conus cervus*), burbuja (*Conus bullatus*), de Saint Thomas (*Conus thomae*) y de Du Savel (*Conus dusaveli*) eran antes tan raros como caros. No es que en la actualidad estén baratos, pero su valor ha sido superado con creces por el de otras especies de la familia descritas en los últimos años, caso del cono de Richer (*Conus richeri*), que es nativo de Nueva Caledonia; del cono nocturno (*Conus nocturnus*), de Indonesia; del cono apodado «primero» (*Conus primus*), del que solo se conocen unos pocos ejemplares dragados en 1990 por un barco arrastrero en el banco de Saya de Malha, al norte de Mauricio, y de otras dos especies de aguas profundas, una de Filipinas (*Conus darkini*) y otra de Japón (*Profundiconus scopulicola*), esta última desprovista de valor de mercado, ya que de ella no hay de momento más que el holotipo, colectado en 1972.

Conus cervus (Filipinas) y *Conus vicweei* (Myanmar).

Endémica de Mauricio, el arpa imperial o arpa doble (*Harpa costata*) sigo siendo un concha escasa y cara, pero su valor comercial también ha sido ampliamente superado por el de otros miembros de la familia que, aunque más pequeños y menos vistosos, son todavía más raros, en concreto el arpa esbelta o arpa grácil (*Harpa gracilis*), endémica de Polinesia, el

Conus dusaveli (Filipinas).

arpa punteada (*Austroharpa punctata*) y otras cuatro especies afines a esta última y que como ella son habitantes de las aguas profundas de Australia (*Austroharpa exquisita*, *Austroharpa learorum*, *Austroharpa wilsoni* y *Austroharpa loisae*).

En lo que respecta a los epitónidos, los más valorados son dos especies bastante parecidas que asimismo habitan en aguas profundas, una en el Caribe (*Sthenorytis pernobilis*) y otra en las islas Galápagos (*Sthenorytis turbinum*). De tarde en tarde se ve algún ejemplar a la venta en las listas de los *dealers*, por lo general procedente de una vieja colección. Hay otro epitónido denominado *Cycloscala sardellae* que no es menos raro que los anteriores, puesto que desde su descubrimiento en 2004 no se conocen más de una decena de ejemplares colectados en Filipinas y Nueva Caledonia. Sin embargo, solo un coleccionista muy interesado por esta familia pagaría su actual valor de mercado, ya que se trata de una concha de tan solo siete milímetros de longitud.

Finalmente, en la lista de las rarezas actuales hay que incluir al múrice de Poppe (*Flexopteron poppei*), conocido por unas cuantas conchas colectadas a 250 metros de profundidad en Filipinas; a la óvula de Hirohito (*Rotaovula hirohitoi*), otro habitante de las aguas profundas de Filipinas, y al tritón armado (*Lotoria armata*), del que desde su descripción en 1897 por Sowerby III no hay más de una decena de conchas, las últimas obtenidas en Fiyi, Nueva Caledonia y Nuevas Hébridas.

Las conchas de los caracoles terrestres nunca han alcanzado precios tan elevados como las de los marinos, pese a que durante bastante tiempo no se dispuso de las de ciertas especies más que de un único ejemplar. Fue el caso de dos ortalícidos de Perú llamados *Newboldius crichtoni* y *Sultana labeo*. Del último, el primer y único ejemplar existente fue hallado en 1827 en Chapapoyas por un teniente de la marina británica llamado Henry Maw. Pasó luego a la colección de la *Zoological Society* de Londres, pero de ahí fue robado y ya no volvieron a obtenerse nuevos ejemplares hasta 1947. Las especies terrestres actualmente más valoradas son las que, además de estar extinguidas, tienen cierto tamaño y una forma singular, lo que aumenta su atractivo para los coleccionistas. En este caso se encuentra *Megaspira ruschenbergiana*, un caracol de concha sumamente turriculada que vivía en las selvas próximas a Sao Paulo, si bien la localidad exacta nunca se ha podido saber, ya que, según Ruschenberger, un médico que en 1836 le dio el holotipo a Lea y a quien este dedicó la especie, la persona que los obtenía guardaba celosamente el secreto. Muy rara vez ha salido algún ejemplar a la venta, siempre procedente de una vieja colección. El número de los existentes, casi todos en museos, se estima en poco más de treinta. También muy cotizado, y por las mismas razones, es el caracol giboso de Lyonet (*Gibbus lyonetianus*), un endemismo de Mauricio extinguido hace ya tiempo.

Rotaovula hirohitoi (Japón).

CAPÍTULO 9
UN MERCADO EN ENTREDICHO

El comercio de conchas ha movido y sigue moviendo considerables cantidades de dinero. A este respecto cabe señalar como dato curioso que el motivo de que el logotipo de la compañía petrolífera *Shell* sea una concha, la de un pecten o vieira, se debe a que Marcus Samuel, su fundador, vendía conchas exóticas como negocio adicional al transporte de mercancías por barco que en 1833 había abierto en Londres. En 1892, su hijo, de igual nombre, recolectaba conchas en el mar Caspio cuando se dio cuenta del enorme potencial por explotar que la región tenía para producir petróleo con destino a las lámparas del alumbrado público y doméstico, de modo que hizo construir un buque cisterna para exportarlo a Inglaterra. A este barco, que fue el primer petrolero, le dio el nombre de *Murex.* Quince años más tarde, Samuel hijo ya era dueño de una flota de ocho, todos bautizados con nombres de moluscos.

Maletín de un marchante de conchas del siglo XIX.

El carácter de objeto suntuario que antaño tuvieron las conchas y el lucrativo comercio en torno a ellas no han cambiado en los tiempos actuales. Existen tiendas especializadas en venderlas en muchos países y con periodicidad se celebran exposiciones y subastas de ellas en diferentes ciudades de Europa, Estados Unidos, Asia y Australia. La compraventa también lugar de forma continua por correo, mediante listas que los marchantes o *dealers* envían a los coleccionistas con las especies que en ese momento tienen disponibles y los datos sobre la calidad de sus ejemplares, tamaño, procedencia y, por supuesto, precio. Con *Internet*, el negocio se ha hecho más rápido y sencillo, ya que este medio de comunicación posibilita encontrar en algún lugar del mundo a un comprador para una concha por cara que sea. Además, *Internet* ha proporcionado a muchos coleccionistas la opción de poner a la venta sus ejemplares excedentes y de este modo convertirse en ocasionales *dealers*. Las consecuencias de ello son la captura de un número mayor de ejemplares del que los coleccionistas requieren para abastecer sus colecciones y un menoscabo en los ingresos de los *dealers* profesionales.

El sistema HMS de tasación de conchas, así llamado por las siglas de la *Hawaiian Malacological Society* que lo ideó, clasifica su calidad en cuatro categorías: *gem* (totalmente perfectas), *fine* (con un ligero defecto), *good* (con defectos importantes, como una espina rota, el ápice perdido, grandes muescas en el labio o estrías de crecimiento marcadas), y *beach* (conchas desgastadas y con defectos obvios). Hay que añadir una quinta categoría, la de los ejemplares monstruosos o aberrantes, los cuales son conocidos en la jerga conquiliológica como *freaks* y que a algunos coleccionistas les resultan atractivos. Las conchas de calidad *beach*, es decir, las procedentes de las arribazones de las playas, no se comercializan, ya que su estado suele ser malo y los coleccionistas prefieren siempre las de ejemplares que ha sido recolectados vivos. Bastan unos pocos días en el mar para que, por ejemplo, la concha de una ciprea muerta pierda su lustre. Si se aplica el sistema HMS de tasación con criterios estrictos, las conchas de calidad *gem* son en realidad pocas, sobre todo en aquellas especies provistas de esculturas o apófisis delicadas, caso de los múrices, los epitónidos o los espóndilos.

La mayoría de las conchas que se ponen a la venta provienen de países con una renta *per capita* baja o muy baja, como Filipinas, Indonesia, Tailandia, Malasia, Taiwán, Tanzania, Kenia, Mozambique, Madagascar, México, Panamá y Brasil. Por ello, cada ejemplar que los pescadores nativos de esos países venden conlleva siempre nuevas capturas por su parte. Muchos pescadores de conchas del sudeste de Asia pertenecen al grupo étnico conocido como «gitanos del mar» o *bayao*, excelentes buceadores en apnea que

Puesto callejero de venta de conchas en Mahé, Seychelles.

Cipreas puestas a la venta en una feria internacional de conchas.

Muestra de un almacenista de conchas en Phuket, Tailandia.

viven en barcazas o en poblados palafíticos establecidos en remotos islotes y costas deshabitadas.

Los caracoles marinos son capturados unas veces mediante buceo, bien en apnea o bien con escafandra, y otras veces mediante nasas cebadas con pescado. Estas nasas se echan al mar al atardecer y se recogen antes de que amanezca, dado que la gran mayoría de los gasterópodos marinos son nocturnos, sobre todo los de hábitos predadores o carroñeros como los múrices, las arpas y las volutas, que de día permanecen ocultos bajo las piedras o entre los intersticios del coral o enterrados en la arena. En Filipinas, las redes de malla fina que ya no pueden ser reparadas sirven para la captura de microgasterópodos. Conocidas por el nombre de *lumun lumun*, se enrollan y se dejan abandonadas en algún lugar donde fluya una corriente moderada y a una profundidad de entre diez y cien metros, para que las larvas de los gasterópodos asienten en ellas. Varios meses después se recogen, se cosecha su contenido y este se vende en bolsas, para que, con ayuda de una lupa, los coleccionistas separen e identifiquen las numerosas especies que contienen.

Otro tipo de recolectores de conchas son los patrones de barcos arrastreros que previamente han establecido convenios con los mayoristas locales de conchas para

Guido Poppe, el más conocido de los actuales *dealers* de conchas.

venderles cuantas salgan en sus redes. El mayor número de esos mayoristas se encuentra en Filipinas, en concreto en Mactán, isla próxima a Cebú. También hay muchos en las islas de Phuket (Tailandia) y Penang (Malasia), en la de Sanibel (Florida) y en Bahía (Brasil), Yakarta (Indonesia), Taipei (Taiwán) y Perth (Australia). A su vez, los mayoristas están en contacto con los comerciantes, marchantes o *dealers*, que son los que venden las conchas a los coleccionistas en su último precio. Muchos *dealers* también las colectan personalmente con equipos de buceo. El *dealer* más conocido de todos los actuales es el belga Guido Poppe, quien, haciendo paráfrasis de su apellido, es considerado «el pope de las conchas». Es coautor de varios libros sobre ellas, coordinador de las series *A Conchological Iconography* y *Visaya* y del portal de *Internet* titulado *Conchology*, descubridor de más de trescientas nuevas especies de moluscos y dedicatario de otro medio centenar de ellas. Poppe, que reside desde hace años en Filipinas, está en la línea de aquellos marchantes de conchas del siglo XIX que contribuyeron de forma notable a la Malacología,

Perisserosa guttata (Filipinas). En 1963 solo se conocían dieciséis ejemplares de esta ciprea. En la actualidad hay miles en poder de los coleccionistas y comerciantes de conchas.

como los ingleses Humphrey y Martyn o el francés Pierre Denys de Montfort. Este último, autor de varios libros sobre moluscos y el primer malacólogo que creyó en la existencia de cefalópodos gigantes, vivió precariamente de la venta ambulante de conchas hasta el día en que se le halló muerto en una calle de París.

Otra fuente de conchas de colección son las expediciones científicas organizadas por los museos de Historia Natural, las cuales se financian parte de sus gastos vendiendo los ejemplares sobrantes más valiosos a los *dealers*. Así pues las formas de obtener conchas y de comercializarlas no han variado de manera sustancial desde que a principios del siglo XVIII se popularizó su coleccionismo. La diferencia entre aquellos tiempos y los actuales estriba en que la demanda es ahora muchísimo mayor, dado que hay muchos más coleccionistas y, por tanto, muchos más comerciantes. Baste señalar al respecto que en 1965 había en Estados Unidos unos 10.000 de los primeros, pero que en la actualidad hay más de 100.000. Este fuerte incremento, paralelo en otros países occidentales, causa un notable impacto en las poblaciones de los moluscos, pese a que tanto los coleccionistas como los comerciantes afirmen que sus actividades no resultan en absoluto dañinas para ellas.

Que tal afirmación carece de fundamento lo demuestra el caso de las cipreas dorada (*Callistocypraea aurantium*) y manchada (*Perisserosa guttata*). De la primera, en 1970 la *Hawaiian Malacological Society* listaba 294 ejemplares conocidos, incluyendo los viejos y deteriorados, y de la segunda, en 1963 no se conocían más que dieciséis. Ahora hay miles de una y otra, todos capturados para ser vendidos a los coleccionistas. La gran demanda de esas y otras nueve especies de cipreas raras de Filipinas motivó que en 2001 se las declarase legalmente protegidas en dicho país, por lo cual ya no pueden ser recolectadas allí. La prohibición supuso un grave perjuicio para los habitantes de Suluan, una diminuta isla cercana a la de Sámar, ya que su principal

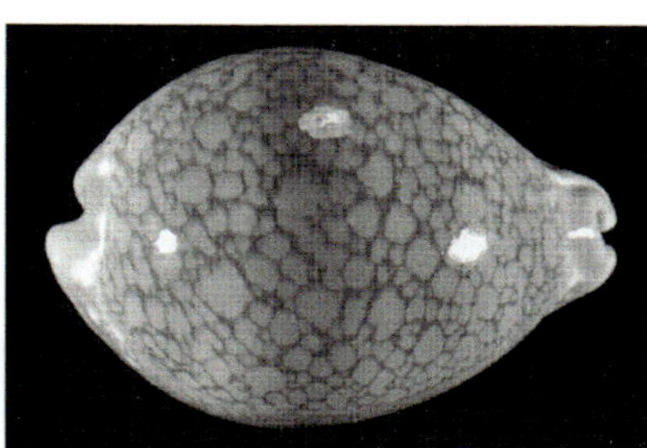

Cypraea broderipii

CYPRAEA *broderipii* Sowerby, 78mm, Gem-, very beautiful distinct pink & red dorsal coloration, heavy mature specimen, Natal, S. Africa......... 1850.00
83mm, Gem, Real Bargain, inflated specimen, slightly blurred pattern, Natal, S. Africa......... 1450.00
aequinoctialis Schilder, 43mm, F+, very large specimen, rare this size, Panama........................ 225.00
angelicae Clover, 21mm, Gem, very calloused inflated shell, heavy white margins, Gabon......... 95.00
brevidentata fluctuans Iredale, 22mm, Gem-, beautiful, hard to get now, Qld., Aust.................. 27.50
capricornica Lorenz, 61mm+, Gem, dwarf form, trawled, Capricorn Channel, Qld., Aust............... 35.00
80mm, Gem, only one, large beauty.................... 75.00
castanea latebrosa Swartz & Liltved, 30.8 mm, Gem-, RARE, newly named subspecies, very nice dark coloration, dredged, Cape St. Francis, S.A......1850.00
chinensis Gmelin, 34mm+, Gem, dark fresh

Página del catálogo de un *dealer*.

Lobatus gigas (Cuba). Esta especie está protegida por el Convenio de Washington o CITES.

fuente de ingresos era precisamente la captura de cipreas doradas, recurso que explotaban en aguas infestadas de tiburones y por el que expresaban a Dios su agradecimiento colocando los ejemplares más pobres en las paredes de la iglesia local, cuyo altar tiene la forma de una ciprea dorada. En Australia también existen actualmente restricciones para capturar ciertas especies de cipreas raras, en concreto *Zoila friendi*, *Zoila marginata*, *Zoila rosselli*, *Zoila venusta* y *Austrocypraea reevei*. Para hacerlo hay que estar en posesión de una licencia especial y se conceden muy pocas.

Aunque la Malacología y el coleccionismo de conchas nacieron juntos, en la actualidad existe un progresivo distanciamiento entre los coleccionistas y los malacólogos profesionales. La causa estriba en que los últimos creen que debería prohibirse cualquier tipo de comercio con las conchas, igual que lo está el de marfil, el de pieles de felinos o el de caparazones de tortugas marinas. A su vez, los coleccionistas reprochan a los biólogos las colectas de moluscos que ellos hacen y que justifican por motivos científicos. El conflicto es de difícil solución. El impacto que sobre las poblaciones de moluscos causa el coleccionista que captura unos pocos ejemplares durante sus vacaciones en un país tropical es sin duda mucho menor que la masacre a escala industrial que los pescadores locales hacen para satisfacer la demanda de los coleccionistas. Por otra parte, prohibir coleccionar conchas a quien no las coge por sí mismo equivaldría a prohibir el consumo de peces a quien no los pesca.

Los recolectores profesionales de conchas suelen ser cuidadosos con los hábitats de los moluscos, ya que no les interesa deteriorarlos si quieren conseguir en el futuro nuevas capturas. En Australia, Hawái, Mauricio, Seychelles, Sudáfrica y las islas Galápagos, coger conchas, incluso las vacías, está prohibido si no se dispone de un permiso especial al efecto, y existen multas severas para los infractores. La paradoja estriba en que en dichos países hay tiendas que, sin impedimento legal alguno, venden a los turistas conchas

De izquierda a derecha: *Paryphanta debusbyi* y *Powelliphanta lignaria* (Nueva Zelanda). Estos caracoles terrestres también están protegidos por el CITES.

procedentes del sudeste de Asia o de África Oriental. De momento no hay reglamentación que regule el comercio de conchas a nivel mundial. Lo único claro es que, salvo en los países antes citados, no existe límite para recolectar las conchas vacías que el mar arroje a las costas, pues ello solo supondrá, en todo caso, que los cangrejos ermitaños dispondrán de menos habitáculos para alojarse.

Ciertas especies de moluscos están protegidas con ámbito internacional por el Convenio de Washington, más conocido como CITES (*Convention on International Trade in Endangered Species*). Suscrito en 1973 por 130 países, con apéndices posteriores, dicho convenio prohíbe la exportación, importación y comercio tanto de ejemplares vivos como de las conchas de los siguientes moluscos: todas las especies de tridacnas, el estrombo gigante del Caribe (*Lobatus gigas*), la papuina verde o caracol arborícola de la isla Manus (*Papustyla pulcherrima*), todas las especies de los géneros de caracoles terrestres *Partula* de Hawái, *Paryphanta* y *Powelliphanta* de Nueva Zelanda y *Polymita* de Cuba, y una treintena de especies de náyades o almejas de agua dulce de Estados Unidos.

Otras especies, en este caso europeas, están protegidas por el llamado Convenio de Berna, que se halla en vigor desde 1982 con posteriores anexos y que prohíbe la captura, posesión, compraventa e intercambio de ejemplares vivos o de los restos de las especies por él amparadas, así como el deterioro de los ambientes en los que dichas especies viven y se reproducen.

Además existen catálogos nacionales y regionales que protegen a especies localmente amenazadas, distinguiendo las siguientes categorías: «en peligro de extinción», «sensible a la alteración de su hábitat», «vulnerable» y «de interés especial». Por ejemplo, el *Catálogo de las Especies Amenazadas de Aragón*, publicado en 2008, incluía en la primera categoría a una almeja de agua dulce (*Pseudunio auricularius*) y en la segunda a dos especies de caracoles terrestres (*Pyrenaearia navasi* y *Pyrenaearia cotiellae*) y tres de agua dulce (*Pseudamnicola navasiana*, *Melanopsis penchinati* y *Melanopsis praemorsa*).

Por su parte, la captura de especies marinas se halla regulada por las normas de los ministerios de pesca y alimentación de cada país o por sus departamentos comarcales. Los marchantes de conchas conocen bien todos estos catálogos y, por la cuenta que les tiene, no suelen incluir las especies protegidas por ellos en sus listas.

Si bien se pueden hacer aceptables colecciones de conchas cogiendo solo las vacías, sobre todo en el caso de especies terrestres, pocos coleccionistas están dispuestos a renunciar a los ejemplares vivos que encuentren o que deseen adquirir, porque el afán de posesión y la manía de coleccionar se sobreponen al respeto por los seres vivos. Los aficionados a las conchas deben tener siempre presente que, pese a su naturaleza mineral y por tanto inanimada, los objetos de su afición son partes de la anatomía de unos seres vivos. Las formas sorprendentes de las conchas, sus hermosos diseños y sus atractivos colores pueden parecernos apetecibles caprichos de la Naturaleza, pero en realidad han evolucionado para conferir protección a esos seres de blando y delicado cuerpo que son los moluscos.

No hay duda de que las conchas cumplen a la perfección ese cometido de proteger a sus constructores, y no solo a ellos, dado que, cuando quedan vacías, también son usadas como refugio por pulpos, cangrejos ermitaños, gusanos sipuncúlidos y peces de pequeño tamaño como los blénidos. En el lago Tanganica, muchas especies de cíclidos han adaptado su tamaño y comportamiento al refugio que les proporcionan las conchas vacías de *Neothauma tanganyicense* y otros paludómidos, y por eso los aficionados a la acuariofilia califican a estos peces de «conchícolas». Por su parte, en las conchas vacías de los caracoles terrestres anidan las abejas megaquílidas como *Osmia bicolor* y *Hoplitis spinulosa*, las cuales, usando barro o excrementos de conejo o de oveja, construyen en el interior de las conchas varias cámaras o celdillas y en cada una de ellas depositan un huevo. En Madagascar hay una araña llamada *Olios coenobitus* que iza con hebras de seda la concha vacía de algún caracol terrestre y la deja pendiendo del extremo de la rama de un arbusto al objeto de usarla como vivienda y como nido.

Hace quinientos millones de años que los gasterópodos están presentes en el Planeta, y con una extraordinaria

Xenophora conchyliophora (México).

De arriba a abajo: *Xenophora crispa* (España) y *Xenophora granulosa* (Filipinas).

Xenophora pallidula (Filipinas).

diversificación, ya que, después de los insectos, son la clase zoológica que cuenta con mayor número de especies. Su capacidad de adaptación, en buena parte debida a la protección que les otorga la concha, les ha permitido colonizar todos los hábitats marinos, desde la zona intermareal a las grandes profundidades abisales y hadales, incluyendo la columna de agua y la superficie de los océanos, donde viven especies respectivamente planctónicas y pelágicas. También han colonizado las aguas dulces de arroyos, ríos, lagos, pantanos, estanques, fuentes e incluso corrientes subterráneas, así como la tierra firme de todos los continentes exceptuando la Antártida, desde los desiertos más áridos a las montañas más elevadas. Resulta pues una cruel ironía que el hombre los capture para apropiarse de esas conchas que con tanto éxito les han protegido durante su larga historia evolutiva.

Sorprendentemente, existen caracoles que coleccionan conchas, lo cual demuestra que esta actividad no es exclusiva de la especie humana. Los caracoles coleccionistas pertenecen al género *Xenophora*, palabra griega que significa «portador de extraños». A medida que van creciendo, estos caracoles marinos fijan a su concha piedrecillas o conchas vacías de otros caracoles y de moluscos bivalvos. La especie *Xenophora pallidula* también colecciona trozos de madréporas, esqueletos de esponjas, púas de erizos de mar, pinzas de cangrejos, opérculos calcáreos de turbos y astreas e incluso chapas, clavos y otros artefactos humanos, señal esta última de la gran cantidad de basura que hay en el fondo del mar. Las xenóforas seleccionan el objeto elegido y, con su probóscide, lo llevan a la parte del manto próxima a la abertura de la concha, donde las glándulas secretoras de carbonato cálcico allí existentes amplían esta al tiempo que cementan la nueva adquisición.

Esta costumbre no es caprichosa, pues casi nada en el mundo natural lo es, sino que obedece a varias razones. En primer lugar, las xenóforas consiguen incrementar de este modo la resistencia de sus conchas, que no son muy gruesas, al adherir otras. En segundo, hacen creer a los peces, cangrejos y pulpos que son pilas de piedrecillas o montones de conchas vacías sin interés alimenticio, lo que explica el hecho de que siempre disponen y cementan las conchas bivalvas con su cara interna hacia fuera, para hacer ostensible que se trata de conchas vacías. La tercera razón del singular afán coleccionista de las xenóforas es ampliar la base de sustentación de la concha e impedir con ello que esta se hunda en el limo del fondo y se obstruya el paso de agua a la branquia. Esto está a su vez avalado por el hecho de que siempre fijan las conchas de otros caracoles y cualquier objeto alargado con su eje mayor dispuesto radialmente. Es por ello que, aunque también miembro de la familia de los xenofóridos, la estelaria o caracol sol (*Stellaria solaris*) no adhiere objetos a su concha o solo adhiere granos de arena y pequeños fragmentos de otras conchas en fases juveniles de su crecimiento. No necesita hacerlo, ya que su concha posee unas largas prolongaciones radiales huecas que amplían su base de sustentación y la elevan sobre el fondo.

CAPÍTULO 10
CONCHAS FALSIFICADAS

En cierta ocasión, varios malacólogos y coleccionistas de conchas nos reunimos, como hacíamos periódicamente, para vernos y hablar de cosas de nuestro interés común. A la reunión, uno de los asistentes llevó la concha de un raro epitónido llamado *Cirsotrema rugosum* que, por su tamaño y perfección, despertó la admiración de todos. El propietario de la pieza dijo haberla comprado en mil dólares a un comerciante de Filipinas, quien de entrada le había pedido el doble por ella.

Pocos días más tarde, el autor de este libro consultó el récord de tamaño para dicha especie y resultaba que aquel ejemplar lo superaba nada menos que en cinco centímetros. El asunto se esclareció cuando, al examinar la protoconcha con una lupa binocular, quedó claro que era una falsificación hecha en pasta de alabastro, resina sintética u otro material que imitaba a la perfección el color y la delicada escultura que son característicos de dicho epitónido. La réplica debió haber sido hecha por ordenador usando como modelo un *scanning* en tres dimensiones de un ejemplar auténtico, pero al cual se le había dado casi el doble de su tamaño real. Las primeras espiras estaban huecas, por lo que nada en el peso ni en el aspecto de la concha hacían sospechar la impostura. Dado su exiguo tamaño, la protoconcha no había podido ser falsificada, de modo que a la lupa se veía como un burdo cono sin vestigios de espira. Por unos correos del foro de *Conchologists of America* nos enteramos de que otra pieza similar, adquirida asimismo en Filipinas y descubierta como falsa mediante una radiografía, se encontraba en una colección privada de Estados Unidos, y que había una tercera en manos de un *dealer* francés, el cual había dado a su espurio ejemplar el nombre oficioso de *Cirsotrema rugosum fakeorum* (de *fake*, «fraude» en inglés).

Casi todos los coleccionistas hemos reparado alguna vez los pequeños defectos de un ejemplar, por ejemplo, limando un labio mellado, tapando con pasta de porcelana o *papier-maché* un agujero producido por un caracol predador o por una esponja incrustante o aplicando un aceite de

Falso espécimen de *Cirsotrema rugosum* fabricado en Filipinas.

baja acidez, como el de parafina o el de almendras dulces, a la superficie de una concha vieja a fin de reavivar sus colores desvaídos. Los más hábiles pueden suplir una espina rota o un ápice perdido. Al respecto cabe transcribir aquí cierto pasaje de una carta que Broderip dirigió en 1821 a Swainson: «He traído conmigo mi *Voluta aethiopica* para usted. Estaba totalmente perfecta y así habrá de parecer a los ojos de cuantos la vean menos a los suyos, por lo cual le ruego que no diga nada sobre mi desventura. Al lavarla antes de empaquetarla, la rompí el labio y me he visto obligado a limarlo. Creo que lo lamentará cuando vea el ejemplar, porque, de no ser por este defecto, es el más bello que hay de la especie.»

En un capítulo de la tercera edición de *La Conchyliologie* titulado *De la manera de mejorar las conchas y aumentar su belleza natural sin alterarlas*, los Favanne de Montcervelle, editores de la obra, expusieron los métodos para limpiar y pulir conchas, los cuales consideraban necesarios para descubrir la belleza de muchos ejemplares, oculta por la capa de incrustaciones a la que daban el nombre de «cortina marina». El marchante Gersaint veía las conchas como diamantes en bruto que debían ser tallados y pulidos para incrementar su valor y atractivo: «Hasta que una concha no es liberada de las incrustaciones que le son ajenas, su belleza no puede ser vista tal y como la Naturaleza la conformó.» El pulido era por entonces un tratamiento habitual en las conchas de nautilos, grandes turbantes y especies como la lapa tortuga (*Cellana testudinaria*), llamada precisamente así porque su concha adquiere un aspecto similar al carey cuando se la pulimenta. Actualmente se hace de forma casi sistemática en las conchas de cipreas, para aumentar su brillo.

Ejemplar pulido de *Cellana testudinaria*. Obsérvese la semejanza de la concha con el carey sobre el que ha sido fotografiada.

Pero, de mejorar una concha por motivos estéticos a transformarla con fines lucrativos hay un paso y lo último tampoco es una práctica nueva. Las conchas impostadas no eran raras en la época de D´Argenville y Gersaint, como lo atestiguan los numerosos ejemplares manipulados o falseados que se conservan. El Museo de Zoología de la Universidad de Harvard guarda la concha de un argonauta (*Argonauta argo*) que durante mucho tiempo fue la única conocida de color rosa. Dada tan singular característica, en 1859 su primer propietario había pagado por ella mil dólares. Un siglo más tarde se demostró que estaba teñida.

Aparte de las falsificaciones en pasta de arroz, nunca demostradas, que es fama se hicieron en el siglo XVIII del escalárido precioso (*Epitonium scalare*), hay conchas falsas producidas en la misma época del bivalvo llamado «martillo blanco» (*Malleus albus*), muy codiciado por entonces. Vosmaer denunció que todos los que se compraban en Holanda eran falsos. También se aparejaban valvas que no concordaban de péctenes y del raro *Cardium costatum*. La lapa dorada fue una especie de la que hacia 1767 circularon ejemplares a altos precios por París, al parecer procedentes de La Rochelle pero probablemente importados de Holanda. En realidad se trataba de conchas de la común lapa patagónica (*Nacella deaurata*) cuyo interior cobrizo había sido transformado en un atractivo dorado por medio de freírlas en una sartén.

La aplicación de calor o de ácido a las conchas y su repintado son las técnicas más usadas para obtener colo-

Izquierda. Los ejemplares de *Conus marmoreus* de la parte inferior derecha de la foto tienen los colores habituales de la especie. El de la izquierda ha sido tratado con ácido y el de arriba ha sido calentado para alterar su color. Derecha. Los especímenes de *Conus hirasei* de la parte inferior de la foto son reales. Los de la parte superior son conchas viejas a las que se ha aplicado una película con el dibujo típico de la especie.

raciones inhabituales o mejorar las originales deterioradas. Los Favanne de Montcervelle ya protestaron sobre tales hechos en el prólogo a la tercera edición de *La Conchyliologie*: «La práctica de los holandeses de pintar las conchas con colores brillantes no debe proseguir. Es un fraude en el que no deberían caer los naturalistas, que cuanto más cerca estén de la realidad de la Naturaleza más lejos estarán de las falsificaciones del arte.» En la misma obra se menciona un raro ejemplar de la ciprea *Luria lurida* que en 1784 fue subastado a alto precio. Lo que le hacía tan valioso era la presencia de dos filas de manchas blancas en su dorso, pero no eran naturales; habían sido efectuadas con un hierro candente. La misma técnica aplicada a las conchas de caracoles terrestres fue usada hacia 1897 por un *dealer* francés apellidado Balestier. Tan convincentes resultaron sus «nuevas especies», obtenidas marcando con un hierro al rojo conchas de *Helicostyla woodiana*, una especie común en Filipinas, que incluso se consignan como reales en un libro sobre caracoles terrestres tropicales publicado en 1987, casi un siglo después de que tales fraudes se realizaran.

Incluso a los malacólogos más expertos les resulta difícil distinguir los auténticos ejemplares *golden* o anaranjados del cono marmóreo (*Conus marmoreus*), raramente pescados en Nueva Caledonia y Filipinas, de los ejemplares comunes de la especie cuyo color negro ha sido desnaturalizado calentándolos en un horno, lo que también se hace con otras especies de conos y con algunas olivas. Falsos ejemplares albinos de cipreas, volutas, arpas, múrices, mitras y pleurotomarias se obtienen calentando ejemplares normales hasta que adquieran un tono crema claro, luego se exponen a luz solar para blanquearlos y finalmente se pulen para que no parezcan calcinados.

Falsos ejemplares albinos de *Harpa major*.

Otra técnica de manipulación de conchas consiste en decorticar con un ácido o un intenso pulido su capa más externa a fin de dejar al descubierto la subyacente, que en los conos y cipreas suele tener un atractivo color morado. En 1758 Linnaeus describió la *Cypraea amethystea*, pero en realidad era un ejemplar decorticado de ciprea arábiga (*Mauritia arabica*). Regenfuss ilustró otro ejemplar de esa especie inexistente como *Porcellana violacea ex Argo spurio oris praeparata* (Porcelana violácea espuria procedente de una argos manipulada). Por motivos ornamentales, la decorticación fue y sigue siendo una práctica común en conchas de nautilos, orejas de mar, turbantes y tróquidos, las cuales tienen bajo su capa externa otra de nácar que, al quedar al descubierto, las hace más hermosas, aunque de ese modo pierdan su interés científico. Con intención fraudulenta también se practica en los conos y las cipreas, por lo cual hay que sospechar de los ejemplares que presenten bandas o manchas inhabituales; pueden ser naturales pero más a menudo habrán sido producidas mediante calor o un ácido. El posterior pulido hará desaparecer las trazas del borboteo del ácido sobre la superficie de la concha, que así no aparecerá picada si se la examina con una lupa. La tinción con anilina es otra técnica fraudulenta que a veces se aplica sobre ciertos múrices raros como el múrice alado (*Pterynotus alatus*) y el de Loebbecke (*Chicoreus loebbeckei*). También se tiñen de negro y se añaden postizos a las conchas de cipreas al objeto de crear falsos especímenes melánicos y rostrados como los que de forma natural aparecen en Nueva Caledonia.

La picaresca y habilidad de algunos comerciantes de Filipinas, lugar de donde proceden la mayor parte de las conchas espurias, no parece tener límites. Saben incluso producir falsos ejemplares siniestros, es decir, ejemplares cuyo sentido de giro es inverso al habitual, una característi-

Ejemplares decorticados de *Monetaria caputserpentis*.

Xenophora pallidula con una chapa de botella pegada intencionadamente a la concha.

Los dos ejemplares de *Callistocypraea leucodon* de la parte derecha de la foto son naturales. Los de la izquierda han sido pintados y esmaltados con resina sintética.

De estos ejemplares de *Callistocypraea aurantium* solo el del centro es natural. El de la derecha está pintado y cubierto con resina sintética. El de la izquierda es una *Leporicypraea mappa* hábilmente maquillada.

ca que espontáneamente se da muy rara vez, por lo que tales ejemplares son mucho más caros que los normales. Para conseguirlo, le recortan a una concha su propia abertura, pegan esta de manera invertida y luego cubren la unión con un falso periostraco. Por eso este tipo de fraude solo puede realizarse en géneros que, como *Conus* y *Cymatium*, están provistos del citado periostraco, la capa fibrosa que recubre externamente las conchas. También saben obtener xenóforas o caracoles coleccionistas con conchas que llevan adheridas chapas de botellas y otros objetos singulares. Pegan estos objetos a ejemplares a los que luego liberan en un sitio cerrado, para que los ajusten a sus conchas antes de repescarlos.

En la actualidad muchas conchas se comercializan a través de *Internet*, y las que así lo hacen no están exentas de actuaciones fraudulentas virtuales, como, por ejemplo, utilizar fotos de conchas puestas en manos de niños a fin de que parezcan de gran tamaño, o usar el *photo-shop* para falsear los colores de las conchas o eliminar sus defectos, de forma que ejemplares que no son *gem* aparenten serlo.

Hay que distinguir entre conchas reparadas, conchas mejoradas con intención fraudulenta y conchas claramente fraudulentas. Las primeras no constituyen un engaño para el comprador, toda vez que un labio limado o un agujero ocluido mejoran un ejemplar sin que por ello su precio deba aumentar. Los conos y las volutas que se comercializan tienen con mucha frecuencia los labios limados, y casi siempre de forma tan bien hecha que la reparación no es detectable por el habitual método de recorrer el borde del labio con la yema de un dedo. La forma de detectarla es examinar las líneas de crecimiento más próximas al borde, que no deben terminar abruptamente en ninguna parte de su recorrido.

Las conchas mejoradas con intención fraudulenta son las de ejemplares pobres y viejos que, hábilmente maquillados, se venden como perfectos. Es el caso de una de las falsificaciones más habituales practicada con cipreas raras como la de Fulton (*Barycypraea fultoni*), la de dientes blancos (*Callistocypraea leucodon*), la de Broderip (*Callistocypraea broderipii*) y la dorada (*Callistocypraea aurantium*). Se las repinta, se cubren con una capa traslúcida de resina sintética para producir un efecto de profundidad en el dibujo y finalmente se pulen para borrar toda huella de manipulación. Solo con una lupa pueden detectarse a veces trazos de pincel. También es útil golpear la superficie de una ciprea sospechosa contra la cara anterior de un diente; si es auténtica, se percibirá un sonido cristalino, mientras que en una concha recubierta de resina el sonido obtenido es más mate. Las cipreas resinadas tienen además un tacto más cálido que las naturales. La aplicación de acetona u otro disolvente orgánico es la prueba definitiva, ya que resina y pintura se disolverán y la superficie de la concha adquirirá un feo aspecto blanquecino.

Las conchas claramente fraudulentas incluyen los falsos ejemplares albinos, las cipreas comunes pintadas para endosarlas como otras más raras, y, por supuesto, las conchas que ni siquiera son tal, sino imitaciones más o menos afortunadas hechas en madera, pasta, plástico, polvo de alabastro o resina sintética. Con los modernos escáneres, que alcanzan una resolución de millones de puntos por centímetro cuadrado, no solo es posible reproducir conchas en tres dimensiones sino incluso las diminutas protoconchas.

En el pasado se hicieron en las islas Fiyi réplicas de cipreas doradas (*Callistocypraea aurantium*) con marfil de cachalote teñido. Tales réplicas valen ahora bastante más que una concha auténtica, dado que los dientes de los cachalotes escasean y que, en cambio, las cipreas doradas ya no son tan escasas como antes. Ciertamente las buenas falsificaciones son en sí mismas una rareza, por lo cual no faltan los coleccionistas interesados en enriquecer sus colecciones con un apartado dedicado a las conchas falsas, conchas que, por otra parte, otros coleccionistas tienen en las suyas sin saberlo. Cuando un ejemplar de una especie rara sea excepcionalmente perfecto, tenga un tamaño excesivo, un color inhabitual o se oferte a un precio muy inferior al normal, entonces existen muchas probabilidades de que haya sido manipulado o de que sea falso. Las buenas falsificaciones solo parecen obvias cuando se sabe de antemano que lo son. Cuidado pues al comprar una concha excepcional a bajo precio, porque el principio en que se basa toda estafa no es otro que el de hacer creer al estafado que es él el estafador.

CAPÍTULO 11
AL BORDE DE LA EXTINCIÓN

En un capítulo anterior nos hemos referido al peligro que para las poblaciones de caracoles representa el coleccionismo de sus conchas. Sin embargo, no es desde luego esta la mayor amenaza a la que dichos animales se enfrentan. En el caso de las especies marinas, esa amenaza se encuentra en el uso abusivo de las redes de arrastre, en la destrucción de los arrecifes de coral por la pesca con cianuro y dinamita, en la contaminación del mar, particularmente acusada en los estuarios, y en la urbanización de las costas y la construcción de puertos, lo que causa la desertización de muchos kilómetros del litoral adyacente. En lo que respecta a las especies terrestres, el mayor peligro para las mismas es la deforestación, que ya ha provocado la extinción de un considerable número de ellas.

En su *Phylosophie Zoologique*, publicada en 1809, Lamarck escribió lo siguiente: «Las pequeñas criaturas marinas son inmunes a la influencia del hombre y se hallan a salvo de la destrucción provocada por nuestra especie.» Pero, desde que dicho naturalista escribiera esas palabras, la destrucción ha sido tanta que su aserto ha dejado de tener veracidad, y las criaturas marinas más afectadas son las que, por vivir en la orilla del mar, resultan más accesibles a la mano del hombre. Este es el caso de las lapas, diezmadas por la extinción masiva que está causando nuestra especie. De hecho, el único invertebrado marino que se sepa extinguido en tiempos históricos es una lapa: la lapa de la hierba marina (*Lottia alveus*). Esta especie fue muy común en la costa atlántica de Norteamérica, desde la península del Labrador a Nueva York. Su extinción, acaecida en la década de 1930, se debió a la proliferación de un moho del género *Labyrinthula* que arrasó las praderas de *Zostera*, la hierba marina sobre la que dicha lapa vivía. Es altamente probable que el sobrecrecimiento de dicho moho estuviese propiciado por la contaminación e industrialización de esa parte de la costa americana, pero el hecho no se ha podido demostrar. Sin embargo, que el hombre tiene mucho que ver con el proceso de extinción de otras especies de lapas es evidente.

Desde tiempos prehistóricos, las lapas han constituido un importante recurso alimenticio para las comunidades hu-

Un conchero de lapas en Cabo Verde.

manas asentadas en islas y litorales rocosos, según se infiere de la presencia predominante de sus restos en los concheros. Fueron uno de los principales alimentos de los onas, yaganes y alacalufos en la Tierra de Fuego, de los hotentotes en Sudáfrica, de los indios en la Baja California, de los aborígenes en Tasmania, de los maoríes en Nueva Zelanda, de los guanches y majos en las Canarias y de los antiguos habitantes de las Hébridas y costas de Escocia. No es pues extraño que, tras siglos y siglos de continuo marisqueo, varias especies de lapas, casi todas endemismos insulares, se hallen hoy amenazadas de extinción. En Hawái, por ejemplo, tres especies localmente llamadas *opihi* (*Cellana talcosa*, *Cellana sandwicensis* y *Cellana exarata*) eran muy abundantes cuando Cook descubrió dichas islas, a las que dio el nombre de Lord Sandwich, su protector; pero ahora escasean tanto que ha sino necesario promulgar disposiciones legales para protegerlas. En peor situación, y además sin protección legal alguna, se encuentra la lapa de Cabo Verde (*Patella lugubris*), ya que el marisqueo solo ha dejado indemnes a los ejemplares que viven en zonas del litoral muy abruptas y batidas por el mar.

Aún más amenazadas están las lapas majorera (*Patella candei*) y herrumbrosa (*Patella ferruginea*). Ambas figuran desde 1998 en el *Catálogo de las Especies Amenazadas de*

Patella ferruginea (Islas Chafarinas).

Patella candei (Canarias).

Conchas de *Patella candei* fotografiadas junto a un folleto destinado a proteger los últimos ejemplares de esta lapa que quedan en Canarias.

LAS ROCAS DE ESTA PLATAFORMA COSTERA SON AGLOMERADOS DE CONCHAS DEL VERMETO COLONIAL (*Dendropoma lebeche*) CEMENTADAS POR UN ALGA INCRUSTANTE. CADA PORO EN LA ROCA ES LA ABERTURA DE LA CONCHA DE UNO DE ESTOS ATÍPICOS CARACOLES.

España con la categoría «en peligro de extinción», la misma que tienen el lince ibérico y el águila imperial. Pese al intenso marisqueo a que fue sometida por los majos, la lapa majorera era muy común en las islas orientales de Canarias hasta hace algunas décadas. Hoy solo quedan poblaciones en las deshabitadas islas Salvajes y unos pocos ejemplares en Fuerteventura que, por estar instalados en grietas, pasan desapercibidos o no pueden ser extraídos. Por su parte, la lapa herrumbrosa ha desaparecido de todo el Mediterráneo salvo del norte de África y de las islas Chafarinas, con unos cuantos individuos supervivientes dispersos por el sur de España, Córcega, Cerdeña y las islas de Alborán y Pantelaria. Esta lapa, al igual que la majorera, es muy visible debido a su gran tamaño y a que vive en la zona media de la franja intermareal, por lo cual se encuentra prácticamente emergida durante la bajamar. Dado que, igual que hacen otras lapas, cambia de sexo al crecer, los ejemplares más grandes, por tanto los más visibles y recolectados, son hembras reproductoras, lo cual limita aún más las posibilidades de supervivencia de la especie. Volviendo el aserto de Lamarck sobre la imposibilidad de que el hombre pudiera extinguir a alguna criatura marina, sería una triste paradoja que la primera en extinguirse por tal causa fuese la lapa herrumbrosa, ya que también se la conoce por el nombre de lapa de Lamarck.

DE IZQUIERDA A DERECHA: *Naria spurca*, *Schilderia achatidea*, *Zonaria pyrum* Y *Luria lurida* (ESPAÑA). LAS CUATRO ESPECIES DE CIPREAS DEL MEDITERRÁNEO SE HALLAN INCLUIDAS DESDE 2001 EN LA LISTA DE ESPECIES AMENAZADAS DE LA SOCIEDAD ESPAÑOLA DE MALACOLOGÍA.

En 2001, la Sociedad Española de Malacología publicó por primera vez la lista de las especies amenazadas de moluscos en España. De las marinas y en la categoría «en peligro de extinción», dicha lista incluía por entonces a las antes citadas lapas majorera y herrumbrosa (*Patella candei* y *Patella ferruginea*), y, en la categoría «vulnerable», a la lapa áspera (*Patella ulyssiponensis*), la lapa negra (*Cymbula nigra*), las cuatro especies de cipreas del Mediterráneo (*Zonaria pyrum*, *Schilderia achatidea*, *Luria lurida* y *Naria spurca*), el caracol tonel (*Tonna galea*), los tritones o caracoles trompeta (*Charonia lampas* y *Charonia tritonis*), la ranela gigante (*Ranella olearium*), una especie de mitra (*Mitra zonata*), otra de voluta (*Ampulla priamus*) y el vermeto pétreo o colonial (*Dendropoma lebeche*).

Este último es un caracol al que difícilmente los legos reconocerían como tal, pues, por su concha de arrollamien-

Gibbus lyonetianus (Mauricio). Los últimos ejemplares vivos se colectaron en 1905.

to irregular, más parece un gusano tubícola. De hecho, la palabra «vermeto» procede del latín *vermis*, que significa «gusano». La mayoría de las especies de vermétidos son solitarias y todas viven cementadas a conchas de moluscos bivalvos, rocas u otros objetos duros. El vermeto colonial, sin embargo, es gregario y sus agrupaciones forman en determinados puntos de la costa unas plataformas a las que se conoce como arrecifes de vermetos. Este caracol es pues, junto con la madrépora *Cladocora cespistosa*, la única criatura del Mediterráneo capaz de formar arrecifes. Estos se hallan constituidos por un enorme número de caracoles con las conchas cementadas unas a otras por un alga incrustante del género *Spongites*. Sobre los arrecifes de vermetos asienta una rica comunidad biológica que incluye a otras especies de caracoles. Por desgracia están desapareciendo del Mediterráneo a causa de las mareas negras, la contaminación por aguas residuales, la sedimentación originada por obras próximas a las costas y el pisoteo por parte de pescadores y bañistas.

Ciertamente los gasterópodos marinos no son tan vulnerables a la extinción como los terrestres, ya que, por lo general, tienen áreas de distribución geográfica mucho más amplias. Esto se debe a que la mayoría de ellos producen larvas planctónicas y, por tanto, dotadas de una gran capacidad de dispersión al poder viajar arrastradas por las corrientes marinas. No obstante hay excepciones, caso del tróquido nivoso (*Steromphala nivosa*), una especie que solo vive en las praderas de hierbas marinas de Malta y que hoy se encuentra seriamente amenazada por la destrucción de dichas praderas, la urbanización de las costas y su contaminación por las mareas negras y el crudo procedente de la limpieza de los depósitos de los barcos. Un trabajo publicado en 2007 afirmaba que, en las localidades maltesas donde hubo poblaciones de dicha especie, solo se habían hallado conchas vacías. Se estima que la tasa actual de desaparición de las praderas de hierbas marinas es superior a la de otros ecosistemas amenazados como los arrecifes de coral o las selvas tropicales. El 60% de las existentes está en declive y cada media hora se destruye una extensión de ellas equivalente a un campo de fútbol.

Unas trescientas especies de gasterópodos se han extinguido en tiempos históricos. De ellas, el 99% eran terrestres y dulceacuícolas. La lista antes citada de las especies amenazadas en España incluye muchas más especies no marinas que marinas; en concreto, 73 terrestres y 44 dulceacuícolas. Entre las primeras se encuentra el caracol de Gualtieri (*Iberus gualtieranus*), especie tan emblemática de la fauna española como pueda serlo el lince ibérico o el águila imperial. Su concha es el logotipo de la Sociedad Española de Malacología y su nombre genérico el de la revista *Iberus* editada por dicha sociedad. Por su parte, el nombre específico de este caracol hace referencia a Gualtieri, que en 1745 ilustró un ejemplar en su *Index Testarum Conchyliorum*, si bien creyó que se trataba de un caracol marino.

Aunque el dato no ha calado en los movimientos conservacionistas, el 40% de las especies que se han extinguido desde el año 1600 son moluscos, y, de estos, en su mayoría se trata de caracoles terrestres insulares. En las Mascareñas, por ejemplo, los caracoles terrestres fueron diezmados desde la colonización de este archipiélago en el siglo XVII, lo que también causó la extinción del dodo, del solitario y de las tortugas gigantes. De 125 especies de caracoles terrestres endémicas de Mauricio, 43 han desaparecido debido a la tala de los bosques autóctonos y a la introducción de especies foráneas que depredan sobre ellos, como cerdos, macacos, ratas, ratones, musarañas, tenrecs, sapos y caracoles lobo (*Euglandina rosea*), estos últimos llevados desde Centroamérica como agentes biológicos de control de los también introducidos caracoles gigantes africanos (*Lissachatina fulica*). Los últimos especímenes vivos del caracol giboso de Lyonet (*Gibbus lyonetianus*), emblemático de Mauricio, se recolectaron en 1905; desde entonces no se ha vuelto a ver ninguno. Otra especie exclusiva de esa isla llamada *Harmogenanina implicata* tiene la distribución más reducida que se conoce en un caracol terrestre, ya que está restringida a unos pocos metros cuadrados de bosque degradado en Pieter Both, la montaña situada frente a Port Louis, capital de Mauricio. Igual les ocurre a varias especies de las islas del Mediterráneo, como *Thyrrenaria ceratina*, de Córcega, y *Lampedusa melitensis*, de Malta. En la diminuta isla Pitcairn, otras especies que viven en zonas de extensión inferior a una hectárea desaparecerían si estas fuesen invadidas por plantas foráneas. Del desastre que supuso la introducción del antes citado caracol lobo para los *Partula* y *Achatinella*, dos géneros de caracoles terrestres respectivamente nativos de Polinesia y de Hawái, hablaremos en otro capítulo.

En 1835, cuando Darwin visitó las Galápagos, vivían en este archipiélago entre doscientas y trescientas personas y las únicas islas habitadas eran Floreana y San Cristóbal. Como resultado de la colonización de estas dos islas, un buen número de especies de bulimúlidos endémicos del género *Naesiotus* desaparecieron a principios del siglo XX. El proceso de extinción de estos caracoles es ahora más rápido y afecta a las especies de otras islas. En Santa Cruz, isla colonizada a partir de 1920, había 25 especies, pero en 1988 solo sobrevivían media docena; las demás se habían extinguido por los cambios provocados en su hábitat, que se hizo más árido al ser destruida la vegetación autóctona para dedicar la tierra a cultivos y pastos. También tuvo que ver la introducción de cabras, que devoraron la vegetación original, y la de predadores de caracoles como ratas, hormigas de fuego y los gasterópodos foráneos *Subulina octona* y *Vaginulus plebeius*, que no tardaron en convertirse en plaga compitiendo con los caracoles autóctonos. La «lista roja» de la IUCN (*International Union for the Conservation of Nature*) cita a 26 especies de bulimúlidos de Galápagos en la categoría «en peligro crítico de extinción» y a otras 22 en la de «vulnerable». El número de las especies extinguidas no se sabe con certeza. Por ejemplo, *Naesiotus achatinellus* fue dada como tal, ya que esta especie, endémica de San Cristóbal y descrita por un único ejemplar recogido por Cuming en 1829, no había sido vista desde 1930, pero en 1987 se hallaron dos individuos vivos.

La situación de los caracoles terrestres de Macaronesia no es muy distinta. De las 193 especies de caracoles terrestres que vivían en Madeira, endémicas en su mayoría, 65 están en peligro y 17 no han vuelto a verse desde hace más de un siglo, por lo cual se las da por extinguidas. En Tenerife son 24 las especies que, de un total de 141, se encuentran en peligro de desaparecer.

En otros muchos lugares, la destrucción de los biotopos naturales causada por la agricultura ha reducido las poblaciones de caracoles, induciéndolas a adoptar una distribución lineal a lo largo de los setos que separan los campos de cultivo o a quedar aisladas en promontorios de tierra que no pueden cultivarse por ser poco accesibles a los tractores, en los cuales se amontonan las piedras retiradas de los campos y se conserva algo de la vegetación original. En estos sitios, los caracoles están además a salvo de los herbicidas e insecticidas.

De las especies ligadas a medios forestales, unas ya han desaparecido y otras están experimentando la misma recesión que los bosques donde habitan, en unos casos destruidos por las compañías madereras o por los incendios provocados para despejar terreno con fines agrícolas y en otros sustituidos por plantaciones de árboles con interés industrial como eucaliptos, pinos de Monterrey, palmeras aceiteras y árboles del caucho. De hecho, el primer molusco que figuró en la antes citada «lista roja» de la IUCN fue un caracol arborícola: la papuina verde (*Papustyla pulcherrima*). Endémica de Manus, isla próxima a Nueva Guinea del grupo de las Almirante, esta bonita especie no fue descubierta hasta 1931, pese a su buen tamaño y al vistoso color verde esmeralda de su concha. Por entonces los bosques

Papustyla pulcherrima (Isla Manus). Este caracol arborícola fue el primer molusco inscrito en la lista de especies en peligro de extinción.

Liguus fasciatus (Cuba).

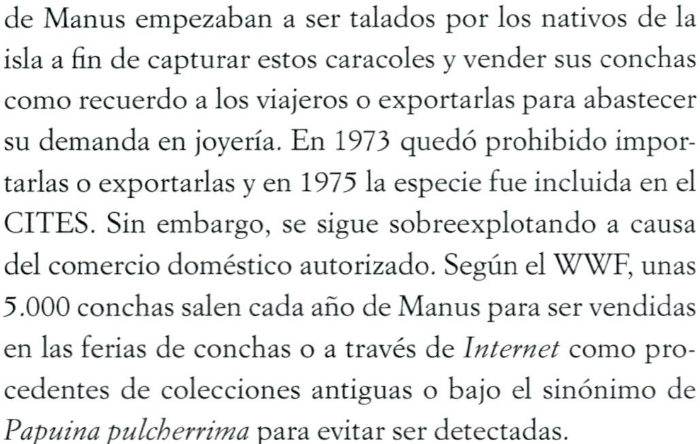

de Manus empezaban a ser talados por los nativos de la isla a fin de capturar estos caracoles y vender sus conchas como recuerdo a los viajeros o exportarlas para abastecer su demanda en joyería. En 1973 quedó prohibido importarlas o exportarlas y en 1975 la especie fue incluida en el CITES. Sin embargo, se sigue sobreexplotando a causa del comercio doméstico autorizado. Según el WWF, unas 5.000 conchas salen cada año de Manus para ser vendidas en las ferias de conchas o a través de *Internet* como procedentes de colecciones antiguas o bajo el sinónimo de *Papuina pulcherrima* para evitar ser detectadas.

Desde que la papuina verde fue incluida en la «lista roja», esta ha ido creciendo. En 1990 ya había en ella 197 especies y subespecies de caracoles terrestres, y en 2024 eran 7.157. La principal causa de tan significativo incremento ha sido la deforestación, un fenómeno global que afecta a géneros de distribución geográfica tan dispar como *Thersites* de Australia, *Paryphanta* y *Powelliphanta* de Nueva Zelanda, *Tropidophora* de Madagascar, *Cyclophorus* del sudeste de Asia o *Liguus* de Florida, Cuba y Española.

Del *Liguus fasciatus*, otro caracol arborícola, este de Cuba y Florida, hay numerosas razas distinguibles por su diseño cromático. En los Everglades, cada una de esas razas estaba restringida a un *hammock*, palabra con que los indios seminolas designan los lugares del gran pantanal algo elevados, con árboles y suelo firme que permite acampar. Los patrones de color de las conchas de esos caracoles servían a los indios para orientarse. En la actualidad varias de las razas se han extinguido, e igual ha ocurrido en Cuba con otra raza denominada *carbonarius*, cuyo hábitat en la

Polymita picta (Cuba).

sierra de Viñales fue deforestado para construir un centro turístico. De otras siete razas descritas en los alrededores de Cienfuegos, cuatro no han vuelto a verse en los últimos años. Otra especie afín llamada *Liguus virgineus*, endémica de Española, también ha experimentado una enorme recesión como consecuencia de la tala de los bosques para obtener carbón vegetal, que es prácticamente la única fuente de combustible en Haití.

Asimismo amenazado de extinción se encuentra otro caracol arborícola de Cuba llamado polimita o caracol pintado (*Polymita picta*), el cual, con casi un millar de posibles variaciones cromáticas en sus conchas, es la especie más variable del mundo. Pese a haber sido el primer gasterópodo sobre el que los biólogos dieron la voz de alarma, lo que ocurrió en 1943, y a que fue declarado oficialmente protegido por el gobierno cubano en 1959 junto con las otras cinco especies de su género, y por el convenio CITES en 2017, está desapareciendo debido a la deforestación, a los plaguicidas y a la recolección que los habitantes locales hacen de ellos para vender sus conchas a los turistas o para fabricar objetos de artesanía. La especie *Polymita sulphurosa* se halla al borde mismo de la extinción, ya que su hábitat fue sustituido por plantaciones de caña de azúcar. La rarefacción de estos preciosos caracoles supone un perjuicio para la precaria economía del oriente de Cuba, de donde son endémicos. Bastan dos o tres ejemplares en un cafeto o un guayabo para mantener al árbol en perfectas condiciones, ya que se alimentan de fumagina, un hongo que, al formar costras negras en las hojas, impide la fotosíntesis.

Si la deforestación es el principal problema para los caracoles terrestres, la contaminación del agua y la destrucción del hábitat lo es para los dulceacuícolas. Ilustrativo de ello es que el grupo zoológico más afectado por la actual extinción masiva que causan las actividades humanas sea el de las náyades o almejas de agua dulce, con decenas de especies desaparecidas en las últimas décadas y otras muchas en trance de estarlo. Un caso notable de extinción fue el de cuatro especies de hemisínidos pertenecientes al género

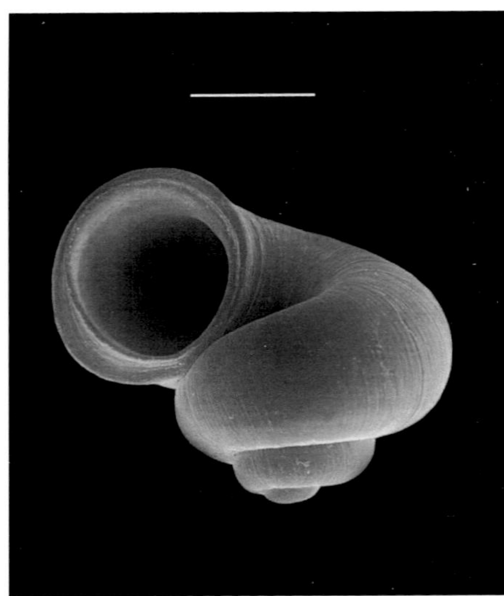

Tarraconia gasulli (España). La línea blanca representa 1 milímetro. (José Bedoya - SEM Museo Nacional de Ciencias Naturales de madrid).

Aylacostoma que habitaban en una zona del río Paraná conocida como los rápidos de Apipé. La construcción de una presa en 1993 alteró el flujo de la corriente de agua en el lugar, por lo que esos caracoles desaparecieron. Afortunadamente, un malacólogo del Museo de Ciencias Naturales de Buenos Aires llamado Manuel Quintana recogió un puñado de ellos del lecho del río y los crió en acuarios ubicados en dicho museo y en la Universidad de Misiones. De momento no se ha encontrado el lugar óptimo para reintroducirlos, de modo que tales caracoles se encuentran en la categoría que la IUCN considera el mayor grado de amenaza para una especie, el de «extinguida en estado silvestre», es decir, que se trata de una especie que ya únicamente sobrevive en cautividad y fuera de su hábitat original.

En una situación casi similar de amenaza de extinción se encuentran muchas especies de los llamados caracoles de fuente o hidróbidos de los géneros *Bythinella*, *Belgrandiella*, *Horatia*, *Neohoratia*, *Tarraconia* y *Pseudamnicola*, entre otros. Estos diminutos prosobranquios tienen áreas de distribución geográfica muy pequeñas, restringidas a determinadas fuentes y manantiales de aguas limpias, por lo que desaparecen cuando sus hábitats se contaminan o destruyen. Los pulmonados de agua dulce son menos vulnerables que los prosobranquios debido a que suelen estar más ampliamente distribuidos. No obstante, hay excepciones, y este es el caso de *Physella zionis*, que solo vive en las escorrentías de un cañón de Utah, donde se alimenta de la película de algas que recubre las paredes de piedra arenisca.

De la lista de especies españolas amenazadas, 44 son dulceacuícolas y, de estas, 36 son hidróbidos. Así, *Islamia ateni* fue descubierta en 1969 en un manantial de los Pirineos de Lérida, pero se extinguió poco tiempo después cuando en su hábitat se construyó un balneario. El caso ilustra cómo la extinción de especies de pequeño tamaño solo es advertida por unos pocos especialistas, o puede no serlo por nadie si se trata de especies que aún estaban por descubrir. Se ha calculado que entre veinte y ochenta formas de vida desaparecen cada día de esta manera, sin que el hecho sea noticia ni siquiera alarme a los biólogos, lo cual habla de nuestro desconocimiento de la biodiversidad así como de la masiva brecha que en ella causamos los seres humanos. Precisamente uno de los problemas a los que se enfrentan los malacólogos que trabajan en evitar la extinción de especies es que desconocen con seguridad la situación real de muchas, dado su exiguo tamaño y su inaparente presencia.

La tendencia, dictada por nuestro antropocentrismo, de tratar de conservar preferentemente las especies de gran tamaño, por lo general vertebrados, nos hace olvidar a las criaturas de apariencia más humilde como los caracoles. Con todo, la preservación de animales grandes y emblemáticos sirve para preservar sus hábitats y de este modo al resto de las especies que viven en ellos. Owen Griffiths, un malacólogo australiano que reside en Mauricio, adquirió hace años una gran parcela de bosque en Safina, al norte de Madagascar, e involucró a la población local en la preservación de la zona, la cual alberga a ocho especies de lémures. Al quedar protegido el hábitat de estos mamíferos característicos de la fauna malgache, también quedaron protegidas varias especies endémicas de caracoles de los géneros *Helicophanta*, *Ampelita* y *Tropidophora*. Griffiths ha llevado una idea aún más ambiciosa a unos terrenos adquiridos al efecto en Rodríguez, donde ha reconstruido el biotopo original, lo que va a permitir la supervivencia de dos especies de *Tropidophora* endémicas de dicha isla que estaban al borde mismo de la extinción.

De izquierda a derecha: *Tropidophora cuvieriana* y *Tropidophora occlusa* (Madagascar).

Tropidophora articulata (Rodríguez).

En la lucha por la conservación de las especies de pequeño tamaño fue paradigmático el caso de *Vertigo moulinsiana*, habida cuenta de que este caracol terrestre no sobrepasa los dos milímetros de longitud. En 1996 el gobierno inglés fue demandado por un grupo conservacionista porque la construcción de una de las autopistas que circunvalan Londres amenazaba con destruir uno de los pocos hábitats de la especie existentes en Inglaterra, una turbera próxima a la población de Newbury. El tribunal que juzgó el asunto dictaminó a favor de los conservacionistas y obligó al gobierno a retirar y cambiar de lugar seiscientos metros cuadrados de capa superficial de turba a un alto costo. Algo similar ocurrió en Nueva Zelanda con *Powelliphanta augusta*, otro caracol terrestre del cual no quedaban más de quinientos individuos confinados a cinco hectáreas de bosque nativo que iban a ser destruidas por una compañía minera. En 2006 el gobierno neozelandés autorizó a dicha compañía a que desplazara la población de caracoles a unos ochocientos metros del lugar, pero esta medida motivó un debate público, ya que los biólogos no garantizaban el éxito de la translocación.

El actual cambio climático o calentamiento global, debido a los gases productores de «efecto invernadero» como el dióxido de carbono, el metano y el vapor de agua, está causando alteraciones en todos los ecosistemas que desde luego afectan a los gasterópodos. Muchas regiones se desertizan por cambios en el régimen pluvial, lo que amenaza a las especies terrestres. En 2007 se publicó que el caracol bandeado de Aldabra (*Rachistia aldabrae*) se había extinguido o estaba a punto de hacerlo debido a la disminución de las lluvias en dicho atolón del Índico, el mayor del mundo. Afortunadamente, en 2014 se le halló en una zona de matorral denso de un islote adyacente al atolón.

Por su parte, los caracoles de montaña se ven afectados por el calentamiento global debido a la elevación del rango de altitud en el que pueden vivir, lo que reduce su hábitat y finalmente provocará su desaparición. En este caso se encuentra *Pyrenaearia navasi*, una de las especies con distribución geográfica más reducida de cuantas viven en la península Ibérica, ya que solo lo hace en la cumbre del Moncayo. También están amenazados sus parientes *Pyrenaearia carascalensis*, *Pyrenaearia cantabrica* y *Pyrenaearia velascoi*, que habitan respectivamente las partes más altas de los Pirineos, Picos de Europa y montes del País Vasco y Navarra. Desde 1950 se está produciendo un ascenso a cotas más altas de gran número de especies animales y vegetales, cuantificable en seis metros por década. También se ha detectado un desplazamiento hacia el Norte de la distribución de otras muchas, con una media de seis kilómetros por década.

El cambio climático está afectando asimismo a algunos gasterópodos de agua dulce, caso del caracol espinoso del lago Tanganica (*Tiphobia horei*), que hoy solo se encuentra a menos de cien metros de profundidad cuando hace solo

Pyrenaearia navasi (España). Este caracol, que solo vive en la cumbre del Moncayo, se encuentra amenazado por el actual cambio climático.

Tiphobia horei (Tanzania). Esta especie también está afectada por el calentamiento global, que dificulta el suministro de oxígeno a las aguas profundas del lago Tanganica.

treinta años se podía encontrar al triple. La causa de esa rápida pérdida de dos tercios de su hábitat estriba en que la termoclinia del lago Tanganica, o sea, la estratificación de la temperatura de sus aguas, es actualmente mucho más acusada y los monzones ya no logran romperla al agitar las aguas, por lo cual no llega suficiente suministro de oxígeno a las capas inferiores.

La disminución del oxígeno disuelto en el agua por efecto del cambio climático también tiene lugar en la capa superficial de los océanos, que, por estar más caliente, contiene menos oxígeno en disolución. Además, hace que la estratificación del océano sea más estable, ya que reduce los procesos de mezcla y circulación del agua. El problema es mayor en aguas próximas a las costas, que sufren un proceso de eutrofización por exceso de nutrientes en el que proliferan las algas, las cuales consumen oxígeno en detrimento de otros organismos litorales como lapas, burgados, mejillones y bálanos.

Un ingente número de especies de gasterópodos marinos se ve afectado por el blanqueamiento de los corales, un fenómeno también inducido por el calentamiento global que causan las actividades humanas y que se debe a la muerte de las zooxantelas, algas microscópicas que viven en simbiosis con los pólipos coralinos y los aportan nutrientes. La pérdida de dichas algas, que no toleran el aumento de temperatura, hace que los corales se decoloren, se debiliten, sean más vulnerables a las enfermedades y acaben muriendo. En 2016, año en que al calentamiento de la superficie terrestre inducida por el cambio climático se sumó el fenómeno de «El Niño», casi un tercio de los corales de la Gran Barrera de Australia murieron por esa razón. En los últimos años han sufrido blanqueamiento casi dos tercios de los arrecifes de coral de todo el mundo y los expertos creen que prácticamente todos ellos habrán desaparecido a finales del presente siglo, no solo por el blanqueamiento, sino porque el cambio climático propicia la mayor frecuencia e intensidad de los huracanes y tifones, así como un aumento en las lluvias torrenciales que erosionan los suelos y llevan a los ríos cantidades ingentes de lodos que acaban en el mar sofocando a los pólipos coralinos. Los corales que viven en aguas profundas no están a salvo de la destrucción causada por las actividades humanas; las redes de arrastre los destrozan de forma irreparable, ya que tardan centenares o incluso miles de años en crecer.

A otras muchas especies de gasterópodos les afecta la pérdida de los manglares y humedales costeros causada por el ascenso del nivel del mar, resultado del deshielo de los polos y los glaciares, lo cual es otra de las consecuencias más indeseables del cambio climático, dado que acabará por annegar comarcas enteras e inundar las grandes urbes construidas junto a la orilla del mar.

Aparte de que la humanidad arroja al mar cada año ocho millones de toneladas de plásticos, los cuales terminan convertidos en microplásticos cuyos efectos a largo plazo para la fauna marina desconocemos, la contaminación del mar por ciertos productos químicos es otra fuente de daño para las poblaciones de gasterópodos marinos. A concentraciones de tan solo unos pocos nanogramos por litro, la TBT o tributiltina, usada como agente anti-incrustante para pinturas de barcos e instalaciones portuarias, provoca la masculinización de las hembras de dichos animales, ya que induce en ellas un estadio intersexual por el que desarrollan pene y las glándulas del oviducto se transforman en una glándula prostática no funcional que lo obstruye y las hace estériles. Estos cambios se detectaron por primera vez en 1970 en las poblaciones de *Nucella lapillus* de Plymouth y otros puertos del Atlántico, afectando por entonces al 5% de los individuos. En 1978 ya afectaban al 67%. Con posterioridad se observaron cambios similares en *Littorina littorea* y otros caracoles de varias partes del mundo, como *Voluta ebraea*, *Olivancillaria vesica*, *Stramonita haemastoma* y *Plicopurpura patula*. El resultado es que muchas poblaciones han declinado rápidamente o se han extinguido. Pese a estar ya prohibida y a que es un compuesto muy persistente, la tributiltina se sigue empleando.

En las zonas industrializadas del norte de Europa y Norteamérica, la llamada «lluvia ácida», causada por el ácido sul-

Un pterópodo (*Limacina helicina*). Las sutiles conchas de estos gasterópodos pelágicos se perforan y luego se disuelven a medida que aumenta la acidificación de la capa superficial de los océanos. (Nina Bednarsek).

fúrico formado al combinarse el anhídrido sulfúrico emitido a la atmósfera con el agua, daña las conchas de los caracoles terrestres, sobre todo las de aquellas especies que, como los clausílidos, tienen por costumbre trepar a los troncos de los árboles y fijarse a ellos. La película de agua que escurre provoca en las conchas una fuerte corrosión, dado que el carbonato cálcico se disuelve mejor en un medio ácido.

Mucha mayor importancia ecológica tiene la progresiva acidificación de los océanos, un fenómeno que está ocurriendo a una velocidad sin precedentes. La causa de ello es también humana y se debe a que el dióxido de carbono que liberamos a la atmósfera se mezcla con el agua de la capa superficial del mar para formar ácido carbónico. El hecho representa un serio impedimento para la formación de las conchas de los moluscos y otras estructuras biológicas compuestas por carbonato cálcico, como los caparazones de los foraminíferos y crustáceos, los exoesqueletos de los corales y equinodermos y los talos de las algas calcáreas. Desde la Revolución Industrial, el pH de la capa superficial de los océanos, es decir, la capa comprendida entre el nivel del mar y los primeros doscientos o trescientos metros de profundidad, ha descendido como promedio de un valor de 8´179 al de 8´104. Este cambio de 0´075 no parece ser mucho, pero, dado que la escala de medición del pH es logarítmica, significa que esa capa se ha hecho un 30% más ácida. De continuar las emisiones de dióxido de carbono su tendencia actual, el pH de la capa superficial del mar habrá bajado para el año 2100 entre 0´15 y 0´25, es decir, que dicha capa se habrá hecho un 150% más ácida, lo cual no ha ocurrido en los últimos 300 millones de años.

En un experimento de laboratorio se reprodujo a escala la cantidad de dióxido de carbono que teóricamente estaría disuelto en el mar en el año 2100. En tales condiciones, las finas conchas de los pterópodos, un tipo de gasterópodos pelágicos, se volvían primero opacas, en dos días aparecían agujeros en sus paredes y en poco más de un mes el carbonato cálcico que las compone se disolvía por completo. Dado que el dióxido de carbono es más soluble en agua fría, los pterópodos, muy abundantes en los mares polares, se verían precozmente afectados por la acidificación del agua. Más tarde también quedarían afectados todos los demás gasterópodos marinos, incapaces de segregar sus conchas larvarias o protoconchas. Los estudios realizados por varios investigadores sobre poblaciones de pterópodos de puntos tan distantes del océano como las islas Svalbard, el mar de Scott y la costa occidental de Norteamérica ya han evidenciado daños en las conchas de dichos gasterópodos pelágicos similares a los que se obtuvieron en el laboratorio.

Alrededor de un tercio del dióxido de carbono emitido a la atmósfera es fijado en forma de carbonato cálcico por los moluscos, los corales, los foraminíferos, los equinodermos, los crustáceos y las algas calcáreas. Por tanto, la rarefacción de estos organismos haría que el efecto invernadero se disparase. A esto habría que sumar las consecuencias de la desaparición del fitoplancton, que absorbe y fija en el proceso de fotosíntesis mayor cantidad de dióxido de carbono que todas las masas forestales juntas. Las algas microscópicas que componen el fitoplancton, al igual que les ocurre a las zooxantelas de los corales, no toleran el aumento de temperatura y es por esto que los mares polares son los más ricos en él. Su desaparición conllevaría un súbito aumento de varios grados en la temperatura media del Planeta y el dramático colapso de todas las cadenas tróficas marinas, dado que los organismos integrantes del zooplancton, incluidas las larvas de los gasterópodos, no dispondrían de alimento, y, por tanto, tampoco dispondrían de él los peces oceánicos que se alimentan de fitoplancton ni las ballenas. Debe tenerse en cuenta que al mecanismo oceánico que contrarresta la acidificación, determinado por los organismos que construyen sus conchas y exoesqueletos con carbonato cálcico, le lleva actuar

Los arrecifes de coral, como este de la Gran Barrera de Australia, son el hábitat que alberga un mayor número de especies de gasterópodos. El calentamiento de la capa superficial del mar está acabando con los corales al propiciar su blanqueamiento y la frecuencia e intensidad de los huracanes y tifones.

Gran parte del dióxido de carbono atmosférico es fijado como carbonato cálcico por los moluscos, foraminíferos, corales y otros organismos, cuyos restos constituyen las rocas calizas, como estas de los Pirineos. La acidificación de los océanos impide a dichos seres construir sus conchas y exoesqueletos, lo que contribuye a aumentar el «efecto invernadero».

un millar de años o más, ya que ese es el tiempo que las aguas superficiales tardan en difundirse y mezclarse con las profundas. Por ello, aunque suprimiéramos a partir de ahora todas nuestras emisiones de dióxido de carbono a la atmósfera, los océanos continuarían acidificándose durante varios siglos. La tendencia, sin embargo, es que las emisiones sigan aumentando. Un estudio publicado en 2019 ha revelado que la concentración actual de dióxido de carbono en la atmósfera, de más de 410 partes por millón, no ha tenido precedentes durante al menos los tres últimos millones de años, y que la temperatura global nunca ha excedido de más de 2° C a lo largo de todo el Cuaternario, un valor al que nos estamos acercando a toda velocidad.

En definitiva, es probable que los gasterópodos estén ya enfrentándose a una nueva extinción masiva pareja a la del Pérmico o a la última de las otras cuatro conocidas, la del Cretácico, en la cual desaparecieron los ammonites y los dinosaurios. Los gasterópodos superaron esas extinciones y sin duda superarán la actual. Los hombres tal vez no logremos superar los profundos cambios que en la homeostasis del Planeta inducen nuestras actividades y el imparable crecimiento de nuestra especie, tendente a desplazar a todas las demás. Cada una de ellas, por modesta que pueda parecernos, es como el ladrillo de un muro: podemos ir quitando ladrillos, pero, al hacerlo, tarde o temprano el muro se desplomará, y lo hará sobre nosotros. La trama de la vida conecta a la ballena con la bacteria, y el *Homo sapiens* no es ajena a ella, por más que así queramos creerlo, confundidos por el éxito biológico que la inteligencia nos ha permitido alcanzar hasta ahora al capacitarnos para adaptar el medio ambiente a nuestras necesidades en lugar de adaptarnos nosotros a él como hacen todas las demás especies. Tal vez el éxito de la inteligencia como mecanismo evolutivo sea a largo plazo más efímero de lo que nuestra arrogancia y supuesta sabiduría nos hacen creer.

Triplostephanus triseriatus (Filipinas).

CAPÍTULO 12
LA MÍSTICA DE LA ESPIRAL

Haliotis cyclobates (AUSTRALIA).

La espiral de la concha de un caracol se ajusta a una regla matemática denominada «regla áurea» o «regla de la divina proporción». La base de esta regla es la relación existente en la serie de Fibonacci, un matemático del siglo XIII que la descubrió. En esta serie, cada número es la suma de los dos que le preceden inmediatamente: 0, 1, 2, 3, 5, 8, 13, 21, 34, 55, 89, 144... De este modo, la razón entre cada par de números consecutivos tiende a ser 1´618 (e infinitos decimales), que es el llamado «número áureo». Este número se encuentra habitualmente presente en el arte clásico ya que es seguro utilizarlo para obtener unas proporciones armoniosas. Hace pues cierta la frase de Bertrand Russell de que «las matemáticas no solo han de ser correctas sino la expresión más alta de la belleza».

La idea de la espiral como expresión del principio vital del crecimiento fue enunciada en un libro que, con el título de *The Curves of Life* (Las curvas de la vida), el escritor y crítico de arte británico Theodore Andrea Cook publicó en 1914. En 1838, el clérigo y matemático también británico Henry Moseley ya había expuesto que las espirales de las conchas de los caracoles eran versiones de un tipo de espiral llamada espiral logarítmica o espiral equiangular. Esta idea fue recogida en 1917 por el naturalista y asimismo matemático D´Arcy Thompson en otro libro titulado *On*

Growth and Form (Sobre el crecimiento y la forma). El filósofo Descartes ya había demostrado que esa espiral tiene la misma propiedad que la circunferencia de que la tangente a ella en cada punto corta a su radio vector siempre con el mismo ángulo, y de ahí que se la llame «equiangular». Descartes también había demostrado que tales ángulos eran proporcionales al logaritmo del radio vector, y por eso su otro nombre de «logarítmica», si bien este no se lo dio Descartes sino el físico suizo Bernouilli, que estudió en profundidad lo que él denominaba la *spira mirabilis*, quedando tan cautivado por ella que dispuso fuese grabada en su lápida mortuoria con la inscripción *Eadem mutata resurgo* (Resurjo cambiada pero igual). Lamentablemente, la ignorancia del cantero que labró dicha lápida, la cual puede verse aún en el cementerio de Basilea, hizo que la espiral que en ella aparece no sea una auténtica espiral logarítmica sino una espiral común o espiral de Arquímedes.

En un artículo publicado en 1962 en la revista *Science*, David Raup, del Museo de Historia Natural de Chicago, adaptó la idea de D´Arcy Thompson a un programa informático demostrando que las formas básicas de las conchas de todos los moluscos, desde la de un caracol a la de una almeja, podían ser generadas variando solo tres gradientes del crecimiento de una espiral logarítmica. Con dicho programa informático, Raup también demostró que es posible transformar la concha de una turritela en la de una almeja modificando solo dos de los tres gradientes: el ritmo de crecimiento de la espiral generatriz y el ritmo de translación de esta a lo largo de su eje de arrollamiento. De hecho, dos géneros de opistobranquios tropicales denominados *Berthelinia* y *Julia* tienen unas conchas que, a diferencia de las de otros gasterópodos, no son únicas ni espirales, sino que están compuestas por dos valvas articuladas entre sí como las de todos los moluscos bivalvos.

En realidad, solo las conchas planas y dotadas de simetría bilateral de los belerofóntidos, una clase ya extinguida de moluscos primitivos, tenían una espiral propiamente logarítmica. Las de los caracoles actuales están transformadas en heliconos debido a su translación a lo largo del eje de giro. Este eje, en torno al cual se disponen las espiras de las conchas de los caracoles, es habitualmente único, pero existen algunas raras excepciones. En los diminutos prosobranquios terrestres de los géneros *Opisthostoma* y

De izquierda a derecha: *Opisthostoma vermiculum* y *Opisthostoma bihamulatum* (Borneo). La línea blanca representa una décima de milímetro. (Thor Seng Liew).

Tenagodus armatus (Brasil) y *Tenagodus ponderosus* (Filipinas). Estos caracoles tienen conchas de arrollamiento irregular.

Plectostoma y en los asimismo diminutos pulmonados gastrocóptidos de los géneros *Gyliotrachela*, *Antroapiculus*, *Anauchen* e *Hypselostoma*, la última espira está destacada de las demás y tiene un eje de arrollamiento distinto al de estas. En el caso de *Ophistostoma vermiculum*, una especie de Borneo descubierta hace algunos años, la concha, de morfología verdaderamente extravagante, presenta hasta cuatro ejes diferentes. El motivo probablemente es eludir el ataque de babosas predadoras, las cuales no son capaces de alcanzar el cuerpo del caracol, refugiado en el extremo de un tubo tan tortuoso. Por su parte, los vermétidos y silicuáridos poseen inicialmente conchas de arrollamiento regular, pero estas se hacen luego irregulares y más semejantes a las conchas de los gusanos tubícolas. A diferencia de los demás gasterópodos, estos caracoles marinos no llevan una forma de vida libre; los vermétidos cementan sus conchas a otras conchas o a piedras y los silicuáridos viven embebidos en los tejidos de las esponjas.

La espiral no solo está presente en las conchas de los caracoles sino en otras estructuras naturales, desde las galaxias hasta ciertas moléculas orgánicas como el ADN, el colágeno y la queratina. También aparece en los brotes de los helechos, en la disposición de las semillas de los girasoles y de las escamas de las piñas, en las telarañas, en los cuernos de los rumiantes y en las espiritrompas de las mariposas. La razón por la que es el patrón de crecimiento de estructuras con una

Thatcheria mirabilis (Japón).

naturaleza tan diferente estriba en que es la forma más eficaz para agrupar material de modo ordenado y ahorrando espacio. Además, las estructuras que crecen siguiendo un patrón espiral lo hacen siendo siempre iguales a sí mismas, y la espiral logarítmica es la única curva que puede crecer indefinidamente sin cambiar de forma. Esta característica explica por qué resulta tan grato contemplar la concha de un caracol. Su forma encierra la proporción áurea y su espiral nos evoca el concepto de infinitud. «La línea recta es de los hombres, la curva es de Dios», decía el arquitecto Antonio Gaudí, que evitaba el uso de rectas en los planos de todos los edificios que proyectaba.

El poeta Pablo Neruda, que coleccionó conchas y decía sentirse fascinado por sus espirales, una fascinación que él llamaba «caracolismo», escribió: «Las caracolas me dieron el placer de su prodigiosa estructura». En Japón, donde existe una larga tradición de interés por las conchas, los aficionados se reunían antaño en sesiones conocidas por el nombre de «inspiraciones». En ellas, los asistentes contemplaban las conchas que eran exhibidas y cada uno expresaba su propia experiencia visual al compararlas con otros objetos o abstracciones.

La propiedad de autosemejanza de la espiral logarítmica relaciona a esta curva con los fractales, esas figuras geométricas que dibujan modelos aparentemente impredecibles pero que poseen un orden escondido. Los fractales también existen en numerosas estructuras naturales, como los frondes de los helechos, los copos de nieve, la red de los vasos sanguíneos o la de las dendritas neuronales. Una de sus características es que son similares a sí mismos, es decir, que cada porción de ellos es una réplica de la totalidad. El cerebro humano puede detectar la dimensión fractal de las imágenes, sean estas reales o sean representaciones abstractas, lo que influye en las preferencias y criterios de belleza. Los dibujos de la superficie de las conchas de los conos, neritas, volutas y olivas muestran una evidente geometría fractal. La causa se encuentra en la interacción de las células del manto secretoras de los pigmentos que dan color a las conchas, que se activan o se inhiben dependiendo del estado secretor de las células vecinas. Usando programas de ordenador que tienen en cuenta este hecho, Hans Meinhardt logró reproducir con exactitud los intrincados dibujos de todas las conchas citadas en un libro publicado en 1995 con el título de *The algoritmic beauty of sea shells* (La belleza algorítmica de las conchas).

Manteniendo su común estructura espiral, la diversidad de diseños de las caracoles es asombrosa, todo un derroche de fantasía por parte de la Naturaleza. Cada familia posee sus peculiares encantos: la lustrosa superficie de las cipreas y olivas, los dibujos geométricos de los conos y neritas, la elegante forma de las volutas y mitras, las complejas esculturas de los múrices, las costulaciones de los epitónidos. No en vano los antiguos griegos y romanos creían que Venus, Venere en italiano, la diosa de la vida y la belleza, había sido engendrada por la espuma del océano y emergido de las aguas desde el interior de una concha. Por eso era venerada, y nunca mejor dicho, en grutas y altares que tenían la forma de una concha de vieira o venera, una forma que, por otra parte, ha sido reproducida innumerables veces en platos, fuentes, ceniceros, pechinas y detalles arquitectónicos, dada su gran funcionalidad.

SUPERFICIE DE LA CONCHA DE UN *Conus archiepiscopus* (MADAGASCAR). EL DIBUJO FRACTAL EVOCA UN MAR POLAR.

Architectonica maxima (Taiwán).

Campanile symbolicum (Australia). Es una de las muchas especies de caracoles con nombres relacionados con la Arquitectura.

De izquierda a derecha: *Epitonium scalare* (Filipinas) y *Epitonium imperiale* (Australia). Las conchas de los epitónidos carecen de eje interno o columela, pero tienen costillas que cohesionan externamente las espiras.

Las conchas están sabiamente construidas mediante líneas de fuerza que aumentan su resistencia sin añadir peso superfluo. Por eso algunos arquitectos se han inspirado en ellas. Lo hizo Leonardo da Vinci para diseñar su escalera de doble espiral del castillo de Francisco I de Francia en Chambord, y Frank Lloyd Wright para la rampa del *Guggenheim Museum* de Nueva York, la cual está inspirada en la concha de *Thatcheria mirabilis*. La arquitectura tradicional japonesa también se inspiró en las conchas de esa y otras especies de caracoles que habitan el mar de Japón, como *Turbo cornutus*, *Siratus alabaster* y *Babelomurex cristatus*. Desde que Linnaeus diera a varias especies nombres arquitectónicos, caso de *Arquitectonica perspectiva*, *Epitonium scalare* y *Turris babylonia*, muchas otras especies, géneros y familias de gasterópodos han sido bautizadas con términos de ese tipo, obviamente motivados por la similitud de sus conchas con alguna clase de construcción o elemento arquitectónico: torre, pagoda, campanil, obelisco, pirámide, basílica, tejado, tugurio, quiosco, columbario, columna, capitel, escalera, etc.

Aunque existe una ingente variedad de diseños en las conchas de los caracoles, en esencia todas consisten en una estructura espiral que crece desde la primera a la última vuelta en torno a un eje central. Cuando las espiras crecen juntas alrededor de ese eje, sus paredes internas forman una pequeña columna central llamada columela o columnilla. Si, por el contrario, las vueltas crecen separadas del eje, lo que se forma es un cono hueco en el centro de la concha denominado ombligo. Las conchas de los epitónidos y de los caracoles burbujas carecen de columela. Esta característica las hace teóricamente frágiles, sobre todo en el caso de las conchas turriculadas y multiespirales de los epitónidos, sin embargo, los miembros de esta familia han solventado el problema con unas costillas que, a modo de arcos o arbotantes, se unen entre sí cohesionando las espiras desde el exterior.

Las espinas y tubérculos presentes en las conchas de los murícidos y otras familias son defensas destinadas a mantener a distancia a los predadores. En los tróquidos del género *Guildfordia*, los *Stellaria* o caracoles sol, los *Lambis* o caracolas araña, los *Aporrhais* o patas de pelícano y los *Biplex* o caracoles hoja de arce, las espinas también sirven a estos caracoles para evitar que se hundan en los limos y arenas de granulometría fina del fondo marino, ya que amplían la base de sustentación de la concha y la elevan permitiendo el paso de agua a la branquia. Por la misma razón, las espinas están asimismo presentes en las conchas de algunas especies dulceacuícolas como el nerítido *Clithon coronatum*, el paludómido *Tiphobia horei* y los tiáridos *Thiara cancellata* y *Brotia pagodula*.

Guildfordia yoka (Filipinas). Las espinas radiales de la concha de este caracol evitan que se hunda en los fondos de sedimentos marinos donde habita.

Por el contrario, las conchas de los caracoles terrestres suelen tener una superficie lisa a fin de que no queden enganchadas en la vegetación o en los intersticios de las rocas cuando sus propietarios se desplazan. Ciertas especies de pequeño tamaño que viven en lugares húmedos, entre hojas caídas y detritos vegetales, tienen conchas espinosas, costuladas o provistas de estructuras lamelares. Son los casos de *Acanthinula aculeata* y *Zoogenetes harpa*. El objeto es reducir la adherencia de las conchas al sustrato originada por la tensión superficial de la película de agua, lo que de otro modo dificultaría el desplazamiento de animales tan pequeños. Otras especies consiguen lo mismo por medio de unas vellosidades existentes en la superficie de sus conchas. Estas vellosidades, en realidad prolongaciones del periostraco, están presentes, por ejemplo, en las conchas de los higrómidos *Ciliella ciliata* y *Trichia hispida*, que son habitantes de bosques húmedos. También lo están en la concha de *Pseudotrichia rubiginosa*, que, por su parte, habita prados y turberas próximas a grandes ríos, lugares susceptibles de sufrir inundaciones. Igual finalidad tiene la concha peluda de *Pholeoteras euthrix*, un pequeño prosobranquio de las cuevas de Bosnia y la isla de Corfú.

El crecimiento de los caracoles es continuo durante un tiempo y se detiene cuando el ejemplar ha alcanzado el tamaño propio de la especie. Este presenta variaciones individuales condicionadas por la genética y la disponibilidad de alimento y, en el caso de las especies marinas, también por la profundidad a la que habiten. Se ha observado que las especies cuya longitud es inferior a doce milímetros tienden a hacerse más grandes cuando viven en aguas profundas, mientras que las especies mayores de veinte milímetros se hacen más pequeñas a medida que aumenta la profundidad. De este hecho se desprende que la adaptación de los gasterópodos a hábitats profundos sigue una tendencia evolutiva similar a la que otros animales experimentan para adaptarse a hábitats insulares, en los que las especies grandes tienden a producir formas enanas, caso del extinto elefante enano de Sicilia, mientras que, por el contrario, las especies pequeñas tienden a hacerse gigantes, caso del también extinto dodo de Mauricio o de los casi extintos almiquíes, unos insectívoros gigantes endémicos de Cuba y Haití. En el caso de los gasterópodos, la explicación de este fenómeno estriba en

Syrinx aruanus (Australia). Se trata del caracol de mayor tamaño del mundo.

Triplofusus giganteus (México). En tamaño, esta especie ocupa el segundo puesto.

que el tamaño queda limitado por la menor disponibilidad de alimento existente en los fondos profundos, aunque, por otra parte, los caracoles pequeños precisan tener un mayor tamaño para ser capaces de recorrer distancias mayores y así acceder a una mayor cantidad de alimento.

La variabilidad de tamaño en los gasterópodos no es menor que la que, en los mamíferos, existe entre una ballena azul y una musaraña. El mayor de todos es el caracol trompeta de Australia (*Syrinx aruanus*). Las pesadas conchas de este gigantesco turbinélido, antes clasificado entre los melongénidos, pueden alcanzar 772 milímetros de longitud, existiendo una cita no homologada de 930 milímetros. Por su capacidad superior a tres litros, los aborígenes australianos las utilizaban como recipientes para almacenar y transportar agua. El segundo gasterópodo en tamaño es la tulipa gigante (*Triplofusus giganteus*), un fasciolárido de Florida y el golfo de México cuya concha llega a medir 616 milímetros. Le siguen *Melo amphora*,

De izquierda a derecha: *Rissoa ventricosa* y *Alvania cimex* (España). Ejemplo de dos microgasterópodos.

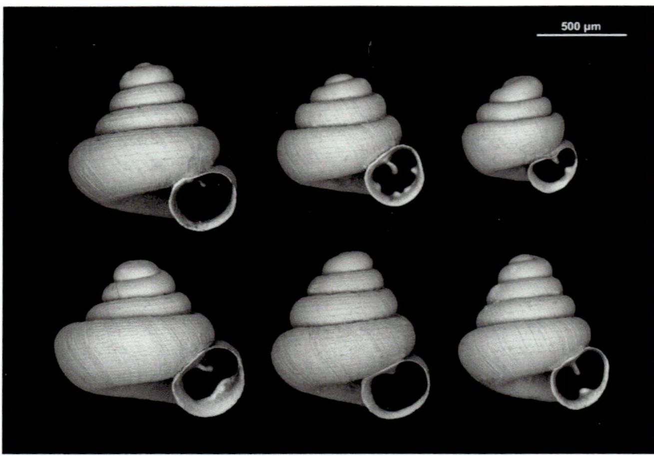

Algunas de las más de cincuenta especies del diminuto género *Angustopila* halladas en los últimos años en cuevas del sudeste de Asia. La línea blanca representa 0'5 milímetros. (Barna Páll-Gergely y Nikolett Szpisjak).

Turbinella angulata, *Adelomelon beckii* y *Charonia tritonis*, con longitudes máximas respectivas en sus conchas de 550, 496, 494 y 490 milímetros. En cuanto a los gasterópodos de agua dulce, el mayor, con conchas de 150 milímetros de diámetro, es el caracol manzana del Amazonas (*Pomacea maculata*). De los terrestres, dos especies de acatinas o caracoles gigantes de África (*Achatina achatina* y *Archachatina marginata*) rivalizan en ostentar el récord, con conchas de hasta 300 milímetros. El mayor gasterópodo no testáceo es la liebre marina de California (*Aplysia californica*), un habitante de los bosques submarinos de quelpos o algas pardas gigantes que puede medir 900 milímetros y pesar dieciséis kilogramos.

Sin embargo, son muchísimas las especies de gasterópodos que apenas rebasan un milímetro de longitud, tamaño por debajo del cual ya no es posible un mayor grado de miniaturización de las conchas y los órganos internos. Algunas de esas especies tienen nombres científicos que hacen alusión a su exiguo tamaño, caso de *Omalogyra atomus*, *Cima minima*, *Hawaiia minuscula*, *Punctum pygmaeum* y *Punctum minutissimum*. Con independencia de la familia a la que pertenezcan, todos los caracoles enanos o diminutos son llamados genéricamente microgasterópodos. No hay ninguna medida establecida por debajo de la cual una especie deba incluirse en este término, pero por lo general se admiten en él a todas aquellas cuya concha, en los ejemplares adultos, tenga una longitud inferior a cinco milímetros. El tamaño de los microgasterópodos no es óbice para que sus conchas posean tanta belleza como las de sus parientes más grandes, pero esta solo es apreciable cuando se las examina con una lupa binocular. Entonces pueden verse sus espiras miniaturizadas, su delicada ornamentación, las denticulaciones de sus aberturas y sus protoconchas. No pocas familias están integradas exclusivamente por microgasterópodos, caso, por ejemplo, de los risoidos, los hidróbidos y los asiminéidos entre las acuáticas, y de los valónidos, los vertigínidos y los acicúlidos entre las terrestres. Los caracoles terrestres que han alcanzado el máximo grado de miniaturización son, de los prosobranquios, las numerosas especies del género *Diplommatina*, distribuidas por el sudeste de Asia, algunas de las cuales no sobrepasan 0'70 milímetros de longitud. De los pulmonados, los del género *Angustopila*, también del sudeste de Asia. En 2021 se hallaron en Vietnam y Tailandia las especies *Angustopila maasseni* y *Angustopila pallgerlelyi*, con diámetros respectivos de 0'62 y 0'66 milímetros, récords superados en 2022 por el hallazgo asimismo en Vietnam y Laos de *Angustopila psammion* y *Angustopila coprologos*, con diámetros de 0'50 y 0'52 milímetros.

CAPÍTULO 13
NATURALEZA DE LAS CONCHAS

Patelloida saccharina (Filipinas).

Siphonaria gigas (México). Las sifonarias no están emparentadas con las lapas, pero han desarrollado conchas semejantes por adaptación al mismo estilo de vida.

Al igual que les ocurre a los insectos y crustáceos, los moluscos carecen de esqueleto interno. Excepción hecha de los calamares y las sepias, que tienen una estructura interior denominada pluma en los calamares y jibia en las sepias, la parte más dura del cuerpo de los moluscos, que es la concha, está ubicada en el exterior. Esto les permite poder usarla como punto de inserción de músculos y órganos a la vez que como protección.

Las conchas de los gasterópodos primitivos eran cónicas, semejantes a las de las lapas actuales. Un paso evolutivo ulterior dio lugar a las conchas pauciespirales, como las de las orejas de mar. El estadio de transición entre estas conchas abiertas y con pocas espiras y las conchas multiespirales de otros arqueogasterópodos, como los pleurotomáridos, los turbínidos y los tróquidos, es ostensible en las del género *Stomatella*. Los neogasterópodos, que son un grupo más moderno, han llegado a desarrollar un enorme número de vueltas en sus conchas, caso del terébrido *Triplostephanus triseriatus*, que tiene 35, o de ciertas especies de urocóptidos, unos caracoles terrestres que llegan a tener 40. Paradójicamente, las conchas de otros gasterópodos han retornado al diseño cónico original, como sucede en los pulmonados marinos del género *Siphonaria* y en los géneros dulceacuícolas *Ancylus*, *Acroloxus*, *Lanx* y *Ferrissia*. Aunque muy alejados taxonómicamente de las lapas pese a su aspecto externo similar al de ellas, todas las especies de los géneros citados viven sobre piedras o plantas acuáticas, por lo cual han desarrollado conchas semejantes a las de las lapas en un claro ejemplo del fenómeno denominado convergencia evolutiva. Los géneros marinos *Capulus*, *Crepidula*, *Calyptraea* y *Sigapatella*, que viven asimismo fijos a sustratos duros, en su caso a las conchas de moluscos bivalvos, también están provistos de conchas pateliformes, adecuadas a su forma de vida estática.

Algunos gasterópodos poseen conchas tan reducidas de tamaño que no pueden retraerse al interior de ellas. Este hecho ocurre, por ejemplo, en los heterópodos pelágicos del género *Carinaria* y en varias familias de pulmonados

De izquierda a derecha: *Oxymeris areolata*, *Terebra guttata* y *Oxymeris dimidiata* (Mozambique).

terrestres como los testacélidos, parmacélidos, daudebárdidos y vitrínidos, cuyas especies son conocidas genéricamente por el nombre de semibabosas debido a sus conchas muy pequeñas y cubiertas parcialmente por las partes blandas. Un aun mayor grado de reducción de las conchas ocurre en los aplísidos o liebres marinas y en las babosas terrestres de la familia limácidos, poseedores de unas conchas vestigiales internas. Todas las demás familias de babosas, tanto marinas como terrestres, han perdido por completo las conchas, de las que, en el mejor de los casos, solo quedan sus restos en forma de unas pequeñas placas o espículas calcáreas diseminadas por la epidermis, como ocurre en los doridáceos y en los opistobranquios del género *Hedylopsis*. Estos gasterópodos desnudos han sustituido la protección que ofrecen las conchas por defensas químicas o físicas de otro tipo, como la producción de secreciones repelentes o de moco muy viscoso o como la adquisición de coloraciones miméticas o, por el contrario, de otras vistosas que advierten de su mal sabor. Las desventajas de carecer de concha son compensadas por una mayor movilidad y por el ahorro de energía que implica la fabricación de aquella. Además, los requerimientos de carbonato cálcico de los gasterópodos sin concha son mucho menores que los de sus parientes testáceos, lo cual permite a las babosas y semibabosas colonizar terrenos silíceos, inadecuados para la mayoría de los gasterópodos terrestres ya que no pueden fabricar en ellos sus conchas.

Las conchas son segregadas por el manto o palio, una expansión del pie de los gasterópodos en cuyo interior se forma una cavidad, llamada cavidad paleal, que es donde se encuentran la branquia y el órgano olfativo u osfradio. Las primeras espiras de una concha, que son las más antiguas, constituyen la protoconcha o concha embrionaria, fabricada por la larva cuando todavía se halla dentro del huevo. La protoconcha suele ser más lisa y tener un color ligeramente diferente que el resto de la concha, denominado teleoconcha. La mayoría de las especies de clausílidos y urocóptidos y algunas de volútidos y buccínidos tienen protonconchas

Tibia fusus (Filipinas). La longitud del canal sifonal de esta especie llega a sobrepasar a la del resto de la concha.

deciduas o caedizas, es decir, que se pierden en algún momento del crecimiento.

El extremo de una concha, donde se halla la protoconcha, se denomina ápice o ápex; el espacio donde cada vuelta se une con la precedente se llama sutura, y la parte última de la concha, por donde esta crece y se abre al exterior, es la abertura. Los bordes de esta constituyen el peristoma, el cual consta de una parte libre o labio externo y de otra parte que se refleja sobre la columela o labio interno. El peristoma de los caracoles que han completado su crecimiento suele estar reforzado o engrosado, si bien en bastantes familias, los zonítidos por ejemplo, no existe dicho refuerzo. Tanto el labio externo como el interno pueden presentar pliegues o denticulaciones cuyo número, forma y disposición varían en cada especie. En muchas familias de gasterópodos marinos, el extremo anterior de la abertura de la concha se prolonga en un proceso hueco llamado canal sifonal, el cual sirve para alojar y proteger al sifón, una porción del manto enrollada en forma de tubo que está implicada en la conducción de agua a la cavidad paleal y, por tanto, a la branquia y al osfradio. Sifón y canal sifonal acostumbran ser muy largos en géneros que, como *Tibia*, *Murex*, *Haustellum*, *Fusinus* y *Columbarium*, viven sobre fondos de arena o fango, lo que tiene por objeto evitar la entrada de partículas a la cavidad paleal junto con el agua inhalada cuando estos caracoles se desplazan. Los cerítidos, nasáridos, buccínidos y terébridos, que también viven en ese tipo de fondos, no tienen canales sifonales largos, pero sí recurvados hacia arriba y hacia atrás, con la misma finalidad. Los natícidos, asimismo habitantes de lechos arenosos, carecen de canal sifonal; avanzan desplazando la arena con la parte anterior de su manto, llamada propodio, la cual es ancha, expandida y adaptada al efecto.

En el borde del manto existen numerosas células encargadas de segregar el carbonato cálcico que constituye las conchas, haciéndolas crecer y ampliando su abertura. Los caracoles absorben el carbonato cálcico del agua o de la dieta. Su sangre se encarga luego de transportarlo hasta las células secretoras, que lo concentran y lo hacen precipitar en una matriz reticular de conquiolina, una proteína afín a la quitina del caparazón de los insectos y crustáceos. Esta malla de conquiolina sirve como molde que determina la dirección en que han de disponerse los cristales de carbonato cálcico, a la vez que como base blanda que enmarca y aglutina los agregados de dichos cristales y da a la concha cierta flexibilidad, sin la cual esta sería muy quebradiza.

Haustellum haustellum (India).

Las células secretoras de carbonato cálcico no solo están presentes en el borde del manto; las hay también en la superficie de este, lo cual permite a los caracoles hacer crecer sus conchas en grosor y reconstruir las roturas causadas en ellas por accidentes o ataques de predadores, hecho ostensible en las llamadas líneas de fractura o de estrés. Dado que los bordes del manto suelen presentar pliegues y ondulaciones,

De izquierda a derecha: *Lambis crocata* y *Lambis scorpio* (Filipinas).

Drymaeus vexillum (Perú). Patrón cromático de líneas espirales.

Neopetraeus lobbii (Perú). Patrón cromático de líneas axiales.

las conchas se forman siguiendo esas irregularidades y por ello los depósitos de carbonato cálcico no son uniformes; difieren en cada punto de las conchas dando lugar a los cordones, costillas, varices, nódulos, espinas, tuberosidades, digitaciones y demás elementos constitutivos de la característica morfología y escultura de las de cada especie.

La actividad secretora de las células del borde del manto no es siempre igual; depende del estado de salud del animal, de sus niveles de hormonas sexuales, de la cantidad de alimento disponible y de factores ambientales como la temperatura del agua, su acidez y su contenido en carbonato cálcico y otras sales. Esas variaciones dan lugar a la formación de las llamadas líneas de crecimiento, que son siempre paralelas al contorno de la abertura de la concha. En condiciones favorables, el crecimiento de la concha es rápido y por ello las líneas de crecimiento están separadas unas de otras. Si, por el contrario, el crecimiento es lento, las líneas están próximas. Muchas familias de gasterópodos presentan en el extremo posterior del dorso del pie una zona con células que, como las del manto, también son capaces de segregar conquiolina y carbonato cálcico con objeto de producir el llamado opérculo, una pieza córnea o calcárea que está fija al cuerpo del animal y sirve a este para ocluir la concha cuando se retrae a su interior.

Aparte de las células secretoras de carbonato cálcico, en el borde del manto hay otro tipo de células encargadas de segregar los pigmentos que, al impregnar el carbonato cálcico, dan color a las conchas y conforman sus dibujos. Cuando las células productoras de pigmento están repartidas de forma continua a lo largo de dicho borde, las conchas tienen una coloración uniforme; si están esparcidas, su actividad da lugar a un patrón cromático a base de líneas espirales paralelas. La

Polymita picta (Cuba).

actividad de las células pigmentarias puede ser además intermitente, en cuyo caso origina unos dibujos a base de manchas o de líneas axiales. Como ocurre con las rayas de la piel de los tigres y las cebras y con otros diseños cromáticos naturales, la repetición de patrones regulares en los dibujos de las conchas obedece a un par de genes morfógenos que trabajan juntos, uno como activador del color y otro como inhibidor. Este hecho, ya sugerido en la década de 1950 por un matemático y descifrador de códigos llamado Alan Turing, se confirmó en un trabajo que varios investigadores británicos publicaron en 2012 en la revista *Nature Genetics*.

La naturaleza química de los pigmentos de las conchas no es todavía bien conocida y difiere para cada color. Se han detectado melaninas, porfirinas, pirroles, indigoides, polienos, carotenoides, biliocromos y cromoproteínas. Estos pigmentos, por lo general procedentes del metabolismo de los alimentos como subproductos, se mezclan con el carbonato cálcico de la capa media de las conchas tiñéndolo. En las conchas de los caracoles terrestres y de los opistobranquios testáceos, el color no se encuentra en la capa media, sino en el periostraco o capa externa. En cuanto a los colores iridiscentes del endostraco o capa interna que ostentan las conchas de las orejas de mar, las pleurotomarias, los turbos, los tróquidos y

Vittina waigiensis (Filipinas). Diferentes patrones cromáticos.

demás arqueogasterópodos, no se deben a ningún pigmento; son el resultado de la refracción de la luz, la cual se descompone en los siete colores del arco iris cuando incide en los cristales prismáticos del aragonito que constituyen dicha capa.

Si bien la pauta cromática de las conchas es una característica de cada especie, existen variaciones individuales determinadas por la genética. Así, la variabilidad en el número y grosor de las bandas de las conchas en el caracol común o de jardín (*Cornu aspersum*) se traduce en una serie de formas cromáticas llamadas *typica*, *lutescens*, *fasciata*, *zonata*, *unicolor*, *obscurata*, *flammea* y *exalbida*. Tal vez los casos más llamativos de policromatismo en las conchas sean los de los caracoles arborícolas *Liguus fasciatus* y *Polymita picta*. Del último se conocen casi un millar de combinaciones cromáticas, pudiendo aparecer un gran número de ellas en una misma población, ya que, aparte del genotipo de cada individuo, también influyen factores microambientales como el clima, el tipo de vegetación en la zona y la selección natural impuesta por los predadores. Esto explica que en Florida existan razas de *Liguus fasciatus* cuyo patrón de coloración es prácticamente idéntico al de otras razas de la misma especie que viven en Cuba, porque ocupan microhábitats semejantes y porque la mayoría de las plantas de Florida a las que dicho caracol se asocia se encuentran también en Cuba.

En las especies marinas de gasterópodos, la mayor variabilidad cromática se da en los nerítidos, los litorínidos, los fasianélidos y en un tróquido australiano llamado *Bankivia fasciata*. El nombre de *Nerita chamaeleon* alude precisamente a la gran variabilidad que esta especie presenta, ya que resulta harto difícil hallar dos ejemplares con el mismo patrón de color, lo que también ocurre en otras especies de la misma familia, como *Vitta virginea*, *Vitta luteofasciata*, *Vittina waigiensis*, *Vittina coromandeliana*, *Vittina variegata*, *Clithon oulaniense* y *Puperita pupa*. En esta última, los individuos que viven en la zona intermareal presentan un patrón a base de rayas negras sobre fondo blanco, en tanto que los que viven en charcas de agua dulce son negros con puntos blancos. El litorínido europeo *Littorina obtusata* también muestra un gran policromatismo y a menudo conviven en una misma población individuos con concha parda junto a otros que la tienen verdosa, amarillenta o anaranjada. El bígaro común (*Littorina littorea*) no muestra tanta variación, pero en el cajón de cualquier pescadería probablemente se hallará algún individuo de concha rojiza entre los otros individuos cuyas conchas tienen el habitual color pardo negruzco de la especie.

Igual que ocurre en las especies terrestres, la pigmentación de las conchas de las especies marinas no se asocia solo a factores genéticos, sino a la alimentación y a las condiciones ambientales. Así, las del murícido *Nucella lapillus* pueden ser blancas, amarillentas, anaranjadas o pardas, tener un color uniforme o presentar bandas. Se ha demos-

Izquierda. *Haliotis discus hannai* (Taiwán). Las franjas verdes y rojizas de estos ejemplares indican las etapas en las que se han estado alimentando respectivamente de algas verdes y algas pardas. Derecha. *Cypraea tigris* (Filipinas). Tres variaciones de color.

Ancistrolepis grammatus (Japón). Uno de los ejemplares conserva el periostraco; el otro ha sido desprovisto de él.

Cymbium glans (Senegal).

trado que las conchas de esta especie son más claras cuanto más alta sea la proporción de bálanos en su dieta, en tanto que adquieren un color pardo cuando su principal alimento son los mejillones. Por su parte, las conchas de ciertas orejas de mar, como *Haliotis diversicolor* y *Haliotis discus,* suelen presentar bandas verdes interrumpidas por otras más o menos anchas de color rojo o pardo. Estas bandas indican respectivamente las etapas en las que las orejas de mar se han estado alimentando de algas verdes y de algas rojas. El turbante cornudo (*Turbo cornutus*) también tiene conchas que unas veces son verdes y otras pardo rojizas, dependiendo del tipo de algas ingeridas, e igual ocurre en el litorínido *Lacuna pallidula*, cuyas conchas adquieren un tono verdoso o rosado por la misma razón.

Tanto el melanismo como el albinismo se dan de manera esporádica en las conchas de los caracoles marinos, caso de las raras cipreas melánicas que aparecen en Nueva Caledonia y en el mar Rojo o de los ejemplares albinos de conos, olivas, arpas y otros géneros. Estos ejemplares de coloración inhabitual han sido a veces tomados por especies distintas. Tal ocurrió, por ejemplo, con *Harpa virginalis*, una especie espuria descrita en base a individuos albinos de *Harpa crassa*.

Se desconoce la utilidad del vistoso colorido que muchas especies de caracoles marinos exhiben en sus conchas, dado que estos animales no poseen una visión muy desarrollada y, por tanto, no es ese el sentido que usan preferentemente para detectar la comida ni a sus congéneres o a sus predadores. Debe tenerse en cuenta que los colores sufren los efectos de la absorción de la luz determinados por el grosor de la columna de agua, por lo cual no son los mismos que apreciamos desde fuera de ella. El rojo, por ejemplo, se convierte en negro a partir de cierta profundidad. Por otra parte, los colores de las conchas de muchas especies no son visibles en los ejemplares vivos, ya que están ocultos bajo el periostraco, o, en el caso de las cipreas, óvulas y olivas, bajo el manto, que cubre casi por completo las conchas de estos caracoles cuando se hallan activos. Como veremos en un próximo capítulo, los mantos de los ovúlidos y de muchos opistobranquios presentan diseños cromáticos más vistosos que las conchas, ya que sirven para advertir a los predado-

Oliva porphyria (Panamá). El lustre de las conchas de las olivas, cipreas, óvulas, arpas, marginelas y algunas volutas indica que en estos gasterópodos el manto cubre la concha cuando están activos.

res de que sus propietarios tienen un sabor desagradable o son tóxicos. Sin embargo, más que para la advertencia o para el camuflaje, la pigmentación de las conchas en la mayoría de las especies no es más que la huella o registro de la actividad neurosecretoria del manto, es decir, un epifenómeno. De hecho y aunque no tengan relación alguna, los dibujos que ostentan muchos caracoles en la concha recuerdan al trazado de un electroencefalograma, que es el registro de la actividad eléctrica del cerebro.

Todas las conchas constan de tres capas. La más externa es el periostraco, compuesto únicamente por conquiolina. Se trata de una capa membranosa y más o menos gruesa que, como si de una funda se tratara, envuelve al resto de la concha. Esta capa carece de brillo y es unas veces transparente y otras de tonos pardos. Sus funciones son proteger a las conchas de la disolución parcial en el agua del carbonato cálcico que las compone y evitar la fijación de organismos en su superficie. En los géneros marinos *Cymatium* y *Trichotropis* y en varios géneros de caracoles pulmonados terrestres, el periostraco posee unas prolongaciones que confieren a las conchas un curioso aspecto velludo. Por su parte, las volutas del género *Cymbium* secretan sobre el periostraco una especie de barniz en el que a menudo quedan incluidos granos de arena.

Las conchas de muchos caracoles marinos, sobre todo las de especies de gran tamaño y costumbres sedentarias, suelen estar cubiertas por algas, bálanos, gusanos tubícolas y otros organismos incrustantes. Exceptuando las esponjas perforantes y los bivalvos horadadores, tales organismos no dañan en general las conchas; más bien las camuflan con el entorno. La superficie externa de las grandes orejas de mar constituye el microhábitat de una rica comunidad integrada por algas rojas y verdes, esponjas, briozoos, hidrozoos, antozoos, gusanos, cirrípedos y otros moluscos. Sobre las conchas de *Haliotis ruber* se han hallado no menos de noventa especies de gasterópodos, desde vermetos a los diminutos *Odostomia*, caracoles parásitos que se alimentan de la sangre de su hospedante, y en el espesor de las gruesas conchas de dicha oreja de mar también se encuentran con mucha frecuencia pequeños bivalvos perforantes de los géneros *Lithophaga* y *Penitella*.

Haliotis tuberculata coccinea (Canarias).

Las conchas de las cipreas, óvulas, arpas, olivas, marginelas, náticas y algunas volutas carecen siempre de periostraco. No lo precisan, ya que estos caracoles tienen la costumbre de desplegar sobre sus conchas los lóbulos de sus mantos, que al estar muy expandidos las cubren por completo. Así evitan que se fijen a ellas otros organismos. Además, los mantos de estos caracoles segregan una capa de carbonato cálcico que, a modo de esmalte, da a la superficie de sus conchas su característica textura lisa, brillante y aporcelanada, poco apta para que se instalen otras criaturas sobre ella.

La capa intermedia de las conchas recibe el nombre de mesostraco. Está constituida por cristales de carbonato cálcico embebidos en una matriz reticular de conquiolina, de manera que los cristales pueden separarse e individualizarse si se elimina dicha proteína. En esta capa, el carbonato cálcico se encuentra cristalizado unas veces como calcita y otras como aragonito. La forma de cristalización depende de los tipos de fracciones proteínicas de la conquiolina, que difieren en cada especie. La forma no cristalina del carbonato cálcico puede también estar presente, sobre todo en zonas de las conchas donde los caracoles han reparado una perforación causada por un predador o una grieta debida a un traumatismo. La diferencia entre las dos clases citadas de cristales de carbonato cálcico estriba en que los de calcita son romboédricos, mientras que los de aragonito son prismáticos. En cualquier caso, sean de calcita o de aragonito, los cristales siempre se disponen en el mesostraco con sus ejes mayores perpendiculares o ligeramente diagonales a la superficie de la concha; nunca paralelos a esta.

La capa interna es el endostraco o hipostraco y la producen las células secretoras de toda la superficie del manto, no solo las del borde de este como ocurre en las capas anteriores. Esta capa también está constituida por cristales de carbonato cálcico, pero, a diferencia de los del mesostraco, aquí no están dispuestos en perpendicular respecto a la superficie de la concha, sino en láminas superpuestas paralelas a ella. Es por ello que el endostraco nunca presenta líneas de crecimiento, ya que crece en grosor a expensas de un aumento en el número de láminas. Estas son de calcita en unas especies, gruesas y planas, en cuyo caso confieren a la superficie interior de las conchas un aspecto blanco y aporcelanado. En otras especies, las láminas son de aragonito, finas y onduladas, en cuyo caso conforman un material irisado, el nácar. Por su lisura y extrema suavidad, uno y otro tipo de material resultan particularmente adecuados para estar en continuo contacto con el blando y delicado cuerpo de los moluscos, que, en este sentido y figuradamente hablando, son como aquella princesa del famoso cuento de Andersen que era capaz de percibir un guisante bajo media docena de colchones.

El grosor de las conchas es sumamente variable. Algunas especies poseen conchas muy pesadas y robustas, caso de los cascos, estrombos y vasos, pero la mayoría tratan de ahorrar peso en ellas mediante costillas, reticulaciones y otras estructuras que incrementan su resistencia sin añadir peso. Los conos, las neritas y las olivas del género *Olivella* absorben material calcáreo de las primeras espiras durante su crecimiento, con lo cual consiguen hacer sus conchas más ligeras. El grosor de las conchas también varía en los individuos de una misma especie, dependiendo de las condiciones ambientales a las que estén sometidos. Así, en las poblaciones de *Echinolittorina hawaiiensis* se observan ejemplares con conchas finas en tanto que otros las tienen sensiblemente más gruesas. Los primeros viven en zonas del litoral de Hawái poco abruptas, y los segundos en paredes verticales expuestas a los embates de las olas, por lo cual precisan tener conchas más resistentes. En algunos casos, la fenoplasticidad o variabilidad de las conchas ha inducido la descripción de especies espurias, caso de las numerosas descritas del género marino *Crepidula* o las más de cuarenta de los géneros dulceacuícolas *Physa* y *Physella*, de los que no hay más de una docena realmente válidas.

A igualdad de tamaño, las conchas de los gasterópodos terrestres son por lo general bastante más ligeras que las de los gasterópodos marinos, ya que en el medio terrestre no hay un soporte hídrico que facilite su sustentación. Por otra parte, el grosor de las conchas de las especies terrestres está muy condicionado por la riqueza en carbonato cálcico del medio en el que viven. Los caracoles adquieren dicho mineral por medio de la alimentación, pero en algunos casos pueden también absorberlo a través del pie, como ocurre en el género *Euhadra*. La gran apetencia por el calcio de los caracoles terrestres hace que sean unos excelentes indicadores de la presencia de ese elemento en los suelos. Es por ello que en las islas de origen volcánico, como Mauricio, el mayor número de especies se concentra en los lugares donde existen afloramientos de calcarenita, un tipo de caliza procedente de arrecifes coralinos fósiles. Por la misma razón, en la sierra de Guadarrama, que es granítica, el caracol europeo de los bosques (*Cepaea nemoralis*) solo aparece en una única localidad en la cual hay un tipo de granito que contiene anortita o feldespato con calcio.

En un experimento realizado en la década de 1930, dos muestras de ejemplares juveniles de *Arianta arbustorum*, un caracol terrestre común en gran parte de Europa, fueron respectivamente sometidas a una dieta rica en calcio y a otra pobre en este elemento. Las conchas adquirieron un tamaño similar en ambos casos, pero el grosor de las de los ejemplares que habían tenido disponibilidad de calcio era casi cuatro veces superior al de los que no la habían tenido. Lo mismo ocurre de forma natural en las poblaciones de *Lissachatina fulica* de islas del Indopacífico que han sido colonizadas por esta especie invasora; el grosor de las conchas difiere según se trate de islas de origen volcánico o coralino.

Aunque los gasterópodos terrestres muestran una clara atracción por las zonas calcáreas, ello no implica que estén ausentes en zonas con rocas silíceas. Ciertamente no hay muchas especies en este tipo de sustratos y por lo general se trata de babosas, carentes de concha, o de semibabosas, provistas de conchas con paredes muy tenues y de tamaño tan reducido que solo cubren parte del saco visceral y no permiten a los animales retraerse a su interior. La limnea glacial (*Radix balthica glacialis*), un caracol típico de los lagos glaciares de los Pirineos, tiene una concha que prácticamente está compuesta solo por conquiolina, tan poco calcificada que los bordes de la abertura son flexibles. A la escasez de carbonato cálcico de los sustratos graníticos donde este caracol vive se suma una secreción enlentecida de dicho compuesto motivada por las bajas temperaturas, causantes de que esos lagos permanezcan helados la mayor parte del año. La limnea glacial también debe enfrentarse a la acidez del agua, que hace más soluble el carbonato cálcico e induce una corrosión de las primeras espiras de la concha. Por su parte, el higrómido *Pyrenaearia navasi*, un endemismo de las rocas cuarcíticas de la cumbre del Moncayo, suple la falta de carbonato cálcico de su medio ambiente royendo las conchas de los congéneres muertos.

Las conchas poseen una gran resistencia a las fracturas. Esta característica se debe a su estructura, en la que los cristales de calcita y aragonito, que son placas de 0´3 a 2´3 micras, están cementados por el pegamento orgánico que es la conquiolina como si de los ladrillos de una pared se tratara. La relación entre la longitud de los cristales y la de una concha de diez centímetros es equiparable a la existente en una casa de diez metros de altura que hubiese sido construida con ladrillos de tan solo 0´3 a 2´3 milímetros. Además, si las conchas estuvieran construidas únicamente con cristales se necesitaría poca energía para propagar una grieta en su seno, pero la conquiolina hace que la fuerza de cohesión entre ellos sea óptima. Una unión muy fuerte haría que la grieta pasase con facilidad de un cristal a otro, pero una demasiado débil daría lugar a que los cristales se disgregaran. Dadas las interesantes propiedades mecánicas de las conchas, su estructura está siendo imitada industrialmente a fin de que en el futuro puedan producirse materiales cerámicos más tenaces y resistentes que los convencionales.

Proporcionalmente a su tamaño y grosor, la concha más resistente de todos los gasterópodos es la del caracol de pie escamoso (*Chrysomallon squamiferum*), una especie abisal descubierta en 2001 en las surgencias submarinas de Kairei, situadas en el Índico Central a 2.500 metros de profundidad,

Chrysomallon squamiferum (Dorsal del Índico Central). La concha de este caracol abisal presenta una dura capa externa de sulfuro de hierro y su pie unas escamas imbricadas embebidas en este compuesto. (Chong Chen).

las cuales expulsan agua a 300º C con un alto contenido en metales pesados. La concha de esta singular especie tiene la parte más externa de su capa de conquiolina embebida en microgránulos de pirita y, en menor proporción, de otro tipo de sulfuro de hierro llamado greigita. Ello la hace muy resistente a la corrosión inducida por la acidez y la alta temperatura del agua, y también a la presión ejercida por las pinzas de los cangrejos, ya que las partículas de hierro disipan la energía mecánica y evitan la generación de grietas o hacen que en todo caso solo se produzca un microagrietamiento en abanico en derredor de ellas. La concha del caracol de pie escamoso es un escudo tan eficiente que se estudia aplicar su estructura a los chalecos antibalas y blindajes de los vehículos militares. El pie de este caracol también está protegido a ambos lados por escamas imbricadas y asimismo embebidas en sulfuro de hierro, lo cual dificulta el ataque de los túrridos, unos caracoles predadores que cazan clavando a sus presas unos dardos venenosos.

La estructura en tres capas de las conchas de los gasterópodos es igual en las conchas de las otras clases de moluscos testáceos: los pelecípodos (almejas, ostras, mejillones, coquinas, berberechos, péctenes y demás bivalvos), los cefalópodos (nautilos, argonautas y espírulas), los escafópodos (dentalios), los poliplacóforos (quitones) y los monoplacóforos (neopilinas).

Iberus alonensis, Iberus marmoratus, Iberus gualtieranus e Iberus marmoratus cobosi (ESPAÑA).

No hay duda de que las conchas cumplen a la perfección su cometido de proteger a esos seres inermes y de blando cuerpo que son los gasterópodos, según se desprende de la gran diversificación de esta clase zoológica, que, como ya hemos dicho en un anterior capítulo, es la segunda tras los insectos en cuanto a número de especies. Las estimaciones más fiables sobre las existentes actualmente lo cifran en 100.000, pero algunos autores lo elevan a 150.000. Se han descrito hasta ahora entre 60.000 y 75.000 especies vivas y unas 15.000 fósiles, y es seguro que aún queden muchas otras por descubrir, ya que no pocas son tan pequeñas como raras. En 1993, un grupo de biólogos dirigidos por Philippe Bouchet, del Museo de Historia Natural de París, estuvo en Nueva Caledonia para recoger tantos gasterópodos marinos como pudieran encontrar en un mes. Para ello, unas cuatrocientas personas exploraron a conciencia los arrecifes de coral de una parte de la isla usando técnicas de buceo en superficie y profundidad. Al final de la expedición habían encontrado más de 127.000 ejemplares pertenecientes a 2.738 especies y de ellas el 80% no habían sido descritas previamente. Dado que un 20% de las especies estaba representado por un único ejemplar, de ello se infiere que hubo muchas otras de las que no se colectó ninguno. El porcentaje es sin duda superior en zonas más profundas que las prospectadas por dicha expedición.

Por otra parte, las técnicas de análisis comparativo del ADN aplicadas a la taxonomía están cambiando la percepción que los malacólogos teníamos de especies conocidas. Tales técnicas han demostrado, por ejemplo, que *Conus pulcher* es en realidad una superespecie, es decir, una especie polimórfica constituida por diversas formas a las que antes se consideraba especies distintas (*Conus pulcher*, *Conus byssinus*, *Conus siamensis*, *Conus prometheus* y *Conus papilionaceus*). Lo mismo ha ocurrido con otras especies marinas como *Astralium rhodostomum* y *Cymbiola aulica*, y también con algunas terrestres, caso de las del género *Iberus*, de las que había descritas una veintena pero que en la actualidad han quedado reducidas a unas pocas con varias formas ecológicas o ecomorfos. En el caso del vermeto colonial (*Dendropoma petraeum*) ha sucedido lo contrario, ya que, a tenor del análisis comparativo del ADN, del estudio de las protoconchas y de la biología reproductiva, esta especie es en realidad un complejo constituido por cuatro muy similares denominadas *lebeche*, *cristatum*, *anguliferum* y *petraeum* propiamente dicha, las cuales no se solapan en sus áreas de distribución geográfica por el Mediterráneo oriental, central y occidental.

En resumen, la enorme diversificación de los gasterópodos hace cierta la frase que Darwin escribió en *El origen de las especies*: «La Naturaleza es rica en variedades, pero pobre en innovaciones.» La evolución por medio de la selección natural es, en efecto, un mecanismo «perezoso», por lo que, cuando un diseño funciona lo suficientemente bien, la Naturaleza no tiene ningún interés en modificarlo.

CAPÍTULO 14
PARADIGMAS DE LA ASIMETRÍA

Cellana nigrolineata (Japón).

Fissurella nigra (Chile).

Los expertos en filogenia animal creen que los ancestros de la clase *Gastropoda* y de las demás clases que integran el *phyllum Mollusca* fueron gusanos marinos segmentados que primero desarrollaron un pie ensanchado a fin de mejorar su desplazamiento y luego la capacidad de segregar carbonato cálcico para formar una concha dorsal que protegiera el saco visceral. Esas primeras conchas no eran espirales como las de la mayoría de los gasterópodos actuales, sino simples escudos planos o ligeramente cónicos.

El registro fósil no ha dejado constancia de las primeras etapas de la evolución de los moluscos, ya que por entonces todavía no habían desarrollado conchas susceptibles de fosilizar. Sin embargo, subsisten unas pocas especies pertenecientes a dos clases ancestrales de moluscos carentes de concha: los caudofoveados y los solenogastros, ambos más parecidos superficialmente a los gusanos que a los moluscos. También subsisten unas pocas especies de otra clase de moluscos provistos de una concha muy primitiva: los monoplacóforos. A estos «fósiles vivientes» se les puede considerar un «eslabón evolutivo» entre los gusanos y los moluscos, igual que el *Archaeopteryx* lo es entre las aves y los reptiles y el *Amphioxus* entre los vertebrados y los invertebrados.

Hasta 1952, los monoplacóforos solo eran conocidos por fósiles datados en seiscientos millones de años atrás, pero, para sorpresa de zoólogos y paleontólogos, en dicho año fue dragado un ejemplar vivo por un barco oceanográfico danés llamado *Galathea*. El hecho ocurrió frente a las costas de Panamá a la profundidad de 3.680 metros, que es más o menos la misma a la que se encuentra el pecio del *Titanic*. La anatomía de esa criatura de modesta apariencia y concha parecida a la de una lapa reveló indicios de segmentación. En efecto, el pie circular de esta especie, denominada *Neopilina galatheae,* está circundado por varios pares de branquias y nefridios dispuestos simétricamente a ambos lados del eje longitudinal del cuerpo. Además, en la parte interna de su concha se ven las improntas de unas inserciones musculares también simétricas, lo cual significa una ordenación metamérica similar a la que tienen los gu-

De izquierda a derecha: *Bayerotrochus teramachii* y *Mikadotrochus hirasei* (Japón).

sanos segmentados. Tras la descripción hace más de medio siglo de *Neopilina galatheae*, de la que solo se dragaron diez ejemplares, no ha vuelto a encontrarse ningún otro, si bien es cierto que ninguna nueva expedición lo ha intentado. Un par de años después, la misma expedición danesa que descubrió la especie dragó otras dos afines. En la actualidad ya hay descritas veintisiete especies de monoplacóforos, entre ellas *Laevipilina rolani* y *Laevipilina cachuchensis*, halladas sobre núcleos de manganeso en aguas profundas de Galicia y Asturias.

A tenor del registro fósil, los primeros gasterópodos que se conocen, como *Chippeawella* y *Strepsodiscus*, datan de finales del Cámbrico, es decir, de hace unos quinientos millones de años. Su diseño biológico tuvo un rápido éxito, según se infiere del esplendor que el grupo experimentó durante el Silúrico y el Ordovícico, periodos en los que ya estaban muy diversificados y presentes en un amplio rango de biotopos acuáticos. Decayeron en el Devónico, tal vez por competencia con los cefalópodos nautiloideos, a su vez desplazados luego por los cefalópodos ammonoideos, que evolucionaron a partir de aquellos. Lograron colonizar la tierra firme en el Carbonífero, periodo del cual datan los primeros géneros terrestres como *Maturipupa* y *Bernicia*. Debe señalarse que, si bien los gasterópodos de la era Paleozoica presentaban formas semejantes a las de los actuales, la inmensa mayoría de ellos no fueron los antepasados de estos, pese a esas aparentes similitudes.

Los gasterópodos superaron la extinción masiva acaecida a finales del Pérmico, la cual acabó con nueve de cada diez especies de animales y dio pie al inicio de la era Mesozoica. Durante los dos últimos periodos de esta, el Jurásico y el Cretácico, fueron muy abundantes las pleurotomarias, arqueogasterópodos que ya había aparecido en el Triásico. También abundaron algunos mesogasterópodos como las náticas. En el Cretácico hubo una nueva expansión y diversificación de los gasterópodos. Por entonces aparecieron los pelágicos pterópodos y ciertos géneros terrestres semejantes al actual *Helix*. La expansión de la clase se mantuvo pese a la nueva extinción masiva acaecida al final del susodicho periodo, en la cual desaparecieron los cefalópodos ammonoideos y los dinosaurios. A principios de la era Cenozoica ya estaban bien establecidos casi todos los géneros actuales de mesogasterópodos y neogasterópodos como los ceritios, las cipreas, los cascos, los estrombos, los

Haliotis scalaris (Australia).

Clanculus pharaonius (Egipto).

múrices, los husos, las mitras y las volutas. Los conos y los túrridos, que son los neogasterópodos más modernos y evolucionados, aparecieron en el Eoceno, hace cincuenta millones de años. La última familia citada es actualmente la más rica en especies de todas las que integran la clase gasterópodos; hay alrededor de 7.000 descritas, aunque, como muchas son de escaso tamaño y además viven en aguas profundas, probablemente haya bastantes más todavía por descubrir.

La organización corporal de los gasterópodos consta de cuatro partes principales: la cabeza, el pie u órgano locomotor, el manto o palio, que es el órgano encargado de segregar la concha y que conforma la llamada cavidad paleal, en la cual se encuentra la branquia, y, por último, la masa visceral, que se halla alojada encima del pie. Esta última característica anatómica es precisamente la que da nombre a la clase, ya que la palabra «gasterópodo» significa «estómago en el pie». Cabeza y pie presentan una aparente simetría bilateral, pero no así la concha, ni la cavidad paleal, ni el paquete visceral. Esto se debe a un fenómeno denominado torsión, sin duda alguna el hecho anatómico más distintivo de los gasterópodos, puesto que no tiene lugar en ninguna otra clase zoológica y marca el principal carácter organizativo de estos animales, que es su asimetría. Los gasterópodos, en efecto, carecen de una simetría bilateral como la que tienen los insectos y los vertebrados, aunque aparentemente la posean en un plano corporal sagital, y también carecen de una simetría radial como la de los equinodermos y los antozoos, si bien las lapas la presentan únicamente en la concha.

La torsión tiene lugar durante la fase larvaria de todos los gasterópodos y se debe a una diferencia en el crecimiento de una mitad del cuerpo respecto a la otra. Inicialmente, las larvas de estos animales están dotadas de simetría bilateral, pero luego la pierden, ya que una parte de las fibras musculares de un lado del pie se acortan, con lo cual tiran de la masa visceral y del manto hasta retraerlos 180°. Por lo general este hecho se produce en el sentido de las agujas del reloj, es decir, hacia la derecha cuando se mira a la larva desde el dorso. Su consecuencia es que el sistema nervioso y el tubo digestivo quedan doblados en forma de «U», de modo que el ano y el nefridioporo u orificio de salida de la orina pasan a situarse en la cabeza. Los opistobranquios y los pulmonados se detorsionan posteriormente, unos 90° y otros 180°, con lo cual regresan a una simetría

Lobatus gallus (Brasil).

bilateral, si bien solo aparente, ya que en su organización interna persiste la disposición asimétrica de los órganos determinada por la torsión. Las ventajas evolutivas de esta no son aún bien comprendidas. En teoría, la proximidad de los orificios de salida del aparato digestivo y urinario a la branquia supondría un grave inconveniente para la fisiología de los gasterópodos, pues propicia que el agua inhalada se contamine con la exhalada y con las excretas. Sin embargo y como más adelante veremos, estos animales han solventado el problema de distintas maneras a lo largo de su historia evolutiva.

La torsión no debe ser confundida con el arrollamiento o espiralización de las vísceras y la concha, un fenómeno que es independiente de aquella. Las lapas, por ejemplo, experimentan la torsión de sus órganos internos, pero no el arrollamiento de ellos ni de la concha. La espiralización permite una agrupación ordenada de la masa visceral y, por tanto, una disminución del espacio que ocupa. También evita la dependencia a un sustrato duro al que fijar la concha, de modo que esta pueda convertirse en un refugio portátil, un hecho que permitió a los gasterópodos colonizar los sustratos arenosos y fangosos.

Los extinguidos belerofóntidos son los únicos gasterópodos que no experimentaban la torsión, por lo cual estaban dotados de simetría bilateral tanto en el cuerpo como en la concha. Estos gasterópodos primitivos tenían conchas similares a las de los nautilos y ammonites, o sea, simétricas, enrolladas en un mismo plano y convolutas, lo que significa que la última espira englobaba a las demás. Además, sus conchas eran pesadas y difíciles de transportar, ya que, para poseer la suficiente resistencia, tenían que ser grandes y gruesas. Algunas especies de belerofóntidos desarrollaron conchas de 2'5 metros de diámetro. Este diseño mejoró evolutivamente con la aparición de conchas de arrollamiento asimétrico, es decir, conchas cuyas espiras crecen hacia un lado de su eje, por lo general el derecho, de forma que cada espira se sitúa por debajo de la precedente. Sin embargo, este nuevo diseño también planteó el problema de un desigual reparto en el peso de la concha y de la masa visceral alojada en ella, que quedaba concentrado en el lado derecho del cuerpo. Los gasterópodos solventaron este nuevo problema con un desplazamiento oblicuo del eje de las conchas hacia el lado izquierdo y hacia atrás. Dicho cambio motivó en el lado izquierdo la reducción o la desaparición de órganos pares como las branquias, los nefridios y los ventrículos, lo que vino a incrementar todavía más la asimetría de estos animales.

La clase *Gastropoda* fue creada oficialmente por Cuvier en 1797. Basándose en caracteres anatómicos y morfológicos, los taxónomos la han dividido tradicionalmente en tres subclases denominadas *Prosobranchia*, *Opistobranchia* y *Pulmonata*. Esta clasificación se considera hoy obsoleta, pero se sigue utilizando por ser simple y práctica y porque no están aún estabilizadas del todo las clasificaciones más

Cypraeovula cruickshanki (Sudáfrica).

modernas como la de Bouchet y Rocroi de 2005, basada en la secuencia del ADN y, por tanto, en el establecimiento de clados monofiléticos, es decir, procedentes de un antepasado común. Actualmente se tiende a que los rangos linneanos de subclase, superorden, orden y suborden sean reemplazados por clados divididos en superfamilias y familias. De estas últimas, la antes citada clasificación de Bouchet y Rocroi da como válidas 611. De ellas, 204 se conocen solo en estado fósil.

Los prosobranquios son la subclase que cuenta con mayor número de especies, alrededor de 55.000. Se trata de gasterópodos con una torsión evidente, por lo cual las branquias y el ano se hallan situados en la parte anterior del cuerpo. Tienen generalmente sexos separados, un par de tentáculos cefálicos y siempre están provistos de concha. El opérculo puede hallarse presente o faltar. Aunque la mayoría de las especies son marinas, hay también algunas dulceacuícolas y terrestres. Los clados más primitivos, antes agrupados en el orden *Archaegastropoda*, poseen dos branquias, dos aurículas y dos riñones. En los clados más modernos y evolucionados, los órdenes *Mesogastropoda* y *Neogastropoda* de las antiguas clasificaciones, esos órganos son impares.

La subclase prosobranquios incluye los siguientes clados y principales familias: *Patellogastropoda* (patélidos, acmeidos), *Vetigastropoda* (pleurotomáridos, haliótidos, fisurélidos, tróquidos, turbínidos, fasianélidos), *Cocculiniformia* (lapas cocculiniformes), *Neritimorpha* (nerítidos, helicínidos), *Architaenioglossa* (ampuláridos, ciclofóridos, vivipáridos), *Sorbeoconcha* (cerítidos, potamídidos, tiáridos, planáxidos, turritélidos, silicuáridos, vermétidos), *Littorinimorpha* (litorínidos, hidróbidos, risoidos, pomatiásidos, natícidos, aporráididos, estrómbidos, capúlidos, caliptreidos, xenofóridos, cipreidos, ovúlidos, trívidos, cásidos, tónidos, fícidos, ranélidos, persónidos, búrsidos), *Ptenoglossa* (epitónidos, jantínidos, eulímidos, ceritiópsidos, trifóridos), *Neogastropoda* (buccínidos, colubráridos, columbélidos, fascioláridos, melongénidos, nasáridos, murícidos, coraliofílidos, olívidos, vásidos, turbinélidos, volútidos, mítridos, costeláridos, árpidos, marginélidos, canceláridos, terébridos, cónidos, túrridos), y *Heterobranchia* o *Allogastropoda* (arquitectonícidos, matíldidos, piramidélidos).

La subclase opistobranquios es por completo marina. Estos gasterópodos tienen una aurícula y un riñón, igual que los prosobranquios más modernos, pero, a diferencia de estos, el número de tentáculos cefálicos es de dos pares. Son por lo general hermafroditas, es decir, que no presentan separación de sexos. Unas especies están provistas de concha, la cual suele estar cubierta por los pliegues del manto y carece siempre de opérculo; otras especies tienen una concha interna reducida de tamaño, y la gran mayoría carece de ella. Los opistobranquios han regresado parcial o totalmente a una aparente simetría bilateral, ya que, tras la torsión que todos los gasterópodos sufren durante su fase larvaria, estos experimentan una ulterior detorsión por la cual el ano y el nefridioporo giran hacia el lado derecho, 90° en unas especies y 180° en otras, de modo que dichas estructuras anatómicas acaban por quedar situadas en la parte posterior del cuerpo.

Los opistobranquios incluyen varios clados. Los *Cephalaspidea* o *Bullomorpha* (caracoles burbuja o bulas) poseen conchas con una abertura amplia, convolutas y sin columela. Los *Nudibranchia* (nudibranquios) son el

Architectonica perspectiva (India) y *Architectonica maxima* (Vietnam).

clado que presenta mayor grado de simetría bilateral y el más numeroso en especies, ya que reúne las muchas de babosas marinas, así llamadas por carecer de concha y también de branquias propiamente dichas. De los dos subórdenes principales de este clado, los dorídáceos y los aeolidáceos, los primeros respiran por unas branquias de aspecto plumoso situadas en la parte posterior del cuerpo y por la superficie del manto, el cual cubre prácticamente todo el dorso del animal. Por su parte, los aeolidáceos respiran por unos apéndices o prolongaciones dorsales del manto llamadas ceras o ceratas, consistentes en sacos llenos de hemolinfa cuya fina piel permite el intercambio gaseoso y los convierte en estructuras respiratorias. Los clados *Anaspidea* o *Aplysiomorpha*, *Notaspidea*, *Saccoglossa*, *Acochlidiomorpha* y *Soleolifera* reúnen a varias familias de babosas marinas no encuadradas en los nudibranquios, unas provistas de conchas internas y reducidas, caso de las aplísidos, y otras carentes de concha. Por último, los clados *Thecosomata* (tecosomados o pterópodos con concha) y *Gymnosomata* (gimnosomados o pterópodos desnudos) están integrados por especies planctónicas capaces de sustentarse y de nadar en la columna de agua, lo cual consiguen gracias a su pie provisto de dos lóbulos llamados parapodios, que funcionan como aletas y les confieren el aspecto al que alude el nombre por el que vulgarmente se les conoce, que es el de «mariposas marinas».

Hydatina albocincta (Taiwán).

La subclase pulmonados también presenta detorsión, pero menos acusada que los opistobranquios. Al igual que estos, sus miembros poseen una aurícula y un riñón, pero carecen de branquias, ya que, como indica su nombre, la

Haminoea navicula (España).

Xesta citrina (Nueva Guinea).

cavidad paleal, que está muy vascularizada, se ha transformado en un primitivo pulmón capaz de captar oxígeno del aire. El hecho obedece a que casi todas las especies de esta subclase son terrestres, si bien hay algunas dulceacuícolas y también unas pocas marinas que han desarrollado una branquia secundaria en la cavidad paleal al objeto de captar oxígeno del agua. Salvo las babosas, los pulmonados están provistos de concha pero nunca de opérculo. Son hermafroditas, lo cual no significa necesariamente que sean hermafroditas simultáneos, es decir, machos y hembras al mismo tiempo.

De los cuatro clados que conforman la subclase pulmonados, los *Archaeopulmonata* (elóbidos, melámpidos) son semiacuáticos y viven en el límite superior de la zona intermareal. Los *Basommatophora* (limneidos, chilínidos, físidos, planórbidos, sifonáridos) tienen un par tentáculos y los ojos situados en la base de estos, y son dulceacuícolas con excepción de las sifonarias o falsas lapas, que habitan en la zona intermareal. Los *Stylommatophora* (babosas y las muchas familias de caracoles de tierra que no son prosobranquios) constituyen el clado con mayor número de especies, todas terrestres. Tienen dos pares de tentáculos y los ojos situados en el extremo del par superior. Por último, los *Systellommatophora* o *Gimnomorpha* solo incluyen a una familia de especies marinas con aspecto de gusanos y a los veronicélidos, que son terrestres, carecen de concha y se parecen superficialmente a las babosas.

Megalobulimus oblongus (Argentina).

Veamos a continuación cómo es la organización anatómica de todos los gasterópodos. En las especies marinas herbívoras, la boca se encuentra situada en el extremo de un corto hocico. En las carnívoras se prolonga en un órgano tubular extensible y retráctil denominado trompa o probóscide, cuya longitud en ciertas especies de murícidos y mítridos llega a superar la de la concha Los pulmonados y algunas familias de caracoles marinos carecen de trompa; en su lugar poseen dos hemimandíbulas superiores de quitina. En los estilomatóforos, esas hemimandíbulas están soldadas y forman una lámina curvada de borde liso en unos géneros y provisto de denticulaciones o costula-

Phalium glaucum (Filipinas).

ciones en otros. Por su parte, los basomatóforos tienen una pieza maxilar media y dos piezas laterales o, en otros casos, múltiples piezas sueltas.

Un bulbo cartilaginoso llamado odontóforo es el soporte de la lengua, que en los gasterópodos se conoce por el nombre de rádula y es sin duda uno de sus órganos más característicos. Se trata de una cinta flexible, cubierta de filas de dientes de quitina y que puede proyectarse fuera de la boca y volver a esta gracias a unos músculos protractores y retractores que permiten su deslizamiento sobre el odontóforo. A medida que la rádula pasa sobre dicho cartílago, los dientes se yerguen para cortar, roer, raspar o cepillar los objetos con los que entren en contacto. Con el movimiento de retorno de la rádula, los dientes trasportan el alimento a la boca. La rádula funciona pues como una lima que corta y desmenuza el alimento, a la vez que como un rastrillo que lo empuja hacia el esófago. Continuamente se forman nuevas filas de dientes en su extremo posterior para sustituir a los anteriores que estén desgastados o se hayan roto. La secreción de las glándulas salivales, aparte de envolver las partículas alimenticias facilitando su paso al esófago, lubrica los dientes y retrasa su desgaste.

El número de dientes radulares puede variar entre unos pocos y un cuarto de millón. Su forma y tamaño también varían según su posición en la rádula, en la que pueden ocupar la fila central, las laterales o las marginales. La estructura de la rádula es característica de cada familia y está en consonancia con los hábitos alimenticios que sus miembros tengan. Los gasterópodos herbívoros, como las lapas, las orejas de mar, los turbantes, los tróquidos y las aplisias o liebres marinas, tienen rádulas provistas de muchos dientes pequeños y planos, en tanto que los gasterópodos carnívoros, como los múrices, los buccinos y las volutas, tienen rádulas con bastantes menos dientes pero más agudos y de tamaño considerablemente mayor. La reducción en el número de dientes es llevada al extremo en los conos y túrridos, que solo tienen una docena de ellos, si bien muy especializados. Existen siete tipos básicos de rádula llamados docogloso, ripidogloso, histricogloso, teniogloso, ptenogloso, estenogloso y toxogloso (*glossos* significa «lengua» en griego). La fórmula radular de cada especie se expresa por el número de dientes presentes en cada fila. Por ejemplo, las litorinas tienen como fórmula 2.1.1.1.2, es decir, dos dientes marginales a cada lado, uno

Gyrineum perca (Taiwán).

lateral a cada lado y uno central. Por su parte, los múrices tienen como fórmula 0.1.1.1.0, esto es, ningún diente marginal, uno lateral a cada lado y uno central.

La boca desemboca en un largo esófago que suele estar provisto de sacos o divertículos donde tiene lugar una digestión parcial del alimento gracias a la acción de los enzimas presentes en la secreción de las glándulas de sus paredes y en la saliva. El esófago se continua en un estómago y este en un largo intestino cuya función es absorber las sustancias nutritivas y hacer las heces más sólidas al objeto de que no obstruyan ni contaminen la branquia, dada la proximidad de esta al ano, el cual se abre a la cavidad paleal excepto en los pulmonados, en los que desemboca directamente al exterior. Un órgano de gran tamaño, el hepatopáncreas o glándula digestiva, tiene las mismas funciones que el hígado y el páncreas de los vertebrados. Este órgano se encuentra alojado en las primeras espiras de la concha y es, por tanto, lo último que sale de esta cuando se procede a extraer el cuerpo de un caracol.

El cuerpo del caracol está unido a la concha mediante un músculo retractor que va desde su inserción en la columela o en la pared interna de la concha hasta la parte superior del cuerpo, con unos fascículos que se extienden hacia la cabeza y los tentáculos y hacia el pie hasta su extremo distal. La contracción del músculo columelar permite

Apertifusus caparti (Senegal).

Melongena corona (Florida).

al animal retraerse al interior de la concha o descender y acomodar esta al sustrato al que haya adherido el pie.

En la mayoría de los gasterópodos, el pie u órgano locomotor es ancho y plano y está provisto de potentes músculos. El desplazamiento se produce mediante unas ondas de contracción muscular que viajan desde el extremo posterior del pie al anterior. Estas ondas son transversales en los pulmonados y longitudinales en los prosobranquios. En la superficie ventral del pie, llamada suela, hay una voluminosa glándula anterior que, junto con otras más pequeñas distribuidas por toda ella, tiene como función producir una capa de moco a fin de lubricar el pie, facilitar el desplazamiento del animal y permitir la adhesión de este al sustrato. En las especies terrestres, el dorso y las partes laterales del pie tienen además otras glándulas productoras de moco, en este caso destinado a evitar la deshidratación. El moco actúa como medio en el que, por la contracción de los pequeños músculos de la parte inferior del pie, los cilios de la suela hacen avanzar hacia delante a los gasterópodos. La locomoción ciliar es usada sobre todo por los caracoles pequeños, caso, por ejemplo, de los hidróbidos, cuyos pies provistos de cilios les ayudan a moverse por los fondos de fino légamo de los estuarios donde viven. Las especies más grandes combinan la motilidad ciliar con la muscular.

Pese a su baja eficiencia, la forma de locomoción de los gasterópodos es la más costosa de todo el reino animal desde el punto de vista del gasto energético. A igualdad de peso, resulta doce veces más costosa que el corretear de un ratón y cien veces más que el nadar de un pez. Un caracol dedica el 9% de su gasto energético a la contracción muscular, el 35% a la secreción de moco y el 55% a vencer la viscosidad de ese moco. Dado que la producción de moco consume más energía que la propia contracción muscular, los gasterópodos precisan que la capa del mismo que liberan al desplazarse sea lo más fina posible. También explotan una propiedad del moco consistente en que su viscosidad disminuye cuando está entre dos superficies que se mueven una respecto a la otra. Ciertas especies aprovechan los rastros de moco dejados por sus congéneres, caso de *Littoraria irrorata*, que a veces se mueve en procesiones de quince o veinte individuos alineados.

La forma de desplazarse de los gasterópodos tiene algunas variantes. Los olívidos, por ejemplo, aprovechan la forma hidrodinámica de sus conchas y la posición simétrica que estas guardan respecto al eje longitudinal del pie, el cual usan como tabla de *surf*, expandiéndolo para deslizarse a impulsos de las olas sobre los fondos arenosos y aproximarse a las playas en busca de restos de peces, medusas muertas y otros detritos orgánicos. Algo similar hacen algunos nasáridos como la especie sudafricana *Bullia digitalis*, la cual extiende su pie y, usándolo a modo de vela, se deja llevar por las olas de las playas para llegar sin esfuerzo al punto donde se encuentre un pez o una medusa varados. Los melámpidos deambulan de forma parecida a las orugas de las mariposas geómetras; extienden la parte anterior del pie e impulsan el resto del cuerpo y la concha sobre ese punto de apoyo. Los truncatélidos hacen lo mismo pero apoyándose en la probóscide. Los caracoles del género marino *Lacuna* y del terrestre *Colobostylus* desplazan alternativamente el borde derecho e izquierdo del pie, como si caminaran a dos patas. Los estrombos, las patas de pelícano, las xenóforas y algunos otros gasterópodos marinos avanzan a saltos por medio de contracciones de su pie, con el cual hacen palanca usando el opérculo como punto de apoyo. Esta técnica también les permite escapar de los predadores dando un brinco. Los estrombos recién pescados pueden saltar por la borda de una embarcación pese a su considerable peso.

Hexaplex regius (Perú).

Ciertos gasterópodos marinos como las náticas y las arpas y algunos dulceacuícolas tienen pies adaptados para excavar en la arena o el fango. Su porción anterior, llamada propodio, se extiende hacia delante y hacia arriba recubriendo parte de la concha y sirve de pala a la vez que evita que entre arena a la cavidad paleal cuando el animal avanza, incluso aunque lo haga semienterrado bajo la arena.

En los heterópodos, los pterópodos y los opistobranquios de la familia gastroptéridos, el pie ha evolucionado como órgano natatorio. Para ello está provisto de dos lóbulos o expansiones laterales denominadas parapodios que sirven como aletas. Es por esta razón que a los pterópodos se les llama «mariposas marinas». Los heterópodos y los pterópodos son planctónicos, pero los gastroptéridos son bentónicos y es solo cuando se les perturba cuando aletean con sus parapodios, logrando con ello quedar suspendidos unos minutos en la columna de agua.

Los músculos del pie de los gasterópodos pueden desarrollar una fuerza sorprendentemente grande. El caracol común (*Cornu aspersum*) es capaz de ascender por una superficie vertical acarreando diez veces su propio peso y de desplazarse por una superficie horizontal arrastrando cincuenta veces aquel, lo que equivale a un hombre de ochenta kilos que arrastrara más de cuatro toneladas.

El manto o palio, órgano característico de todos los moluscos, es una expansión del pie que tiene por función segregar la concha. En los gasterópodos conforma una cavidad interior, llamada cavidad paleal, de gran importancia fisiológica, ya que en su superficie se halla la branquia o ctenidio, de aspecto plumoso o pectinado al estar constituida por numerosos filamentos ciliados y muy vascularizados. Dado que la cavidad paleal está situada en posición anterior, el agua entra espontáneamente en ella cuando los gasterópodos avanzan. El movimiento de los cilios crea unas microcorrientes por las que el agua rica en oxígeno fluye entre las laminillas de las branquias, de forma que las células de estas puedan absorber dicho elemento y liberar al agua el dióxido de carbono procedente del metabolismo del animal. Los granos de arena y cualquier otra partícula sólida que pueda entrar con la corriente de agua originan la secreción de moco por parte de las células ciliadas de las branquias, a fin de que queden atrapados y englobados en él.

La manera en la que los gasterópodos inhalan agua haciéndola pasar por la branquia para captar oxígeno y luego la exhalan para liberar el dióxido de carbono se realiza de diversas formas, todas ellas soluciones evolutivas destinadas a resolver el problema de que el agua inhalada no se contamine con la exhalada, con la orina y con las heces, ya que, debido al proceso de torsión, el nefridioporo y el ano desembocan en la cavidad paleal. En los pleurotomáridos y escisurélidos, el manto y la concha tienen una estrecha ranura destinada a que, a medida que los animales crecen, esos orificios queden desplazados. Los fisurélidos o lapas perforadas presentan un agujero en el ápice de la concha y en el manto subyacente por la cual expulsan el agua exhalada y las excretas. Por su parte, los haliótidos u orejas de mar poseen una fila de perforaciones en la concha y en el manto que son los orificios excretores que el animal ha ido utilizando a lo largo de su crecimiento, de los cuales solo el último es funcional. En los demás prosobranquios, el agua es bombeada por el sifón, que es una estructura tubular derivada de la porción frontal del manto; luego entra a la parte izquierda de la cavidad paleal, donde se encuentra la branquia, y finalmente sale por la parte derecha de dicha cavidad, en la que están situados el nefridioporo y el ano.

En los pulmonados, la cavidad paleal está cerrada por un refuerzo muscular en forma de collar que impide su desecación. Un pequeño orificio de comunicación con el exterior, llamado pneumostoma, sirve para que el aire entre a dicha cavidad, cuya superficie está muy vascularizada y funciona como un pulmón, ya que puede efectuar intercambios gaseosos con el aire. Este primitivo pulmón es llamado saco pulmonar. Con todo, la mayoría de los pulmonados conservan una branquia vestigial visible en forma de unos apéndices del manto situados cerca del pneumostoma o en el propio saco pulmonar. Los nudibranquios carecen tanto de saco pulmonar como de branquias. En lugar de estas, los doridáceos poseen unas branquias secundarias externas que rodean el ano. Por su parte, los aeolidáceos respiran a través de la piel de unas prolongaciones dorsales de su cuerpo denominadas ceras o ceratas.

El sistema circulatorio de los gasterópodos consta de un corazón con dos ventrículos en las especies más primitivas y con uno en las modernas, ya que el derecho, junto con el riñón y la branquia de ese lado, ha desaparecido debido al proceso de torsión. Del corazón parte la aorta,

Marginella goodalli (Senegal).

que en seguida se bifurca en dos ramas. La rama anterior irriga la cabeza y el pie y la posterior las vísceras. La sangre de los gasterópodos, a la que más propiamente hay que llamar hemolinfa, no solo tiene como misión transportar oxígeno, dióxido de carbono, nutrientes y hormonas; sirve también de «esqueleto» hidrostático, ya que su presión en las diferentes partes del cuerpo puede ser voluntariamente alterada por el animal mediante contracciones musculares. Ello posibilita rápidos cambios en el tamaño y forma de dichas partes, y también la eversión de órganos retráctiles como los tentáculos cefálicos y el pene. Este hecho se debe a que el aparato circulatorio de los gasterópodos carece de lechos capilares. En su lugar hay unos senos venosos donde las células se bañan literalmente en sangre oxigenada.

La gran mayoría de los gasterópodos usan como pigmento respiratorio la hemocianina, una sustancia incolora o débilmente azulada que, por contener átomos de cobre, se satura a menor concentración de oxígeno que los pigmentos respiratorios con átomos de hierro como la hemoglobina o la mioglobina de la sangre de los vertebrados, los cuales confieren a esta su característico color rojo. Los únicos gasterópodos que poseen pigmentos respiratorios con hierro son los planórbidos. La capacidad de transporte de oxígeno de la hemocianina no es tan alta como la de la hemoglobina, y de ahí que los gasterópodos sean animales de movimientos en general lentos y perezosos.

El sistema excretor de los gasterópodos consta de un único riñón o nefridio con forma de «U». Las especies más arcaicas tienen dos riñones. Una vez filtrada y depurada la sangre por el riñón, es conducida a la cavidad del pericardio a través de un corto conducto renopericárdico. Por su parte, la orina resultante del filtrado es llevada por el uréter o metanefridio al poro urinario o nefridioporo, ubicado en la cavidad paleal junto a la salida del agua exhalada. En los pulmonados, el metanefridio se prolonga para desembocar cerca del ano.

En lugar de un cerebro único y complejo como el de los vertebrados, los gasterópodos tienen seis pares de «cerebros» muy simples, en realidad ganglios o acúmulos neuronales. Están conectados entre sí y con las estructuras a las que inervan mediante varios pares de cordones nerviosos cruzados en ocho debido al proceso de torsión. Los dos ganglios cerebrales inervan los ojos y los tentáculos cefálicos; los bucales inervan la rádula y las estructuras adyacentes; los parietales, las branquias y el osfradio; los pleurales, el manto y el músculo columelar; los pedios, la musculatura del pie, y los viscerales, la masa visceral.

Como órganos sensoriales, los gasterópodos poseen dos ojos, dos tentáculos táctiles, un osfradio u órgano olfativo y unos esteatocistos u órganos del equilibrio. Los ojos están dispuestos en unos casos en la base de los tentáculos cefálicos, en otros en su extremo y en los nudibranquios son dos pequeñas manchas situadas bajo la piel de la región cefálica. Por lo general se trata de acúmulos de fotorreceptores que solo detectan cambios en la intensidad de la luz y permiten distinguir el día de la noche y la sombra proyectada por un predador. Los ojos de los gasterópodos más evolucionados tienen córnea, cristalino y retina, pero tampoco dan una buena visión. Los pulmonados son tan cortos de vista que perciben mejor objetos en penumbra a seis centímetros de distancia que los situados a cuatro milímetros bajo una luz intensa. Algunos prosobranquios distinguen objetos a una distancia de treinta centímetros.

Aparte de albergar los ojos, los tentáculos cefálicos, cuyo número es de dos en los prosobranquios y de cuatro en los opistobranquios y en los pulmonados, poseen

Unedogemmula indica (Japón).

unos receptores táctiles y olfatorios concentrados en unos abultamientos situados en su extremo. Los estatocistos u órganos del equilibrio se encuentran generalmente ubicados en el pie.

El osfradio u órgano del olfato analiza el agua inhalada y detecta el alimento. Está situado junto a la branquia, por lo cual es par en los prosobranquios primitivos, que tienen asimismo un par de branquias. Suelen tener un aspecto filamentoso o numerosos pliegues que aumentan su superficie. Los opistobranquios poseen como órganos olfatorios los rinóforos, un par de estructuras cefálicas de forma lamelar o plumosa. Para evitar que se dañen, son retráctiles y en algunas familias están protegidos por una vaina o collar. El olfato es el principal sentido del que los gasterópodos acuáticos se valen para relacionarse con el entorno. Gracias a él perciben rastros químicos a concentraciones de solo 0´001 miligramos por litro y así pueden localizar a sus presas o a las algas de las que se alimentan. También les sirve para detectar a sus congéneres y a los predadores. Los físidos, por ejemplo, pueden seguir el rastro de su moco y discernirlo del de otros individuos de su especie. Si en un acuario donde haya un ejemplar de *Lobatus gigas* se introduce otro de *Fasciolaria tulipa* o incluso solo agua que haya estado en contacto con este caracol predador, aquel tendrá una reacción de huida. Igual reacción se observa en los nasáridos cuando detectan el olor de una estrella de mar o el de un congénere herido por un cangrejo, lo cual provoca que se entierren para evitar ser también depredados.

Melampus coffeus (Florida). Conocida como caracol grano de café, esta especie vive bajo las arribazones de algas y restos vegetales en el límite superior de la pleamar.

CAPÍTULO 15
BIOTOPOS ACUÁTICOS DIFÍCILES

Los gasterópodos habitan en tres tipos de medios: marino, dulceacuícola y terrestre. Dado que iniciaron su evolución en el mar, es lógicamente ahí donde se han diversificado en un mayor número de especies. La zona litoral está habitada por muchas. Esta zona, que es continuación de la plataforma continental, se extiende desde el límite máximo alcanzado por las pleamares hasta los 150 o 300 metros de profundidad, dependiendo del área geográfica. A su vez se divide en tres subzonas o franjas llamadas supralitoral o supramareal, mesolitoral o intermareal y sublitoral o inframareal.

En la franja supralitoral, los gasterópodos escasean. Típicos de ella son los elóbidos del género *Melampus*, llamados caracoles granos de café por su aspecto y tamaño. Se les encuentra bajo los maderos y las arribazones de algas justo en la línea de máxima altura alcanzada por las olas y mareas. Los diminutos *Truncatella* también se encuentran en esta misma zona, pero siempre enterrados en la arena.

La franja intermareal incluye hábitats muy diferentes dependiendo de que la costa sea rocosa, arenosa o fangosa. Las playas de arenas inestables y batidas por el oleaje no son un hábitat frecuentado por los caracoles. En ellas solo es posible hallar algunos de hábitos excavadores, como las

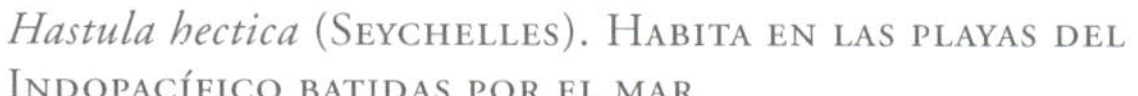

Hastula hectica (Seychelles). Habita en las playas del Indopacífico batidas por el mar.

terebras de los géneros *Impages* y *Hastula*. Por el contrario, los estuarios y bahías protegidas son hábitats mucho más ricos en gasterópodos. De ellos, unos viven enterrados en la arena y otros sobre ella. Los hay predadores de bivalvos como las náticas, carroñeros como los nasáridos, detritívoros como los cerítidos y filtradores como las turritelas. En la franja intermareal también habitan algunos opistobranquios, caso de los caracoles burbuja de los géneros *Bulla*, *Haminoea* y *Philine*.

En las regiones tropicales, las llanuras fangosas intermareales suelen estar ocupadas por manglares, que son el hábitat típico de elóbidos de los géneros *Ellobium* y *Cassidula*, de los nerítidos *Vitta* y *Vittina*, de los caracoles berenjena o *Melongena* y de los potamídidos *Telescopium*, *Terebralia* y *Cerithidea*.

Siphonaria pectinata (Portugal).

Patella vulgata (España).

Nodilittorina striata (Canarias).

En los litorales rocosos, los gasterópodos más característicos del límite entre el medio marino y el terrestre son las lapas, las litorinas o bígaros, las neritas y los tróquidos o burgados de los géneros *Monodonta*, *Chlorostoma*, *Omphalius* y *Phorcus*. Estos gasterópodos han de enfrentarse al reto de las drásticas variaciones de humedad, salinidad, insolación y temperatura que comporta la continua alternancia de las bajamares y pleamares. En un mismo punto de la costa suelen hallarse varias especies de cada una de las citadas familias, pero no compiten entre sí ya que se estratifican a mayor o menor altura sobre el nivel medio del mar según su grado de tolerancia a la sequedad, ya que, como otros gasterópodos marinos, respiran por branquias y, por tanto, han de realizar sus intercambios gaseosos en el seno del agua. La excepción son los pulmonados del género *Siphonaria* o falsas lapas, también habitantes de este medio, los cuales, por un fenómeno de convergencia adaptativa, han desarrollado una concha semejante a las de lapas, aunque no tienen relación taxonómica alguna con ellas.

Phorcus sauciatus (Canarias).

Nerita melanotragus (Nueva Zelanda).

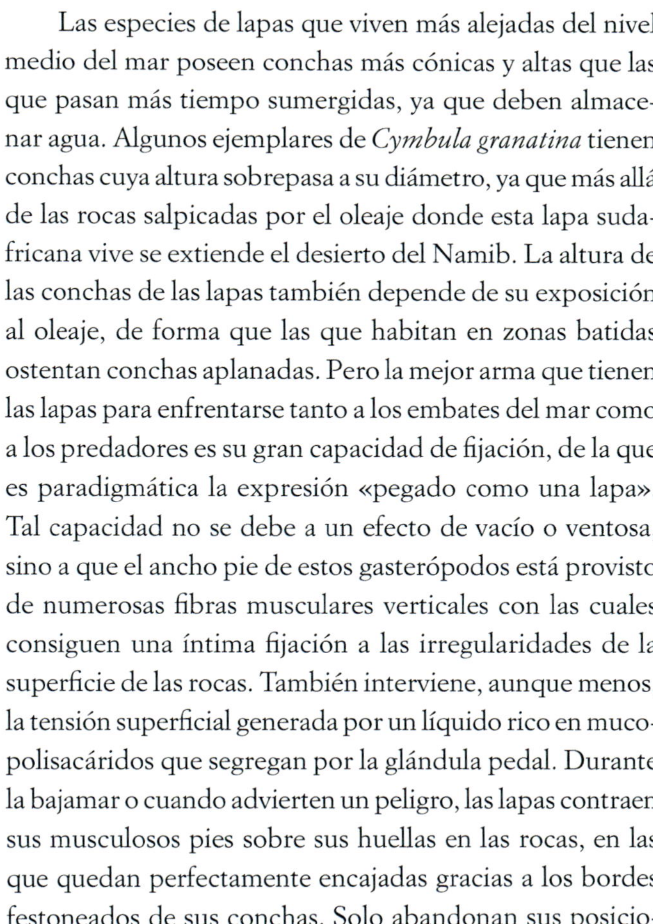

Las especies de lapas que viven más alejadas del nivel medio del mar poseen conchas más cónicas y altas que las que pasan más tiempo sumergidas, ya que deben almacenar agua. Algunos ejemplares de *Cymbula granatina* tienen conchas cuya altura sobrepasa a su diámetro, ya que más allá de las rocas salpicadas por el oleaje donde esta lapa sudafricana vive se extiende el desierto del Namib. La altura de las conchas de las lapas también depende de su exposición al oleaje, de forma que las que habitan en zonas batidas ostentan conchas aplanadas. Pero la mejor arma que tienen las lapas para enfrentarse tanto a los embates del mar como a los predadores es su gran capacidad de fijación, de la que es paradigmática la expresión «pegado como una lapa». Tal capacidad no se debe a un efecto de vacío o ventosa, sino a que el ancho pie de estos gasterópodos está provisto de numerosas fibras musculares verticales con las cuales consiguen una íntima fijación a las irregularidades de la superficie de las rocas. También interviene, aunque menos, la tensión superficial generada por un líquido rico en mucopolisacáridos que segregan por la glándula pedal. Durante la bajamar o cuando advierten un peligro, las lapas contraen sus musculosos pies sobre sus huellas en las rocas, en las que quedan perfectamente encajadas gracias a los bordes festoneados de sus conchas. Solo abandonan sus posiciones, y nunca más de unos cuantos centímetros, durante las noches o las pleamares a fin de alimentarse y reproducirse. Tras ello, vuelven a sus improntas, en donde permanecen toda su vida. Este hecho se conoce como *homing*.

Gracias también a sus gruesas conchas y a sus opérculos, que ocluyen herméticamente aquellas e impiden la pérdida de agua, las litorinas o bígaros han conseguido incluso superar a las lapas en su alejamiento del medio marino. No pocas especies de estos caracoles habitan sobre las rocas situadas en el límite más alto de la zona supralitoral, en tanto que otras se encaraman a los troncos y ramas de los mangles, de modo que casi se las podría considerar especies terrestres. Las litorinas mantienen húmedas sus branquias aprovechando la humedad ambiental y las salpicaduras del oleaje. Su principal defensa ante la desecación es su tenacidad y su gran capacidad de aguante, superponible a la de las lapas. Inactivas sobre las rocas, agrupadas en grietas poco insoladas y con las aberturas de sus conchas bien cerradas por los opérculos, pueden resistir mucho tiempo. El malacólogo norteamericano Henry Pilsbry comunicó que un ejemplar de *Cenchritis muricatus*, un litorínido común en la zona supralitoral del Caribe, se mantuvo vivo durante un año entero en el cajón de un mueble, y estamos hablando de un caracol marino. Ejemplares de una especie afín del

Ovula ovum (Salomón).

Jenneria pustulata (Panamá).

Indopacífico llamada *Tectarius coronatus* se han hallado a quince metros por encima del límite superior de la pleamar.

En la zona inframareal de los mares fríos y batidos, las praderas de grandes algas pardas, constituidas en unas regiones por quelpos gigantes o *Macrocystis* y en otras por laminariáceas de los géneros *Laminaria*, *Saccorhiza* y *Phyllariopsis*, son abundantes en gasterópodos. Los más representativos de este tipo de hábitats son ciertas especies de lapas que viven fijas a los tallos y frondes de las algas, como *Cymbula compressa* en Sudáfrica, *Nacella mytilina* en Tierra de Fuego y la pequeña *Patinigera pellucida* en el norte de Europa.

Cymbula compressa (Sudáfrica). La forma comprimida de la concha de esta lapa la permite fijarse a los tallos de los quelpos.

También son muy ricas en gasterópodos las praderas sumergidas que en aguas cálidas y calmas forman las fanerógamas o hierbas marinas como la hierba de tortuga o *Thalassia*, la hierba de manatí o *Syringodium*, la ceiba o *Cymodocea*, las diversas especies de *Zostera* del Atlántico y las de *Posidonia* del Mediterráneo y del oeste de Australia. En este tipo de biotopos viven desde diminutos risoidos a estrombos y cascos de gran tamaño.

Pero los hábitats que sin duda albergan una mayor diversidad de especies de gasterópodos son los arrecifes de coral, pese a que en extensión suponen solo el 1% de los fondos marinos. Ello se debe a su relativa estabilidad ambiental, a la multiplicidad de nichos ecológicos y, por tanto, de variedad de alimentos, a la disponibilidad de anfractuosidades y cavidades donde los gasterópodos encuentran refugio, y a la abundancia de calcio con el que pueden construir sus conchas. En cualquier arrecife del Indopacífico o del Caribe se hallan miles de especies de turbantes, astreas, epitónidos, arquitectónicas, cipreas, óvulas, múrices, coraliófilas, tritones, husos, cascos, toneles, arpas, olivas, conos, mitras, terebras, marginelas, volutas, columbelas, túrridos, etc. También abundan en ellos y están muy

De izquierda a derecha: *Mitra stictica*, *Mitra mitra* y *Mitra papalis* (Filipinas).

diversificados los nudibranquios. De las muchas especies de gasterópodos que viven en los arrecifes de coral, unas lo hacen en los fondos arenosos de las cálidas y tranquilas lagunas coralinas, pero las más ocupan las paredes externas de las barreras de coral, densamente pobladas de madréporas, gorgonias y esponjas.

El lugar donde la plataforma continental se desploma gradualmente hacia la gran llanura abisal se conoce como talud continental. Esa zona de desplome, que se extiende desde el límite inferior de la zona litoral hasta una profundidad de 1.000 o 2.000 metros según el área geográfica, es la denominada zona batial. En el límite de los taludes continentales, los bordes de los cañones submarinos y las laderas de las montañas de las grandes dorsales oceánicas crecen ricas comunidades de corales, gorgonias y esponjas adaptadas a vivir en aguas frías y condiciones de oscuridad. Estas comunidades prosperan incluso a más de 3.000 metros de profundidad y conforman unos arrecifes coralinos tan ricos en vida como puedan serlo los tropicales próximos a la superficie.

Tras la zona batial se encuentra la zona abisal, que se extiende desde 1.000 o 2.000 metros de profundidad hasta los 6.000. Más allá y hasta los más de 11.000 metros medidos en las grandes fosas oceánicas está la zona hadal. Pese a que la zona abisal comprende casi dos tercios de la superficie de la Tierra y a que, por tanto, es mucho mayor que todos los demás hábitats del mundo juntos, los conocimientos que los humanos tenemos de ella son menores que los que tenemos de la superficie de la Luna, y aún menos sabemos de la zona hadal. De hecho todavía no se ha logrado superar el récord de profundidad que, en 1960 y en el abismo Challenger de la fosa de las Marianas, cerca de la isla de Guam, alcanzó el batiscafo *Trieste*, diseñado por el físico suizo August Piccard y tripulado en aquel

De izquierda a derecha: *Neptunea antiqua* (Francia), *Neptunea lyrata* (Nueva Escocia) y *Neptunea tabulata* (California). Los buccínidos, como los de esta fotografía y los de la contigua, están bien representados en la zona batial.

Buccinum aniwanum (Japón).

Ptychobela insignita (Malasia). Los túrridos también cuentan con numerosas especies en la zona batial.

vertiginoso descenso de 10.912 metros por su hijo Jacques Piccard y el teniente de la marina norteamericana Donald Walsh. En 2012, el cineasta y explorador James Cameron casi igualó esa marca al descender en la misma fosa 10.908 metros con el sumergible *Deepsea Challenger*. La primera batisfera fue diseñada y construida en 1930 por un equipo formado por el inventor Otis Barton y el naturalista y viajero William Beebe. Estos dos neoyorquinos descendieron a 183 metros en las Bermudas, profundidad que superaron en 1934, cuando llegaron a 923 metros. Al ser Beebe preguntado entonces por lo que había por debajo de la batisfera, contestó: «Un mundo que parece la negra boca de entrada al infierno».

El talud continental y la zona batial cuentan con bastantes especies de gasterópodos. Allí se encuentran, por ejemplo, tróquidos de los géneros *Bathybembix*, *Lischkeia*, *Gaza* y *Cataegis*, que, a diferencia de otros miembros de esa familia, que son herbívoros o espongívoros, se alimentan filtrando los restos de los organismos planctónicos que caen continuamente al fondo del mar desde las capas superiores originando el fenómeno conocido por el nombre de «nieve abisal». Los abisocrísidos, familia con un único género denominado *Abyssochrysos*, también son unos caracoles detritívoros característicos de la zona batial. En esta zona habitan además gasterópodos carroñeros que se alimentan de restos de peces y otros animales, caso de los buccínidos de los géneros *Buccinum*, *Japelion*, *Colus* y *Neptunea* y de las volutas *Miomelon*. Los predadores están representados por túrridos de géneros como *Pleurotomella*, *Benthonella*, *Benthomangelia* y *Aforia*, entre muchos otros de esa muy numerosa familia. Estos depredan sobre los gusanos enterrados en el fango, a los que paralizan con su aparato venenoso parecido al de los conos. Por su parte, los *Oocorys*, único género de una familia emparentada con los cascos y caracoles tonel, depredan sobre las holoturias y los espatángidos. Hay además natícidos como los del género *Amauropsis*, que son predadores de moluscos bivalvos e incluyen entre sus presas a las almejas asimismo carnívoras *Poromyia* y *Verticordia*, las cuales se han especializado en atrapar copépodos y pequeños crustáceos mediante unos filamentos branquiales transformados que se abren de forma explosiva. El otro modo de subsistencia de los gasterópodos que habitan la zona batial es el parasitismo. Esta es la forma de vida de los eulímidos, pequeños caracoles de concha acicular, translúcida y con el eje curvado que viven semienquistados en los tejidos de las estrellas de mar y otros equinodermos a fin de succionarles los jugos corporales.

A medida que se desciende desde la zona batial hacia la tenebrosa zona abisal, la diversidad y la abundancia de la fauna malacológica decrecen ostensiblemente. Ello se debe a la frialdad del agua, cuya temperatura oscila entre -1° y 4° C; a la enorme presión hidrostática, que se incrementa en una atmósfera por cada diez metros de descenso; a la predominancia de suelos blandos formados por la acumulación de sedimentos continentales y caparazones de foraminíferos, y a la ausencia absoluta de luz, la cual desaparece por completo a una profundidad de 1.000 metros, lo que hace imposible la fotosíntesis y, por tanto, la existencia de algas. Es por ello que en la zona abisal faltan los gasterópodos herbívoros que, como las lapas, las orejas de mar y los tróquidos, están presentes en aguas superficiales. Los únicos herbívoros son unas diminutas lapas pertenecientes a las familias lepetélidos, cocculinélidos y otras, las cuales se alimentan de rizomas de hierbas marinas, hojas y frutos de mangles, maderos hundidos y otros restos vegetales arrastrados a las profundidades oceánicas por las tormentas y tifones. Estas lapas, que son capaces de digerir la celulosa gracias a las bacterias simbiontes de su intestino, usan tales restos no solo como fuente de alimento, sino como los únicos sustratos duros a los que fijarse en los extensos desiertos abisales de sedimentos. También colonizan cualquier otro objeto duro que puedan encontrar, como huesos de ballenas, picos córneos de calamares y tubos de gusanos poliquetos. La especie *Addisonia excentrica* vive adherida a las paredes internas de las cápsulas ovígenas de las rayas, quimeras y tiburones, ignorándose la manera por la que accede a tan insólitos lugares.

En los lugares del fondo del océano donde dos placas tectónicas interaccionan, el vulcanismo se manifiesta no solo en erupciones submarinas sino en unas surgencias hidrotermales, fumarolas o chimeneas por las que escapan agua y gases a elevada temperatura. Las primeras surgencias de este tipo fueron descubiertas en 1977 en la dorsal de las Galápagos por el minisubmarino estadounidense *Alvin*, el mismo que fue usado más tarde para dar con el pecio del *Titanic*. Allí, a 2.500 metros de profundidad, como si de un oasis en el desierto de las profundidades abisales se tratara, se halló una sorprendente comunidad biológica integrada por grandes almejas y mejillones, gusanos tubícolas gigantes, cangrejos blancos y algunos otros organismos capaces de soportar una presión cientos de veces superior a la atmosférica, elevadas concentraciones de compuestos nocivos como el sulfuro y el metano y temperaturas que oscilan entre los 2° C del agua circundante y los 400° C medidos en las

Alviniconcha hesseleri (Fosa de las Marianas, Pacífico Oeste). Este caracol abisal se halló en unas surgencias hidrotermales submarinas. (Patrick Briand - Ifremer).

bocas de tales surgencias. A estas comunidades las hace únicas el hecho de que, a diferencia de cualquier otra comunidad biológica, sea terrestre o marina, no dependen de la fotosíntesis realizada por las plantas o por el fitoplancton, ni por tanto de la energía solar, sino del autotrofismo de ciertas bacterias que, al oxidar el sulfuro y el metano liberado en las emanaciones volcánicas, producen la energía necesaria para hacer posible la síntesis de compuestos orgánicos.

Años más tarde y en otras surgencias hidrotermales submarinas, en este caso situadas en la fosa de las Marianas entre 1.500 y 3.700 metros de profundidad, se descubrieron dos nuevas especies de caracoles. Fueron bautizadas con los nombres de *Alviniconcha hessleri* e *Ifremeria nautilei*, la primera por el submarino *Alvin* con el cual se recolectó y la segunda por las siglas IFREMER del *Institute Français de Recherche pour l'Exploitation de la Mer*. Incluidos en una asimismo nueva familia denominada provánidos, estos caracoles carecen de pigmentos y de ojos, dado que en su hábitat no hay luz alguna. La corrosión que presentan las primeras espiras de las conchas de los *Ifremeria* se debe a que, a esa profundidad, el carbonato cálcico es muy soluble en el agua, hecho que por lo general imposibilita a los caracoles construir sus conchas aunque el agua esté saturada de dicho compuesto. Por su parte, los *Alviniconcha* tienen

Lepetodrilus fucensis (Dorsal de Juan de Fuca, Pacífico Este). Es una de las numerosas especies de pequeñas lapas de las surgencias hidrotermales submarinas, donde son extremadamente abundantes. (Simon Aiken).

conchas cubiertas por un periostraco que se prolonga en unas cerdas o espículas rígidas y alineadas, cuya finalidad es proteger las conchas de la acidez del sulfuro a altas temperaturas que emana de las surgencias. En 2014 se descubrieron nuevas especies de *Alviniconcha* en puntos cercanos a las islas Fiyi, Lau, Manus y Marianas. Por esas espículas de la superficie de su concha, a una de ellas se le dio el nombre de *Alviniconcha strummeri* en honor de un vocalista de un grupo de música *punk* llamado Joe Strummer. Tanto los *Alviniconcha* como los *Ifremeria* se alimentan de detritos y de las bacterias que prosperan junto a las surgencias. Además, sus branquias hipertrofiadas tienen unas células que albergan bacterias quimiosintéticas simbiontes. De la actividad quimiosintética de estas bacterias depende en gran medida la nutrición de los moluscos que viven junto a las surgencias hidrotermales submarinas, dado que tienen todos un aparato digestivo notablemente reducido. Ellas están también presentes en las branquias de los mejillones *Bathymodiolus*, de las grandes almejas *Calyptogena* y de las diminutas lapas pertenecientes a las familias lepetélidos, cocculinélidos y otras afines que habitan dichas surgencias, donde a menudo se instalan sobre los tubos de los gusanos tubícolas gigantes y donde pueden ser extremadamente abundantes. En las surgencias de la isla de Juan de Fuca, en el Pacífico Norte, la especie *Lepetodrilus fucensis* alcanza densidades de 100.000 individuos por metro cuadrado. Tales lapas son los únicos moluscos presentes en la zona hadal de las fosas oceánicas, donde se alimentan de los restos vegetales que las tormentas y tifones acarrean desde las islas volcánicas vecinas.

Las surgencias submarinas de Kairei, en las profundidades del Índico Central, y posteriormente otras situadas cerca de Mauricio y Rodríguez a similar profundidad, entre 2.500 y 2.800 metros, aportaron el hallazgo de otro extraño gasterópodo abisal, este de la familia peltospíridos. Se le bautizó con el nombre de *Chrysomallon squamiferum*, si bien es más conocido por el de caracol de pie escamoso debido a las numerosas escamas alargadas, imbricadas y

Janthina janthina (Rodríguez). Este caracol pelágico flota al albur de las corrientes en una balsa que él mismo construye con burbujas de aire atrapadas en moco.

embebidas en sulfuro de hierro que, como una armadura de placas metálicas, protegen su pie haciendo casi inútil el opérculo, que está muy reducido de tamaño. La durísima concha de este caracol, de la que ya hemos hablado en un anterior capítulo, también se halla recubierta por una capa externa de microgránulos de sulfuro de hierro. Ello impide que las pinzas de los cangrejos la fracturen y la hace muy resistente a la corrosión del carbonato cálcico inducida por la acidez, la presión y la alta temperatura del agua.

Además de haber colonizado las mayores profundidades oceánicas, los gasterópodos también han conseguido colonizar la superficie del mar. No menos de un centenar de especies de estos animales son pelágicas, caso de los caracoles violeta o *Janthina* y de sus parientes del género *Recluzia*, que pasan toda su vida flotando erráticamente al albur de las olas y corrientes mediante una balsa o flotador que construyen con burbujas de aire atrapadas en el moco segregado por su pie. Si pierden ese flotador, caen al fondo del mar y mueren, ya que allí no pueden proporcionarse aire para reconstruirlo. En un biotopo tan singular, los *Janthina* y *Recluzia* se alimentan de los sifonóforos *Velella* y *Porpita*, pelágicos como ellos, y de los tentáculos de las fisalias o carabelas portuguesas, presas a las que encuentran por azar.

Los principales predadores de los *Janthina* son dos especies de nudibranquios o babosas marinas llamados *Glaucus atlanticus* y *Glaucilla marginata*, también pelágicos, los cuales se mantienen flotando en la superficie del océano gracias a las expansiones pinnadas de su pie y a los gases presentes en sus tejidos. Aunque habitualmente se alimentan de los mismas presas que los *Janthina*, se les ha visto devorar a estos caracoles, los cuales a su vez han sido observados devorando a ejemplares juveniles de *Glaucus atlanticus.* Otro nudibranquio pelágico es *Fiona pinnata*, el cual se alimenta de sifonóforos y de percebes del género *Lepas*. El color de sus ceratas es morado o pardo oscuro, dependiendo de cuál de tales presas haya sido la última.

El caracol de los sargazos (*Litiopa melanostoma*) no es propiamente un gasterópodo pelágico, puesto que carece de estructuras anatómicas para flotar o nadar. Con todo, este diminuto caracol del Caribe bien puede ser considerado un habitante de la superficie del mar, al menos ocasional, ya que con gran frecuencia se le encuentra sobre sargazos a la deriva, maderos, trozos de piedra pómez y otros restos flotantes, a los que se ancla mediante un hilo mucoso que impide su caída al fondo. Si ello ocurre, emite una pequeña burbuja que envuelve en moco y que, a modo de boya, le vuelve a elevar a la superficie.

Los gasterópodos planctónicos, a los que con más propiedad habría que llamar holoplanctónicos, pues nos estamos refiriendo a los que pasan toda su vida en el seno de la columna de agua, no solo su fase larvaria, están representados por un orden de prosobranquios denominados heterópodos y por dos de opistobranquios, los tecosomados o pterópodos con concha y los gimnosomados o pterópodos desnudos. También encontramos en el plancton a ciertos nudibranquios como *Phylliroe bucephala*, un predador de las medusas del género *Zanklea*, a cuya campana se fija con su pie para alimentarse de sus jugos.

Cavolinia inflexa (Italia). Los pterópodos son gasterópodos nadadores oceánicos que suelen formar grandes bancos.

Los heterópodos, con géneros como *Carinaria*, *Atlanta* y los diminutos *Oxygiris*, tienen un cuerpo casi transparente, conchas reducidas de tamaño o ausentes en el género *Pterotrachea*, y pies expandidos para formar un par de aletas laterales a las cuales imprimen movimientos ondulantes para nadar y dar caza a las salpas y ctenóforos antes de devorarlos con su larga trompa y su rádula provista de dientes ganchudos.

Los tecosomados o pterópodos con concha están representados por medio centenar de especies. Las de los géneros *Cavolinia*, *Clio*, *Creseis*, *Peracles* y *Limacina* poseen conchas frágiles y ligeras, a menudo dotadas de simetría bilateral y con forma muy variable, globular en unas especies y triangular, acicular o espiral en otras. Los géneros *Cymbulia*, *Corolla* y *Gleba* tienen una pseudoconcha gelatinosa interna. Estos atípicos gasterópodos del tamaño de una lenteja también están provistos de dos lóbulos o extensiones del pie llamados parapodios que les permiten nadar en la columna de agua. Viven desde la superficie del mar hasta una profundidad de 2.000 metros y se les encuentra tanto en los mares polares como en las aguas cálidas del Atlántico tropical y del Indopacífico. Diariamente efectúan emigraciones verticales para seguir al plancton, del cual se alimentan y del que forman parte. De noche ascienden a la superficie del océano y descienden por la mañana a aguas profundas. Los tecosomados tienen una gran importancia ecológica ya que forman enormes bancos en los que llega a haber 10.000 individuos por metro cúbico de agua. Su gran biomasa alimenta a los peces oceánicos y a las ballenas. También son el principal alimento de los gimnosomados o pterópodos desnudos, representados por géneros como *Clione* y *Cliopsis* entre otros.

Dado que los gasterópodos están presentes en el mar desde la zona marcada por el límite de las pleamares a las grandes profundidades hadales, es lógico que también hayan colonizado las aguas dulces. Las familias más ca-

Hydrobia acuta (España). Los hidróbidos forman a menudo colonias de miles de ejemplares por metro cuadrado.

racterísticas del medio dulceacuícola son, de los prosobranquios, los nerítidos, tiáridos, vivipáridos, valvátidos, bitínidos, ampuláridos e hidróbidos, y, de los pulmonados, los limneidos, chilínidos, físidos y planórbidos.

Los hidróbidos constituyen una de las familias más numerosas entre los gasterópodos, con miles de especies, todas de tamaño inferior a unos pocos milímetros. Unas viven en los estuarios y zonas salobres del curso más bajo de los ríos, donde las de los géneros *Hydrobia*, *Ecrobia* y *Peringia* alcanzan densidades de población de miles de ejemplares por metro cuadrado. Otras han colonizado los manantiales y torrentes de montaña, caso de *Bythinella brevis*, que se encuentra en escorrentías de los Pirineos situadas por encima de los 2.000 metros de altitud. También hay especies de este mismo género habitando las aguas subterráneas, donde se alimentan de detritos vegetales y de los hongos que crecen en el guano de los murciélagos. Al igual que otras especies cavernícolas, tienen distribuciones geográficas muy reducidas. Así, *Bythinella padiraci* y *Bythinella schmidti* están circunscritas respectivamente a una única cueva de Francia la primera y a unas pocas grutas del Piamonte la segunda. En las redes hídricas subterráneas viven otras muchas especies de hidróbidos y de familias afines pertenecientes a géneros como *Paladilhia*, *Paladilhiopsis*, *Islamia*, *Iglica*, *Saxurinator*, *Moitessieria*, *Alzoniella*, *Pleisella*, *Belgrandiella*, *Bithyospeum*, *Phreatica* y *Hauffnenia*, por citar algunos. Todos estos caracoles troglobios son siempre diminutos y carecen de pigmentación así como de ojos, que no necesitan ya que donde viven no penetra jamás la luz. Sus conchas, de color blanco o translúcido, afloran a veces en gran número en las surgencias de las aguas subterráneas.

Otro hidróbido llamado *Heleobia dobrogica* vive en un pequeño lago de una cueva de Rumanía cuyas aguas tienen gran similitud con las de las surgencias hidrotermales submarinas, ya que son pobres en oxígeno y muy ricas en sulfuro, metano y dióxido de carbono. Un pariente suyo llamado *Semisalsa aponensis* habita en ciertas termas de Italia donde la temperatura del agua es superior a 40° C. En un hábitat todavía más inhóspito se encuentra el llamado caracol de Badwater (*Assiminea infirma*), una especie aún más extremófila que las dos anteriorente citadas, ya que vive bajo las costras de sal de unos manantiales existentes en la cuenca Badwater del valle de la Muerte, en California, donde se alimenta de las algas microscópicas que allí crecen. La temperatura bajo esas costras alcanza los 55° C y en la superficie llega a ser de 100° C. El caracol se protege de la sal segregando un moco viscoso.

Tiphobia horei (Tanzania).

Estrechamente emparentados con los hidróbidos, los baicálidos son una familia de caracoles de agua dulce exclusiva del lago Baikal. Este lago, el más antiguo y más profundo del mundo, ya que se formó hace veinte millones de años y en algunas zonas llega a tener 1.680 metros de profundidad, procede de una enorme extensión de agua salobre que cubría buena parte de Asia Central durante el Cenozoico. Su aislamiento ha dado lugar a un gran número de especies endémicas, entre las que, aparte de los baicálidos, de los que se conocen más de un centenar de ellas, hay diatomeas, anfípodos, peces e incluso un mamífero exclusivo, la foca del Baikal.

En el lago Tanganica también ha evolucionado otra familia exclusiva de caracoles de agua dulce, la de los paludómidos, además de un enorme número de peces y crustáceos asimismo endémicos de dicho lago. Las especies de dicha familia son un tanto heterogéneas y tienen gran similitud con otras marinas. Así, *Tiphobia horei* posee una concha con largas espinas que recuerda a la de los murícidos; *Spekia zonata*, de concha lisa y redondeada, parece a primera vista un nerítido; *Limnotrochus thomsoni* se asemeja a un tróquido; *Tanganycia rufofilosa* a un natícido, y *Neothauma tanganyicense*, *Cleopatra jonhstoni* y las nueve especies del género *Lavigeria* que habitan las orillas rocosas del lago tienen un notable parecido con los litorínidos. Desde que algunos ejemplares de estos caracoles fueran llevados a Inglaterra por el explorador John Hanning Speke y el misionero Edward Coode Hore, su clasificación ha originado mucha incertidumbre. Incluso se especuló que la causa de sus similitudes con otros caracoles marinos se debía a que, durante el Mesozoico, el lago Tanganica había estado comunicado con el mar antes de quedar aislado en el corazón de África. En realidad, dicho lago es mucho más joven, ya que procede de una serie de lagos más pequeños que se formaron en el valle del Rift hace tan solo unos doce millones de años. Los paludómidos, por tanto, no están emparentados con ninguna familia de gasterópodos marinos, sino con los dulceacuícolas tiáridos. Su semejanza superficial con esas familias marinas no es sino el resultado de una convergencia adaptativa en respuesta a presiones ambientales parecidas. Por ejemplo, las espinas de la concha de *Tiphobia horei* sirven a esta especie para lo mismo que a los murícidos les sirven las suyas, evitar hundirse en los fondos de limo y a la vez protegerles del ataque de los cangrejos, en este caso del endémico *Platythelphusa armata*, el cual está especializado en depredar caracoles y para ello se halla provisto de unas pinzas fuertes y dentadas que le dan una gran capacidad de agarre.

De izquierda a derecha: *Lavigeria grandis* y *Lavigeria nassa* (Tanzania).

CAPÍTULO 16
LA CONQUISTA DE LA TIERRA FIRME

Por la belleza y diversidad de sus conchas, los gasterópodos marinos han acaparado la atención de los coleccionistas y malacólogos, pero los terrestres no son menos variados ni tienen conchas menos bellas, solo que habitualmente estas son más pequeñas. De ellos, incluyendo las babosas, hay alrededor de 25.000 especies que ocupan todos los hábitats continentales con la sola excepción de las regiones polares; desde las junglas tropicales, donde viven muchas con hábitos arborícolas, a los más áridos desiertos. Otras habitan en cotas elevadas del Himalaya, los Alpes, los Pirineos, las Montañas Rocosas y los Andes; la única condición para ello que la zona esté libre de nieve y hielo durante al menos dos o tres meses al año.

La gran mayoría de los caracoles terrestres pertenece a la subclase de los pulmonados. Estos, como todos los gasterópodos, proceden de un antepasado marino, y así lo demuestra el hecho de que algunos conserven vestigios de branquias. Lo que caracteriza a los numerosos miembros de esta subclase es su capacidad para captar el oxígeno del aire y expulsar el dióxido de carbono producido como residuo de su metabolismo, lo cual consiguen gracias a un pulmón primitivo denominado saco pulmonar, el primer tipo de pulmón que diseñó la evolución. El saco pulmonar se originó a partir de la cavidad paleal, que en los pulmonados tiene una superficie interna muy vascularizada y se comunica con el exterior por un orificio llamado pneumostoma.

Pyrenaearia carascalensis (España). Este caracol y otros de su mismo género son endemismos de las zonas más altas de los Pirineos, la Cordillera Cantábrica y el Sistema Ibérico.

Una forma de transición entre los gasterópodos marinos y terrestres es la especie de Nueva Zelanda llamada *Amphibola crenata*. Antaño importante fuente de alimento para los maoríes dada su abundancia local, este caracol no es enteramente acuático, pero tampoco lo es terrestre. Vive en los manglares y fondos de estuarios, en un hábitat intermedio entre el mar y la tierra que solo queda sumergido poco más de una hora durante cada marea alta. En esto periodos, *Amphibola crenata*, que respira aire a través de la cavidad paleal, se entierra en el lodo y ocluye la concha con el opérculo, ya que es el único pulmonado provisto de esta

Amphibola crenata (Nueva Zelanda). A esta especie se la considera una forma de transición entre los prosobranquios y los pulmonados.

Lymnaea palustris (España). Ejemplo de pulmonado acuático.

estructura. También es el único pulmonado que produce larvas velígeras, como casi todos los caracoles marinos, si bien muy fugaces.

Los limneidos, física, chilínidos y planórbidos son pulmonados que desde la tierra colonizaron medios dulceacuícolas. Pasan la mayor parte del tiempo sumergidos, pero, como pulmonados que son, precisan subir de vez en cuando a la superficie a fin de tomar aire, lo cual les obliga a vivir en aguas someras junto a las orillas de ríos y lagos, no soliendo descender más que unos pocos metros. En el lago de Ginebra se han recolectado ejemplares de limneas a más de un centenar de metros de profundidad, si bien podrían haber caído al fondo desde la superficie, ya que, dada la ligereza de sus conchas, las limneas pueden desplazarse con la suela del pie adherida a la lámina superficial del agua y el cuerpo en posición invertida. No obstante, cuando las capas superiores del agua se encuentran heladas o cuando descienden a zonas profundas, los pulmonados pueden respirar por medio de su branquia vestigial o, como hacen los anfibios, a través de la piel. A este efecto, los física tienen un par de expansiones laterales del manto que cubren parcialmente la concha, y los limneidos poseen unos tentáculos cefálicos anchos, planos y triangulares. Esta característica ha permitido a los últimos colonizar lagos situados a mucha altitud y que por ello permanecen helados gran parte del año, aunque no totalmente, ya que, como la máxima densidad del agua se produce a poco más de 3° C, siempre queda en invierno una capa inferior de agua no congelada que hace posible la vida animal en el fondo. Así, en los ibones de los Pirineos situados entre 2.000 y 2.500 metros de altitud vive la limnea glacial (*Radix balthica glacialis*); en los lagos de los Andes, a 4.000 metros, la limnea de Cousin

Tudorella mauretanica (Marruecos). Los prosobranquios terrestres se valen del opérculo para sellar la entrada a la concha y con ello impedir tanto la deshidratación como la entrada de predadores.

(*Galba cousini*), y en los del Tíbet, a 5.400 metros o incluso más, la limnea de Hooker (*Tiberoradix hookeri*).

Los planórbidos también poseen una branquia vestigial, lo que, unido a que usan como pigmento respiratorio la hemoglobina, cuya afinidad por el oxígeno es mayor que la hemocianina de la sangre de los demás gasterópodos, les permite aprovechar el poco disuelto en aguas estancadas y eutrofizadas. Algunos miembros de esta familia también viven en masas de agua situadas a gran altitud y donde el oxígeno disuelto es asimismo escaso. Por ejemplo, *Biomphalaria andecola* habita en el lago Titicaca, a 4.800 metros.

El otro gran grupo de caracoles terrestres y dulceacuícolas es el de los prosobranquios. El número de sus especies que han colonizado la tierra firme es cinco veces inferior al de los pulmonados, ya que no son tan independientes del agua al conservar las branquias destinadas a captar oxígeno del agua propias de sus parientes marinos más próximos, que son las litorinas y las neritas. Para realizar esta función, su riñón o nefridio segrega continuamente una gota de un líquido llamado falsa orina, la cual humedece el peine branquial. No obstante, muchas especies de prosobranquios terrestres y dulceacuícolas tienen branquias reducidas al haberse hecho capaces de respirar por la superficie de su cavidad paleal, que, como la de los pulmonados, está muy vascularizada. En los ampuláridos o caracoles manzana, el lado derecho de la cavidad paleal funciona como una branquia, mientras que el izquierdo lo hace como un pulmón. La combinación de ambas estructuras les posibilita vivir en aguas pobres en oxígeno y superar épocas de sequía enterrándose en el barro. El mismo hecho anatómico ha permitido a otros prosobranquios colonizar la tierra firme, si bien la mayoría de las especies que lo han conseguido se hallan restringidas a las regiones tropicales, pródigas en lluvias y con elevada humedad ambiental. Cuando las condiciones climatológicas no son las adecuadas, los prosobranquios terrestres se retraen a sus conchas y cierran herméticamente la entrada a ellas con los opérculos, que impiden tanto la pérdida de agua como el paso de predadores y parásitos. Ciertos géneros de ciclofóridos y pupínidos tienen en la última espira un tubo a modo de *snorkel* que les permite tomar aire cuando han ocluido las conchas.

Iberus gualtieranus (España). El aquillamiento y la superficie rugosa de la concha de esta especie facilitan la irradiación de calor y la permiten refugiarse en las grietas para evitar la insolación.

Izquierda. *Neopetraeus binneyanus* (Perú). Otra especie con concha aquillada, un carácter común a muchos caracoles que viven en biotopos áridos. Derecha. *Albinaria corrugata* (Creta). (David González).

Las conchas de los caracoles pulmonados que viven en biotopos áridos y soleados presentan adaptaciones a tales entornos, hostiles a unos animales que precisan de elevada humedad ambiental para estar activos. Su aquillamiento y su color por lo general blanco son las principales. Muchas especies que habitan tales biotopos tienen, en efecto, conchas aquilladas y rugosas que aumentan la superficie de irradiación de calor. Las conchas aquilladas y planas también se asocian con sustratos en los que abundan las rocas calizas con fisuras, al facilitar que los caracoles puedan refugiarse en las grietas para evitar la desecación. Tales características se encuentran, por ejemplo, en algunas especies de Marruecos pertenecientes a los géneros *Rossmaessleria*, *Eremina*, *Tingitana*, *Alabastrina*, *Helicopsis*, *Theba* y *Sphincterochila*, en otras del género *Trochoidea* de Malta, en varias formas ecológicas de *Iberus gualtieranus* e *Iberus marmoratus* de la península Ibérica y en un bulimúlido de Perú llamado *Scutalus baroni*. Las variaciones más dramáticas en la forma de la concha, aún no bien entendidas, son las de otros bulimúlidos también de Perú pertenecientes al género *Bostryx*, los cuales viven entre los cactos en zonas áridas. De ellos hay especies con conchas totalmente aplanadas, caso de *Bostryx planissimus*, en tanto que otras especies de localidades próximas las tienen muy turriculadas, como *Bostryx bermudezae*. Un carácter común a todas es su color blanco, ya que, como antes se ha dicho, representa otra adaptación de los caracoles terrestres a entornos insolados por ser dicho color reflectante de los rayos solares. Los clausílidos del género *Albinaria*, cuyas numerosas especies viven en los países orientales del Mediterráneo e islas adyacentes, también tienen conchas blancas como protección contra la intensa radiación solar.

Blancas asimismo son las conchas de los *Cerion*, un género especializado en colonizar los cayos y costas del Caribe, lugares inhóspitos para cualquier otro caracol a causa de los suelos de arena suelta, la brisa constante y las altas temperaturas. Los *Cerion* consiguen evitar la desecación gracias a sus conchas blancas y gruesas, en cuyo interior pasan la mayor parte del tiempo inactivos y fijos a los tallos de los rastrojos, desplazándose solo unos pocos metros a largo de su vida. La forma y escultura de las conchas de estos caracoles es muy variable en cada especie e incluso en cada población, hasta el punto de que el conocido biólogo Stephen Jay Gould, que realizó su tesis doctoral sobre ellos, afirmó en un artículo titulado *Un Cerion para Cristóbal* que sería posible saber el punto exacto de las Antillas en el que desembarcó Colón si hubiese recogido una concha de *Cerion* del lugar. Hay descritas más de seiscientas especies, pero el número de las realmente válidas se desconoce dada su gran variabilidad; es probable que no pasen de una docena. Para complicar la difícil taxonomía de los *Cerion*, en un corto trecho de costa pueden vivir formas diferentes, y la misma forma puede

De izquierda a derecha: *Cerion regium*, *Cerion marmoratum*, *Cerion uva* y *Cerion canasiense* (Cuba).

encontrarse en zonas e islas distantes entre sí. Esto es explicable admitiendo que las variaciones en las conchas están condicionadas ecológicamente, es decir, en respuesta a las características ambientales de cada localidad. Sin embargo, no puede descartarse una causa genética, ya que ejemplares arrastrados por un huracán podrían originar a distancia una colonia con individuos de iguales características.

La protección que les confiere la concha es la principal razón por la que los caracoles logran subsistir en lugares sin agua o donde esta se encuentra congelada. Estos animales son umbrófilos, es decir, que evitan exponerse a los rayos solares, estando activos solo en horas nocturnas o en días lluviosos en los que la humedad ambiental es alta. El resto del tiempo permanecen inmóviles, enterrados en el suelo o refugiados en grietas de las rocas o bajo las piedras, ya que, por otra parte, la secreción del moco que precisan para deambular les hace perder una gran cantidad de agua. Se ha estimado que una babosa pierde el 2'5% de su peso por cada hora que pasa en un ambiente seco, y el 16% si se desplaza.

Cornu aspersum hibernando en la cara de una roca protegida del viento (España).

Theba pisana en estivación (España).

Cuando no hay piedras bajo las que ocultarse o el terreno es demasiado duro para enterrarse, los caracoles terrestres se encaraman a los tallos de las plantas, donde están más aireados y la temperatura es ligeramente inferior a la del suelo. Las especies *Theba pisana*, *Cernuella virgata* y *Xerosecta cespitum* acostumbran a hacerlo en grupos de decenas o incluso de cientos de ejemplares, lo que además les pone fuera del alcance de predadores. Las ratas, sin embargo, han aprendido a inclinar los tallos donde se agrupan los caracoles para devorar tantos como quieran.

Una vez retraídos al interior de sus conchas, los caracoles ocluyen herméticamente la entrada a ellas. Los prosobranquios lo hacen mediante el opérculo, y los pulmonados, que carecen de esta estructura, mediante la secreción del epifragma, una membrana aislante e impermeable cuyo color y consistencia son semejantes a los del papel y que queda pegada al sustrato al endurecerse. El epifragma hace pues la función de un opérculo desechable. En condiciones de extrema sequedad, los pulmonados terrestres producen dos y hasta tres epifragmas sucesivos. Los pulmonados dulceacuícolas no segregan epifragmas, excepción hecha de los planórbidos, que los segregan cuando se secan las charcas donde viven para resistir algún tiempo en el barro seco.

Con sus conchas selladas, los caracoles pueden pasar largos periodos de tiempo en un estado de vida latente en el que el metabolismo se reduce prácticamente a cero y el ritmo cardiaco baja de una media de 36 latidos por minuto en los pulmonados y 52 en los prosobranquios a solo dos o cuatro. La recuperación de la actividad tras uno de esos periodos que, dependiendo de la época, la latitud y la altitud, son de estivación o de hibernación, tiene lugar cuando revierten las circunstancias climatológicas que lo motivaron y la temperatura y humedad ambientales se tornan menos hostiles. Los estímulos mecánicos provocados por las gotas de agua que caen sobre las conchas y la manipulación de estas también pueden desencadenar la recuperación de la actividad. Suele citarse en los libros de Malacología el caso de un ejemplar del helícido *Eremina desertorum* que en 1846 fue colectado en

Xerosecta cespitum ESTIVANDO EN UN MURO (ESPAÑA).

Rossmaessleria vondeli (MARRUECOS).

Egipto y llevado al *British Museum*, donde estuvo expuesto en una vitrina con la concha pegada a una placa de madera. Cuatro años más tarde se observó en la abertura de la concha un epifragma de reciente formación. Al ser despegado de su soporte y puesto en un medio húmedo, el caracol salió de su concha o «cápsula del tiempo» y empezó a pasearse tranquilamente; al día siguiente devoró una hoja de col y siguió vivo dos años más. Hay un récord más sorprendente, el de un espécimen del xantonícido *Epiphragmophora veatchii* procedente de una isla de la Baja California que estuvo en estivación, sin consumir agua ni alimento, desde 1859 a 1865, un total de seis años.

Otra de las adaptaciones de los caracoles terrestres para sobrevivir en medios áridos es su capacidad de emitir

Los bulimúlidos del género *Naesiotus* se han diversificado en las islas Galápagos en más de setenta especies. Todas proceden de un antepasado común llegado desde el continente americano sobre restos vegetales arrastrados por las corrientes.

una orina muy concentrada, ya que, a diferencia de sus parientes acuáticos, no excretan por ella amoniaco o compuestos amoniacales como la urea, sino ácido úrico, que, por ser relativamente poco soluble, puede ser excretado en estado sólido. Esto les permite un considerable ahorro de agua. Además, los caracoles terrestres son capaces de tolerar una desecación de hasta el 50% de su peso corporal. Para compensar su falta de concha, las babosas son aún más resistentes; algunas especies pueden llegar a perder el 80% de su peso sin morir. A fin de protegerse de la sequedad ambiental se entierran o se refugian en lugares umbríos envueltas en una capa de moco aislante. Tal costumbre permite a las babosas del género *Cryptella*, que es endémico de las áridas islas orientales de Canarias, sobrevivir en las cimas de los conos volcánicos abrasados por el sol, ocultas en fisuras y oquedades de las rocas, de las que solo salen con tiempo lluvioso. Por su parte, la babosa europea *Arion intermedius* estiva recluida en un nido que confecciona aglutinando con su moco partículas de tierra.

La capacidad de los caracoles terrestres para no deshidratarse y aguantar largos periodos de tiempo sin beber ni comer les permite atravesar grandes extensiones de océano sobre troncos o balsas vegetales arrastradas por las corrientes. Fijos a estos sustratos flotantes, recluidos en sus conchas y con estas selladas logran colonizar islas apartadas, algo que pueden hacer muy pocas criaturas terrestres no nadadoras ni voladoras. En las Galápagos, distantes un millar de kilómetros del continente americano, hay más de setenta especies endémicas de bulimúlidos del género *Naesiotus* que se las arreglan para vivir en las antiguas coladas de lava sobrecalentadas por el sol ecuatorial. Todas proceden de un antepasado común que, desde América Central, llegó a dichas islas como náufrago y en ellas se diversificó de forma aún más notable que los famosos pinzones de Darwin, quien, por cierto, colectó algunos de estos caracolillos durante su visita al archipiélago. Procesos similares de diversificación y radiación adaptativa han ocurrido en otros géneros insulares de caracoles pulmonados, caso de *Achatinella* en Hawái, *Partula* en Polinesia, *Gonospira* en Mauricio y *Napaeus* en las Canarias y las Azores.

Islas y archipiélagos constituyen importantes reservas de biodiversidad para los gasterópodos terrestres, que están representados en tales lugares por especies y géneros casi siempre endémicos. En la isla de Socotora, por ejemplo, el 95% de las especies y el 75% de los géneros lo son. Pero la isla con mayor número de endemismos es Cuba. Se han catalogado hasta ahora 1.300 especies y 2.140 subespecies de gasterópodos terrestres endémicos. Proporcionalmente a su extensión, que viene a ser la cuarta parte de la de España, Cuba posee un número de especies de caracoles terrestres veinte veces superior. Henry Pilsbry, que dedicó gran parte de su vida a estudiarlas, llamaba a dicha isla «el paraíso de los malacólogos». Tan enorme abundancia de especies está propiciada por las elevadas medias ambientales de temperatura y humedad, la preponderancia de suelos calcáreos y una geología peculiar determinada por un tipo de formaciones calizas de paredes verticales llamadas mogotes. Para los caracoles, los mogotes son como islas en un mar de llanuras, ya que aíslan sus poblaciones y favorecen los procesos de especiación, es decir, la constitución de especies exclusivas de un mogote o un grupo de mogotes. Por eso, muchas especies cubanas de anuláridos y urocóptidos son endémicas de una única localidad y no se hallan en ninguna otra. Es el caso de las dos especies y tres subespecies de los extravagantes caracoles puercoespín o *Blaesospira*, pequeños prosobranquios de conchas provistas de espinas y con sus espiras sueltas como si fueran tirabuzones. Cada una de ellas vive en un determinado mogote de las sierras

Blaesospira echinus (Cuba).

occidentales de Cuba. La especie *Blaesospira echinus* fue descubierta en 1864, pero no volvió a ser hallada hasta setenta años más tarde, cuando de nuevo se dio con la localidad exacta donde habita.

No menos específicos de una única localidad y con conchas aún más extravagantes son los *Opisthostoma*, diminutos prosobranquios terrestres que viven en las paredes y entradas a las cuevas de otros mogotes, en este caso del norte de Borneo. Los mogotes están separados unos de otros por suelo aluvial no calcáreo, de modo que cada uno de ellos alberga al menos a una de las más de cincuenta especies y subespecies descritas hasta ahora de dicho género.

En los bosques tropicales, con alta humedad ambiental y precipitaciones constantes, los caracoles han colonizado el dosel arbóreo, lo que les permite escapar de las periódicas inundaciones del suelo de la selva. La mayor parte de las especies de caracoles que habitan zonas selváticas son arborícolas y muchas de ellas muestran una afinidad selectiva por determinadas especies de árboles, en las que se alimentan y reproducen sin bajar jamás a tierra. Así, los *Achatinella* de Hawái solo se encuentran sobre los árboles del género *Metrosideros*, donde se alimentan de los hongos que crecen en las hojas. Son tan dependientes de estos árboles que, si se les cambia a otros, no suelen sobrevivir.

Además de las especies arborícolas, en las selvas también se encuentran especies excavadoras que viven en la gruesa capa de humus del suelo. Se trata por lo general de babosas o semibabosas, es decir, de gasterópodos sin concha o con conchas muy finas y tan reducidas de tamaño que sus propietarios no pueden retraerse a su interior, ya que en tales suelos ácidos y pobres en carbonato cálcico no es posible la secreción de conchas mayores y más sólidas. La razón de que en las selvas se encuentren pocas conchas de caracoles, pese a que los haya en gran número en el dosel forestal, se debe a que las que caen al suelo se degradan con rapidez, atacado su periostraco por los hongos y disuelto el carbonato cálcico de sus paredes por el agua cargada de ácido húmico procedente de la descomposición de la hojarasca.

Rumina decollata (España). El ejemplar muestra un epifragma que sella la abertura de la concha.

Las apetencias umbrófilas de los caracoles terrestres han motivado la adaptación de ciertas especies a formas de vida hipogeas o subterráneas. Es el caso de los del género *Cecilioides*, unos caracolillos ciegos que viven en las oquedades e intersticios de los terrenos sueltos, donde llegan a enterrarse a más de dos metros de profundidad. Sus conchas de forma acicular y superficie muy lisa favorecen tales costumbres excavadoras. Estas conchas son transparentes y brillantes en los ejemplares vivos, pero se tornan blancas y opacas tras la muerte del animal, como puede apreciarse en las que a veces salen a la superficie con la tierra removida por las hormigas o los conejos. Otros pulmonados con hábitos parcialmente hipogeos son los del género *Rumina*, de conchas inconfundibles porque, debido a la pérdida de sus primeras espiras, siempre están truncadas. El hecho, que

Zospeum vasconicum y *Zospeum zaldivarae,* dos diminutas especies troglobias de las cuevas del norte de España. La raya blanca representa 1 milímetro. (Adrienne Jochum *et. al.*).

tiene lugar hasta cuatro veces en la vida de estos caracoles, se debe a la formación de un tabique interior que aísla la parte apical de la concha y hace que se rompa al chocar con un obstáculo. Este proceso también ocurre en las conchas de los truncatélidos, que, aunque no son pulmonados sino prosobranquios, comparten con los *Rumina* los hábitos excavadores, cosa que hacen en las playas, justo en el nivel superior de la zona intermareal.

Otras especies de caracoles terrestres son troglófilas, es decir, que gustan de frecuentar las entradas y primeros tramos de las cuevas, donde encuentran una elevada humedad ambiental y alimento en forma de detritos vegetales, guano de murciélagos, hongos y algas. Entre ellas hay ciertos trisexodóntidos de los géneros *Oestophora* y *Atenia* y algunos zonítidos de los géneros *Oxychilus*, *Aegopis*, *Troglaegopis*, *Paraegopis*, *Lindbergia* y *Meledella*.

Las especies troglobias de caracoles terrestres, es decir, cavernícolas en sentido estricto, son muy escasas, a diferencia de las muchas acuáticas que habitan las aguas subterráneas y corrientes kársticas. De las europeas, las más interesantes se encuentran en las cuevas de Yugoslavia, caso de la lapa pulmonada *Acroloxus tetensi*, del clausílido *Sciocochlea collasi*, de los pupílidos *Spelaeodiscus hauffeni* y *Virpazaria adrianae* y del ciclofórido *Pholeoterax euthrix*, un pequeño prosobranquio que está provisto de una concha peluda. En ciertas cuevas del Cáucaso existe incluso una babosa troglobia, la *Trogolestes sokolovi*.

Los diminutos, ciegos y despigmentados caracoles del género *Zospeum* son troglobios que viven a medio camino entre el hábitat acuático y el terrestre, ya que solo es posible hallarlos en las paredes húmedas de las cuevas, donde se alimentan de hongos, bacterias y detritos orgánicos. El primer gasterópodo cavernícola conocido fue precisamente uno de estos diminutos caracoles hallado en 1835 en una gruta de la antigua Yugoslavia y descrito después con el nombre de *Zospeum spelaeum*. Desde entonces han aparecido casi una treintena de especies del mismo género, cada una endémica del karst de un macizo montañoso de Yugoslavia, Italia y el norte de España. Una de las últimas descubiertas, bautizada como *Zospeum tholussum*, se halló en 2014 a más de 900 metros de profundidad en un sistema de cuevas de Croacia. Al año siguiente se encontró en una cueva de Corea una especie de un género afín a la que se bautizó con el nombre de *Koreozospeum nodongense*.

CAPÍTULO 17
EXPERTOS EN DEFENSA PASIVA

Bolinus brandaris (España). Obsérvese el opérculo córneo que ocluye la abertura de cada uno de los ejemplares.

Turbo jourdani (Australia). Este gasterópodo está provisto de un grueso opérculo pétreo.

Evidentemente, la mejor protección de que disponen los caracoles es su concha y, cuando lo tienen, también el opérculo, una placa adaptada a ocluir la abertura de la concha que muchas especies de prosobranquios marinos y todas las de prosobranquios terrestres y de agua dulce presentan en la parte posterodorsal del pie. El opérculo impide la entrada de predadores y, en el caso de los prosobranquios terrestres y de los que viven en zonas intermareales como las litorinas y neritas, evita además la desecación. Los estrombos y sus parientes las caracolas araña, las patas de pelícano y algunas volutas tienen opérculos falciformes y demasiado pequeños para cerrar por completo la abertura. Los usan como punto de apoyo para impulsarse hacia delante por medio de una brusca contracción del pie. El de los estrombos tiene el borde dentado, ya que también lo usan como objeto duro con el que dar una patada y tratar de escapar así de los predadores.

En la mayoría de los prosobranquios, el opérculo es córneo y semirrígido, pero los turbantes, las astreas, las fasianelas, las neritas y ciertas especies de náticas tienen opérculos calcáreos de consistencia pétrea. Los de las especies mayores de turbantes, como *Turbo marmoratus* y

De izquierda a derecha: *Polinices mammilla*, *Polinices pyriformis* y *Polinices flemingianus* (Filipinas). Poco diferenciables por sus conchas, estas tres especies de náticas se diferencian mejor por sus opérculos.

Turbo jourdani, llegan a pesar medio kilogramo. Los antiguos naturalistas daban a los opérculos pétreos el nombre de «ombligos marinos» u «ombligos de Venus», en tanto que a los córneos los conocían como «uñas marinas». Los opérculos pueden ser ovalados, circulares o falciformes; pueden tener un patrón de crecimiento espiral o concéntrico y pueden presentar su núcleo o vórtice en situación central o marginal. En Sao Tomé, una de las islas del golfo de Guinea, vive el caracol terrestre *Thyrophorella thomensis*, que, aunque es un pulmonado y por ello carece de opérculo, ha desarrollado un pseudopérculo que hace las funciones de aquel. Consiste en una estructura con forma de aleta que está unida a la abertura por el periostraco, de manera que puede abatirse sobre ella y ocluirla.

Dos especies de ampuláridos o caracoles manzana. De izquierda a derecha: *Pila wernei* (Somalia) y *Pomacea canaliculata* (Brasil).

Son muchas las criaturas que incluyen habitualmente caracoles en su dieta, lo cual significa que conchas y opérculos no siempre logran proteger a esos animales lentos y poco dotados para defenderse. Los caracoles marinos son depredados en su fase larvaria o planctónica por peces, crustáceos, poliquetos, corales, medusas, actinias y anémonas, y, en su fase adulta, por gaviotas, ostreros, peces, cangrejos, pulpos y otros caracoles carnívoros como los murícidos, las náticas y los conos. Entre los peces que comen caracoles están los meros, sargos, peces perro, peces ballesta, peces erizo, peces globo, rayas y algunos tiburones. Unos los engullen enteros, en tanto que otros rompen antes las conchas con su dentadura potente y adaptada al efecto. De hecho, ciertas especies de caracoles marinos se descubrieron dentro del estómago de peces, caso del cono de Du Savel (*Conus dusaveli*), que durante muchos años solo fue conocido por el ejemplar hallado en 1871 en las tripas de un pez pescado en Mauricio. Asimismo *ex pisces*, es decir, procedentes de peces, fueron los primeros ejemplares conocidos de las especies *Morum matthewesi* y *Bursa pacamoni*, ambas encontradas en el estómago de cierto pez sapo de Brasil llamado *pacamao* (*Amphichthys cryptocentrotus*). En las tripas de esos peces sapo se han encontrado nada menos que 84 especies distintas de gasterópodos, incluyendo la rara ciprea de Surinam (*Propustularia surinamensis*). Por su parte, las tripas del *musselcracker* o «rompe mejillones» (*Sparodon durbanensis*), una especie de besugo de Sudáfrica, fueron durante algún tiempo la principal fuente de ejemplares de la también rara ciprea de Fulton (*Barycypraea fultoni*). En ese besugo se han hallado ejemplares de otras especies tan caras y apreciadas como la ciprea de Broderip (*Callistocypraea broderipii*) y las volutas *Callipara ponsonbyi* y *Callipara queketti*.

Los caracoles de agua dulce, además de ser depredados por peces y cangrejos como sus parientes marinos, pueden serlo por ratas almizcleras, macacos cangrejeros, cocodrilos, galápagos, escarabajos ditíscidos, nepas o chinches acuáticas, sanguijuelas, planarias y nemátodos. Ciertas aves se han especializado en alimentarse de ampuláridos o caracoles manzana, caso de las dos especies de cigüeñas de pico abierto o picotenazas, la asiática (*Anastomus oscitans*) y la africana (*Anastomus lamelligerus*). Ambas están provistas de un pico cuyas mandíbulas dejan al coaptar una separación en su parte media que les permite aprehender las conchas esféricas y resbaladizas de esos caracoles. Luego, con el afilado extremo del pico, seccionan el músculo columelar que une la concha

El milano caracolero (*Rosthramus sociabilis*) es un eficaz predador de caracoles manzana. El pico curvo de esta rapaz americana hace que pueda extraer fácilmente los cuerpos de los caracoles de sus conchas. (Günter Ziesler).

al cuerpo del caracol y extraen este sin dañar aquella. Igual técnica es la utilizada por los milanos caracoleros (*Rosthramus sociabilis* y *Rosthramus hamatus*), rapaces americanas para las que los caracoles manzana también constituyen su comida favorita. Otra rapaz americana que se alimenta de caracoles, en este caso arborícolas, es el gavilán caguarero o de pico de garfio (*Chondrohierax uncinatus*), el cual rompe con el pico la parte interna de las espiras de las conchas para extraer los cuerpos de los caracoles. El carrao (*Araus guarauna*), zancuda asimismo americana parecida a un ibis, se traga enteros a los caracoles pequeños; a los grandes les perfora la concha con el pico para acceder a sus partes blandas.

Por su parte, los caracoles terrestres también soportan la presión de un gran número de predadores. Ratas, ratones, lirones y ardillas atacan las conchas royendo las últimas espiras, mientras que musarañas, tenrecs, almiquíes, topos, erizos y zarigüeyas las rompen con sus agudos dientes. También comen caracoles los tejones, jabalíes, macacos y babuinos. Entre las aves que se alimentan de ellos están las gallináceas, las palomas, las avutardas, los rálidos, los talégalos, los túrdidos y cuculiformes como los cucos lagarto y los cucales. Las aves ingieren a los caracoles enteros, ya que sus musculosas mollejas, a menudo provistas de arena y piedrecillas, se encargan de triturar las conchas. Sin embargo, los tordos y mirlos las quiebran golpeándolas sobre determinadas piedras, siempre las mismas, las cuales usan como yunques. Se reconocen fácilmente por las numerosas conchas rotas que hay a su alrededor.

La cigüeña de pico abierto asiática (*Anastomus oscitans*) basa su dieta en los caracoles manzana. El diseño de su pico la permite aprehenderlos pese a la forma esférica de su concha y a su superficie lisa y resbaladiza. (Amar Nayak).

Patrón de roedura de rata en unas conchas de helícidos.

Yunque de mirlo o zorzal.

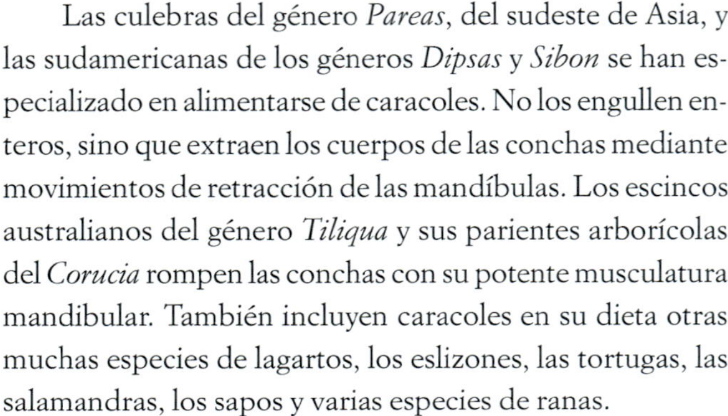

Las culebras del género *Pareas*, del sudeste de Asia, y las sudamericanas de los géneros *Dipsas* y *Sibon* se han especializado en alimentarse de caracoles. No los engullen enteros, sino que extraen los cuerpos de las conchas mediante movimientos de retracción de las mandíbulas. Los escincos australianos del género *Tiliqua* y sus parientes arborícolas del *Corucia* rompen las conchas con su potente musculatura mandibular. También incluyen caracoles en su dieta otras muchas especies de lagartos, los eslizones, las tortugas, las salamandras, los sapos y varias especies de ranas.

De los invertebrados, los depredadores de caracoles terrestres conforman una larga lista. Los devoran muchas especies de escarabajos carábidos, estafilínidos y sílfidos, por lo general atacando las conchas, en las que dejan una característica mordedura de patrón espiral, cosa que también hacen algunos opiliones como *Ischyropsalis hellwingi*. Los drílidos o escarabajos caracoleros perforan las conchas y luego depositan sus huevos en el cuerpo de los caracoles para que sus larvas se alimenten de ellos mientras efectúan su metamorfosis, la cual dura varios años. Las larvas de estos escarabajos están cubiertas de unas cerdas destinadas a impedir que sus pneumostomas u orificios respiratorios se obturen con el moco que sus presas segregan como defensa. Por su parte, las larvas de los lampíridos o luciérnagas se alimentan con exclusividad de caracoles, a cuyos cuerpos acceden introduciéndose por las aberturas de las conchas. La oruga de una mariposa de Hawái llamada *Hyposmocoma molluscivora* fija con seda a una ramita la concha de algún caracol de pequeño tamaño y luego penetra en ella, una técnica que la convierte en el único insecto que, como las arañas, usa seda para cazar. La hormiga sudamericana *Basiceros singularis* también captura pequeños caracoles para llevarlos al hormiguero y alimentar a sus larvas, y hay otras muchas especies de hormigas que comen huevos de caracoles, caso de las hormigas de fuego o *Solenopsis*. Son asimismo predadores de caracoles terrestres los ciempiés, algunos miriápodos, los amblipigios, las arañas migalomorfas y una pléyade de caracoles y babosas carnívoros pertenecientes a géneros diversos, entre ellos *Euglandina*, *Oleacina*, *Poiretia*, *Rumina*, *Gulella*, *Edentulina*, *Gonaxis*, *Haplotrema*, *Aegopis* y *Testacella*. Además, los gasterópodos terrestres pueden ser parasitados por ácaros, caso de *Ricardiella limaci*, que se instala en su cavidad pulmonar para alimentarse de hemolinfa; también por moscas carnívoras y carroñeras pertenecientes a las familias de los sarcofágidos y los esciomícidos; por gusanos gordiáceos, nemátodos, tremátodos y cestodos, y por diversos protozoos.

Para defenderse de tantos predadores y parásitos, los gasterópodos han desarrollado estrategias defensivas añadidas a la protección que les confieren sus conchas y opérculos, especialmente los terrestres, cuyas conchas son por lo general menos robustas que las de sus parientes marinos y además carecen de espinas o tubérculos. Las de los géneros *Cochlicopa*, *Ferussacia* y *Cecilioides* tienen una superficie muy lisa y resbaladiza, en parte porque facilitan los hábitos excavadores de estos pequeños caracoles

IZQUIERDA. *Burringtonia pantagruelina* (BRASIL). LAS DENTICULACIONES PRESENTES EN LA ABERTURA DE LA CONCHA DE ESTE CARACOL IMPIDEN LA ENTRADA DE CIEMPIÉS Y ESCARABAJOS PREDADORES. DERECHA. CUATRO ESPECIES DE CLAUSÍLIDOS DE IZQUIERDA A DERECHA: *Grandinenia fuchsi* (CHINA), *Sphaeromedusa japonica* (JAPÓN), *Siciliaria septemplicata* (ITALIA) Y *Albinaria saxatilis* (GRECIA). TODOS LOS CLAUSÍLIDOS, DE LOS QUE EXISTEN NUMEROSAS ESPECIES, EVITAN LA ENTRADA DE PREDADORES A SU CONCHA MEDIANTE UNA ESTRUCTURA DESPLAZABLE LLAMADA CLAUSILIO.

pulmonados, pero también porque las patas y mandíbulas de las hormigas y escarabajos no encuentran en ellas un agarre firme. Otros caracoles terrestres tienen, por el contrario, conchas provistas de una superficie vellosa o peluda, como es el caso, entre otros, de varias especies de poligíridos norteamericanos, del camaénido asiático *Plectotropis mackensii* y de los higrómidos europeos *Trichia hispida*, *Ganula lanuginosa*, *Trochulus villosus*, *Ciliella ciliata*, *Isognomostoma isognomostoma* y *Drepanostoma nautiliforme*. Una de las razones de este hecho es que los pelos, que son prolongaciones del periostraco, sirven como barrera física que impide a los escarabajos y opiliones cizallar con sus mandíbulas las espiras de las conchas para acceder después al cuerpo de los caracoles. Tal vez por eso las especies *Elona quimperiana* y *Pyrenaearia carascalensis* tienen conchas provistas de pelos solo en etapas juveniles; luego, cuando crecen y sus conchas se hacen más gruesas, los pelos, que son caedizos, desaparecen.

Por otra parte, las pilosidades en la superficie de la concha facilitan la adherencia de detritos, lo que incrementa el camuflaje de los caracoles en el medio en que se desenvuelven. La estrategia de camuflarse es también usada por especies que no tienen conchas peludas, caso de *Napaeus barquini*, un bulímido endémico de La Gomera que recoge con su boca líquenes de las rocas y los lleva a su concha para que le sirvan de camuflaje. Un prosobranquio de Filipinas llamado *Geophorus aglutinans* y varios helicínidos de Cuba y Jamaica de los géneros *Priotrochatella*, *Eutrochatella*, *Troschelviana*, *Emoda* y *Helicina* adhieren a sus conchas partículas de barro o sus propias excretas, e igual hacen el pulmonado europeo *Merdigera oscura* y todas las especies del género *Chondrina*, si bien las últimas solo cuando son juveniles y todavía no

Anostoma ringens (Brasil).

Labyrinthus otis (Panamá).

han desarrollado las denticulaciones en la abertura de sus conchas que son típicas de este género rupícola.

Esas denticulaciones y pliegues en las aberturas de las conchas, en ocasiones muy abigarradas y complejas, son ostensibles en muchos otros géneros de caracoles terrestres que, por ser pulmonados, carecen de opérculo; por ejemplo, *Abida*, *Vertigo*, *Odontocyclas*, *Walklea*, *Chondrula* y *Jaminia* en Europa; *Gulella* en África; *Gastrocopta* y *Gyliotrachela* en Asia; *Polygyra*, *Stenotrema* y *Triodopsis* en Norteamérica; *Odontostomus*, *Plagiodontes*, *Spixia*, *Anostoma* y *Labyrinthus* en Sudamérica, y *Polydontes* en las Antillas. En todos los casos se trata de barreras físicas, empalizadas destinadas a evitar la entrada de insectos y miriápodos al interior de las conchas, aunque, pese a lo que pueda parecer en especies provistas de aberturas tan intrincadas como *Labyrinthus otis* o tan estrechas como *Trissexodon constructus*, tales estructuras no impiden la salida del cuerpo blando y deformable de los caracoles.

Los miembros de la muy numerosa familia de los clausílidos carecen de opérculo, pero han solucionado el problema de la entrada de predadores a sus conchas mediante el clausilio, una pieza hecha del mismo material que la concha aunque es independiente de ella y, a diferencia del opérculo, también del cuerpo del caracol. El clausilio, que tiene forma de cuchara, está conectado a la columela por un ligamento elástico y puede deslizarse a modo de trampilla por dos lamelas existentes en la pared interna de la última espira, para ocluirla.

Aparte de servir para evitar la desecación y para lubricar el pie disminuyendo el rozamiento y facilitando el deslizamiento, el moco que los caracoles terrestres y las lentas, blandas y jugosas babosas segregan tiene también una función defensiva. Les hace poco apetecibles para los mamíferos y pájaros predadores y les protege de las hormigas, escarabajos y larvas de las luciérnagas, cuyas patas y mandíbulas quedan pegadas a él dada su alta viscosidad. Los grandes caracoles sudamericanos del género *Megalobulimus* producen tal cantidad de moco al verse atacados que pareciera que estuvieran derritiéndose. A la protección física conferida por la viscosidad del moco se suma en ciertas especies una protección química debida a las sustancias repelentes que contiene. Los *Veronicella*, gasterópodos terrestres tropicales de un grupo llamado gimnomorfos, cuya carencia de concha les asemeja a las babosas, liberan una secreción lechosa desagradable cuando son manipulados o son atacados por un predador. El intenso olor a ajo del moco de *Oxychilus alliarius*, un zonítido europeo cuyo nombre específico proviene del susodicho olor, también actúa como repelente para las musarañas y los erizos.

Algunos anuláridos de Cuba han desarrollado una curiosa estrategia defensiva basada en la filancia del moco.

Chondrothyra barbouri (Cuba). Este ejemplar se ha suspendido de una pared rocosa mediante un filamento de moco endurecido.

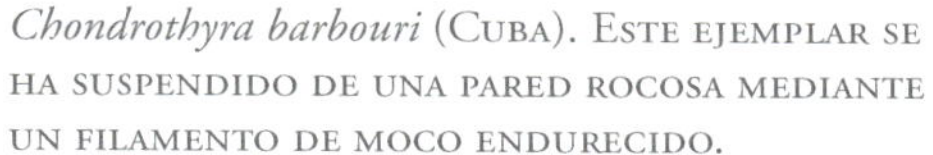

Cepaea nemoralis (España). Diferentes patrones de coloración.

Se suspenden del vacío mediante un filamento de este que, al endurecerse, adquiere la consistencia de la seda y que, como si de la cuerda de seguridad de un escalador se tratara, anclan a una roca. Otra estrategia usada por estos caracoles ante la presencia de un predador es soltarse de los paredones rocosos de los mogotes donde viven y despeñarse voluntariamente buscando el cobijo de la vegetación o de las piedras de la base del mogote.

Pero la estrategia más común de los caracoles terrestres para evitar ser depredados es sin duda el cripticismo o camuflaje con el entorno. Es por este motivo que las conchas de las especies que habitan en lugares boscosos o selváticos suelen presentar un diseño cromático a base de bandas claras que alternan con otras oscuras, una coloración disruptiva que difumina a los caracoles en el claroscuro de luces y sombras proyectadas por las ramas y hojas del dosel forestal. Igual ocurre en los caracoles dulceacuícolas de las familias ampuláridos y vivipáridos, provistos por lo general de conchas en tonos verdosos o amarillentos con bandas oscuras que los camuflan entre los tallos y hojas de las plantas acuáticas.

Las conchas del caracol europeo de los bosques (*Cepaea nemoralis*) y de su pariente el caracol de las huertas (*Cepaea hortensis*) son un ejemplo clásico de este tipo de cripticismo. En una misma población pueden encontrarse ejemplares con conchas uniformemente amarillas o rojizas y otros cuyas conchas tienen cinco bandas pardas o negras, las cuales pueden desaparecer en parte o fusionarse unas con otras, lo que da lugar a 89 posibles combinaciones cromáticas. Este gran polimorfismo se mantiene porque cada forma presenta ciertas ventajas frente a determinados aspectos del entorno. Las formas monocromas soportan el calor y la sequedad mejor que las formas con bandas, las cuales, por su parte, toleran mejor el frío, ya que, al ser más oscuras, se calientan antes y eso permite a sus propie-

Polymita picta (Cuba). Con un millar de variaciones cromáticas posibles en sus conchas, este caracol es la especie animal más variable del mundo.

tarios estar más tiempo activos para alimentarse y procrear. Pero, por otra parte, los zorzales y mirlos, cuya dieta se basa en lombrices y caracoles, localizan a estos siguiendo unas pautas visuales que aprenden de sus padres. En zonas arboladas y a principios de año, cuando predominan los tonos pardos, dichas aves capturan un mayor número de caracoles sin bandas, al ser más llamativos. En los claros de los bosques y en verano predominan los tonos claros y entonces les toca pagar a las formas con bandas. Ambos diseños se heredan con igual dominancia genética, pero la doble selección natural impuesta por el clima y los predadores influye en la abundancia relativa de uno u otro, lo cual mantiene el polimorfismo en una misma población. Las crecidas de los ríos también lo propician, ya que arrastran ejemplares desde las zonas altas a las bajas y con ello posibilitan el intercambio genético entre poblaciones.

Los *Polymita*, un género de caracoles arborícolas de Cuba designados con esta palabra griega que significa «muchas rayas», son mucho más crípticos de lo que a primera vista cabría inferir de sus llamativos colores. Las bandas de sus conchas les permiten camuflarse en el claroscuro de las copas de los árboles y, al mismo tiempo, su color de fondo no resalta en el abigarrado cromatismo del dosel forestal, en el que hay hojas, flores, bayas, líquenes y hongos de colores variados. El polimorfismo cromático alcanza el paroxismo en la especie *Polymita picta*, ya que de ella se conocen más de un millar de variaciones. Ninguna es más ventajosa que las otras a la hora de pasar desapercibida a los predadores; es decir, que la selección natural ha hecho viables a todas. De hecho, en los comederos del gavilán caguarero, principal predador de los *Polymita* cuando esta rapaz no era tan escasa en Cuba como lo es actualmente, podían encontrarse conchas de cualquier patrón cromático.

Las variaciones en el color de la concha de una misma especie y población confunden a los predadores, que tienen dificultades para construir una imagen clara de las presas que han de buscar. El hecho ocurre no solo en los *Cepaea* y los *Polymita*, como ya hemos visto, sino en otras especies

Papustyla pulcherrima (Isla Manus). El color verde con la banda disruptiva amarilla es un excelente patrón de camuflaje para un caracol arborícola.

de pulmonados terrestres, como, por ejemplo, *Arianta arbustorum*, *Theba pisana*, *Xerosecta cespitum* o *Cernuella virgata*. En el caso de *Littoraria filosa*, un caracol marino de costumbres parcialmente terrestres, ya que, al igual que otros litorínidos tropicales, suele encaramarse a los mangles, se ha imputado, como causa que mantiene el polimorfismo cromático de la especie, el parasitismo de las moscas sarcofágidas, ya que estas moscas, las cuales pupan en los caracoles, los localizan siguiendo un patrón visual adquirido.

La papuina verde o caracol arborícola de la isla Manus (*Papustyla pulcherrima*) ofrece otro buen ejemplo de cripticismo. El color esmeralda de su concha y la banda amarilla presente en su última espira inducen a confundirlo con una hoja provista de una nervadura más pálida. Igual diseño cromático exhibe *Helicina gabbi*, un prosobranquio arborícola de Santo Domingo. Por su parte, *Rhinocochlis nasuta*, un pulmonado de las selvas de Borneo, tiene una concha semitransparente que deja ver el intenso color verde de su cuerpo. También arborícolas, los *Cochlostyla* de Filipinas poseen conchas que, además de bandas disruptivas, están recubiertas por un periostraco higrófilo que cambia de tonalidad al humedecerse para volver a la original cuando se seca. Con ello, estos caracoles consiguen un mejor camuflaje con las cortezas de los árboles, tanto si ha llovido recientemente como si no. Una semibabosa de Puerto Rico llamada *Gaeotis flavolineata* parece a primera vista una hoja, y las babosas del género *Athoracophorus*, de Nueva Zelanda, tienen un dibujo en el dorso que imita perfectamente la nervadura de una hoja.

Se ha comprobado en las poblaciones de limneidos que, cuando en el hábitat de estos caracoles de agua dulce se introducen peces, el color del manto, el cual se transparenta a través de la fina pared de la concha, cambia de un color uniforme a otro más disruptivo, pardo con manchas oscuras. Al mismo tiempo, las conchas adquieren una forma redondeada que las hace más difíciles de tragar.

De los gasterópodos marinos, los campeones del cripticismo son algunas especies de opistobranquios carentes de concha que resultan muy difíciles de distinguir del sustrato sobre el que viven y del que se alimentan, ya que son homocromos y homomórficos con él, es decir, que tienen su mismo color y forma. Por ejemplo, *Elysia viridis* es una especie mimética con las algas verdes, *Rostanga rubra* lo es con las esponjas rojas, *Doris granulosa* con las esponjas amarillas, *Tritonia hombergii* con los alcionarios o corales blandos y *Dendronotus frondosus* con ciertos hidrozoos coloniales. La homocromía y el homomorfismo también se dan en los ovúlidos de los géneros *Simnia*, *Pseudocypraea*, *Primovula*, *Dentiovula*, *Calpurnus* y *Jenneria*, cuyas especies están provistas de unos mantos que imitan con exactitud los colores, texturas y protuberancias de las gorgonias, ascidias y antozoos que constituyen su comida habitual. Eso evita que los peces los detecten, dado que los mantos de los ovúlidos cubren las conchas cuando se hallan activos.

Las conchas de los *Janthina* son de color blanquecino en su parte superior y violeta oscuro en la inferior, que es la que queda arriba cuando estos caracoles de vida totalmente pelágica flotan en la superficie del mar. Ese bicromatismo evita que no contrasten, tanto desde el aire como desde la columna de agua, de modo que ni las aves marinas ni los peces puedan detectarlos. Igual diseño cromático ostentan los asimismo pelágicos nudibranquios *Glaucus* y *Glaucilla*, cuya parte ventral es mucho más clara que la dorsal.

Como hemos visto en un anterior capítulo, el mimetismo es uno de los motivos por el que las xenóforas o caracoles coleccionistas pegan a sus conchas otras conchas, piedrecillas y fragmentos de coral. Siempre fijan las valvas de los moluscos bivalvos con su parte interna hacia fuera, al objeto de que los peces crean que son pilas de conchas vacías sin interés alimenticio. Por su parte, los canceláridos, que carecen de opérculo protector, segregan cuando no están activos un epifragma a base de granos de arena aglutinados con moco, lo que, como en el caso de las xenóforas, hace creer a los predadores que se trata de caracoles muertos sin otro contenido en su concha que arena.

Al estar desprovistos de concha en unos casos y en otros provistos de conchas frágiles, con amplias aberturas y sin opérculo, los opistobranquios han desarrollado métodos defensivos más variados y sofisticados que otros gasterópodos. Muchas especies de nudibranquios ostentan coloraciones aposemáticas, carácter opuesto al cripticismo consistente en la exhibición de colores llamativos para avisar de que sus portadores tienen un sabor desagradable o son definitivamente venenosos. Los nudibranquios, en efecto, suplen su falta de concha almacenando terpenos, polifeno-

Tambja ceutae (Azores). Los nudibranquios se encuentran entre los animales más vivamente coloreados, lo que advierte a los predadores de que tienen un sabor repelente o son tóxicos. (Tiago Castro).

Nembrotha kubaryana (Filipinas). Otro de los muchos nudibranquios con librea aposemática. (Nick Hobgood).

Cyphoma mcginthyi (Florida). Cuando está activo, este ovúlido cubre su concha con el manto para exhibir sus dibujos, los cuales advierten a los peces de su mal sabor. (Ariane Dimitris).

Crenavolva tigris (Bali). Otro ovúlido provisto de un manto aposemático. (Randi Ang).

les, alcaloides y otras sustancias repelentes o tóxicas que adquieren al alimentarse de algas, briozoos y esponjas. Aunque también hay entre ellos especies muy crípticas, en general constituyen uno de los grupos zoológicos más vistosamente coloreados. Eso les permite estar activos en horas diurnas; confían en que sus libreas avisen a los predadores de su toxicidad, igual que hacen las ranas de veneno de flecha, las serpientes de coral o las avispas. Y, como también ocurre con los sapillos que imitan los colores de las susodichas ranas, con las culebras que imitan los de las serpientes de coral o con las moscas que imitan los de las avispas, hay especies inofensivas de nudibranquios que imitan la librea de las venenosas a fin de aparentar que son peligrosas. Esta clase de mimetismo, llamado batesiano en referencia a Henry Bates, un naturalista del siglo XIX que lo describió en ciertas mariposas de las selvas de Brasil, ocurre, por ejemplo, en el doridáceo *Ancula gibbosa*, el cual no es urticante pero ostenta unas ceratas y rinóforos de color y aspecto muy semejantes a los de *Calmella cavolini*, que sí lo es.

Los nudibranquios aeolidáceos que se alimentan de anémonas o de hidrozoos se aprovechan de la capacidad venenosa de sus presas guardando los cnidocitos o células ponzoñosas de estas en sus ceratas. La parte inferior de estas estructuras aloja a unos divertículos del aparato digestivo, y la superior unas bolsas, llamadas cnidosacos, que presentan un conducto de salida al exterior y en las que los cnidocitos de las presas se almacenan envueltos en moco para evitar su descarga, de forma que en su momento puedan ser usados contra algún predador. Las especies pelágicas *Glaucus atlanticus* y *Glaucilla marginata* también incorporan a su ceratas los cnidocitos presentes en los tentáculos de medusas, fisalias e hidrozoos, razón por la que irritan la piel cuando son manipulados. Esta capacidad urticante también se ha descrito en algunos nudibranquios no pelágicos como *Tritonia hombergii*.

Las especies *Hexabranchus sanguineus* y *Hexabranchus imperialis* son dos nudibranquios más conocidos como «bailarinas españolas» debido a sus mantos, que, por su vivo color rojo o naranja con un festón blanco, recuerdan a las batas de cola andaluzas. Al sentirse amenazados, los despliegan y hacen ondular sus bordes, que normalmente tienen enrollados. Con ello aparentan tener un mayor tamaño a la vez que exhiben su aposematismo, ya que tienen un sabor que a los peces les resulta desagradable.

El aposematismo no es frecuente en los gasterópodos pertenecientes a órdenes distintos al de los opistobranquios. No obstante, existen algunos casos, como, por ejemplo, el de los ovúlidos del Caribe llamados vulgarmente «cinturitas» o «lenguas de flamenco» (*Cyphoma gibbosum*, *Cyphoma signatum* y *Cyphoma mcginthyi*) y el de sus parientes del Indopacífico de los géneros *Crenavolva*, *Cuspivolva* y *Phenacovolva*. Los mantos de todos estos caracoles marinos exhiben unos contrastados dibujos que les hacen muy conspicuos cuando están sobre las gorgonias de las cuales se alimentan. Avisan a los peces de su mal sabor, conferido por las prostaglandinas que adquieren de aquellas. Por ello y a diferencia de otros caracoles que también habitan los arrecifes coralinos, se les puede ver activos en horas diurnas, y no se retraen a sus conchas cuando se les toca como hacen los demás caracoles. Se aseguran con ello de que, al contacto con su manto, los predadores adviertan su pésimo gusto y desistan de comérselos.

También se cree que tienen una función aposemática las líneas intermitentes de color azul turquesa presentes en las conchas de la lapa de las laminarias (*Patina pellucida*). Ese mismo color lo ostentan otros seres marinos venenosos como los pulpos de manchas azules (*Hapalochlaena maculosa* y *Hapalochlaena lunulata*) y la raya de manchas azules (*Taeniura lymna*), que es la única especie de raya que no se entierra en la arena. Los peces no comen esas lapas, pequeñas y de concha tenue, debido a su sabor desagradable, proveniente de las algas pardas o laminarias sobre las que viven y que son su alimento.

En el medio terrestre hay gasterópodos que asimismo usan colores llamativos para advertir a los predadores de su mal sabor. Son los casos de las babosas banana de Norteamérica (*Ariolimax columbianus* y *Ariolimax californicus*),

Triboniophorus graeffei (Australia). El dibujo en forma de triángulo de color rojo de esta babosa advierte a los predadores de su mal sabor. (Margaret Morgan).

Triboniophorus graeffei (Australia). Otra de las variaciones de color posibles en esta especie. (K. J. Lowe).

así llamadas por su vivo color amarillo, y de las babosas de triángulo rojo de Australia (*Triboniophorus graeffei*), las cuales exhiben un dibujo en forma de triángulo rojo en el dorso. El color y la textura de la piel de estas babosas muestran gran variabilidad. Las que viven en las proximidades de Sídney tienen la piel rugosa y de color gris oscuro, parecido al de las rocas de arenisca que abundan en la zona. Al norte de Sídney, las babosas suelen estar coloreadas en tonos amarillos, verdes y rojos, mientras que en otras regiones son lisas y de color crema, lo cual las camufla con los troncos de los eucaliptos.

En ocasiones son los huevos de los gasterópodos los que muestran colores aposemáticos. Para evitar que los peces los devoren, los ampuláridos o caracoles manzana depositan los suyos fuera del agua, en masas que fijan a las partes emergidas de las plantas acuáticas o a las cortezas de los árboles próximos a las orillas de los estanques y pantanales. Teóricamente ahí estarían expuestos a ser depredados por las aves y los animales terrestres, pero no ocurre así debido a que tienen un sabor acre anunciado por su vivo color, rosa intenso en los huevos de *Pomacea maculata* y anaranjado en los de *Pomacea canaliculata*.

Las estrategias defensivas de los prosobranquios marinos están basadas principalmente en la protección que

Puesta de *Pomacea maculata* (España).

les brindan sus conchas y opérculos. La manera más obvia que los caracoles tienen para evitar ser devorados es mediante la construcción de conchas gruesas y macizas, pero eso implica el precio de tener que acarrearlas. La forma de hacer que una concha sea más difícil de manejar y de ingerir sin aumentar su peso es cubrirla de espinas huecas, y eso es lo que hacen muchas especies, por ejemplo, los murícidos. Los prosobranquios marinos también usan como estrategia defensiva el haber desarrollado hábitos nocturnos y evitar con ello ser vistos por los predadores, razón por la que pasan las horas diurnas enterrados en la arena u ocultos bajo las piedras o entre las anfractuosidades de los corales. Algunas especies han desarrollado otras estrategias añadidas. Estando en Mesina, el malacólogo Franz Troschel observó que un ejemplar de *Tonna galea* que había capturado expulsaba su saliva a medio metro de distancia y que, al contacto con ella, la superficie del suelo, que estaba hecho de losas de mármol, empezaba a borbotear. La causa era que el ácido sulfúrico presente en la saliva del caracol reaccionaba con el carbonato cálcico. Los tónidos, efectivamente, usan su saliva para disolver el exoesqueleto de los erizos y las estrellas de mar, pero también para defenderse. Otros prosobranquios segregan compuestos con acción curarizante, acrilil-colina en el caso

Tonna dolium (Filipinas).

de los buccínidos y uranil-colina o murexina en el de los murícidos. La púrpura, sustancia de color violeta o rosa que produce la glándula hipobranquial de los murícidos, los epitónidos y los jantínidos, tiene un poderoso efecto repelente para los peces debido a su alto contenido en bromo. Los huevos de las especie pertenecientes a estas familias están asimismo protegidos por dicha sustancia.

La emisión de secreciones ácidas o desagradables es un método de defensa usado por muchos opistobranquios, caso de los *Aplysia* o liebres marinas, que, cuando son perturbados, liberan una tinta de color rojizo o violáceo que, aparte de servir como cortina de humo, contiene ficocianina y ficoeritrina, dos pigmentos procedentes de las algas verdes que los peces encuentran repelentes, ya que les anestesian los receptores gustativos. La secreción epidérmica de *Pleurobranchus membranaceus* es aún más disuasoria, ya que se trata de una mezcla de ácido clorhídrico y sulfúrico con un pH de 1. Otros opistobranquios que liberan secreciones cutáneas con alto contenido en ácido sulfúrico son *Philine aperta*, *Scaphander lignarius* y *Akera bullata*. Por su parte, los pterópodos planctónicos del género *Clione* se defienden de los peces con otra sustancia repelente denominada pteroinona, tan efectiva que ciertos anfípodos han aprendido a secuestrar a estos pterópodos para llevarlos alrededor de ellos como guardias personales.

Los nudibranquios *Plocamopherus imperialis* y *Plocamopherus tilesii*, de Australia y Nueva Zelanda respectivamente, poseen a ambos lados del manto unas papilas rematadas en su extremo por unos bulbos. Cuando se les molesta, estos bulbos emiten destellos luminosos porque contienen unas bacterias responsables del fenómeno de la bioluminiscencia, el cual se debe a que, en la degradación de una proteína llamada luciferina por el enzima luciferasa, se produce una luz fría. La bioluminiscencia también se ha descrito en los nudibranquios *Kalinga ornata* y *Phylliroe bucephala*, así como en los planáxidos *Angiola labiosa*, *Angiola lineata*, *Angiola fasciata* y *Hinea brasiliana*. Los últimos poseen un órgano luminoso, el llamado órgano de Haneda,

La lapa de las laminarias (*Patina pellucida*) tiene una concha tenue pero con unas líneas intermitentes de vívido color azul que reflejan la luz debido a que están formadas por cristales de calcita coorientados y embebidos en una matriz desordenada. Les sirven a estas pequeñas lapas para advertir a los predadores de su mal sabor.

que corresponde a la glándula hipobranquial y aloja a las bacterias endobiontes que causan la bioluminiscencia. Las conchas de estos pequeños caracoles, que son de color amarillo, actúan como difusores que dispersan y amplifican la luz verde, de forma que, al ser perturbados, toda su superficie se ilumina. También se ha observado bioluminiscencia en *Latia neritoides*, una lapa dulceacuícola de Nueva Zelanda, así como en un pulmonado terrestre de Malasia, Camboya y Singapur llamado *Quantula striata*, el cual emite destellos de luz verdosa cuya intensidad, duración y frecuencia varían. Se cree que le sirven para comunicarse con otros miembros de su especie, pero se ignora por qué solo los caracoles jóvenes son capaces de producirlos.

La estrategia defensiva de otros gasterópodos se basa en una peculiar actitud al sentirse amenazados. Los nudibranquios *Goniodoris violacea* y *Polycera quadrilineata* se quedan inmóviles aparentando estar muertos. Por lo general, esa actitud cataléptica desinteresa a los predadores, pero, si no es así, la última especie citada se desprende de sus largas ceratas y escapa a la mayor velocidad posible buscando un lugar donde esconderse. El doridáceo *Dendronotus frondosus* adopta una actitud opuesta, ya que se contorsiona violentamente si se le molesta.

Para acabar, ciertos gasterópodos basan su defensa en las peculiares facultades de su pie. Las especies más pequeñas de olívidos pueden hacerlo ondular en la columna de agua, lo cual les otorga cierta capacidad para nadar que, aunque un tanto limitada, usan para escapar. Otros se amputan voluntariamente la parte posterior del pie, igual que hacen las lagartijas con la cola, y después regeneran la porción amputada. Esta curiosa estrategia es usada por el opistobranquio

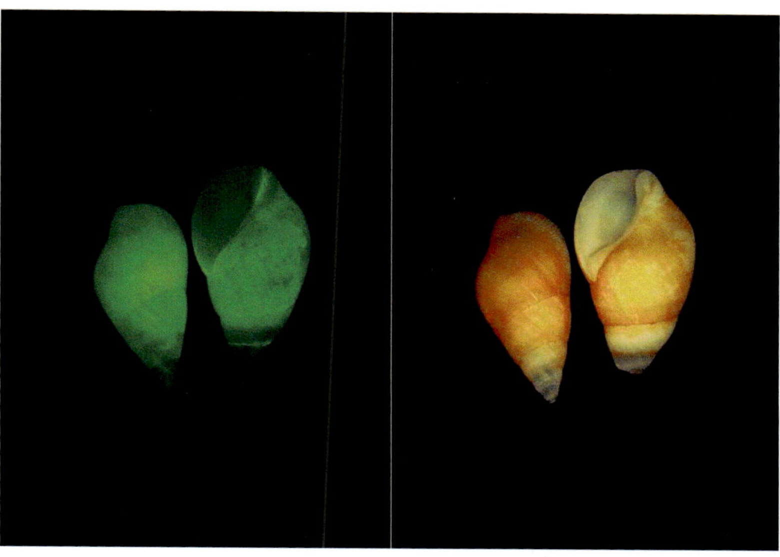

La concha de *Hinea brasiliana* no bloquea la luz emitida por este pequeño caracol marino de Australia; la intensifica diez veces más de lo que lo haría un difusor comercial de su mismo grosor, que es de 0'5 milímetros. (Scripps Institution of Oceanography, San Diego).

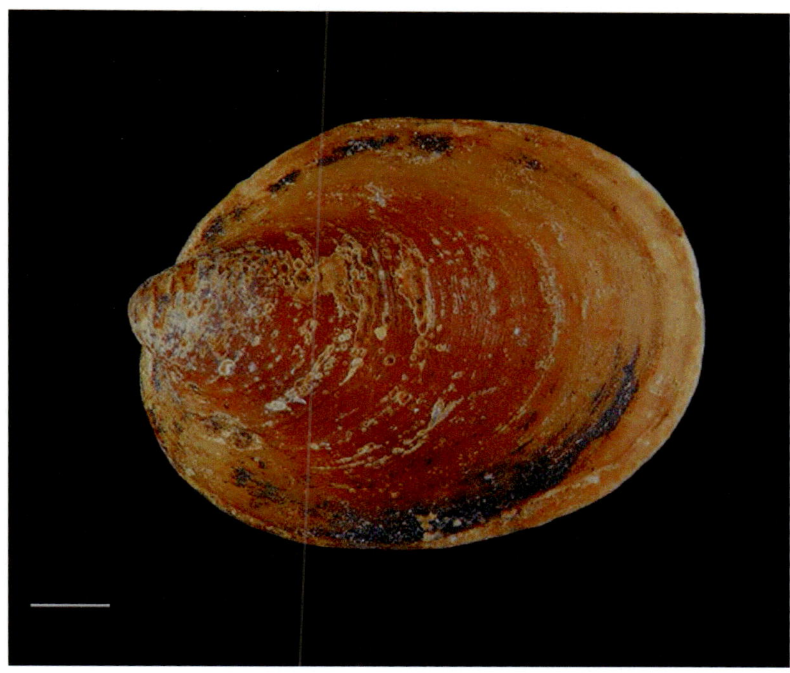

Latia neritoides (Nueva Zelanda). Esta lapa dulceacuícola es otro de los pocos gasterópodos productores de bioluminiscencia. La línea blanca representa 1 milímetro. (Dave Roscoe).

Lobiger souverbii y por todas las especies del género *Harpa*. Estas logran a menudo salvarse del ataque de un cangrejo dejando el trozo amputado entre sus pinzas, momento en el que, aprovechando la distracción del crustáceo, empiezan a envolverlo en una secreción espumosa mezclada con arena. Finalmente, cuando el cangrejo está sofocado e inerme, las arpas pasan de ser presas a predadores y lo devoran. Los fasianélidos y tróquidos usan una estrategia afín, ya que, al ser atacados, se desprenden de los llamados filamentos epipodiales, los cuales cuelgan de los lados del pie y cuyo aspecto de gusanos distrae a los predadores. De los gasterópodos terrestres, practican la autotomía del pie ciertos helicariónidos de Filipinas e Indonesia, sin duda como contrapartida a que sus conchas son tan pequeñas que no pueden refugiarse en ellas. También lo hacen los camaénidos del género *Satsuma*, de Japón, y los del género *Polydontes*, de América Central y las Antillas. El segmento amputado distrae al predador, ya que puede contornearse hasta 48 horas después de su separación del cuerpo del caracol, que de este modo tiene tiempo suficiente para escapar.

CAPÍTULO 18
UNA ALIMENTACIÓN PARA TODOS LOS GUSTOS

La mayor parte de los gasterópodos terrestres son vegetarianos, por lo que en las cadenas tróficas ocupan el puesto de consumidores primarios. Con su rádula o lengua dentada roen hongos, líquenes, algas y materia vegetal en descomposición, pudiendo digerir también papel y cartón debido a que sus jugos digestivos contienen celulasa, el enzima que fragmenta la celulosa. Es este uno de los pocos casos en el reino animal en que tal cosa ocurre, pues los demás animales herbívoros metabolizan la celulosa gracias a que alojan en su tubo digestivo a bacterias y protozoos que producen celulasa. La mayoría de los gasterópodos terrestres no atacan a las plantas superiores, pero las hojas, flores y frutos de algunas pueden resultarles apetecibles a las babosas y a los caracoles de gran tamaño, que llegan así a constituirse en una seria plaga para los cultivos de hortalizas, árboles frutales y plantas de jardín.

Muchas especies de caracoles terrestres y dulceacuícolas tienen tendencia al omnivorismo. Los limneidos, por ejemplo, se alimentan sobre todo de algas filamentosas e incrustantes, pero también de fanerógamas acuáticas, gusanos, pequeños crustáceos, hidras, insectos muertos, carroñas de peces y detritos orgánicos. Por su parte, las babosas de los géneros *Limax* y *Arion*, que son vegetarianas, no desdeñan la carroña y a veces atacan y devoran a otras babosas, incluyendo a sus congéneres. El caracol degollado (*Rumina decollata*) es otro omnívoro que, además de hongos y materia vegetal, come lombrices y otros caracoles.

Los oleacínidos, daudebárdidos, vitrínidos, haplotremátidos y la mayor parte de los zonítidos no son vegetarianos, sino carnívoros y carroñeros. Depredan sobre lombrices, larvas de insectos y otros gasterópodos e incluyen en su dieta los huevos de estos, los cuales constituyen la principal fuente de alimentación para los acicúlidos y estreptáxidos. Los *Paryphanta* y *Powelliphanta*, grandes caracoles terrestres de Nueva Zelanda cuyas conchas están cubiertas por un periostraco grueso y brillante que se asemeja al charol, se tragan a las lombrices enteras, absorbiéndolas como si fueran espaguetis mediante su faringe

Euglandina rosea (Mauricio). Se trata de un caracol carnívoro que depreda sobre otros caracoles, lombrices y larvas de insectos.

proyectable. Algunas babosas también son predadoras de lombrices, caso de la babosa fantasma (*Selenochlamys ysbryda*) y de las del género *Testacella*, que tienen hábitos hipogeos, están provistas de una pequeña concha externa que recuerda la de una oreja de mar y poseen una rádula con dientes curvados hacia atrás para impedir que sus resbaladizas presas escapen.

La técnica con la que los caracoles terrestres predadores atacan a otros caracoles difiere según las especies. Unas acceden al cuerpo de su presa penetrando por la abertura de la concha, en tanto que otras practican un agujero en la pared de esta usando la rádula y secreciones corrosivas. Los oleacínidos o caracoles lobo se valen de la primera técnica. Para ello están provistos de cuerpos estilizados y de conchas cuya superficie lisa y forma oblonga como la de un proyectil les permiten penetrar fácilmente en las aberturas y espiras de las conchas de otros caracoles. Además, se mueven más rápidamente que sus presas y son capaces de seguirlas el rastro mediante sus tentáculos inferiores, cuyo aspecto de bigotes con las guías caídas los ha valido el apodo de «caracoles Fu Manchú». La mayoría de las especies de esta familia son nativas de América Central, donde hay algunas con conchas de más de diez centímetros de longitud, caso de *Euglandina titan* y *Euglandina gigantea*. Los únicos oleacínidos presentes en Europa son los del género *Poiretia*; estos atacan a otros caracoles abriendo un agujero en la concha con la rádula y una secreción ácida que producen las glándulas de la parte ventral de su pie.

Prácticamente cualquier cosa que en el medio marino pueda comerse sirve de alimento a algún gasterópodo. Las lapas, las orejas de mar, las neritas, los turbantes y algunos tróquidos son vegetarianos; roen la película de algas microscópicas que tapiza las rocas y hierbas marinas. Para ejercer mejor su función raspadora, los dientes radulares de las lapas son pequeños pero muy numerosos y están formados por cristales de un tipo de óxido de hierro llamado goethita embebidos en una matriz protéica. Esto les confiere una enorme resistencia al desgaste, ya que se trata del material biológico más resistente y fuerte, superior incluso a la tela de araña. Otros arqueogasterópodos se alimentan de esponjas, caso de las pleurotomarias, las fisurelas o lapas perforadas y los tróquidos del género *Calliostoma*. Las lapas de la familia osteopéltidos y afines comen las bacterias que descomponen las carcasas de las ballenas, y las del género *Addisonia* parece ser que se alimentan de las cápsulas ovígenas de las rayas, tiburones y pintarrojas.

Entre los mesogasterópodos y neogasterópodos herbívoros se encuentran los litorínidos, los risoidos, la mayor parte de los columbélidos y los estrómbidos. Estos últimos están provistos de un hocico con el que aspiran las algas que crecen sobre las hierbas marinas. No obstante, la gran mayoría de los mesogasterópodos y neogasterópodos son carnívoros y cada familia de ellos está especializada en alimentarse de un tipo de presas. Las localizan mediante su sentido del olfato. El sifón conduce el agua inhalada y las partículas en ella disueltas a la cavidad paleal y por ende al osfradio u órgano olfativo, que es muy sensible a los rastros químicos. Los ojos solo perciben cambios en luces y sombras y no son usados más que para detectar presas muy próximas. Todos los gasterópodos carnívoros tienen rádulas dotadas de un menor número de dientes que las de sus parientes herbívoros, pero más grandes. Además, carecen de mandíbulas masticadoras, ya que por lo general no desgarran a sus presas, sino que, bien enteras o bien convertidas previamente en una papilla predigerida por la saliva, las succionan con la trompa o probóscide, que es una prolongación extensible y dilatable de la boca. En las mitras, los colubráridos y algunos murícidos, la longitud de la trompa cuando está del todo extendida llega a superar a la de la concha.

Mitras, terebras, conos y túrridos están especializados en capturar gusanos. También se alimentan de ellos muchos buccínidos y ranélidos, todos los búrsidos y los grandes turbinélidos, incluyendo el caracol trompeta de Australia (*Syrinx aruanus*), que es el mayor gasterópodo viviente. Los búrsidos incluso depredan sobre los bien

Lobatus goliath (Brasil). Esta especie, como todos los miembros de su familia, es estrictamente vegetariana.

protegidos gusanos tubícolas, a los que extraen de sus tubos calcáreos anestesiándolos y relajándolos con la secreción de sus glándulas salivares. Como veremos en el próximo capítulo, algunas especies de conos depredan sobre los peces, lo cual consiguen paralizando a sus mucho más veloces presas con su sofisticado veneno y aparato inoculador.

La comida favorita de las arpas son los cangrejos. Los atrapan sofocándolos e inmovilizándolos en una mezcla de moco y arena. Por su parte, los cascos tienen predilección por los erizos de mar. Atacan a tan difíciles y espinosas presas subiéndose a ellas y aferrándolas con su pie musculoso, el cual se halla provisto de una gruesa piel que evita que penetren las púas. Luego arrojan sobre ellos su secreción salival, que, por contener ácidos sulfúrico y aspártico, reblandece el exoesqueleto del erizo y facilita a los dientes radulares la apertura de un agujero por el que los cascos puedan introducir la trompa y succionar los órganos internos de la presa. Un método parecido es usado por los caracoles tonel en las holoturias y por los tritones en las estrellas de mar y coronas de espinas. Para impedir que estas últimas escapen, los tritones las aferran con su robusto pie y el borde de la abertura de su concha, el cual se halla provisto de unas digitaciones que recuerdan a una garra; luego las anestesian con su saliva ácida, introducen la trompa por el orificio oral del equinodermo y le succionan las vísceras, de forma que la presa es devorada literalmente desde su interior.

Oxymeris maculata (Filipinas). Su alimentación se basa en gusanos.

Harpa major (Filipinas). Las arpas se alimentan preferentemente de cangrejos.

Cassis tessellata (Senegal). Los cascos son predadores de erizos y estrellas de mar.

Muchas especies de murícidos, buccínidos, fascioláridos y melongénidos son predadoras de moluscos bivalvos y algunas también de bálanos y de otros gasterópodos. Todos estos caracoles utilizan la gran tenacidad de los músculos de su pie para inducir la asfixia de sus presas y hacer que separen las valvas hasta conseguir introducir su trompa entre ellas, tarea que puede llevarles desde varias horas a un par de días. Ciertas especies usan el labio externo de la abertura de su concha como cuña, la cual insertan entre las valvas del bivalvo para impedir su cierre. El fasciolárido *Opeatostoma pseudodon* y los murícidos de los géneros *Acanthina* y *Ceratostoma* han desarrollado en dicho labio un proceso espinoso destinado a tal efecto. Otro procedimiento, este utilizado por las especies de murícidos provistas de conchas sólidas y pesadas, consiste en golpear repetidamente con ellas los bordes de las conchas de sus presas hasta provocar una melladura por la que el caracol pueda introducir su trompa.

Opeatostoma pseudodon (Costa Rica). El proceso espinoso de la abertura de su concha le sirve a este buccínido para impedir que las almejas de las que se alimenta cierren sus valvas.

Triplofusus giganteus (México). Un predador de gusanos.

De izquierda a derecha y de arriba a abajo: *Natica turtoni* (Mauritania), *Natica acinonyx* (Senegal), *Natica arachnoidea* (Filipinas), *Natica fulminea* (Angola) y *Naticarius onca* (Filipinas). Las náticas se alimentan perforando con su rádula las conchas de otros moluscos.

De izquierda a derecha: *Colubraria cumingi* y *Colubraria sowerbyi* (ambas de Filipinas). Los colubráridos se alimentan vampirizando la sangre de los peces dormidos.

Trophon geversianus (Argentina). Este murícido también perfora las conchas de otros moluscos para absorber sus jugos corporales con la trompa.

Los natícidos y algunos murícidos agujerean las conchas de los bivalvos mediante la acción combinada de su rádula y de su saliva ácida, que disuelve el carbonato cálcico. Efectúan estas perforaciones en la zona de las conchas más próxima los umbos, donde la superficie es más lisa y la pared menos gruesa. Las dimensiones de la perforación guardan relación con el tamaño del caracol predador, pero no con el de su presa ni con el grosor de la concha de esta. Tales orificios son a menudo ostensibles en las conchas vacías que el oleaje arroja a las playas y explican no solo la causa de la muerte del bivalvo sino el predador responsable, ya que tienen una sección característicamente cilíndrica si los hizo un natícido y troncocónica si su autor fue un murícido.

Tritia reticulata (España). Esta especie es el caracol carroñero más común en las costas de Europa.

Ciertas especies de conos y murícidos, los marginélidos, las volutas de los géneros *Melo* y *Cymbium* y los grandes fascioláridos del género *Triplofusus* atacan a otros gasterópodos, incluyendo a sus congéneres de menor tamaño. El canibalismo, en efecto, no es raro entre los gasterópodos marinos carnívoros, en especial cuando otras presas escasean. Se ha observado también en los jantínidos, lo cual guarda relación con el hecho de que estos caracoles pelágicos encuentran su alimento por puro azar y que su vida errante al albur de las corrientes marinas no siempre les permite dar con sus presas habituales, que son los sifonóforos del género *Velella* y las fisalias o carabelas portuguesas.

Los colubráridos practican el vampirismo. Sus víctimas suelen ser peces loro, pero también se los ha visto atacando a peces cirujano, peces ballesta, serránidos y escómbridos. Cuando los peces duermen, estos caracoles se desentierran de la arena, extienden su larguísima probóscide, abren con el extremo de ella una pequeña herida en la piel del pez y le succionan la sangre. Similar comportamiento se ha observado en algunos canceláridos, concretamente en la especie *Cancellaria cooperi*. En este caso las víctimas eran peces torpedo que se encontraban descansando en el fondo marino. Tras localizarlos mediante el olfato a una distancia de más de veinte metros, el caracol se aproximaba a ellos, les hacía un corte en el vientre con la rádula y luego les absorbía la sangre. La probóscide del citado cancelárido tiene varias veces la longitud de su cuerpo, y su rádula está especialmente adaptada a tal fin, ya que presenta una única fila de dientes en forma de espátula o cuchara.

Como cabría esperar del amplio espectro alimenticio de los gasterópodos, algunas familias marinas son detritívoras y carroñeras. Entre las primeras se encuentran los cerítidos, los potamídidos y los hidróbidos, que se alimentan de las partículas orgánicas, algas y bacterias depositadas en los lechos fangosos o arenosos. Las principales familias carroñeras son los nasáridos, los olívidos y la mayor parte de los murícidos y buccínidos. Estos detectan la presencia de un pez o de otro animal muerto analizando las partículas en suspensión que les llegan al osfradio a través del sifón, el cual orientan inquisitivamente para localizar la posición de la carroña. El osfradio de estos caracoles carroñeros está dotado de una gran superficie y es por ello muy sensible, motivo por que el cadáver de un pez se ve en pocos minutos rodeado por una multitud de nasáridos que emergen de la arena para dar buena cuenta de él.

La alimentación de los opistobranquios es extremadamente variada. Ciertos géneros provistos de concha como *Bulla* y *Haminoea* comen algas verdes y detritos orgánicos, en tanto que *Philine* y *Scaphander* son predadores de foraminíferos, gusanos, moluscos bivalvos y escafópodos; *Ringicula* depreda sobre pequeños crustáceos y *Retusa* sobre hidróbidos. Casi todos estos opistobranquios carnívoros están dotados de esófagos o mollejas cuyas paredes tienen unas placas córneas o calcificadas con las cuales desmenuzan y trituran los caparazones de sus presas. De los opistobranquios sin concha, los hay que se alimentan de algas verdes, como los aplísidos o liebres de mar y los sacoglosos. Algunas babosas marinas de los géneros *Elysia* y *Costasiella*, caso de *Elysia viridis*, *Elysia chlorotica*, *Costasiella virescens* y *Costasiella kuroshimae*, obtienen la mayor parte de la energía que precisan de la fotosíntesis de los cloroplastos presentes en las algas de los géneros *Codium* y *Rupia*, las cuales constituyen su alimento. Estas babosas rasgan con su rádula las células de dichas algas y

Turritella terebra (Filipinas). Se alimenta filtrando partículas suspendidas en el agua.

succionan su contenido, cloroplastos incluidos. Estos, sin embargo, no son digeridos; pasan al tejido subcutáneo de las babosas y allí siguen siendo funcionales, es decir, capaces de sintetizar hidratos de carbono a partir del dióxido de carbono y el agua cuando se exponen a la luz. De este modo, los *Elysia* y *Costasiella* se convierten en organismos tan autótrofos como los vegetales, pues pueden producir su propio sustento, a diferencia de todos los demás animales, que son organismos heterótrofos y, por tanto, lo obtienen de otros organismos.

Casi todos los nudibranquios son predadores y algunas especies muestran una enorme selectividad en cuanto a sus fuentes de alimentación. Por ejemplo, *Calma glaucoides* se alimenta casi exclusivamente de huevos de blenios y gobios. Otras especies solo comen esponjas, briozoos, tunicados, anémonas, corales blandos, hidroideos coloniales, gusanos, moluscos y pequeños crustáceos. Los nudibranquios pelágicos *Glaucus atlanticus*, *Glaucilla marginata* y *Fiona pinnata* son predadores de los sifonóforos también pelágicos de los géneros *Velella* y *Porpita* y la última especie citada ataca además a los percebes del género *Lepas*, que viven sobre maderos flotantes y otros objetos a la deriva. En la costa occidental de Norteamérica habita un nudibranquio de aspecto realmente extravagante llamado *Melibe leonina*. Tiene una capucha oral muy expansible y jalonada de tentáculos sensoriales que, mientras avanza, abre y cierra como si fuera la campana de una medusa; de este modo fuerza a las presas detectadas por los tentáculos a caer en su boca

Los tecosomados o pterópodos con concha se alimentan de una amplia gama de presas planctónicas como ellos, desde bacterias, diatomeas, dinoflagelados y radiolarios a copépodos y larvas de otros gasterópodos. Unas especies captan el alimento del agua mediante la corriente provocada por las bandas de cilios presentes en los bordes de sus parapodios, los cuales funcionan a la vez como órganos de locomoción y de alimentación. Las partículas atrapadas en la secreción mucosa ciliar son luego llevadas a la boca con ayuda de la probóscide. Los géneros *Cymbulia*, *Gleba* y *Corolla* tienen muy desarrolladas las glándulas productoras de moco de sus parapodios y segregan con ellas una membrana de tamaño varias veces superior al del animal. En la especie *Corolla spectabilis* puede alcanzar un diámetro de dos metros. Esta membrana y todo cuanto queda atrapado en ella es ingerida después mediante la probóscide. Cuando se les perturba, los tecosomados se desprenden de esos enormes dispositivos de captura y escapan aleteando con sus parapodios, los cuales están soldados formando un disco natatorio.

Los gimnosomados o pterópodos desnudos depredan sobre los más lentos tecosomados. Para atraparlos y devorarlos han desarrollado órganos propios de monstruos de ciencia ficción, como tentáculos cónicos con los que retienen las conchas de sus presas y faringes que, además de tener la capacidad de proyectarse, están provistas de unos ganchos quitinosos con los que extraen los cuerpos de aquellas antes de engullirlos. Las especies *Clione limacina*

Capulus ungaricus (España). Este caracol es un cleptoparásito. Se instala sobre las conchas de los moluscos bivalvos para aprovecharse de las corrientes creadas por sus cilios branquiales y robarles las partículas alimenticias en suspensión.

y *Clione antarctica*, que viven en grandes bancos y son un componente importante de los ecosistemas marinos polares, se alimentan de los tecosomados *Limacina helicina* y *Limacina retroversa*. Tanto ellos como sus presas constituyen, junto con los crustáceos del kril, la mayor parte de la dieta de las ballenas.

Los turritélidos, vermétidos, vivipáridos y bitínidos se alimentan filtrando del agua algas microscópicas, protozoos y bacterias, igual que los moluscos bivalvos. Las partículas alimenticias quedan atrapadas en la secreción mucosa de los cilios de sus ctenidios o peines branquiales antes de ser ingeridas. La especie *Bithynia tentaculata*, un caracol de agua dulce cuyo tamaño no excede de un centímetro, llega a filtrar medio litro de agua al día. Estos gasterópodos filtradores no necesitan desplazarse para comer, sino solo despegar el opérculo, que en las turritelas tiene un borde provisto de cerdas destinadas a evitar que pasen al peine branquial granos de arena y otras partículas. Los vermetos, parientes de las turritelas, ni siquiera pueden desplazarse, ya que tienen sus conchas cementadas al sustrato. En esta familia, unas especies atrapan las partículas alimenticias suspendidas en el agua mediante la secreción mucosa de sus ctenidios, en tanto que otras extienden una red de filamentos de moco pegajoso que luego ingieren con cuanto haya quedado adherido.

Los capúlidos, caliptreidos, hiponícidos y tricotrópidos son también filtradores, pero, aunque pueden alimentarse de modo autónomo, prefieren hacerlo a expensas de otros organismos filtradores como ellos, a los que roban el alimento. Con sus conchas pateliformes, estos cleptoparásitos se instalan sobre las de moluscos bivalvos y gusanos tubícolas. En los primeros prefieren hacerlo cerca del borde de cierre de las valvas, y en los gusanos junto a las aberturas de sus tubos, al objeto de aprovecharse mejor de la corriente producida por el movimiento de los cilios branquiales de sus hospedantes. Los *Capulus* parasitan a ostras y péctenes cuando son adultos, pero de jóvenes prefieren parasitar a turritelas y gusanos tubícolas. Los *Crepidula* también suelen instalarse sobre ostras y péctenes, aunque pueden hacerlo sobre muchos otros tipos de organismos. Se han visto a cangrejos cacerola o merostomas con un centenar de estos caracoles adheridos al caparazón.

Aunque también depredan sobre hidrozoos, alcionarios y tunicados, la mayoría de las cipreas son espongívoras. Por lo común se desplazan de una esponja a otra, pero algunas especies practican un tipo de conducta llamada predación endobionte, consistente en que se instalan de modo permanente en una esponja de gran tamaño en la que van excavando una cavidad a medida que devoran sus tejidos. De este modo tienen una fuente segura de alimento durante algún tiempo. Con el mismo objeto, los epitónidos se entierran en la arena bajo la base de una anémona o de un coral hongo del género *Fungia*, saliendo para alimentarse de ellos. Ciertas especies de esta familia se anclan a las madréporas mediante un filamento de moco que usan como cuerda de seguridad que les une a su comida, con lo que evitan que las corrientes o el oleaje les aparten de ella.

La predación endobionte es también practicada por ovúlidos de géneros como *Ovula* y *Calpurnus*. Labran una cavidad en los corales blandos del género *Lobophyton* a medida que los van devorando y luego depositan en ella sus huevos para que las larvas encuentren comida nada más eclosionar. Los trifóridos y ceritiópsidos actúan de igual modo con las esponjas, a las que viven asociados permanentemente, y los trívidos con las ascidias. Parientes de los ovúlidos, los pediculáridos o caracoles piojo se fijan a la superficie de algún coral del género *Stylaster*. Al ir el coral creciendo

Calpurnus verrucosus (Salomón). Esta especie se alimenta de corales blandos, en los que labra una cavidad a medida que los va devorando.

Coralliophila radula (Filipinas). Vive en la base de las gorgonias.

en derredor de ellos, sus conchas se van adaptando al sitio que ocupan, de forma que estos pequeños caracoles acaban quedando empotrados en la masa coralina sin posibilidad de desplazarse. Sí se pueden alimentar, ya que sus largas probóscides les permiten succionar las secreciones ricas en proteínas y mucopolisacáridos de los pólipos coralinos, a los que no causan daño alguno ya que no devoran sus tejidos; más bien contribuyen a la limpieza de la colonia.

Por su parte, los coraliofílidos son predadores endobiontes de corales y gorgonias. Los del género *Coralliophila* viven más o menos empotrados en la base de las últimas; sus parientes los *Rapa* o caracoles rábano lo hacen dentro de los corales blandos del género *Sarcophyton*, y los *Magilus* y *Leptoconchus* en las meandrinas y otros tipos de madréporas. Un pequeño orificio de comunicación con el exterior permite que el agua entre a la cavidad paleal. Todos los coraliofílidos carecen de rádula; no la precisan ya que se alimentan succionando con su larga trompa los tejidos de los pólipos que previamente predigieren y convierten en papilla mediante la secreción salival.

La predación endobionte es una forma incipiente de parasitismo, pero desde luego hay gasterópodos con formas de vida claramente parasitarias. Los *Odostomia* y otros géneros de la numerosa familia de los piramidélidos son ectoparásitos o parásitos externos. Estos pequeños opistobranquios tienen una larga trompa rematada en su extremo

Rapa rapa (Mauricio). Vive en el interior de los corales blandos alimentándose de sus tejidos.

por una cerda con la que perforan el cuerpo de sus hospedantes para succionarles los jugos corporales. Parasitan a otros gasterópodos, a moluscos bivalvos, a quitones y a gusanos tubícolas. Cada especie de piramidélido se instala sobre un tipo de hospedante. Por ejemplo, *Odostomia unidentata* solo parasita a los gusanos poliquetos, *Brachystomia scalaris* a los mejillones y *Brachystomia eulimoides* a las ostras y péctenes.

Los eulímidos, cuyos principales géneros son *Eulima*, *Balcis*, *Melanella* y *Stilifer*, viven semiempotrados o empotrados totalmente en los tejidos de los equinodermos, por lo cual puede afirmarse de ellos que son verdaderos parásitos internos o endoparásitos. Como todos estos en general, muestran una gran especificidad por los organismos hospedantes, que, dependiendo de cada especie, pueden ser erizos de mar, espatángidos, estrellas, ofiuras, holoturias o crinoideos.

Ciertas especies de eulímidos representan el grado máximo de adaptación de los gasterópodos a la vida parasitaria, ya que viven en el interior de las holoturias con su trompa fija a un vaso sanguíneo del huésped, del cual obtienen todo su alimento. Se trata de gasterópodos con una anatomía atípica, ya que su forma de vida ha hecho que algunos de sus órganos hayan degenerado o desaparecido y que, en cambio, hayan aparecido otros, como el pseudopalio, que los envuelve desde la base de la trompa para aislarlos de los tejidos del huésped, o como la cavidad incubatriz, gracias a la cual mantienen una corriente de agua que les permite respirar por la branquia y liberar al seno del mar sus larvas, capacitadas para nadar en busca de otras holoturias en cuyo interior puedan instalarse. La especie *Megadenus holothuricola* conserva la concha, pero su pie está reducido, el intestino acortado y el estómago y el hígado forman una cavidad llamada divertículo gastrohepático a la cual llega el alimento succionado por la trompa. Por su parte, *Gasterosiphon deimatis* tiene un pie rudimentario, pero carece de concha, ojos, tentáculos, corazón y branquias. Su masa visceral se reduce a las gónadas y a un divertículo gastrohepático ciego, ya que tampoco tiene intestino ni ano. En *Diacolax cucumariae*, la concha es vestigial y acaba siendo reabsorbida; el pie y la mayor parte de la masa visceral han desaparecido y solo queda el ovario y el divertículo gastrohepático envueltos por el pseudopalio. En los géneros *Entoconcha*, *Enteroxenos* y *Thyonicola* se llega al grado más extremo de transformación. De adultos pierden la concha y adquieren una apariencia vermiforme, por lo que su identificación como tales gasterópodos es entonces prácticamente imposible; solo lo es durante su fase como larvas. De hecho, la especie *Entoconcha mirabilis* se describió en 1852 en base a su diminuta concha larvaria. Doce años después fue descrito con el nombre de *Helicosyrinx parasita* un gusano parásito de las holoturias, pero más tarde se descubrió que en realidad era el adulto de la antedicha especie de gasterópodo, que había perdido la concha y cuya anatomía había quedado reducida al ovario y la cavidad incubatriz. Fijos a las paredes de esta cavidad se hallaron los machos, que son neoténicos, o sea, sexualmente maduros pese a que tienen un aspecto larvario, por lo que inicialmente se los tomó por los testículos del supuesto gusano.

Eulima grandis (Taiwán). Un parásito de los equinodermos.

CAPÍTULO 19
CARACOLES LETALES

Un turista bucea en un arrecife de coral de las paradisíacas islas Seychelles. De pronto llama su atención un gran caracol de bonita concha semienterrado en la arena. Llevado por esa fascinación por las conchas que no ha abandonado al hombre desde la Prehistoria, lo coge. Pocas horas más tarde fallece en el hospital de Victoria, capital del archipiélago. La causa de la muerte: parada cardiorrespiratoria por picadura de cono.

Conus voluminalis (Filipinas).

Conus virgo (Malasia). La estrecha abertura de la concha de este cono indica que se trata de una especie vermívora y, por tanto, poco peligrosa para el hombre.

El escenario de este accidente podría haber sido igualmente Filipinas, Indonesia, Tailandia, Kenia, Mauricio, Tahití o Australia, porque la distribución geográfica de los conos, así llamados por la forma de su concha, es muy amplia. Comprende todos los mares tropicales y subtropicales del Planeta, incluyendo el Mediterráneo, donde habita una única e inofensiva especie llamada cono ventrudo (*Conus ventricosus*). Todas las demás viven en el Indopacífico y el Atlántico, en un rango batimétrico que se extiende desde la zona litoral a los 500 metros de profundidad. Los arrecifes de coral son el biotopo de la mayoría de ellas. En cualquier arrecife del Indopacífico central pueden hallarse hasta una treintena de especies de conos con un tamaño que oscila entre medio centímetro y veinticinco.

La familia cónidos solo está integrada por el género *Conus*, si bien recientemente se han propuesto géneros nuevos, antes subgéneros, y se han incluido en ella a dos especies de *Conopleura*, antes clasificadas en los túrridos. Del éxito del género *Conus*, uno de los más modernos y evolucionados de todos los gasterópodos, ya que apareció en el Eoceno, hace cincuenta millones de años, habla su extraordinaria diversificación. Hay descritas más de ochocientas especies y cada año se describen otras nuevas.

Todos los conos son carnívoros, la mayoría de ellos predadores de gusanos y de otros moluscos, incluyendo entre estos a los conos de menor tamaño. Unas pocas especies se alimentan de peces, si bien algunas de ellas solo lo hacen de adultas, ya que en etapas juveniles son vermívoras o moluscívoras. Los conos localizan a sus presas con el sifón, que les lleva su rastro olfativo al osfradio. Suelen ser cazadores nocturnos, dado que su visión, como la de otros gasterópodos, es pobre. Una vez detectada la presa, la arponean y paralizan con un aguijón que expulsan por el extremo de la trompa o probóscide, para luego engolfarla y deglutirla con este órgano, que, como la boca de las serpientes, tiene en los conos una enorme capacidad para alargarse y dilatarse.

El aguijón con que los conos matan a sus presas es en realidad un diente quitinoso desprendido de su rádula; está hueco y sirve para inocular un potente veneno del que luego hablaremos. La rádula de los cónidos, familia incluida con los túrridos y terébridos en el antiguo suborden *Toxoglossa*, que significa «lengua venenosa», carece de función roedora al haber perdido los dientes centrales y laterales. Solo presenta las dos hileras de dientes marginales y estos muy modificados, ya que, al crecer, se enrollan sobre su eje para formar una especie de soplillo o dardo hueco que, como un arpón, está dotado de uno o más ganchos cerca de su punta. Estos peculiares dientes se forman en el llamado saco radular, el cual comunica con la faringe en la base de la trompa y contiene de diez a medio centenar de ellos en diferentes fases de desarrollo. Los dientes están unidos a la pared del saco radular por un ligamento que, como un hilo de pescar, permite al cono mantener el contacto con su presa una vez que esta ha quedado inmovilizada por el veneno. Cuando los dientes ya están maduros, son desplazados de uno en uno al extremo de la trompa al objeto de estar listos para ser expulsados. El tiempo que media entre el contacto de la trompa con la presa y la expulsión del aguijón es de 250 a 300 milisegundos, pero esta última se produce en solo un milisegundo, por lo que se trata del movimiento más rápido conocido en un ser vivo, solo igualado por el cierre de las mandíbulas de las hormigas del género *Odontomachus*. El hecho se debe a la gran presión hidrostática generada en la luz de la trompa por la brusca contracción de las potentes fibras musculares circulares y longitudinales de su pared. De este modo, el veneno es inoculado por un sistema de inyección en el que la trompa sirve como jeringa y el aguijón como aguja a la vez que como arpón que empala y retiene a la presa.

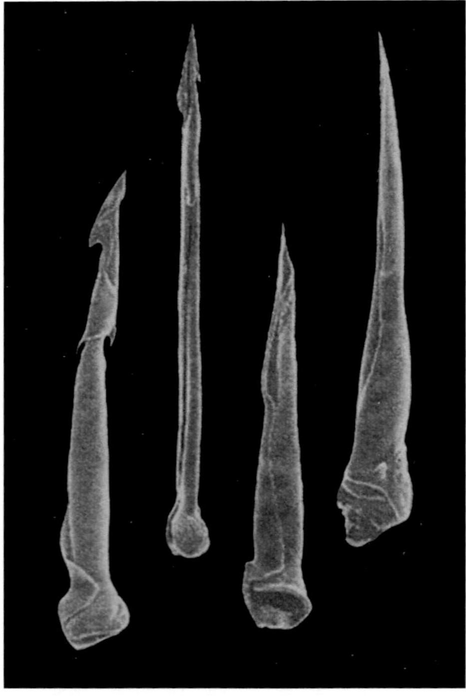

Aguijones de varias especies de conos. (Frida y Harbor Laboratories - Alan J. Khon, Manami Nishi y Bruno Pernet).

Las especies de conos que depredan sobre peces utilizan en cada captura un único aguijón, mientras que las que cazan moluscos y gusanos suelen usar varios, hasta media docena para una misma presa. Por otra parte, los aguijones de las especies piscívoras son largos, tienen hasta 20 milímetros de longitud, y poseen cerca de la punta dos o tres ganchos. En cambio, los de las especies moluscívoras y vermívoras solo miden entre 0´2 y 2´5 milímetros, presentan uno o dos ganchos y unos pequeños dentículos como los de una sierra y tienen además un abultamiento en su base cuya función es la de quedar retenidos en la trompa cuando la presa ha sido arponeada, de forma que el cono pueda sacarla de la arena si se refugia en ella. Una vez paralizada, la presa es succionada en cuestión de instantes por la dilatable trompa. Como carecen de dientes roedores o rasgadores, los conos realizan la digestión con los enzimas de su saliva y su secreción gástrica, absorben la papilla resultante y expulsan por la trompa los restos no

Conus litteratus (ZANZÍBAR).

Conus byssinus (SÁHARA) Y *Conus tessellatus* (INDIA).

digeribles de la presa, un amasijo de espinas y escamas si era un pez, la concha si era un molusco y restos quitinosos si se trataba de un gusano. La digestión de grandes presas les lleva de dos a tres semanas y durante ese tiempo están inactivos enterrados en la arena.

Aunque los conos se desplazan con más rapidez que otros caracoles marinos, precisan paralizar inmediatamente a presas tan veloces como los peces antes de que estos escapen a aguas abiertas o se pierdan entre las anfractuosidades del coral, donde, por rápido que sea, un caracol no podría seguirlos. Lo consiguen gracias a su potente veneno. Este es un fluido amarillento, con un pH ácido y bastante estable a temperaturas tanto altas como bajas. Es elaborado por un tejido glandular que tapiza el conducto de un bulbo o bolsa, donde se almacena y desde donde es impulsado al saco radular a fin de que impregne los aguijones allí almacenados. Su composición es diferente en cada especie de cono, igual que sucede con los venenos de las serpientes. Ello se debe a que no contiene un único principio activo, sino un cóctel de muchos. Cada una de las numerosas especies conocidas de conos posee en su veneno entre cincuenta y doscientos de tales componentes activos, llamados conotoxinas, las cuales son diferentes en cada especie, si bien las que están próximas desde el punto de vista taxonómico tienen algunas comunes. De ello se desprende que existen no menos de 25.000 tipos de conotoxinas.

Químicamente, las conotoxinas son péptidos, es decir, cadenas cortas de aminoácidos, por lo general formadas por entre diez y treinta de ellos. Esto las diferencia de las toxinas de las serpientes, las cuales son proteínas, o sea, cadenas mucho más largas de aminoácidos que además están dotadas de actividad enzimática y son, por tanto, capaces de hidrolizar y desnaturalizar las proteínas de las células. Las conotoxinas carecen de actividad proteolítica, si bien aquellas compuestas por un mayor número de aminoácidos la tienen en pequeña medida y por ello originan cierto dolor e inflamación en el punto de inoculación del veneno. Es el

Conus textile (Bali).

caso de la conodipina, una fosfolipasa similar a la presente en el veneno de las víboras y las avispas. En lo que sí se parecen las toxinas de los conos a las de las serpientes es que solamente son activas cuando son inyectadas. Si se ingieren, el ácido clorhídrico y los enzimas del jugo gástrico las hidrolizan en aminoácidos, los cuales, haciendo realidad la frase popular de «lo que no mata, engorda», se absorben en el intestino delgado como alimento. La inocuidad de ingerir veneno de serpiente fue ya demostrada por Francesco Redi, un médico y naturalista florentino coetáneo de Buonanni y su rival científico. En 1665, Redi bebió una copa de veneno de víbora sin sufrir consecuencia alguna.

Las conotoxinas bloquean el paso de sodio y de potasio en los canales selectivos que para estos iones existen en las membranas de las neuronas y fibras musculares. También bloquean el paso de calcio en las placas motoras o uniones entre nervios y músculos. Es precisamente en este paso por las membranas celulares de dichos iones o átomos dotados de carga eléctrica donde radica la génesis y transmisión del impulso nervioso, cuya naturaleza es asimismo eléctrica y se debe a la diferente concentración que el sodio y el potasio tienen a cada lado de las membranas, dado que el sodio es menos abundante en el interior de las células que en su exterior, al contrario que el potasio. Este desigual reparto

Conus aulicus (Filipinas).

de cargas eléctricas crea una diferencia de potencial a uno y otro lado de las membranas celulares, de forma que la carga es negativa dentro de las células y positiva fuera de ellas. De este modo, las células excitables funcionan como diminutas pilas voltaicas que pueden descargar su potencial eléctrico o recargarlo. A nivel de las placas motoras, la transmisión del impulso nervioso se debe a un cambio en la entrada de calcio por los canales selectivos existentes para dicho ión, lo que libera un neurotransmisor llamado acetil-colina. Pues bien, al bloquear los canales para el paso de los iones citados, las conotoxinas impiden la generación del impulso nervioso en las neuronas, su transmisión a los músculos a través de las placas motoras y la contracción de las fibras musculares. La manifestación de estos hechos es lisa y llanamente la parálisis. Cada tipo y subtipo de conotoxina (ω, μ, κ, α) bloquea de manera específica uno de los muchos tipos y subtipos de canales existentes para los mencionados iones o actúa en una zona de la placa motora: la presinapsis o la postsinapsis. Es por ello que la parálisis causada por el veneno de los conos es multifactorial. Además, en el complejo veneno de estos caracoles existen otros péptidos con efectos adicionales, como la conopresina, que, al contraer las arterias, acelera la difusión por el lecho capilar de las otras conotoxinas, ya de por sí muy rápida debido a su pequeño tamaño molecular.

Los conos piscívoros usan dos tipos de estrategias para cazar peces. Los apodados «pescadores con arpón», como los conos estriado (*Conus striatus*) y mago (*Conus magus*), los arponean y paralizan antes de engullirlos, ya que su veneno contiene ciertas conotoxinas que inducen en los peces una especie de electrocución debida a la hiperexcitación de las fibras musculares, que son tetanizadas, es decir, paralizadas en contracción, a causa de un súbito incremento en el flujo de sodio y de un decrecimiento en el de potasio. De este modo, los peces quedan inmovilizados antes de que actúen las conotoxinas curarizantes, o sea, causantes de parálisis flácida. Por su parte, los apodados «pescadores con nasa», como los conos geógrafo (*Conus geographus*)

Conus striatus (India).

y tulipán (*Conus tulipa*), liberan al agua una nube de su veneno rico en α-conotoxinas, las cuales merman la capacidad sensorial de los peces y causan en ellos un estado de aturdimiento o «efecto nirvana». Después, los conos los engullen con la trompa y los arponean estando ya en el interior de esta. La trompa de los conos piscívoros es tan dilatable que les permite engullir a peces de su mismo tamaño e incluso a pequeñas escuelas de pececillos. Además la abertura de su concha es bastante más amplia que la de especies vermívoras, en las cuales es una estrecha ranura.

Los conos utilizan su formidable potencial venenoso no solo para comer, sino también para defenderse de los predadores, y un submarinista o un colector de conchas se convierte en uno de estos cuando coge un cono o lo toca inadvertidamente. Es por ello que la picadura suele estar localizada en una mano o un brazo, aunque también puede estarlo en la zona pélvica o en la región inguinal si la víctima guardó el caracol en el bolsillo del bañador o en una bolsa sujeta al cinturón de este, ya que los aguijones traspasan la tela. Cuando se manipula uno de estos caracoles debe tenerse en cuenta que la trompa, por donde

Conus geographus (Filipinas). Esta es la especie de cono más frecuentemente implicada en accidentes fatales, según algunos investigadores la única.

Conus magus (Taiwán).

ellos disparan los aguijones venenosos, es muy flexible y puede doblarse para picar un dedo de la persona que, creyéndose segura, tenga sujeto a un cono por la concha. Si bien los accidentes son mucho menos frecuentes que los causados por serpientes, se conocen más de un centenar de casos.

Los efectos del veneno de los conos en el hombre varían según la especie. La mayoría de ellas son completamente inocuas y solo causan una fugaz sensación de alfilerazo. Los síntomas de alarma consisten en la aparición, entre unos minutos y pocas horas después de la picadura, de debilidad muscular, adormecimiento de los labios, caída de los párpados y dificultad progresiva para hablar, deglutir y respirar. La muerte puede ocurrir en un plazo de dos a seis horas por parálisis del diafragma y de los músculos respiratorios. Debido a la falta de oxígeno, la víctima entra en un estado de coma cada vez más profundo, experimenta convulsiones, su tez y sus labios adquieren una coloración cianótica y finalmente su corazón se para. La causa de la muerte es pues una parada cardiorrespiratoria. No hay antídoto conocido y el único tratamiento es puramente sintomático y consiste en la ventilación mecánica y en el soporte farmacológico del estado de coma. La elaboración de un suero antivenenoso no es posible, ya que, como las conotoxinas no son proteínas, carecen de capacidad antigénica y no inducen la formación de anticuerpos como hacen los venenos de serpientes cuando les son inyectados a caballos o a otros mamíferos para luego obtener los sueros antiofídicos.

Por la potencia de su veneno, su tamaño, el hecho de que no suele retraerse al interior de la concha al cogerlo como hacen otros conos y su amplia distribución en los arrecifes coralinos del Indopacífico, la especie que causa más accidentes y más graves es el cono geógrafo (*Conus geographus*). Sin tratamiento, la letalidad de su picadura es del 30%, varias veces superior, por tanto, a la de una mordedura de cobra. Los casos mas graves ocurren en niños. También son peligrosos los conos estriado (*Conus striatus*), tulipán (*Conus tulipa*) y ágata (*Conus achatinus*), de distribución parecida a la del cono geógrafo y, como este, piscívoros. Las especies moluscívoras, que suelen tener en su concha dibujos en forma de tiendas de campaña, como los conos textil (*Conus textile*) y áulico (*Conus aulicus*), son bastante menos venenosas. Así lo comprobó el capitán Edward Belcher durante la expedición a Indonesia del *Samarang*, efectuada en 1846. Según el malacólogo Arthur Adams, que iba en el barco como naturalista, el citado marino fue picado en la mano por un cono áulico y dijo haber experimentado una sensación de quemazón parecida a la de aplicar un fósforo encendido a la piel, aunque sin mayores consecuencias. Otras especies moluscívoras y todas las vermívoras son prácticamente inofensivas para el hombre, pese a que algunas, como los conos literato (*Conus litteratus*), leopardo (*Conus leopardus*) y marmóreo (*Conus marmoreus*), alcanzan un palmo de longitud. Los síntomas de la picadura de estos grandes conos son fugaces y similares a los de la picadura de una abeja o una avispa y de momento no hay registrado ningún caso fatal o siquiera grave.

La capacidad venenosa de los conos no fue comprobada científicamente hasta 1955 y ello se constató en el Instituto de Biología

De arriba a abajo: *Conus marmoreus* y *Conus bandanus* (Filipinas).

Conus omaria (Filipinas).

Conus tulipa (Filipinas) y *Conus geographus* (Mauricio).

Marina de Hawái. Sin embargo, Rumphius ya había citado en *D'Amboinsche Rariteitkamer* un caso fatal por picadura de estos caracoles ocurrido en una esclava de la isla Banda. Según dicho autor, el cono picó a la mujer en una mano y ella sintió que su brazo se adormecía y luego también su cuerpo entero, tras lo cual le sobrevino la muerte. En la segunda mitad del siglo XIX, los malacólogos Reeve y MacGillivray publicaron otros casos de envenenamientos por conos acaecidos a aborígenes de Nuevas Hébridas y a pescadores de perlas de ciertas islas del Indopacífico. Las investigaciones sobre el veneno de estos caracoles se iniciaron en la década de 1970 en la Universidad de Queensland por Bob Endean y colaboradores, pero los mayores descubrimientos al respecto tuvieron lugar durante la década de 1980 en la Universidad de Utah y fueron debidos al investigador filipino Baldomero Olivera.

CAPÍTULO 20
COSTUMBRES SEXUALES EXTRAVAGANTES

La sexualidad de los gasterópodos presenta tantas variaciones como su forma de alimentarse. Para empezar, todos los prosobranquios, con la excepción de los valvátidos y de alguna otra familia, son dioicos o gonocoristas, es decir, que tienen los sexos separados, mientras que los opistobranquios y los pulmonados son hermafroditas. En ciertas especies dioicas existe un significativo dimorfismo sexual que permite reconocer el sexo de cada ejemplar, ya que, en general, las hembras poseen conchas mayores que las de los machos y con las aberturas más amplias, al objeto de facilitarles las puestas. No obstante, también en esto hay excepciones, caso de la ciprea *Umbilia armeniaca*, cuyos machos son, por el contrario, más grandes que las hembras. La diferencia de tamaño entre individuos de diferentes sexos es particularmente ostensible en los terrestres pomatiásidos así como en los marinos litorínidos, estrómbidos y cásidos. Los machos de *Cassis cornuta* no solo tienen conchas bastante más pequeñas que las de las hembras, sino que sus

Cassis cornuta (Filipinas). Esta especie presenta un marcado dimorfismo sexual en su concha. En la parte superior de la fotografía puede verse la concha de un macho y en la inferior la de una hembra.

Viana regina (Cuba). Los ejemplares con una escotadura en el labio de la concha son machos. Los que no la tienen son hembras.

tubérculos son menos numerosos y más prominentes. En los *Lambis* o caracolas araña, las conchas de los machos también son de menor tamaño, están algo más pigmentadas y sus espinas son sólidas y no se incurvan hacia arriba, en tanto que las espinas de las conchas de las hembras son huecas y están algo incurvadas. En los olívidos del género *Olivancillaria*, las conchas de las hembras presentan una muesca en la base del canal sifonal destinada a facilitar el paso del pene de los machos durante los apareamientos. Una muesca con igual objeto, pero en este caso situada en el borde externo de la abertura, es bien ostensible en las conchas de las hembras de los *Viana*, un género de prosobranquios terrestres característico de Cuba.

Crepidula fornicata (España). Esta especie es protándrica, es decir, que los individuos empiezan siendo machos y luego se transforman en hembras.

Algunos prosobranquios experimentan protandria, esto es, un cambio de sexo o hermafroditismo secuencial por el que primero son machos y más tarde se convierten en hembras. El proceso inverso o protoginia no se conoce en ningún gasterópodo. La protandria ocurre en los caliptreidos, en muchas especies de lapas y en otros gasterópodos que también se desplazan poco, caso de los coraliofílidos y de los epitónidos. Se cree que guarda relación con el mantenimiento de una adecuada proporción relativa entre ambos sexos, de forma que algunos machos puedan transformarse en hembras cuando estas faltan o escasean. Es muy probable que el proceso esté controlado por feromonas liberadas por las hembras que inhiben la transformación de los machos. En *Crepidula fornicata*, especie que forma pilas de varios individuos superpuestos, a veces hasta una docena de ellos, los ejemplares de mayor tamaño y que ocupan las posiciones inferiores son siempre hembras, en tanto que los que están en las posiciones superiores, más pequeños, son machos. Entre unos y otros se encuentran formas de transición.

En la evolución de los gasterópodos existe una tendencia al desarrollo de estructuras anatómicas que posibiliten la fertilización interna y con ello el ahorro de espermatozoides y huevos. Por eso, los machos de los clados más modernos tienen pene. Debido al proceso de torsión, dicho órgano, al igual que el gonoporo o poro genital de las hembras, se halla situado en un lugar un tanto extraño desde la óptica de la anatomía humana: la cabeza, en concreto la zona localizada inmediatamente por detrás de la base del tentáculo derecho.

La fecundación de los arqueogasterópodos es siempre externa, ya que carecen de órganos copuladores. En estos primitivos gasterópodos no hay separación entre los conductos urinario y reproductor, pues este último desemboca en el conducto renopericárdico, o en el uréter en las familias más evolucionadas. Las hembras emiten señales químicas en forma de feromonas, a las que los machos responden liberando espermatozoides al agua a través del poro urinario, ubicado en la cavidad paleal. Esto es a su

Tectus triserialis (Filipinas).

vez un estímulo para que las hembras liberen de la misma manera sus huevos, cuya fertilización ocurre por tanto en el seno del agua. Las lapas del género *Acmaea* y la mayoría de los tróquidos, que son los arqueogasterópodos más avanzados, retienen los huevos en la cavidad paleal a fin de protegerlos e incubarlos hasta que se produzca la eclosión de las larvas.

Por su parte, la fecundación de los neogasterópodos es interna, es decir, mediante cópula. Los clados situados entre ellos y los arqueogasterópodos, antiguamente englobados en el orden mesogasterópodos, presentan variaciones en la forma de reproducirse que van desde la fecundación externa a verdaderas cópulas, como ocurre en los litorínidos, cuyos machos poseen pene. Los machos de los vivipáridos carecen de él, pero su tentáculo derecho se ha acortado y ha adquirido forma de maza para transformarse en un protopene. Muchos neogasterópodos y mesogasterópodos presentan un pseudohermafroditismo consistente en que cada sexo está provisto de los órganos genitales del otro, si bien una gónada, por lo general la femenina, es la dominante pese a que el individuo tenga un pene más o menos desarrollado. Los machos de varias familias de mesogasterópodos, en concreto los turritélidos, epitónidos, ceritiópsidos y jantínidos, carecen de pene, pero realizan unas pseudocópulas en las que el material genético es transferido en unos casos en forma de espermatóforos o paquetes de espermatozoides y en otros como espermatoceugmas, esto es, espermatozoides modificados

Recluzia lutea (Puerto Rico).

que contienen miles de espermatozoides normales y pueden nadar una distancia significativa en busca de los oviductos de las hembras. Tal forma de reproducirse les es muy útil a los jantínidos, ya que pasan su vida flotando a la deriva en una balsa de burbujas atrapadas en moco. Estos caracoles pelágicos son hermafroditas secuenciales y de adultos siempre hembras. En un género afín y asimismo pelágico llamado *Recluzia*, los machos juveniles viven aferrados a una hembra constructora de balsas antes de independizarse y convertirse también en hembras. Este comportamiento beneficia a ambos sexos, ya que aumenta mucho sus posibilidades de reproducirse.

A diferencia de la mayoría de los arqueogasterópodos, que liberan sus huevos al agua y de ellos eclosionan unas larvas libres que deben buscar su sustento, los neogasterópodos y mesogasterópodos fijan sus huevos a sustratos duros, en unos casos envueltos en masas gelatinosas que suministran alimento a los embriones, y en otros dentro de unas cápsulas rígidas que los protegen. La porción superior del oviducto de las hembras está especializada en segregar el vitelo o material nutritivo alrededor de los huevos, y la porción inferior en encapsularlos con el vitelo. Las cápsulas ovígenas pueden ser simples y contener un único huevo, caso de las de casi todos los nasáridos, o bien estar agrupadas y contener más de mil, como las de los busicones.

El número de huevos guarda relación con el grado de protección que las hembras los dan. Los conos y los buccínidos producen cientos de miles e incluso millones. Tal cantidad no implica la eclosión de todos; solo unos pocos desarrollan embriones que al eclosionar devorarán a los demás. Por el contrario, las cipreas producen pocos huevos pero cuidan de ellos. Tras adherirlos a las anfractuosidades de las rocas o de los corales a fin de ocultarlos, los mantienen limpios y los cubren con el pie para tenerlos protegidos de los peces, tarea en la cual participan tanto las hembras como los machos. Las hembras de los tritones o caracoles trompeta también protegen sus puestas y mantienen su cuidado durante varias semanas. Las neptúneas las transportan en las aberturas de las conchas, en tanto que los clánculos y las arquitectónicas lo hacen en los amplios y profundos ombligos de las suyas, donde los huevos se mantienen en posición cubiertos por una película de moco.

El aspecto de las puestas es muy diferente en cada familia. Las de las litorinas y neritas tienen la apariencia de masas gelatinosas adheridas a las piedras o a las algas. Las de los estrombos son cordones tubulares que pueden alcanzar una longitud de más de veinte metros y contener casi medio millón de huevos. Las de los doridáceos y otros nudibranquios conforman delicadas cintas y cenefas vistosamente coloreadas. Las náticas aglutinan con moco miles

Puesta de una litorina.

Puesta de una nática.

Puesta de un cono. (Kevin Lee).

Puesta de un busicón. (Amy Tripp).

de huevos y granos de arena para formar unas estructuras con aspecto de collares aplanados. Los conos producen unas cápsulas sésiles y pedunculadas que cementan a la cara inferior de las piedras. Las puestas de los busicones tienen forma de torta y están agrupadas en ristras unidas entre sí por un cordón mucoso cuyo extremo se halla fijo a una piedra. Los husos superponen las suyas en grandes masas comunales.

De los huevos fertilizados se originan unas larvas con forma de trompo o peonza llamadas trocóforas. Este tipo de larvas no es exclusivo de los gasterópodos, ya que también las presentan algunos artrópodos y gusanos. Se trata de pequeños balones de células con un diámetro de 0'1 milímetro y rodeados en su cintura o línea ecuatorial por una o dos bandas de cilios que les permiten nadar. En uno o dos días, las larvas trocóforas se transforman en otro tipo de larvas más avanzadas denominadas velígeras. Estas poseen una tenue concha embrionaria o protoconcha segregada por la piel del dorso, unos esbozos de pie, manto, cavidad paleal, branquias y rádula, y un órgano natatorio denominado velo, que consiste en dos lóbulos provistos de cilios. Tras experimentar el proceso de torsión, las larvas velígeras son ya capaces de retraerse a sus protoconchas.

Según su manera de alimentarse, las larvas pueden ser lecitotróficas o planctotróficas. En el primer caso se nutren del vitelo del huevo o de los huevos nutricios accesorios, mientras que en el segundo lo hacen del fitoplancton, en el cual nadan libremente. El tipo de desarrollo larvario de una especie puede inferirse del examen con una lupa binocular de su protoconcha. Las especies con desarrollo lecitotrófico tienen protoconchas grandes, bulbosas y con pocas espiras, una o una y media por lo general, en tanto que las protoconchas de las especies con desarrollo planctotrófico son pequeñas y tienen dos o más espiras.

En los arqueogasterópodos más primitivos, tanto la fase larvaria trocófora como la velígera tienen lugar dentro los huevos. Los arqueogasterópodos evolucionados producen larvas velígeras libres, si bien fugaces, ya que en pocos días se transforman en diminutos individuos juveniles que se asientan sobre las rocas. En las especies coloniales como las lapas, el asentamiento de las larvas está probablemente

Mitra mitra (Filipinas). La amplia distribución geográfica de esta especie a lo largo de todo el Indopacífico tropical se debe a que sus larvas tienen una fase planctónica muy larga.

inducido por señales químicas que los adultos liberan para estimular a aquellas a unirse a la colonia. Por el contrario, la fase velígera de las larvas de casi todos los neogasterópodos se prolonga hasta que, por tropismo, estas se instalan en el hábitat idóneo. Antes pueden viajar grandes distancias llevadas por las corrientes, lo cual explica la amplia distribución geográfica que tienen muchas especies marinas. Cuanto más larga sea la fase planctónica de una especie, más extensa será su área de distribución. Es, por ejemplo, el caso del tritón nodoso (*Charonia lampas*), cuyas larvas pasan tres meses o más en fase velígera, o el de la mitra episcopal (*Mitra mitra*), extendida por todo el Indopacífico tropical desde la costa oriental de África a las islas Galápagos. Con todo, hay especies con desarrollo intracapsular cuyas áreas de distribución geográfica son tan extensas como otras especies que producen larvas planctónicas. El hecho se explica por un mecanismo alternativo de dispersión de los huevos, que pueden viajar largas distancias adheridos a fragmentos de algas arrancados por los temporales y transportados luego por las corrientes.

No es infrecuente que especies de una misma familia tengan estrategias diferentes para dispersar sus huevos. Así, el hidróbido *Peringia ulvae* produce larvas planctotróficas, pero las de *Ecrobia ventrosa* son lecitotróficas. De las especies de litorínidos presentes en las costas europeas, *Melaraphe neritoides* libera en las grandes mareas vivas unas cápsulas ovígenas flotantes. Aunque esta especie vive en las rocas situadas por encima de la pleamar, su estrategia reproductiva es idéntica a la de *Littorina littorea*, que habita en la zona mesolitoral y también produce una cápsulas pelágicas de las que en pocos días emergen larvas velígeras. Por el contrario, *Littorina obtusata* pone sus huevos en masas gelatinosas que adhiere a las algas sumergidas; las larvas pasan luego los estadios trocóforo y velígero en el interior de los huevos y en tres semanas emergen ya totalmente transformadas en caracoles juveniles. Por último, *Littorina saxatilis* es ovovivípara, o sea, que retiene los huevos dentro de su cuerpo hasta el nacimiento de las crías.

Cápsulas ovígenas de la voluta *Adelomelon brasiliana* arrastradas por el oleaje a una playa. (Fabrizio Scarabino).

En los marginélidos y en algunas especies de cipreas, volutas, neptúneas y conos, la fase larvaria acaece en el interior de los huevos, de forma que de estos eclosionan diminutos caracoles que no nadan sino que reptan. De estas especies se dice que tienen desarrollo directo. La ausencia de larvas planctónicas motiva que las especies con este tipo de desarrollo tengan áreas de distribución geográficas muy reducidas, de las cuales son endémicas, igual que les ocurre

De izquierda a derecha: *Cipangopaludina chinensis* (China) y *Sinotaia guangdungensis* (Vietnam). Como todos los vivipáridos, estas especies retienen en su interior los huevos fecundados y paren crías vivas.

Conus genuanus (Cabo Verde).

Conus atroalbatus (Cabo Verde).

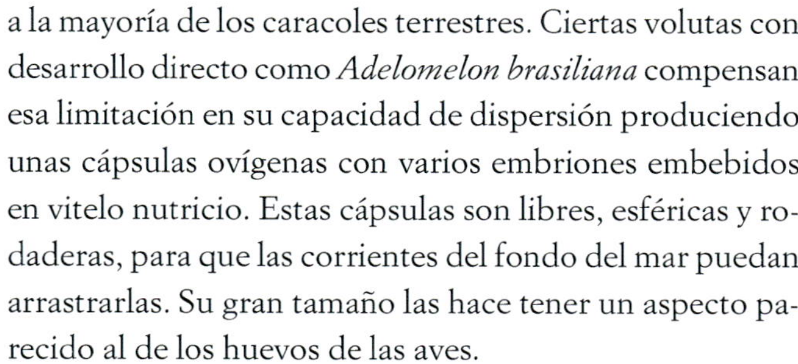

a la mayoría de los caracoles terrestres. Ciertas volutas con desarrollo directo como *Adelomelon brasiliana* compensan esa limitación en su capacidad de dispersión produciendo unas cápsulas ovígenas con varios embriones embebidos en vitelo nutricio. Estas cápsulas son libres, esféricas y rodaderas, para que las corrientes del fondo del mar puedan arrastrarlas. Su gran tamaño las hace tener un aspecto parecido al de los huevos de las aves.

Al ser un obstáculo para la dispersión, el desarrollo larvario directo induce un aislamiento en las poblaciones de gasterópodos marinos que propicia los procesos de diversificación y radiación adaptativa. Un caso paradigmático de ello, superponible al ocurrido en ciertos géneros de caracoles terrestres insulares como *Naesiotus* de las islas Galápagos o *Partula* de Polinesia, lo han protagonizado los conos de Cabo Verde. Se han descrito 53 especies de ellos exclusivas de dicho archipiélago, algunas restringidas a una isla e incluso a una única bahía. Todas tienen desarrollo directo, a diferencia de las pocas no endémicas que también se encuentran en Cabo Verde, como *Conus genuanus* y *Conus pulcher*, las cuales producen larvas planctónicas y por ello ocupan un rango geográfico mucho más amplio que incluye las Canarias y parte de la costa occidental de África. Un estudio de la secuencia del ADN ha revelado que todas las especies de conos endémicas de Cabo Verde proceden de solo dos especies ancestrales. Lo que de momento se ignora es si el motor del proceso de diversificación ha sido la selección sexual o la adaptación a diferentes tipos de hábitats o de presas.

Muy pocas especies de gasterópodos tienen la capacidad de reproducirse mediante partenogénesis o reproducción virginal, consistente en que las hembras producen huevos fértiles a pesar de no haber sido fecundados previamente por los machos. Este notable hecho ocurre en las babosas del género *Deroceras* y en algunos prosobranquios de agua dulce, caso de *Melanoides tuberculata* y de otras especies de tiáridos, del vivipárido *Campeloma rufum* y del hidróbido *Potamopyrgus antipodarum*. El último es un diminuto caracol de Nueva Zelanda que, gracias a tan singular estrategia reproductiva y a su pequeño tamaño, el cual le permite ser transportado por las aves acuáticas, ha colonizado muchas partes del mundo, dado que una sola hembra es capaz de originar una ingente población. Los machos solo se han encontrado en muy contadas ocasiones. Aparte de partenogenéticas, las hembras de *Potamopyrgus antipodarum* son ovovivíparas, es decir, que retienen los huevos en su cuerpo hasta que se produce la eclosión de las larvas.

Aplustrum amplustre (Rodríguez). Al igual que otros opistobranquios, se trata de una especie hermafrodita.

El ovoviviparismo también ocurre en otros gasterópodos marinos, dulceacuícolas y terrestres, caso de ciertas litorinas, de las volutas del género *Cymbium* y de los ciclofóridos, planáxidos, tiáridos y vivipáridos, familia esta última cuyo nombre hace precisamente referencia a esa característica. Cuando se examinan conchas de vivipáridos muertos por desecación no es infrecuente hallar en su interior un gran número de conchas diminutas, las de las crías que no llegaron a nacer. En estos caracoles, la retención de los huevos tiene lugar en el oviducto, que sirve por tanto de útero. Las hembras de los tiáridos y planáxidos disponen al efecto de una invaginación de dicho órgano situada en la región cefálica, el marsupio o bolsa incubatriz, donde se desarrollan simultáneamente varios embriones hasta que alcanzan el tamaño suficiente para eclosionar. Esta es la razón de que a los tiáridos se les conozca por el apodo de «caracoles canguro». La finalidad del ovoviviparismo es impedir que los huevos sean depredados por los peces y otros animales. Además, los pocos pulmonados terrestres que son ovovivíparos, caso de *Alinda biplicata* y de algunos otros clausílidos, pueden gracias a este comportamiento colonizar hábitats rupícolas, dado que en las paredes rocosas no es posible enterrar las puestas para protegerlas e impedir su desecación como hacen la mayoría de los caracoles terrestres.

Los opistobranquios son casi todos hermafroditas y su fertilización es interna, o sea, mediante cópula. Tienen además pautas sexuales muy variadas, en gran parte aún desconocidas y en algunos casos un tanto extravagantes. Por ejemplo, los aplísidos o liebres marinas suelen practicar acoplamientos múltiples en los que forman cadenas de hasta una decena de individuos, cada uno de los cuales se comporta como macho en relación con el que le precede y como hembra para el que le sigue. Los *Limapontia* y otros géneros afines inyectan los espermatozoides a su pareja a través de la piel, la cual perforan usando el pene como estilete; los espermatozoides se abren camino en el cuerpo hasta encontrar los óvulos y fertilizarlos. Los del

De izquierda a derecha: *Megalobulimus granulosus* (Brasil) y *Porphyrobaphe iostoma* (Chile). Como todos los pulmonados, son especies hermafroditas.

género *Siphopteron* tienen un pene de dos puntas; por una de ellas transfieren los espermatozoides en el tracto genital femenino de su pareja y por la otra inyectan a esta entre los ojos un fluido prostático que se cree sirve para aumentar la capacidad de fertilización o para inhibir la capacidad del esperma de las parejas previas. Los pterópodos son en su mayoría hermafroditas protándricos, es decir, que empiezan siendo machos pero luego se convierten en hembras. Al principio de la estación reproductora, cuando solo hay machos, estos se aparean uno con otro intercambiando esperma, el cual almacenan hasta que se transforman en hembras. Estas liberan luego masas de huevos flotantes fertilizados con el esperma del macho con el cual se aparearon cuando también lo eran. Los pterópodos del género *Hydromeles*, por el contrario, son vivíparos y tienen una cámara de incubación que estalla para dejar libres a las crías, lo que causa la muerte de su progenitor.

Los pulmonados son también hermafroditas, por lo que cada individuo posee pene y vagina y produce tanto espermatozoides como óvulos en un órgano genital mixto denominado ovoteste. La reunión de ambos sexos en un mismo individuo facilita los encuentros reproductivos en criaturas tan lentas y dotadas de tan poca movilidad como son los caracoles terrestres y las babosas. No obstante, el hermafroditismo no implica necesariamente la producción simultánea de espermatozoides y óvulos, ni que las cópulas sean siempre recíprocas. El grado de masculinización varía individual y temporalmente, por lo que un individuo puede actuar en un encuentro sexual como hembra y en otro como macho. En una misma población es posible hallar ejemplares eufálicos o con un pene bien desarrollado, hemifálicos o con dicho órgano poco desarrollado y afálicos o carentes de él. En los pulmonados también ocurre la autofecundación y, aunque la reproducción cruzada siempre tiene preferencia, aquella es habitual en géneros como *Vertigo* cuando concurren determinadas circunstancias, caso de poblaciones reducidas a unos pocos individuos que han logrado sobrevivir al invierno.

Cópula de *Limax maximus*. (T. Hiddesen).

De izquierda a derecha: *Rumina decollata* (España) y *Rumina saharica* (Grecia).

La cópula de los pulmonados suele durar varias horas y puede repetirse poco después. El cortejo se inicia con múltiples y delicados contactos bucales y tentaculares previos a la inserción del pene de cada uno de los dos individuos en el atrio o poro genital de su pareja, órganos ambos que, como ocurre en otros gasterópodos, están situados por detrás de la base del tentáculo derecho, o de la del tentáculo izquierdo si se trata de especies siniestras. Este hecho anatómico plantea el problema de encontrar una posición adecuada para la cópula. En las especies provistas de conchas heliciformes, esta tiene lugar con ambos miembros de la pareja enfrentados y con sus pies en posición vertical respecto al suelo; en las especies con conchas turriculadas, la cópula se produce con un miembro de la pareja encaramado a la concha del otro.

Durante la cópula, cada individuo transfiere al otro sus espermatozoides en forma de una masa de consistencia gelatinosa, o, en algunas familias, de un espermatóforo, es decir, un paquete de espermatozoides envueltos en una cubierta córnea o calcárea. Esta cubierta suele estar ornamentada con espículas, denticulaciones, costulaciones y relieves exclusivos de cada especie. Incluso especies muy emparentadas muestran grandes diferencias en la ornamentación de sus espermatóforos, lo que tiene como finalidad evitar apareamientos extraespecíficos estériles.

El aparato genital de los pulmonados es un tanto complejo. Los huevos y el esperma son producidos en una gónada mixta llamada ovoteste. Desde aquí viajan por un conducto genital común, el canal hermafrodita, hasta la glándula de la albúmina, la cual está encargada de dotar a los huevos de esa proteína para que los embriones se alimenten de ella. Huevos y esperma siguen luego caminos diferentes. Los primeros pasan al oviducto, el cual desemboca en una vagina que se abre al exterior por el atrio o poro genital. La vagina está provista de varias estructuras anejas a ella denominadas glándulas del moco, estilóforo o saco de los dardos, espermateca o bolsa copulatriz y conducto de la espermateca. Por su parte, el esperma pasa al espermiducto, el cual se continua en el vaso deferente y este en el epifalo, que está provisto de un apéndice ciego llamado flagelo y que termina en el falo o pene, el cual puede ser evertido al atrio por la presión de la hemolinfa y retraído

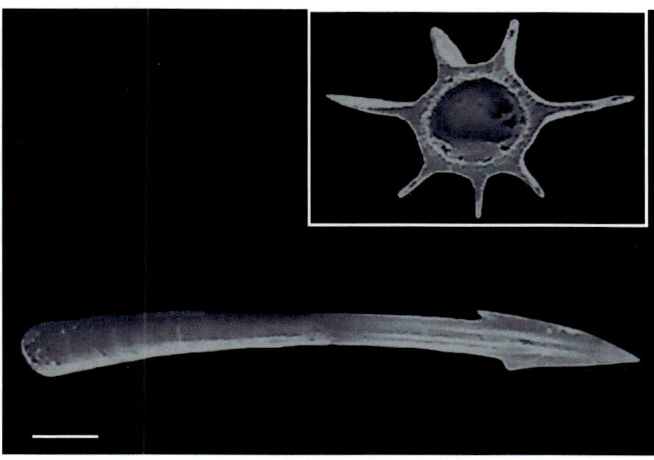

Dardo amoroso del higrómido *Monachoides vicinus* y sección del mismo. La línea horizontal que sirve de escala representa 0'5 mm. (Joris M. Koene y Hinrich Schulenburg).

Ilustración de Frederick Polydore Nodder para *The Naturalist's Miscellany*, obra publicada en 1789. Muestra de forma un tanto idealizada a dos caracoles comunes o de jardín (*Cornu aspersum*) lanzándose dardos amorosos.

por la acción de un músculo retractor. Los espermatóforos intercambiados durante la cópula pasan a la antes citada espermateca o bolsa copulatriz, que es un divertículo de la vagina. Allí, su cubierta es digerida por unos enzimas proteolíticos que liberan los espermatozoides, los cuales son almacenados hasta que se produce la ovulación. Aunque esta puede demorarse un año o incluso más tiempo, por lo general la puesta de los huevos fertilizados tiene lugar a los quince días de haberse producido el apareamiento.

Las estructuras genitales de los pulmonados no son solo complejas desde el punto de vista anatómico; también son muy específicas, lo que evita las cópulas entre miembros de especies afines cuyas áreas de distribución geográfica se solapan. Es por ello que el examen de la genitalia se usa para distinguir especies tan parecidas que no pueden diferenciarse bien por el examen o la biometría de las conchas. Así, las diferentes especies de babosas europeas del género *Arion* se diferencian sobre todo por el tamaño de sus atrios y las longitudes de sus oviductos, ya que *Arion rufus* posee un atrio mayor que *Arion ater*, y el de este es a su vez mayor que el de *Arion lusitanicus*. El caso de los *Rumina* también es ilustrativo. La especie *Rumina saharica* fue descrita inicialmente como una forma grácil de *Rumina decollata* nativa de Grecia, Turquía y las islas del Egeo. En el norte de África, ambas especies son simpátricas, posiblemente por introducción accidental de la primera de ellas durante la colonización de la región por los fenicios y los romanos. El hecho de que no se hallaran individuos con características intermedias y la existencia de ciertas diferencias en la biometría de las conchas hicieron sospechar que se trataba de especies distintas, y así se comprobó con el examen comparativo de sus genitalias. Los penes de una y otra especie solo pueden acoplarse con las vaginas conespecíficas, dada su diferente longitud y la presencia en su superficie de rugosidades y espículas que, como si de llaves y cerraduras se tratara, encajan en las lamelas y protuberancias de las vaginas de los miembros de la misma especie. Los endodóntidos, los higrómidos y muchas babosas también poseen estructuras genitales estimuladoras cuyas diferencias de forma y textura evitan la cópula entre especies afines. En otras familias, el reconocimiento sexual intraespecífico se logra mediante pautas de cortejo elaboradas, como ocurre en los limácidos.

Cuando dos pulmonados están copulando, no es fácil separarlos aunque se tire de ellos en sentido opuesto, sobre

De izquierda a derecha: *Cepaea hortensis* (Inglaterra), *Cepaea nemoralis* (España) y *Cepaea vindobonensis* (Austria).

todo en las especies provistas de falos rugosos o espinosos que no pueden ser extraídos en estado de erección sin provocar desgarros. Por ello son muy vulnerables cuando se aparean. La babosa gris europea (*Limax maximus*) minimiza los riesgos copulando suspendida de un largo filamento de moco seco que ambos miembros de la pareja segregan tras fijarlo a una rama o a un saledizo rocoso. Luego, los penes de ambos individuos, que son prensiles, se estiran buscándose en el aire y se entrelazan desde sus extremos. A medida que los espermatóforos descienden por ellos, los penes siguen trenzándose y alargándose hasta alcanzar una longitud de sesenta centímetros, incluso ochenta en otras especies del mismo género. Cuando los espermatóforos llegan al extremo de los penes, estos se acortan y aquellos son intercambiados e izados hasta los orificios genitales. Una vez finalizada la cópula, ambas babosas se dejan caer al suelo o bien regresan a su posición previa comiéndose los cordones mucosos que las tenían suspendidas en el aire, a salvo de los predadores.

En la fase final del cortejo, justo antes de la emisión del espermatóforo, algunas especies de pulmonados le clavan a su compañero sexual un dardo, técnicamente llamado *gypsobelum*. Se trata de un estilete calcáreo muy afilado y de longitud inferior a un centímetro, el cual emerge del atrio o poro genital y es disparado a la carne próxima al atrio de la pareja. El blanco no siempre es perfecto, por lo que a veces ocurre que el dardo atraviesa las vísceras de un miembro de la pareja provocando su ulterior muerte. Nueve de las 65 familias existentes de pulmonados usan estos dardos sexuales, entre ellas los helícidos y los helicariónidos. Los guardan en un saco especial llamado estilóforo o saco de los dardos, cuya brusca contracción y eversión produce que se disparen. Unas especies poseen un único dardo en el estilóforo, otras tienen hasta medio centenar y las hay provistas de varios estilóforos, cada uno de ellos con un par de dardos. La sección de estos últimos es característica de cada especie, lo que una vez más sirve para evitar apareamientos extraespecíficos. Así, los helícidos europeos *Cepaea nemoralis* y *Cepaea hortensis*, que son especies externamente muy parecidas y a menudo cohabitan en los mismos lugares, tienen ambas dardos de sección cruciforme, pero en la última los extremos de la cruz son bífidos.

La razón de tan singular conducta reproductiva, que en términos humanos bien podría calificarse de sadomasoquista, no es bien conocida. La hipótesis de que los dardos aportan el carbonato cálcico necesario para el desarrollo de

Cochlostyla pan (Filipinas).

Helicophanta magnifica (Madagascar). Este caracol pulmonado pone huevos de gran tamaño.

los huevos resulta inconsistente, ya que no suelen mantenerse en el cuerpo de los caracoles mucho tiempo. Recientes investigaciones sugieren que el moco que los recubre contiene una hormona que, al inducir contracciones en el tracto genital femenino, posibilita el acarreamiento del espermatóforo a la espermateca antes de que los enzimas ataquen su cubierta, liberen los espermatozoides y los destruyan. La implantación del dardo sería pues un factor determinante en la transmisión de los genes de un individuo sobre los de otros reproductores, al asegurar la paternidad. En este punto es preciso señalar que los pulmonados son animales promiscuos, ya que suelen aparearse con varias parejas por temporada y las cópulas múltiples tienen lugar en ocasiones.

Se ha sugerido que la ornamentación de las conchas de algunos géneros de caracoles terrestres también podría haber evolucionado por selección sexual, una vez más con objeto de evitar apareamientos extraespecíficos. Esta hipótesis se ha puesto en relación con aquellos taxones diversificados en muchas especies y subespecies que habitan en una misma localidad o en localidades muy próximas, por lo cual las diferencias en sus conchas no pueden atribuirse al entorno ni a la presión de predadores diferentes. Son los casos de ciertos anuláridos de Cuba, de los *Plectostoma* de Borneo y de los clausílidos del género *Albinaria*, el cual incluye alrededor de doscientas especies restringidas a una o unas pocas localidades de Grecia, Creta y otras islas del Egeo y de Asia Menor. En todos los citados caracoles, la cópula tiene lugar con un miembro de la pareja encaramado a la concha del otro, de modo que los receptores táctiles del pie del individuo situado arriba pueden percibir los ribetes y costillas del cérvix o parte dorsal de la última espira de la concha del individuo situado por debajo, y estos son exclusivos de cada especie.

A fin de ocultar sus huevos a los predadores, a la vez que para preservarlos de la desecación, los pulmonados los depositan bajo la hojarasca, en oquedades naturales o en agujeros que excavan mediante movimientos del pie en la tierra reblandecida por un chubasco reciente. Normalmente, la longitud de esos agujeros es de unos pocos centímetros, pero las babosas del género *Testacella*, que tienen costumbres hipogeas, cavan galerías de un metro o más en cuyo extremo depositan sus huevos. Los *Discus* y muchos zonítidos se limitan a poner los suyos de uno en uno sobre el humus o la madera podrida. Las especies arborícolas tienen otras costumbres a este respecto. Los *Liguus*, por ejemplo, bajan siempre al suelo para efectuar las puestas; los *Papuina* las dejan en las axilas de las ramas; los *Calacochlea* y los *Helicostyla*, sobre las hojas, y los *Amphidromus* enrollan una hoja y pegan sus bordes con moco formando un cucurucho en cuyo interior depositan los huevos. En las islas del Pacífico hay un endodóntido llamado *Libera fratercula* que, tras alojar los huevos en el ombligo de su concha, los cubre luego con una formación laminar. Cuando las crías eclosionan, se abren camino al exterior a través del ápice de la concha materna.

Los huevos de los pulmonados terrestres contienen una capa de albumen destinada a la nutrición del embrión y otra más externa de carbonato cálcico que evita su desecación. Sus puestas constan de muchos menos huevos que las de sus parientes marinos, por lo común entre veinte y poco más de un centenar. Los *Helicophanta* de Madagascar y los *Megalobulimus* de Sudamérica ponen muy pocos, pero de un tamaño proporcionalmente enorme. Los de los *Helicophanta* tienen 33 milímetros de longitud, casi el tamaño de un huevo de paloma, y los de *Megalobulimus popelairianus* alcanzan 51 milímetros.

El desarrollo de las larvas de los pulmonados, tanto terrestres como dulceacuícolas, es directo, o sea, que de los huevos eclosionan caracolillos ya formados como tales y provistos de una diminuta concha, la cual harán crecer hasta que lleguen a adultos y puedan también reproducirse, si bien algunas especies como *Theba pisana* son sexualmente maduras cuando la concha solo ha alcanzado la mitad de su desarrollo. Unas especies invierten un año en completar el proceso de crecimiento, en tanto que otras necesitan de dos a cuatro. Para ello, los pulmonados deben superar la alta mortalidad que sufren en las primeras etapas de su vida, motivada por la desecación y el ataque de predadores, parásitos y hongos. Menos de un 5% de los huevos dan lugar a ejemplares adultos.

La expectativa de vida de los gasterópodos difiere notablemente en cada especie. La mayoría de los pulmonados de pequeño tamaño solo viven un año o poco más; los *Helix* y las babosas del género *Arion* llegan a vivir de dos a cuatro, los *Liguus* y *Achatina* de cinco a ocho, los *Megalobulimus* quince, y los *Powelliphanta* veinte. Si nos referimos a las especies marinas, los nudibranquios no suelen vivir más de un año, pero las lapas, las litorinas, los grandes tritones y algunas cipreas son bastante más longevas; su expectativa de vida es de cinco a quince años. El metabolismo enlentecido de ciertas especies que viven en aguas frías y profundas permite que lleguen a los cincuenta. No obstante, en ningún gasterópodo se ha constatado la asombrosa longevidad de ciertos moluscos bivalvos que también habitan en aguas frías, caso de *Margaritifera margaritifera*, que en los ríos de Laponia llega a vivir doscientos años, o de *Arctica islandica*, una almeja del mar del Norte de la que se han pescado ejemplares de más de cuatrocientos.

CAPÍTULO 21
EL CASO DE LOS CARACOLES SINIESTROS

ESTE GRABADO DE REMBRANDT REPRESENTA UNA CONCHA DE *Conus marmoreus* INVERTIDA A CAUSA DEL PROCESO DE IMPRESIÓN DE LA PLANCHA.

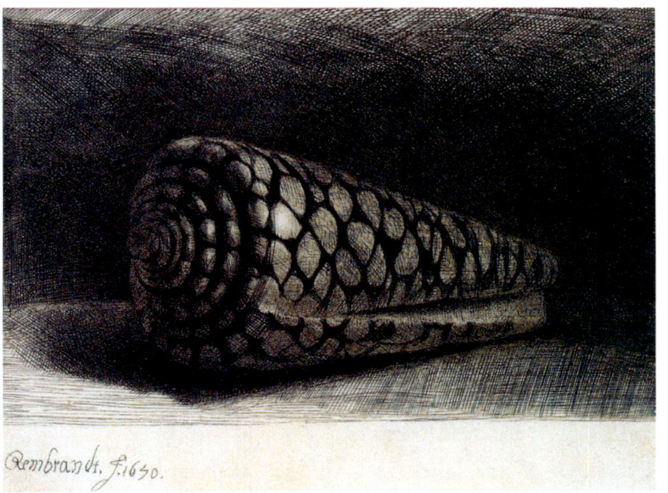

En los animales dotados de simetría bilateral, como los vertebrados o los insectos, ambas mitades del cuerpo, derecha e izquierda, son especulares, si bien no por completo, ya que en su organización interior subyace una cierta asimetría. Esta es responsable, por ejemplo, de que los seres humanos tengamos el hígado en el lado derecho y el estómago en el izquierdo. Los caracoles, sin embargo, son el paradigma de la asimetría, ya que no tienen simetría bilateral ni tampoco radial. La inmensa mayoría de ellos poseen conchas de arrollamiento diestro u horario, es decir, que sus espiras crecen en el sentido de las agujas del reloj, de modo que la abertura de la concha queda a la derecha cuando el ápice de esta se coloca arriba. Las raras excepciones a este hecho han fascinado siempre a los malacólogos y coleccionistas. Esas pocas especies siniestras o sinistrorsas, o sea, con conchas de arrollamiento antihorario, tienen también los órganos anatómicos impares, como la branquia, el riñón y el orificio genital, dispuestos al otro lado del que ocupan en las especies diestras o dextrorsas.

La característica de un objeto de no ser superponible a su imagen especular se conoce como «quiralidad», palabra procedente del griego *queir*, que significa «mano». Pese a que una abrumadora mayoría de las conchas son de quiralidad diestra, los primeros libros sobre ellas las representaron *sinistra expressis*, una consecuencia del proceso especular de impresión de los grabados. Este error, tan evidente para un malacólogo como para cualquier persona ver letras invertidas, no lo es tanto para quien no tiene costumbre de examinar conchas. Se sigue produciendo alguna que otra vez en las fotografías que se publican de ellas, para disgusto de los autores. En un artículo titulado *Mentes rectas y caracoles siniestros*, el malacólogo y divulgador científico Stephen Jay Gould concluía que los autores de los primeros libros sobre conchas eran conscientes del error, pero no le daban importancia. Cabría añadir que por el mismo motivo que no se la damos a ver nuestra imagen reflejada en un espejo a sabiendas de que es especular, y también porque en aquella época apenas se conocían especies siniestras. Un

De arriba a abajo: *Neptunea contraria* (España) y *Neptunea antiqua* (Noruega). Dos especies del mismo género de las que la primera es siempre siniestra y la segunda diestra.

Turbonilla circumlata (Ghana). Obsérvese la protoconcha hiperestrófica de esta pequeña especie. (Jesús Méndez - SEM Universidad de Vigo).

aguafuerte de Rembrandt muestra invertida la concha de un cono marmóreo (*Conus marmoreus*); sin embargo, no están invertidas la fecha ni la firma, que Rembrandt tuvo buen cuidado en grabar de forma especular. El mismo error fue repetido tres siglos más tarde por el también grabador holandés Maurits Cornelis Escher al representar la concha de un cono leopardo (*Conus leopardus*).

De las más de 70.000 especies conocidas de gasterópodos vivientes y 15.000 fósiles, muy pocas son siniestras, menos del 1%. De las marinas lo son el tróquido *Sinutor incertus*, los fascioláridos *Fusinus maroccensis* y *Fusinus gallagheri*, los buccínidos *Pyrulofusus deformis*, *Antistreptus contrarius*, *Antistreptus reversus*, *Antistreptus magellanicus*, *Neptunea contraria*, *Neptunea laeva*, *Busycon contrarium* y *Sinistrofulgur perversum*, los túrridos *Sinistrella sinistralis*, *Antiplanes catalinae* y *Antiplanes vinosa*, el elóbido *Blauneria heteroclita*, el ceritiópsido *Sasamocochlis sasamorii* y todos los trifóridos salvo los del género *Metaxia*. También se conocen algunas especies fósiles siniestras, caso de *Terebra inversa* del Mioceno de Europa, de *Contraconus adversarius* y *Contraconus osceolai* del Plioceno y Pleistoceno del este de Estados Unidos y del epitónido *Arcisa antarctodelicata* del Eoceno de la Antártida.

En lo que respecta a los caracoles de agua dulce, solo los físidos y los planórbidos son aparentemente siniestros. Los ampuláridos del género *Lanistes* tienen conchas siniestras, pero, sin embargo, sus cuerpos son diestros. Esto se debe a un fenómeno llamado hiperestrofia, nada fácil de explicar. Consiste en que el eje de arrollamiento de la espiral de la concha se invierte, por lo cual esta no crece hacia el extremo anterior sino hacia el posterior. El resultado es una concha pseudosiniestra, es decir, diestra pero con apariencia de siniestra. Para entenderlo mejor, imaginemos la réplica en plastilina de una concha a la que presionamos con un dedo desde el ápice hacia la abertura. Llegará un momento en que la espiral se hará plana, pero, si seguimos presionando, el ápice se colocará al otro lado de la abertura de donde originalmente estaba. Una fase intermedia de este proceso se encuentra en la concha de otro ampulárido conocido como caracol cuerno de carnero (*Marisa cornuarietis*). Su concha, aplanada y parecida a la de los

Amphidromus palaceus (Java). Este caracol terrestre presenta dimorfismo biquiral. Aquí pueden verse dos ejemplares siniestros y uno diestro.

planórbidos, es diestra a diferencia de las de estos, aunque salvo en los géneros *Bulinus* y *Amerianna*, no parezca serlo, ya que los planórbidos también tienen conchas hiperestróficas, pero en su caso pseudodiestras. La hiperestrofia se produce asimismo en las protoconchas o conchas larvarias de los arquitectonícidos, piramidélidos, matíldidos y elóbidos, y en las conchas definitivas de los opistobranquios pelágicos *Limacina* y *Peracle*, que son neoténicos, es decir, que conservan de adultos los caracteres del estado larvario.

De los pulmonados terrestres tienen conchas siniestras casi todos los clausílidos y diversas especies de los géneros *Vertigo*, *Pycnoptychia*, *Sagracoptis*, *Pfeifferocoptis*, *Apoma*, *Archachatina*, *Columna*, *Jaminia*, *Chondrus*, *Mastus*, *Drymaeus*, *Achatinella*, *Partulina*, *Newcombia*, *Laminella*, *Partula*, *Endothyrella*, *Satsuma*, *Ariophanta*, *Dyakia*, *Bertia*, *Camaena*, *Anceyoconcha*, *Bradybaena*, *Stegodera* y *Euhadra*. Así, de las 22 especies del último género citado, cinco son siniestras. Además hay especies con dimorfismo biquiral, o sea, que unos ejemplares son diestros y otros siniestros. Esto ocurre en los *Amphidromus* del sudeste de Asia, con 28 especies dimórficas de un total de 36, y en otros géneros arborícolas como *Corona* de Sudamérica, *Partula* de Polinesia y *Partulina* y *Achatinella* de Hawái. En *Amphidromus martensi* de Borneo, el 50% de los ejemplares son siniestros. En *Liguus vittatus* de Cuba y en *Corona perversa* de Perú y Ecuador, lo son el 90%. A veces la biquiralidad aparece solo donde una población diestra se solapa con otra siniestra, como sucede en *Amphidromus perversus* y en *Partula suturalis*.

En los clausílidos, se conocen raros ejemplares diestros de especies habitualmente siniestras como son *Alinda biplicata*, *Cochlodina laminata* y *Albinaria cretensis*. También se conocen subespecies diestras de especies siniestras, caso de *Leucostigma candidescens convertita*. Además hay especies diestras estrechamente emparentadas con otras siniestras, de las que parecen imágenes especulares. Son los casos de *Alopia livida* y *Alopia straminicollis* y de *Alopia fussi* y *Alopia nixa*, cuatro especies endémicas de los Cárpatos rumanos, aunque rara vez coinciden unas y otras en la misma zona. Lo mismo ocurre en *Incaglaia dextroversa* e *Incaglaia adusta*, de Sudamérica. Por último, también hay especies diestras de clausílidos que no están emparentadas con ninguna especie siniestra, caso de las del género *Oospira*. Los cuatro grupos descritos se interpretan como diferentes estadios del cambio evolutivo de una especie hacia la dextralidad.

Pero, para complicar aún más las cosas, aparte de especies diestras y siniestras, pseudodiestras y pseudosiniestras y dimórficas o biquirales, existen mutantes siniestros de las especies diestras y mutantes diestros de las siniestras. En el hombre puede producirse una alteración similar llamada *situs inversus viscerum*. Este trastorno genético, habitualmente asintomático y que por ello no suele detectarse salvo en pruebas médicas o actos quirúrgicos inducidos por otros

Grandinenia fuchsi (China). De las muy numerosas especies de clausílidos, unas 1.300 vivientes descritas, prácticamente todas son siniestras.

Volvarina philippinarum (Filipinas). El ejemplar de la izquierda es un individuo normal o diestro; el de la derecha es siniestro.

Cymbiola vespertilio (Filipinas). Dos raros ejemplares siniestros.

motivos, afecta a una de cada 10.000 personas y consiste en la transposición de ciertos órganos al otro lado del cuerpo del que suelen ocupar, de modo que el corazón se sitúa a la derecha y el apéndice a la izquierda.

Se han descrito mutantes siniestros de los helícidos *Helix pomatia, Cornu aspersum, Iberus gualtieranus, Otala punctata, Eobania vermiculata* y *Cepaea nemoralis*. En la región de Génova, uno de cada 3.000 ejemplares de *Helix pomatia* es siniestro. También se conocen mutantes de ese tipo en otros géneros de pulmonados como *Achatina, Liguus, Megalobulimus, Euglandina, Cerion, Camaena, Caracolus, Ryssota, Calocochlia, Helicostyla, Acavus, Lymnaea* y *Radix*, y en los de prosobranquios *Viviparus*, *Pila*, *Ditropis*, *Neocyclotus*, *Pomatias*, *Cobolostylus*, *Cochlostoma*, *Diplommatina*, *Acicula*, *Schistoloma* y *Eutrochatella*. De los caracoles marinos, la familia con mayor incidencia de siniestralidad es la de los marginélidos. En *Volvarina philippinarum* y especies afines ocurre en uno de cada 1.000 ejemplares. En la voluta *Cymbiola vespertilio*, el porcentaje de ejemplares siniestros es de uno por cada 10.000; sin embargo, no se conocen más que unos pocos de las especies *Cymbiola complexa*, *Cymbiola nobilis*, *Amoria undulata*, *Melo melo* y *Cymbium cucumis*, solo tres de *Scaphella junonia* y ninguno de las demás volutas. También existen ejemplares siniestros de cipreas, trivias, olivas, neritas, litorinas, náticas, columbelas, mitras, conos, terebras, túrridos, murícidos, vásidos, buccínidos, melongénidos, fascioláridos y turbinélidos. La bahía Jeffreys de Sudáfrica es un lugar donde con cierta frecuencia aparecen cipreas, marginelas, olivas y túrridos de ese tipo. En Europa, las especies marinas que presentan mayor incidencia de siniestralidad son *Conus ventricosus*, *Buccinum undatum* y *Nucella lapillus*. Es probable que el hecho se deba a que se trata de especies muy abundantes y a que además las dos últimas se pescan con carácter comercial, por lo que son muchos los ejemplares revisados. Con todo, del bígaro común (*Littorina littorea*) no hay más de una docena de ejemplares siniestros conocidos.

En lo que respecta a los raros mutantes diestros de las ya de por sí raras especies siniestras, se conoce solo uno de *Fusinus gallagheri* y bastantes de *Antiplanes vinosa*, *Pyrulofusus deformis* y *Sinistrofulgur perversum*. De hecho, los porcentajes de dextralidad de estas especies son tan elevados que algunos autores las consideran dimórficas. Se ha descrito una *Neptunea contraria anticontraria*, pero probablemente se tratase de una confusión con *Neptunea antiqua*.

El sentido de torsión de los gasterópodos, y por tanto el del arrollamiento de sus conchas, está determinado por varios alelos o pares de genes de los que el principal es el llamado gen nodal. Salvo en los clausílidos y los trifóridos, el alelo de la dextralidad es el dominante y el de la siniestralidad el recesivo, por lo cual esta última se transmite en herencia retardada, es decir, que no aparece en una primera generación, sino en la segunda. El gen nodal desarrolla su actividad antes de la fertilización del óvulo y funciona

Busycon contrarium (Florida).

como un organizador del embrión indicando a las células la dirección en la que deben moverse y los tejidos en los que deben convertirse. Es el mismo gen que determina las diferencias entre los lados derecho e izquierdo de cualquier vertebrado, incluyendo el hombre, lo que revela que ya existía en el ancestro común de todos los organismos dotados de simetría bilateral. Si se bloquea su señal en los embriones de caracoles, se obtienen ejemplares con conchas no espirales.

Si bien está determinada genéticamente desde la fase de huevo o cigoto, la quiralidad no empieza a manifestarse en los embriones de los caracoles hasta la fase de mórula, a la cual se llega tras la tercera división del huevo, cuando las cuatro células resultantes de la segunda división se dividen a su vez en cuatro células grandes o macrómeros y cuatro células más pequeñas o micrómeros. Esta tercera división no es exactamente radial, ya que los micrómeros rotan un poco a fin de alojarse entre los macrómeros. Debido a una diferente orientación de los aparatos mitóticos de sus respectivas células, la susodicha rotación tiene lugar en el sentido de las agujas del reloj en las mórulas de los caracoles diestros, y en el sentido opuesto en las de los caracoles siniestros. A partir de ella, todas las divisiones ulteriores son especulares en los embriones diestros con respecto a los siniestros, y viceversa.

Para explicar la baja prevalencia de mutantes siniestros se han invocado factores reproductivos. En los pulmonados, los individuos de especies con conchas heliciformes se disponen frente a frente durante la cópula, que suele ser recíproca, de modo que cada miembro de la pareja debe insertar su pene en la vagina del otro, órganos ambos situados en el mismo lado de la cabeza. Dado que esta postura excluye de la reproducción a los mutantes siniestros, en tales especies no hay dimorfismo o biquiralidad. Por su parte, los pulmonados con conchas turriculadas no se aparean frontalmente, sino con un miembro de la pareja encaramado a la concha del otro, por lo que, aunque ambos tengan conchas de diferente arrollamiento, solo se requieren pequeños ajustes de posición para que la cópula sea realizable, lo que hace posible la biquiralidad. En teoría, este modo de selección sexual daría lugar a que una población se estabilizara en la forma especular de la original una vez que la variante se ha extendido al 50% de los individuos, dado que la ventaja reproductiva para la forma quiral más común conducirá a la población a esa única quiralidad. Este ha debido ser el principal mecanismo de especiación en el género *Euhadra*, unos caracoles terrestres de Japón provistos de conchas heliciformes que en unas especies son diestras y en otras siniestras. Sin embargo, se trata de una excepción, ya que, a lo que parece, hay un factor de selección natural opuesto a la siniestralidad. Estudios realizados en ejemplares de *Lymnaea stagnalis* y *Bradybaena similaris* con genes idénticos salvo el nodal materno, que determina la dirección del arrollamiento de la concha, evi-

Amphidromus poecilochrous (Flores).

Archachatina bicarinata (Santo Tomé y Príncipe).

denciaron que los ejemplares siniestros eclosionaban con más dificultad y sufrían mayor mortalidad en fases juveniles que los diestros.

Pero, por otra parte, parece ser que las conchas siniestras otorgan a los caracoles una cierta ventaja frente a predadores como los cangrejos y bogavantes. Estos crustáceos tienen las pinzas asimétricas, de forma que una, por lo general la derecha, es más grande y está provista de unos dientes o protuberancias que faltan o tienen menor desarrollo en la pinza izquierda. Tal asimetría no es genética, sino que se debe a un mayor uso de la pinza derecha en las primeras etapas de la vida de dichos crustáceos, que se hacen diestros a fin de romper las conchas diestras, más abundantes, y descartan las siniestras, ya que no las pueden manipular y quebrar. Así lo avala un estudio efectuado en especies fósiles de *Conus* y *Busycon* del Plioceno y Pleistoceno del este de Estados Unidos. Las conchas reparadas eran mucho más frecuentes cuando eran diestras, una consecuencia de que los cangrejos abandonaron las siniestras antes de llegar siquiera a fracturarlas. Otro estudio efectuado en el cangrejo pelu-

Pyrulofusus deformis (Alaska).

Neptunea contraria (España).

do (*Eriphia smithi*) reveló que los individuos zurdos tenían problemas para romper las conchas de *Planaxis sulcatus*. Sin embargo, no se vieron diferencias significativas cuando el caracol depredado era *Nerita albicilla*, probablemente como consecuencia de su forma más esférica y simétrica.

Cabe pues concluir que las ventajas de la siniestralidad a efectos de evitar la depredación equilibra sus desventajas en la reproducción, la eclosión de los huevos y la supervivencia de los ejemplares juveniles, lo cual posibilita que dicha mutación se mantenga en una población de caracoles. La paradoja estriba, por tanto, en que el éxito de la mutación no debe ser tanto como para que esta se extienda a una parte significativa de la población. Lo que se ignora es por qué existen especies siniestras ni la ventaja que eso les otorga; tal vez consista simplemente en que no representa ninguna desventaja.

Ciertos predadores de caracoles terrestres han experimentado cambios evolutivos derivados de que la mayoría de sus presas tienen conchas diestras. Tal es el caso de las dos especies de culebras del género *Pareas*, distribuido por el sudeste de Asia. Aunque se alimentan solo de caracoles

Amphidromus perversus (Indonesia). Ejemplares diestros y siniestros.

y babosas, sus mandíbulas no son lo suficientemente poderosas como para romper las conchas de los primeros. Las sujetan con la mandíbula superior mientras con la inferior tiran del cuerpo del caracol para extraerlo con movimientos bucales de retracción. Su anatomía revela que poseen casi el doble de dientes en el lado derecho de ambas mandíbulas que en el izquierdo, como resultado de la mayor prevalencia de caracoles con conchas diestras. Ello explica que el área de distribución de estas culebras sea superponible a la de los caracoles pulmonados de los géneros *Euhadra*, *Satsuma*, *Ariophanta*, *Bertia* y *Dyakia*, los cuales a menudo poseen conchas siniestras. Otras culebras, estas del género *Dipsas*, con unas treinta especies de América tropical, también se alimentan principlamente de caracoles y babosas, pero, a diferencia de las anteriores, sus mandíbulas no presentan ninguna asimetría dental. La inferior pivota para permitir que el dentario rote desde una posición vertical a otra diagonal, lo cual posibilita a dichas culebras extraer a los caracoles de sus conchas, sean estas diestras o siniestras.

Hay, no obstante, una excepción a las ventajas que aporta ser un mutante siniestro en una población de caracoles diestros. Es la del gasterópodo marino llamado pírula, turbinela sagrada o *chanka* (*Turbinella pyrum*). La causa de ello no es natural, sino que, como veremos en otro capítulo, se debe al interés con el que los raros ejemplares siniestros de dicha especie son buscados por los seres humanos.

En su libro *On Growth and Form* (*Sobre el crecimiento y la forma*), publicado en 1917, el matemático y naturalista británico D´Arcy Thompson se ocupó del sentido de giro de las conchas de los caracoles y sobre ello concluyó lo siguiente: «La razón por la que, en todo el mundo y en todas las épocas geológicas, siguen una dirección de giro abrumadoramente más frecuente que la otra, no la sabe nadie.» Tampoco hay razón aparente que explique por qué los hombres somos habitualmente diestros y fabricamos los tornillos con la espira a la derecha y los relojes con agujas que se desplazan en ese sentido, o por qué los budistas rodean las estupas por la derecha y los cristianos creen que, en el Juicio Universal, los justos quedarán a la derecha de Dios. Asociamos lo diestro o lo derecho con el Bien, mientras que, como la otra acepción de la palabra expresa, lo siniestro nos parece de mal augurio y, por ello, si algo va mal decimos que «nos hemos levantado con el pie izquierdo» o que «hemos tenido un día siniestro».

El asunto de la quiralidad enlaza con la moralidad. En inglés, *right* significa «diestro», pero también «bueno» o «correcto». La gran pregunta es si hay alguna ventaja universal en que el Bien, lo derecho, prevalezca sobre el Mal, lo siniestro. En el *Homo sapiens*, única especie conocedora de la Moral o ciencia discriminativa entre ambos extremos, parece existir una tendencia innata hacia el Bien, sin duda reforzada por la educación y la religión. El que no siempre se siga y que por ello la Historia haya sido en esencia un «río de sangre», y lo que esté por venir, es la otra cara de una especie capaz de alcanzar los hitos más sublimes, así como de perpetrar las mayores atrocidades.

CAPÍTULO 22
COLONIZADORES E INVASORES

La foresis, término que designa el comportamiento de las especies que se valen de otras para dispersarse, interesó mucho a Darwin. En uno de los capítulos de *El origen de las especies*, el famoso naturalista atribuyó a las aves acuáticas la amplia distribución geográfica que suelen tener las especies de invertebrados dulceacuícolas. Al respecto comentó cómo al iniciar sus recolecciones en las aguas dulces de Brasil quedó sorprendido por la semejanza de los insectos y moluscos que las habitan con los de las aguas dulces de Inglaterra, en tanto que las criaturas terrestres eran muy diferentes. También relató su experiencia con un ánade al que mantuvo con una de sus patas sumergida en un acuario en el que había incubado huevos de moluscos. Un buen número de individuos juveniles se fijaron a la extremidad del ánade y sobrevivieron allí entre doce y veinte horas, tiempo en el que Darwin estimó que el ave podría haber volado mil kilómetros transportándolos. Por su parte, el geólogo Charles Lyell le comunicó haber capturado un escarabajo ditíscido con un ejemplar adherido de la lapa de aguadulce *Ancylus fluviatilis*.

La dispersión de los caracoles dulceacuícolas por medio de las aves acuáticas es un hecho comprobado. Ellas pueden transportar tanto a los caracoles adultos como a los huevos de estos en el barro pegado a sus patas. También se sabe que los hidróbidos pueden atravesar el tubo digestivo de las aves sin sufrir daño alguno, ya que, una vez ocluidas sus conchas con los opérculos, el ácido clorhídrico y los enzimas digestivos de sus transportistas no logran atacar sus partes blandas. La dispersión por las aves explica, por ejemplo, las citas ocasionales de *Lymnaea stagnalis* en charcas temporales de Castilla y León, regiones en las que este caracol no suele hallarse, o la extraña distribución geográfica de las tres especies, por lo demás prácticamente idénticas, de los limneidos del género *Lantzia*, las cuales viven en sitios tan apartados unos de otros como Reunión, Hawái, Japón y Sumatra.

En los últimos años también se han demostrado casos de dispersión de caracoles terrestres por las aves, cosa que

Lymnaea stagnalis (FRANCIA).

ya se sospechaba, puesto que en el buche de palomas y gaviotas se habían hallado ejemplares vivos de los pulmonados europeos *Cernuella virgata* y *Cernuella neglecta*. Un estudio efectuado por biólogos de la Universidad de Tokio sobre *Tornatellides boeningi*, un pequeño caracol terrestre de las islas Ogawara, ha demostrado que esta especie tiene una alta tasa de supervivencia cuando es ingerida por los bulbules y ojiblancos. El 15% de los caracoles ingeridos son excretados vivos en las heces de los susodichos pájaros, que contribuyen de este modo a dispersarlos. Eso explica que los citados caracoles sean más abundantes en las zonas de las islas donde también abundan más los bulbules y ojiblancos.

Otro estudio efectuado en los clausílidos del género *Balea* ha evidenciado lo lejos que, llevados por las aves, pueden viajar los caracoles terrestres, pese a ser el paradigma de la lentitud y a que muchas especies solo se desplazan como media de sesenta centímetros a dos metros y medio al año y la mayoría no viven más de dos o tres. En 1824, el naturalista británico John Gray asignó al género *Balea* dos nuevas especies de las islas de Tristán de Acuña, pero posteriormente, dada la enorme distancia entre tales islas y la zona paleártica donde habitan las demás especies de *Balea*, fueron transferidas a un género propio denominado *Tristania*. Los análisis del ADN, sin embargo, confirmaron la opinión de Gray sobre su pertenencia al género *Balea*, y no solo eso, sino que su pariente más próximo era *Balea sarsii*, de las islas Azores, que distan de las de Tristán de Acuña casi 9.000 kilómetros, por lo que un caracol terrestre solo puede viajar de unas a otras acarreado por las aves o por el hombre. Lo último se descartó en este caso, ya que el tiempo necesario para que una especie se diferencie excedía con mucho al de la llegada de los seres humanos a Tristán de Acuña. El mismo estudio también evidenció que el pariente más próximo de *Balea sarsii* es *Balea perversa*, una especie europea que, asimismo trasportada por las aves, evolucionó en las Azores y luego, transformada ya en aquella, regresó por la misma vía a Europa, donde actualmente una y otra coexisten en algunas localidades.

Balea perversa (España).

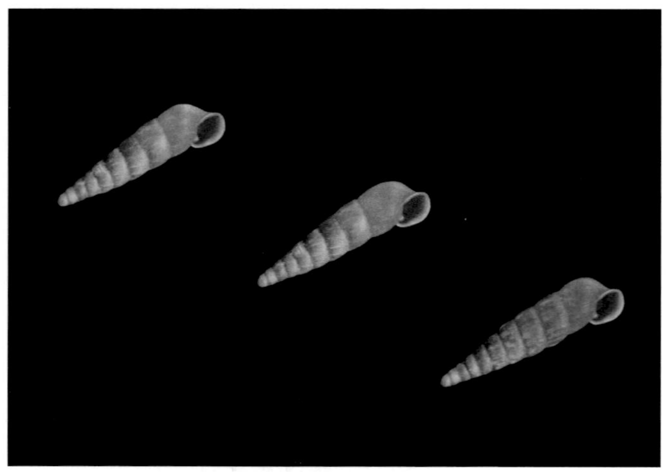

Aunque la dispersión de los caracoles terrestres por el viento no está demostrada, es probable que tenga lugar en géneros como *Truncatellina*, cuyas especies miden poco más de un milímetro y soportan bien la sequedad. También se ha imputado a la dispersión eólica la existencia de poblaciones de *Cerion* con conchas de idéntica morfología en cayos y costas del Caribe distantes entre sí. Teóricamente y aunque se trata de caracoles de buen tamaño, los huracanes, muy frecuentes en esa zona, podrían transportar individuos de un lugar a otro y estos originar nuevas colonias con características genéticas iguales a aquellas de las que proceden. Los tifones también podrían explicar la presencia de varias especies del género *Gastrocopta* en las zonas costeras de casi todas las islas de Indonesia.

Pero, por lo habitual, la translación de los gasterópodos no se debe a las corrientes marinas, al viento o a las aves, sino al hombre, que, de forma voluntaria unas veces e involuntaria las más, ha llevado y sigue llevando a estos sedentarios animales muy lejos de sus lugares de origen. Que tal ha ocurrido desde épocas remotas lo demuestra el hallazgo en el pecio de un barco naufragado frente a las costas del sur de Turquía en el año 3300 a. J.C., o sea, en plena Edad del Bronce, de una treintena de conchas de *Xerocrassa langloisiana* y *Xeropicta krynickii*, dos caracoles terrestres

Theba pisana (España). Nativo de los países mediterráneos, este helícido ha llegado incluso a Australia.

endémicos de Siria, Israel y Palestina. Unas estaban pegadas a la resina de terebinto contenida en las ánforas que aquel navío transportaba a Egipto, y la mayoría adheridas a los arbustos usados para acolchar las ánforas. Es de destacar que la última especie citada vive actualmente en Turquía, Bulgaria, Rumania, Creta y Chipre, de modo que, si su viaje de colonización de nuevos territorios no tuvo éxito en aquella ocasión, sin duda lo tuvo en otras ulteriores.

La primera introducción intencionada de un molusco de la cual hay evidencia fue la del caracol de las viñas (*Helix pomatia*), una especie que los romanos llevaron desde Europa Central a Inglaterra para que sirviera de alimento a sus legiones. En España, su presencia se detectó por primera vez en Cataluña en 1990 y más tarde aparecieron otras poblaciones en Valencia y Aragón, todas atribuibles a la liberación de ejemplares por parte de residentes en la zona a fin de que los caracoles proliferaran y pudieran ser recolectados y consumidos.

Asimismo acarreadas por el hombre, muchas otras especies de caracoles terrestres y de babosas se han dispersado muy lejos de sus localidades de procedencia. La mayoría han llegado en los cargamentos de frutas y hortalizas o en la tierra de las macetas de plantas ornamentales que contenía los individuos adultos o sus huevos. Las especies tropicales no suelen sobrevivir en países más fríos fuera de los invernaderos, donde las condiciones de temperatura y humedad se asemejan a las de sus países de procedencia. Son los casos de *Zonitoides arboreus*, *Helicodiscus parallelus*, *Hawaiia minuscula*, *Subulina octona*, *Striosubulina striatella*, *Opeas hannense*, *Allopeas clavulinum* y *Gulella io*. Todas estas son especies americanas y africanas que, aunque se detectan regularmente en los invernaderos del norte de Europa, no han logrado naturalizarse fuera de ellos.

Un caso notable de translación debida al hombre fue el de *Papillifera bidens*. Nativo de Italia y sus islas, este

Parterre y balaustrada de Cliveden House. En este lugar vive una de las dos únicas colonias existentes en Inglaterra de *Papillifera bidens*, un clausílido nativo de Italia que desde la Antigüedad está difundido por otros países de la cuenca del Mediterráneo.

De izquierda a derecha: *Papillifera bidens* (Italia) y *Siciliaria stigmatica* (Italia).

Macrochlamys indica (Rodríguez). Este caracol terrestre asiático ha invadido un gran número de países tropicales.

clausílido está extendido desde la época romana por el sur de Francia, Baleares, Malta, Albania, Croacia y Turquía, dado que se trata de una especie rupícola que coloniza los muros siempre que estén hechos de piedra caliza. En 2004 se detectó en el sur de Inglaterra. El hecho ocurrió cuando se procedía a la limpieza de una balaustrada de mármol travertino construida en 1618 para la Villa Borghese de Roma y comprada en1896 por el magnate norteamericano Waldorf Astor para que, piedra a piedra, fuera llevada a su mansión de Cliveden House e instalada en el jardín. Esa colonia de *Papillifera bidens* lleva más de un siglo viviendo en las grietas de dicha balaustrada, donde, como náufragos en una balsa, sus miembros están aislados por uno de los parterres más grandes de Europa y un suelo granítico en el que no pueden prosperar. Otra población de la misma especie se ha hallado en la isla de Brownsea, en la costa sur de Inglaterra, también importada accidentalmente en el siglo XIX con piedras traídas de Italia.

La antropofilia, capacidad para prosperar en medios humanizados, ha contribuido a la dispersión de un buen número de especies de caracoles terrestres y babosas. Entre las especies nativas de Europa, algunas de las cuales han llegado incluso a Australia y ya se encuentran naturalizadas allí, están *Oxychilus draparnaudi*, *Oxychilus alliarius*, *Euconulus fulvus*, *Discus rotundatum*, *Vallonia costata*, *Vallonia pulchella*, *Lauria cylindracea*, *Cecilioides acicula*, *Deroceras reticulatum*, *Deroceras laeve*, *Arion hortensis*, *Arion subfuscus*, *Limax flavus*, *Milax gagates*, *Cochlicella acuta*, *Cernuella virgata*, *Theba pisana*, *Eobania vermiculata*, *Otala lactea* y *Cornu aspersum*. De las especies asiáticas, *Macrochlamys indica* es hoy común en muchos países tropicales, y *Bradybaena similaris* se convirtió en una plaga para los cultivos y jardines del este de Estados Unidos desde que su presencia en el citado país se detectase por primera vez en 1939, concretamente en Nueva Orleáns. Con posterioridad se han hallado frutas y plantas ornamentales contaminadas por él procedentes de Puerto Rico, Cuba, Bermudas, Brasil, Hawái, Fiyi, Taiwán, Hong Kong, Filipinas, Japón, Australia, Marruecos, Argelia, Alemania, Grecia, Italia, España, Portugal y Azores. Al perforar las hojas y la piel de las frutas para alimentarse, este errático caracol propicia las infecciones fúngicas y bacterianas de las plantas, lo cual hace de él un inmigrante poco grato. Además es un agente hospedante del gusano *Postharmostomum gallinarum*, parásito de los pollos domésticos.

El subulínido *Rumina decollata* es otra especie antropófila con notable éxito como invasora. Procedente de la cuenca del Mediterráneo, en 1822 fue hallado en las inme-

De izquierda a derecha: *Rumina decollata* (España), *Striosubulina striatella* (Mauricio) y *Subulina octona* (islas Galápagos). Las tres especies viajan frecuentemente entre la tierra de las macetas.

diaciones de unos antiguos fuertes españoles de Texas y Carolina, y más tarde pasó a California, Cuba, Santo Domingo y las Antillas Menores. Otras dos especies de la misma familia, *Striosubulina striatella* y *Subulina octona,* han tenido un éxito incluso mayor. Nativas respectivamente del oeste de África y de Sudamérica, ahora viven en otros muchos países tropicales e islas remotas como Mauricio y las Galápagos, a donde llegaron con la tierra de las plantas importadas dado su pequeño tamaño y sus hábitos hipogeos.

No todas las especies introducidas se convierten en invasoras. La diferencia entre unas y otras está en que las primeras no desplazan a las especies nativas ni provocan alteraciones en los ecosistemas, en tanto que las segundas se expanden con rapidez, desplazan a otras especies y suelen causar problemas ecológicos. De ellas, ninguna los ha causado tan serios y en tantos lugares como la acatina o caracol gigante africano (*Lissachatina fulica*). Originaria de África Oriental, esta especie colonizó hace tiempo todo el sudeste de Asia, buena parte de Sudamérica y la mayoría de las islas del Indopacífico tropical. Donde ha llegado se ha convertido en una plaga para los cultivos, dado su gran tamaño, su voracidad, su amplio espectro alimenticio, que incluye desde plantas a heces, y su capacidad reproductiva, pues cada ejemplar pone más de un millar de huevos a lo largo de sus cinco o seis años de vida.

Lissachatina fulica (Malasia).

Uno de los primeros sitios donde, acarreadas por el hombre, las acatinas llegaron fue Mauricio. Una carta fechada en esta isla en 1781 habla de «unos grandes caracoles llegados de Madagascar que son peores que los pollos, patos y cerdos en arruinar jardines y huertos y que ni siquiera son buenos para comer.» En seguida, alcanzaron por barco las vecinas islas de Reunión, Rodríguez, Seychelles y Comores.

En 1857 llegaron a Bombay, desde donde se expandieron por el sur de la India y los países adyacentes. En Ceilán hicieron estragos en las plantaciones de té y en Malasia en las de árboles del caucho. Más tarde pasaron a Japón, Hawái, Guam y Nueva Guinea. En Polinesia, las introdujo en la década de 1960 un granjero de Moorea que había decidido criarlas para comercializarlas como alimento. Tres ejemplares fueron llevados a Miami en 1966 como mascota doméstica por un niño que había pasado sus vacaciones en Hawái y en pocos meses su descendencia ya infestaba los jardines de la ciudad. En Brasil se introdujeron en la década de 1980, asimismo con fines comerciales. Aparte de los daños que allí causaron y siguen causando en los cultivos, las acatinas compiten con los *Megalobulimus* o caracoles gigantes de la Amazonia, a los cuales depredan y desplazan, ya que sus puestas constan de muchos más huevos que las de ellos. En España, su presencia se detectó hace algunas décadas en Asturias, si bien y para suerte de las plantaciones de manzanos, no se aclimataron debido a las bajas temperaturas invernales. Más recientemente se han detectado en Andalucía y Toledo, donde se teme que sí puedan aclimatarse.

El intento de acabar con las acatinas mediante un agente biológico no hizo sino empeorar mucho las cosas. En efecto, hacia 1955 se soltaron en Hawái los llamados caracoles lobo (*Euglandina rosea*), unos caracoles nativos de América Central que, aparte de reproducirse con gran rapidez, son predadores de otros caracoles. Lo que ocurrió fue parejo a lo ocurrido en Australia cuando, para combatir a los millones de conejos procedentes de las dos docenas importadas un siglo antes desde Europa, se soltaron zorros, los cuales se dedicaron a cazar a los marsupiales nativos poniendo a varios de ellos en trance de extinción. Los caracoles lobo se cebaron en los *Achatinella* y causaron la extinción de la mayoría de las especies de estos caracoles endémicos de Hawái, de forma que de 41 que había originalmente han quedado nueve, y de estas la mayoría solo se hallan representadas por menos de un centenar de ejemplares. De hecho, en 1997 solo pudieron hallarse diez ejemplares de *Achatinella apexfulva*, un caracol endémico de la isla de Oahu. Fueron llevados al laboratorio de Biología de la Universidad de Honolulú e instalados en un terrario, pero en 2011 todos habían muerto por causas desconocidas salvo uno, al que se llamó «George» en homenaje a «Lonely George», un macho de tortuga gigante de la isla Pinta de Galápagos que era también el último de su especie. Dado que por entonces tenía diez años de edad, no era de esperar que viviera mucho más; y, en efecto, el 1 de enero de 2019 fue hallado muerto en su terrario.

Algo similar a lo sucedido en Hawái ocurrió con los caracoles terrestres de otras islas donde los caracoles lobo fueron asimismo introducidos, caso de las Bermudas, donde acabaron con los nativos *Poecilozonites*. A Mauricio se llevaron en 1959 junto con *Tayloria quadrilateris*, un caracol que come huevos de otros caracoles. Allí, diezmaron las poblaciones de los endémicos *Gonospira*, *Plicadomus* y *Gonidomus*, pero no indujeron una disminución significativa en las de acatinas. En 1977 los caracoles lobo fueron importados a Tahití, Moorea e islas vecinas; el resultado fue que en poco tiempo solo sobrevivían en estado salvaje seis especies de las setenta de los géneros *Partula*, *Samoana* y *Eua*, exclusivos de esas islas. Algunas lograron salvarse en el último momento gracias a la intervención del *Jersey Wildlife Preservation Trust*, institución fundada por el célebre naturalista y escritor Gerald Durrell, la cual dispuso la captura de los últimos ejemplares que quedaban al objeto de criarlos en los zoológicos de Jersey y Londres. Actualmente hay diecisiete entidades de Europa y Estados Unidos que sustentan programas de cría de partúlidos en peligro de extinción. Con ello se ha conseguido salvar a una treintena de especies. Algunas, sin embargo, no han tenido tanta suerte. Letalmente parasitado por un hongo del género *Steinhausia*, el 1 de enero de 1996 fue hallado muerto en su recipiente del zoo de Londres el último ejemplar de *Partula turgida*. Fue la primera extinción de un molusco de la que, como en el caso de la paloma migratoria americana, se conoce con toda exactitud el momento y sitio en que tuvo lugar.

El último ejemplar conocido de *Achatinella apexfulva*. Con su muerte en 2019, esta especie endémica de Hawái pasó a engrosar la lista de las extinguidas. (Hawaii Departament of Land and Natural Resources).

Euglandina rosea (arriba, a la izquierda) se introdujo en Mauricio para combatir al también introducido *Lissachatina inmaculata* (arriba, a la derecha), pero se dedicó a depredar sobre los caracoles nativos de la isla, como *Gonospira palanga*, *Plicadomus sulcatus* y *Gonidomus concameratus* (abajo).

En el caso de los caracoles dulceacuícolas, la causa más común de introducción de especies foráneas es la acuariofilia. Estos caracoles son unas veces importados de forma intencionada y otras llegan ellos o sus huevos con las plantas de acuario. La presencia en Europa del caracol asiático *Gyraulus chinensis* y de los americanos *Archiphysa latchfordii*, *Planorbella duryi* y *Pomacea maculata* se atribuye a ejemplares escapados de los acuarios, en los que se usan para mantener los vidrios de las paredes limpios de algas. La última especie citada, un caracol manzana nativo de la Amazonia, se detectó en 2009 en el delta del Ebro, donde ahora infesta canales, acequias y arrozales pese a las reiteradas campañas realizadas para eliminar tanto los ejemplares adultos como las puestas. Su pariente *Pomacea canaliculata*, también sudamericano, fue introducido en la década de 1980 en Taiwán a fin de que sirviera como com-

Gyraulus chinensis (España).

Pomacea maculata (España).

plemento proteínico a la dieta de la población rural, cuya alimentación se basaba casi exclusivamente en el arroz. Tras expandirse por toda la isla, colonizó después Indonesia, Camboya, Vietnam, Tailandia, Hong Kong, el sur de China, Filipinas, Japón, Australia, Hawái y Mauricio. Ambas especies de caracoles manzana causan problemas ecológicos y agrícolas, ya que son ávidas consumidoras de plantas acuáticas, brotes de arroz incluidos. Al devorar las plantas superiores, los nutrientes del agua no pueden ser ya aprovechados por ellas, lo que induce una proliferación de algas verdes que agota el oxígeno disuelto.

Otras translaciones de caracoles de agua dulce se han debido a motivos sanitarios. Tal fue el caso de los tiáridos *Tarebia granifera* y *Melanoides tuberculata*, llevados a ciertas partes de Sudamérica y a algunas islas del Caribe para

Melanoides tuberculata (Rodríguez). La amplia distribución geográfica de este prosobranquio de agua dulce, que incluye África, gran parte de Asia y América tropical, se debe a su transporte por las aves acuáticas.

combatir al planórbido *Biomphalaria glabrata*, el cual es un vector de la esquistosomiasis. Al competir con él por alimento, reducen sus poblaciones e incluso pueden hacerlas desaparecer. Por su parte, el ampulárido sudamericano *Marisa cornuarietis* fue llevado al sudeste de Asia como agente de control de otros caracoles dulceacuícolas que también son vectores de esquistosomiasis, así como de los ampuláridos nativos del género *Pila* y del invasor *Pomacea canaliculata*, de los cuales es tanto competidor como predador, aunque no se convierte en una plaga para los arrozales.

El caso más espectacular de colonización por parte de un gasterópodo fue protagonizado por un diminuto caracol dulceacuícola de la familia de los hidróbidos. La historia de esa colonización empezó cuando, en 1889, un malacólogo británico llamado Edgar Smith colectó en un canal de riego de los suburbios de Londres unos caracolillos a los que, pensando pertenecían a una especie aún no conocida, bautizó con el nombre de *Potamopyrgus jenkinsi*. Algún tiempo después, otro malacólogo se percató de que, en realidad, la supuesta nueva especie era *Potamopyrgus antipodarum*, descrita casi medio siglo antes por John Gray. La cuestión taxonómica carecería de interés si no fuera porque esta última es nativa de Nueva Zelanda. Tras ser detectado en Inglaterra, a donde se cree llegó con el agua que los barcos cargan como lastre, *Potamopyrgus antipodarum* apareció en 1907 en Alemania, luego en Francia, después se vio en Escandinavia

Potamopyrgus antipodarum (España). Los ejemplares han sido fotografiados junto a un alfiler.

y sucesivamente en los demás países europeos. Su primera cita en España data de 1936 y fue en una acequia del río Llobregat próxima a Barcelona. En la actualidad está citado en todas las provincias españolas, siendo el caracol de agua dulce más común en nuestro país. En Estados Unidos fue observado por primera vez hacia 1970 en el río Columbia, tras lo cual ha colonizado otros muchos lugares.

La rápida expansión de *Potamopyrgus antipodarum* se atribuye a las aves acuáticas, que transportan a estos pequeños caracoles en el barro adherido a sus patas y en su tubo digestivo. En el esófago de un pato se hallaron seiscientos ejemplares, hecho nada extraño si se tiene en cuenta que su abundancia puede sobrepasar los 100.000 individuos por metro cuadrado, los cuales tapizan prácticamente el lecho de acequias, canales, arroyos, ríos, lagos y estuarios, donde llegan a constituir el 95% de la biomasa de invertebrados. Las claves del éxito de esta especie no se deben solo a su gran capacidad de dispersión, sino a su adaptabilidad a todo tipo de aguas, dulces o salobres, blandas o calizas, corrientes o estancadas. Además, su reproducción partenogenética hace posible que una única hembra pueda dar lugar a una ingente población sin haber sido fecundada antes por un macho. Esta humilde criatura es la especie de Nueva Zelanda con mayor éxito biológico. Lejos de pesar sobre ella el riesgo de extinción que ya ha acabado con otras muchas especies neozelandesas, sigue expandiendo su área de distribución. Afortunadamente no causa daños económicos ni ecológicos, si bien puede desplazar a los hidróbidos nativos. Por el contrario, es un alimento para los peces y limpia de materia orgánica el fondo de los cauces.

Un estudio efectuado en 2015 sobre 175 especies de gasterópodos terrestres y dulceacuícolas foráneos en 56 países puso de manifiesto que está teniendo lugar una homogenización o globalización de las poblaciones de estos animales, imputable a su dispersión por causas humanas. El estudio también puso de manifiesto que, en esa homogenización, las nuevas comunidades de gasterópodos se distribuyen en dos grandes zonas con independencia del continente donde se encuentren: las templadas y las tropicales. Incluso localidades alejadas 20.000 kilómetros unas de otras pueden compartir un gran número de especies. La conclusión, es que, si en el pasado la distancia era el principal factor que determinaba las similitudes y diferencias en la malacofauna terrestre, actualmente las barreras geográficas, incluyendo la más importante que es el océano, están dejando de serlo debido a la acción del hombre, en tanto que el clima cobra mayor importancia.

Aunque la mayor parte de los gasterópodos dispersados por el hombre son especies terrestres y dulceacuícolas, en la lista no faltan obviamente las marinas. Originaria de la costa atlántica de Norteamérica, *Crepidula fornicata* es hoy común en las costas europeas, donde constituye una plaga para los cultivos de ostras ya que se instala sobre sus conchas y compite con ellas, dado que también se alimenta filtrando plancton. Sus poblaciones pueden alcanzar densidades de 1.500 individuos por metro cuadrado, los cuales forman capas de quince o veinte centímetros de grosor sobre los bancos de ostras y cuyas heces cubren el fondo impidiendo instalarse a las ostras juveniles. La primera cita en Europa de *Crepidula fornicata* tuvo lugar en 1872 en la

Rapana venosa (Japón).

De izquierda a derecha: *Marginella goodalli*, *Marginella glabella* y *Marginella irrorata* (Senegal). De la segunda ha sido hallada una colonia en la bahía de Málaga, al parecer originada por los descartes de los barcos pesqueros.

bahía de Liverpool, a donde llegó con una partida de ostras americanas; luego invadió los cultivos de ostras del Mediterráneo y los de mejillones del mar del Norte y del Pacífico americano. Una especie afín llamada *Crepipatella dilatata*, esta nativa de las costas de Chile y Argentina, se detectó en 2009 en los cultivos de mejillones del norte de España.

Por su parte, el murícido *Urosalpinx cinerea*, también originario de Norteamérica, se extendió por casi toda Europa tras haber aparecido en 1927 en los cultivos de ostras de las islas Británicas, de las que cada individuo consume varias decenas al año. Otro murícido llamado *Rapana venosa* fue citado en 1950 en el mar Negro, procedente de Japón y del mar de China; luego se vio en el Mediterráneo y más tarde apareció en Norteamérica. Como el anterior, es también un predador de ostras, pero, a diferencia de aquel, no las ataca perforando las conchas con la rádula, sino que abre las valvas mediante su musculoso pie para luego introducir entre ellas la probóscide. En 2007 se detectó su presencia en las costas de Galicia, región donde hacía poco también se habían detectado ejemplares de *Bolinus brandaris* y *Hexaplex trunculus*, dos murícidos hasta entonces exclusivos del Mediterráneo.

En 2009 se publicó la existencia en la bahía de Málaga de una población de *Marginella glabella*, una especie nativa de la costa occidental de África. Dado que, como otros marginélidos, no produce larvas planctónicas y que, por tanto, tiene una capacidad de dispersión bastante limitada, su presencia en dicha bahía se achaca a los descartes de barcos pesqueros que habían estado faenando en el banco del Sáhara. Debe considerarse una especie invasora, ya que depreda sobre los caracoles marinos autóctonos. Junto con *Mitrella psilla* y *Favorinus ghanensis*, se trata del único gasterópodo nativo de África occidental que de momento ha logrado establecerse en el Mediterráneo.

De las 135 especies no nativas del Mediterráneo hasta ahora detectadas en este mar, la inmensa mayoría lo ha hecho solo en su parte oriental, ya que son especies provenientes del golfo Pérsico, el mar Rojo y el Indopacífico llegadas a través del canal de Suez. Por ello se las conoce como especies lessepsianas, en referencia a Ferdinand de Lesseps, el ingeniero francés que construyó dicho canal. Su paso se produjo unas veces a través del agua del canal y otras con la que los barcos usan como lastre. El actual calentamiento del Mediterráneo propició su instalación. En el canal de Panamá no ha tenido lugar un intercambio similar entre las especies del Pacífico y las del Atlántico debido a que sus esclusas se llenan con las aguas dulces del lago Gatún, las cuales suponen una barrera infranqueable para los gasterópodos marinos. El delta del Nilo, situado a la entrada al canal de Suez, también representaba una barrera natural de agua dulce que frenaba el paso de especies al Mediterráneo, pero eso cambió cuando fue construida la presa de Asuán.

CAPÍTULO 23
LOS CARACOLES COMO ALIMENTO Y MEDICINA

La recolección de caracoles con fines alimenticios se remonta a los inicios de nuestra evolución como especie. Un análisis de fósiles asociados a restos de homínidos en Trinil, la localidad de Java próxima al río Solo donde Eugène Dubois halló en 1894 los primeros huesos conocidos de *Homo erectus*, sugiere que varias especies de moluscos bivalvos de agua dulce y de caracoles palustres de las familias ampuláridos, vivipáridos y tiáridos fueron recolectadas hace un millón y medio de años por dicho antecesor del *Homo sapiens*, sin duda para servirle de alimento. El hecho se infiere de las numerosas valvas emparejadas de bivalvos, indicativas de que no murieron y fueron transportados por el agua antes de fosilizar. Por su parte, la ausencia de ejemplares juveniles de todas las especies halladas sugiere un agente recolector selectivo para el tamaño de las piezas. Unos años más tarde apareció en el yacimiento de Trinil otra valva que presentaba unas rayas grabadas, lo que confirmó definitivamente la hipótesis. También está

Conchero de conchas de *Patella candei* en Fuerteventura (Canarias).

Conchero de conchas de *Phorcus atratus* en Fuerteventura (Canarias).

documentado el consumo de moluscos marinos por hombres de Neanderthal, a tenor del hallazgo de conchas con una datación de hace 150.000 años en una cueva de Málaga llamada El Bajondillo.

Los concheros existentes en muchas grutas prehistóricas y en los asentamientos próximos al mar antaño ocupados por comunidades humanas primitivas evidencian que los gasterópodos marinos fueron una importante fuente de comida para el hombre desde tiempos remotos. Tales concheros están constituidos por restos de lapas, litorinas, burgados, mejillones y otros moluscos de la zona litoral cuya recolección requiere poca o ninguna tecnología. Los caracoles terrestres también se recolectaron como alimento desde por lo menos el Paleolítico Medio, y así lo avala el hallazgo en el interior de una cueva de los Pirineos Orientales de unas seiscientas conchas del caracol de los bosques (*Cepaea nemoralis*). Concheros prehistóricos integrados por conchas de otras especies terrestres se han hallado en Marruecos.

Entre los restos de los campamentos que en Inglaterra establecieron los romanos han aparecido miles de conchas de buccinos (*Buccinum undatum*). Los romanos también introdujeron en el citado país al caracol de las viñas (*Helix pomatia*) a fin de que sirviera de alimento a las legiones. Petronio, Horacio, Varrón, Plinio y Claudio Eliano mencionaron las cualidades gastronómicas de los caracoles terrestres. En *De re coquinaria*, manual de cocina escrito por un *gourmet* del siglo I llamado Marco Gavio Apicio, quizás un seudónimo del emperador Tiberio, se dan varias recetas para cocinarlos tras haberlos purgado, es decir, haber vaciado su aparato digestivo de los restos vegetales que les confieren un sabor amargo, para lo cual dicho manual aconsejaba tenerlos sumergidos varios días en leche a la que se hubiera añadido sal y harina de centeno. Se sabe que en los huertos y jardines de los patricios romanos solía haber unos recintos llamados *cochlearia* en los que se criaban caracoles, a los que, para hacer su sabor más delicado, se les alimentaba con salvado mojado en vino, laurel y hierbas aromáticas. Según cuenta Plinio, el primer *cochlearium* comercial estuvo ubicado en una pequeña ciudad de Toscana llamada Tarquemia, donde su propietario, un tal Fulvius Hirpinus, se dedicaba hacia el año 50 a. J.C. a criar caracoles para suministrar las mesas de los césares y patricios. Se sabe que también hubo criaderos de esos animales en Pompeya, a tenor de los miles de conchas allí descubiertas. Debido a su hermafroditismo y a lo prolongado de sus cópulas, los caracoles eran considerados en la Roma imperial un alimento afrodisíaco que además estimulaba las inclinaciones homosexuales. Esta creencia fue reflejada por Stanley Kubrick en una escena de su película *Espartaco*. En ella, el personaje de Craso le pregunta al salir del baño a su joven esclavo griego Antonino si prefiere las ostras o los caracoles, y, luego sin darle tiempo a responder, afirma que a él le gustan ambos.

Durante la Edad Media, el consumo de caracoles estuvo ligado a la cuaresma, ya que no se les consideraba ni carne ni pescado. Se sabe que hacia el año 1700 había *escargotières* en Francia, Suiza y Dinamarca. Plato de pobres unas veces y de ricos otras, volvieron a ser reputados de manjar de sibaritas a principios del siglo XIX. El zar Alejandro I era capaz de zamparse dos kilogramos de ellos de una sentada. En lo últimos años se ha puesto de moda el consumo de huevos de caracoles terrestres, a los que los *gourmets* consideran más deliciosos que el caviar y por los que pagan precios incluso más altos.

Cantidades enormes de caracoles terrestres se venden a diario en los mercados de abastos de casi todas las ciudades del mundo. En Japón se consumen alrededor de 10.000 toneladas anuales, una cantidad que en Francia se multiplica por cuatro. Las especies europeas más frecuentemente comercializadas son el caracol común o de jardín (*Cornu aspersum*) y su variedad gigante (*Cornu aspersum maximum*), el caracol de las viñas (*Helix pomatia*), el caracol turco (*Helix lucorum*), los caracoles morunos (*Otala lactaea* y *Otala punctata*), el caracol de bosque (*Cepaea nemoralis*) y el caracol de las dunas (*Theba pisana*). En España también

Cornu aspersum (España). (Plantasflores).

Helix pomatia (Austria). (Plantasflores).

Cepaea nemoralis (Francia).

se consumen otras especies aparte de las citadas, como *Sphincterochila candidissima*, *Cernuella virgata*, *Xerosecta cespitum*, *Eobania vermiculata* e *Iberus gualtieranus*. Dado que la producción nacional no es suficiente para abastecer las exigencias del mercado, algunas se importan desde el norte de Marruecos. Los caracoles también se emplean como alimento de pollos y pavos. Para ello se machacan en sus conchas, que sirven como suplemento de calcio para los huevos de las aves.

En ciertas zonas de África, el caracol gigante o acatina (*Lisschatina fulica*) y otras especies afines son la fuente más importante de proteínas de origen animal para los nativos, que consumen estos grandes caracoles terrestres como ingrediente principal de un plato localmente llamado *fufu*. Los indígenas sudamericanos también comen caracoles terrestres gigantes, en este caso de los géneros *Megalobulimus* y *Strophocheilus*. Sin embargo, los nativos de Polinesia y otros archipiélagos del Indopacífico muestran un gran rechazo a comer caracoles terrestres, a los que consideran un alimento repulsivo. Igual ocurre en otras culturas a las que bien podríamos etiquetar de «helicífobas», caso de las de origen celta, en las que, como todavía ocurre hoy en las islas Británicas y en Galicia, los caracoles no son vistos como comida. En cambio, representan un plato tradicional en los países mediterráneos como España, Portugal, Francia, Italia, Grecia y Marruecos, en los que existen muchas recetas para prepararlos. En 2000, durante la llamada «Fiesta del Caracol», la cual es una tradición en Lérida, se consumieron doce toneladas de caracoles terrestres, lo que representa unos 2'5 millones de ejemplares.

Aunque la mayor parte de los caracoles terrestres que se comercializan como alimento son capturados en estado silvestre, últimamente cantidades cada vez mayores de ellos provienen de su cría en granjas, en las cuales se les engorda hasta que alcanzan el tamaño óptimo para su venta y consumo. Las primeras granjas modernas dedicadas a la helicultura aparecieron en Italia y Francia, pero en la actualidad también las hay en España y otros países.

Littorina littorea EN UN MERCADO (ESPAÑA).

Patella crenata EN UN MERCADO (CANARIAS).

Buccinum undatum EN UN MERCADO (FRANCIA).

Haliotis discus EN UN MERCADO (CHINA).

En lo que respecta a las especies marinas, las que con más frecuencia se comercializan en Europa son el bígaro (*Littorina littorea*), los burgados (*Phorcus turbinatus* y *Phorcus lineatus*), la cañadilla (*Bolinus brandaris*), el buccino (*Buccinum undatum*) y la lapa vulgar (*Patella vulgata*). El mercado de pescado de Tokio es el que ofrece mayor variedad de especies destinadas al consumo humano. En él se encuentran habitualmente varias especies de orejas de mar (*Haliotis discus* y *Haliotis japonica*), neptúneas (*Neptunea cummingi*, *Neptunea polycostata* y *Neptunea purpurea*), buccinos (*Buccinum striatissimum*, *Buccinum middendorffii* y *Buccinum tsubai*), tritones (*Charonia lampas sauliae*) e incluso a veces pleurotomarias (*Mikadotrochus hirasei*). Hay otras muchas especies de medio y gran tamaño que se pescan y se venden como alimento local en diferentes zonas geográficas, caso, por citar algunos ejemplos, de las caracolas araña (*Lambis lambis* y *Lambis millipeda*) y las volutas melón (*Melo melo* y *Melo broderipii*) en Filipinas, de la babilonia (*Babylonia areolata*) en Taiwán, y de la púrpura bálano (*Concholepas concholepas*) en Perú y Chile. Otras especies se exportan ya enlatadas, caso de los antes citados bígaros, que, pese a no haber sido nunca apreciados como

Especies de orejas de mar pescadas comercialmente en las costas de California. De izquierda a derecha: *Haliotis rufescens*, *Haliotis fulgens*, *Haliotis rugosa*, *Haliotis cracherodii* y *Haliotis assimilis*.

Buccínidos de varias especies puestos a la venta en el mercado de pescado de Tokio.

comestible en Gran Bretaña, en la actualidad se capturan allí miles de toneladas de ellos destinadas principalmente a su exportación a Corea, donde se les conoce por el nombre de *bai-top* y se les considera una exquisitez.

Los gasterópodos más apreciados desde el punto de vista gastronómico son las orejas de mar o abulones. Su carnoso pie fileteado en lonchas se usa en China, Japón y Corea para preparar el tradicional *chop-suey*. La pesca comercial de orejas de mar ha causado una importante regresión de sus poblaciones en Japón, Australia, Nueva Zelanda y, sobre todo, en California, donde viven cinco especies de gran tamaño (*Haliotis rufescens*, *Haliotis fulgens*, *Haliotis corrugata*, *Haliotis cracherodii* y *Haliotis assimilis*). Desde finales del siglo XIX, los pescadores chinos se desplazaban allí para capturarlas. Para ello usaban unos bicheros manejados desde pequeñas embarcaciones, pero esta técnica solo permitía el acceso a los ejemplares situados a poca profundidad. Más tarde llegaron los japoneses, los cuales las pescaban a mayor profundidad mediante escafandras. En 1935 se pescaron en California 1.800 toneladas de orejas de mar, una cifra que en 1957 aumentó a 2.400 toneladas. Con posterioridad las capturas fueron en franco declive como consecuencia del exceso de pesca, lo cual también afectó a las

Conchero de conchas de *Lobatus gigas* (Bahamas).

poblaciones de nutrias marinas, para las cuales las orejas de mar son una parte importante de su dieta. En 1991 no se capturaron más que 180 toneladas y esta cantidad siguió disminuyendo en los años siguientes. Finalmente, en 1998 se decidió prohibir la captura de cualquier especie de oreja de mar al sur de San Francisco, permitiéndose solo con carácter deportivo al norte de dicha ciudad y con un máximo de cuatro ejemplares por persona, que además no podían ser comercializados. En los últimos años se han iniciado en California unos programas de cría de orejas de mar en jaulones, donde se las alimenta con algas. En Sudáfrica también está prohibida la pesca de orejas de mar (*Haliotis midae*), pese a lo cual se obtienen ilegalmente cada año cientos de toneladas de ellas. Su carne va a parar, a través de una cadena de intermediarios, a Hong Kong, Corea y otros lugares de Asia.

Una suerte similar han experimentado otros grandes caracoles marinos también pescados con carácter comercial, como el turbante marmóreo (*Turbo marmoratus*), el trompo del nácar (*Rochia nilotica*), el trompo de las Indias Occidentales (*Cittarium pica*) y el estrombo gigante (*Lobatus gigas*). La colecta exhaustiva de esta última especie, antaño muy abundante en todo el Caribe, ha originado su rarefacción e incluso su desaparición en extensas áreas. En las que aún está presente, solo puede colectarse ahora en unas cuotas muy estrictas, aunque por desgracia a menudo se incumplen. De los millones de estrombos gigantes pescados en un pasado reciente hablan las montañas de conchas que, perforadas en las primeras espiras para eliminar el vacío y poder extraer el cuerpo de los caracoles, se encuentran en muchas localidades costeras de los países caribeños. Ingentes cantidades de ellas fueron además exportadas a Europa para servir como objetos ornamentales o para fabricar porcelana con el polvo obtenido al triturarlas. En solo un año, más de 300.000 conchas fueron exportadas desde las Bahamas a las fábricas de porcelana de Liverpool con esta última finalidad. El estrombo gigante ya ha desaparecido prácticamente de las costas de Florida y es cada día más escaso en Cuba y Santo Domingo, siendo allí conocido por el nombre local de «cobo». Aún abunda en las Bahamas y en el archipiélago de Turks y Caicos, donde desde hace algunos años está en marcha un programa de cría de ejemplares juveniles en piscifactorías para su posterior liberación.

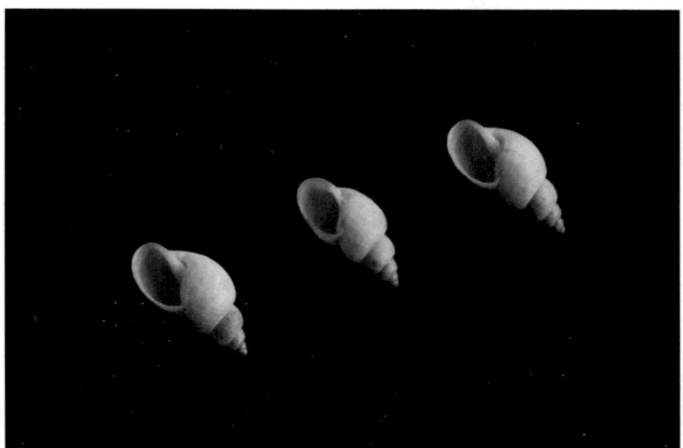

Galba truncatula (España). Este pequeño caracol dulceacuícola es el principal hospedante intermedio de *Fasciola hepatica* en Europa.

Helicella itala (España). Esta es una de las muchas especies de caracoles terrestres que pueden actuar como hospedantes intermedios de *Dicrocoelium lanceolatum*.

Los caracoles son un alimento con bajo contenido en grasas y colesterol y rico en proteínas, calcio, hierro, cobre y zinc. Las especies marinas están prácticamente exentas de riesgos sanitarios salvo que procedan de sitios contaminados por aguas fecales, en cuyo caso pueden causar gastroenteritis por norovirus o por bacterias como *Salmonella* y *Escherichia coli*. También son peligrosos los que provienen de zonas afectadas por una «marea roja», fenómeno así llamado porque el agua adopta a veces un color rojizo, pardo o verdoso y que se debe a la proliferación, inducida por el aumento de temperatura, de ciertas algas unicelulares llamadas dinoflagelados. Estas algas contienen saxitoxina y goniautoxina, dos sustancias causantes de un cuadro clínico, en ocasiones letal, al cual se conoce como intoxicación paralítica por mariscos. Los caracoles marinos, sobre todo los carroñeros, los detritívoros y los carnívoros que depredan sobre bivalvos filtradores, acumulan dichas toxinas.

En el caso de los gasterópodos terrestres y dulceacuícolas, el riesgo estriba en comerlos crudos o insuficientemente cocinados, ya que entonces pueden transmitir enfermedades parasitarias. Muchas especies de caracoles de agua dulce sirven, en efecto, de hospedantes intermedios a gusanos parásitos, algunos de los cuales pueden afectar a los seres humanos. Se han detectado cincuenta especies de larvas de tales gusanos en la especie *Bithynia tentaculata*, treinta en *Lymnaea stagnalis*, veinte en *Radix balthica* y diez en *Planorbarius corneus*.

Los géneros terrestres *Achatina* y *Lissachatina* y los dulceacuícolas *Pila*, *Pomacea* y *Viviparus*, ampliamente consumidos en África y el sudeste de Asia, y en general cualquier gasterópodo tropical, babosas incluidas, pueden vincular las larvas de *Angiostrongylus cantonensis*, un nemátodo que en estado adulto parasita los pulmones de las ratas y en el larvario causa cuadros de meningitis eosinofílica en las personas. Las larvas de otra especie muy parecida llamada *Angiostrongylus costaricensis* producen granulomas intestinales.

Un gran número de gusanos tremátodos, tanto planos o distomas como alargados o esquistosomas, también usan como hospedantes intermedios a los caracoles antes de pasar a sus hospedantes definitivos. Los distomas hepáticos, duelas o fasciolas (*Fasciola hepatica* y *Fasciola gigantica*) usan a los limneidos, sobre todo a las especies *Galba truncatula* en Europa y *Galba viator*, *Galba neotropica* y *Pseudosuccinea columella* en América, en tanto que excluyen a

Vendedora de caracoles gigantes africanos (*Archachatina marginata*) en Ghana.

Vendedora de caracoles manzana (*Pila ampullacea*) en Vietnam. (FLPA - Therry Whittaker).

otros caracoles palustres como los físidos y planórbidos. De los huevos de estos distomas emergen unas larvas ciliadas llamadas miracidios que nadan en busca de una limnea para alojarse en su saco pulmonar y completar allí la primera fase de su ciclo vital. De él salen metamorfoseadas en otro tipo de larvas provistas de cola a las que se conoce como cercarias. Cada miracidio da lugar a unas seiscientas cercarías. Estas nadan hacia las plantas acuáticas y se enquistan en ellas a la espera de ser ingeridas por una oveja u otro mamífero, desde cuyo intestino, pasando por la circulación portal y por el hígado, acceden a sus vías biliares. Aquí maduran sexualmente, se autofecundan y liberan una enorme cantidad de huevos que salen al exterior con las heces del mamífero parasitado a fin de completar su ciclo vital. El hombre puede adquirir las cercarias al comer berros donde estén enquistadas.

La fasciola china (*Clonorchis sinensis*) es una especie afín a las anteriores que usa como primer hospedante a los caracoles del género *Bithynia* y como segundo a los peces de agua dulce, siendo estos los que, crudos o poco cocinados, transmiten el parásito a las personas. Por su parte, las duelas o fasciolas hepáticas menores (*Dicrocoelium lanceolatum* y *Dicrocoelium dendriticum*) usan como primer hospedante a caracoles terrestres pulmonados, por lo general de los géneros *Theba*, *Cernuella*, *Xerosecta* y *Zebrina*, los cuales ingieren los huevos del gusano al comer las plantas. Las larvas pasan después a las hormigas cuando, por su parte, estas comen la baba que han dejado los caracoles. Las hormigas parasitadas desarrollan un cambio en su comportamiento; trepan a las partes más altas de las plantas y se agarran con sus mandíbulas a los extremos de las hojas y flores, de modo que los rumiantes puedan ingerirlas fácilmente al pastar. Las personas se afectan al ingerir por accidente las hormigas parasitadas en las verduras sin lavar.

En el sudeste de Asia es frecuente la parasitosis por otro distoma llamado fasciola pulmonar (*Paragonimus westermani*). Este, a diferencia de los antes citados, no afecta al hígado sino a los pulmones. Sus primeros hospedantes

Biomphalaria glabrata (Puerto Rico). Este planórbido y otros de su género son los principales hospedantes intermedios de *Schistosoma mansoni*.

son caracoles de agua dulce de los géneros *Melania*, *Melanoides* y *Brotia*, y los segundos son cangrejos. El hombre contrae las larvas al comer estos crudos o insuficientemente cocidos.

La fasciola intestinal gigante (*Fasciolopsis buski*), también extendida como la anterior por el sudeste de Asia y China, parasita el duodeno de los cerdos y de los seres humanos provocando diarrea y dolor abdominal. Tiene como hospedantes intermedios a planórbidos del género *Segmentina* y el hombre adquiere sus larvas al comer lotos o castañas de agua en los que estas estén enquistadas. Otras especies de fasciolas intestinales menores (*Opistorchis felineus*, *Opistorchis viverrini*, *Metagonimus yokogawai* y *Heterophyes heterophyes*) parasitan a cerdos, gatos, perros, zorros y ratas y la última también a las aves acuáticas. Sus primeros hospedantes son caracoles de agua dulce de los géneros *Bithynia*, *Bulinus*, *Semisulcospira* y *Melania*, y los segundos son peces, por lo que las personas se contagian al comer pescado crudo o ahumado. Otro gusano tremátodo llamado *Brachylaima cribbi* vive de adulto en el intestino de ratas y ratones, pero pasa su fase larvaria en los caracoles terrestres *Theba pisana* y *Cernuella virgata*. En Australia, donde estos dos caracoles europeos han sido introducidos, se han descrito algunos casos de parasitosis en personas, caracterizados por dolor abdominal.

De mucha mayor importancia sanitaria, dada la frecuencia y gravedad de sus parasitaciones, son otros gusanos asimismo trematodos, pero estos no planos como las fasciolas, sino alargados y de aspecto lumbricoide. Son los llamados esquistosomas o bilharzias. La esquistosomiasis afecta a más de doscientos millones de personas y causa unas 200.000 muertes anuales, lo que la convierte en la enfermedad más difundida en el mundo después del paludismo. Las larvas de los esquistosomas no se adquieren por ingestión como las de los distomas, sino que penetran a través de la piel y las mucosas que hayan estado en contacto con agua en la que estén presentes, por lo general la de arrozales, canales, acequias, ríos, charcas y cloacas. Los huevos de estos gusanos llegan a esas aguas con la orina o las heces de las personas parasitadas. De ellos emergen unas larvas ciliadas o miracidios que nadan en busca de un caracol hospedante, en el cual se transformarán en cercarias, ya capacitadas para atravesar la piel y las mucosas de las personas.

Por desgracia bastante común tanto en África como en Oriente Medio, la especie *Schistosoma haematobium* parasita el plexo venoso vesical produciendo hematuria y trastornos urinarios severos y de carácter crónico. Sus hospedantes intermedios son caracoles dulceacuícolas del género *Bulinus*. Otras cuatro especies de esquistosomas parasitan la vena porta y el plexo venoso intestinal, provocando dolor abdominal, diarreas, hemorragias digestivas, hepatomegalia e hipertensión portal. La especie *Schistosoma mansoni*, distribuida por África, América Central y Sudamérica, utiliza como hospedantes intermedios a los planórbidos del género *Biomphalaria*, en tanto que *Schistosoma japonicum*, distribuida por China, Corea y Japón, usa a los potamópsidos del género *Oncomelania*. Por su parte, *Schistosoma mekongi*, distribuida por el sudeste de Asia, se vale de otros potamópsidos del género *Tricula*, y *Schistosoma intercalatum*, distribuida por el oeste de África, de varias especies de *Bulinus*. En los lugares donde existen los caracoles hospedantes adecuados, las esquistosomiasis importadas pueden volverse endémicas con una gran rapidez. Así ocurrió en Brasil, Venezuela y Puerto Rico tras la llegada a estos países de esclavos negros afectados por *Schistosoma mansoni*. Sin embargo, no ocurrió lo mismo en el sur de Estados Unidos, Cuba y Jamaica, lugares a donde también se llevaron esclavos parasitados, y el motivo fue la falta de los caracoles apropiados. En 1944 se hizo el experimento de exponer ejemplares del planórbido *Planorbella duryi* a la cepa de *Schistosoma mansoni* que, procedente de Puerto Rico, usa como hospedante al también planórbido *Biomphalaria glabrata*. En unos casos los caracoles fueron refractarios a la parasitación, porque los miracidios no pudieron penetrarlos, y en otros los esquistosomas no lograron completar su desarrollo.

Los malacólogos y coleccionistas de conchas que recogen caracoles dulceacuícolas sin guantes de plástico o con los pies sumergidos en el agua no están exentos de contraer una esquistosomiasis. Deben además tener presente que estas parasitosis se diagnostican mal, ya que los síntomas a veces demoran meses o incluso años en manifestarse, por lo cual no suelen ser relacionados por las personas afectadas, ni a menudo tampoco por los médicos que tratan a estas personas, con los viajes hechos a zonas geográficas donde son endémicas o tienen una alta prevalencia.

Las cercarias de las numerosas especies de esquistosomas que parasitan a las aves acuáticas no tienen capacidad para penetrar la capa córnea de la piel humana y acceder luego a los plexos venosos; sin embargo, causan un tipo de afección cutánea conocida como dermatitis de los bañistas o dermatitis de los pescadores de almejas. Consiste en la aparición de una urticaria muy pruriginosa tras haber estado bañándose o en contacto con agua contaminada por las cercarias. No se debe a la acción mecánica de estas al atravesar la piel, sino a una alergia a las proteínas de sus cutículas. Los huéspedes intermedios de las larvas de este tipo de esquistosomas son por lo común caracoles de las familias potamídidos, nasáridos e hidróbidos, pero cualquier otro caracol de estuario puede albergarlas. Ciertas especies precisan de un segundo huésped intermedio, el cual puede ser un pez o un anfibio.

Todos los gusanos parásitos producen cantidades astronómicas de huevos, lo cual tiene como objeto aumentar la remota probabilidad de que algunas de sus larvas accedan al huésped definitivo para hacerse en él adultas y a su vez poner muchos huevos. Para forzar aún más esa probabilidad, algunas especies de gusanos parásitos han desarrollado mecanismos evolutivos muy sofisticados. Tal vez el caso más sorprendente sea el de *Leucochloridium paradoxum*, un tremátodo que parasita el intestino de las aves paseriformes, con cuyas heces expulsa sus huevos. Cuando estos son ingeridos por un caracol terrestre de los géneros *Oxyloma* o *Succinea*, las larvas emergen en el intestino del caracol y desde allí emigran a sus tentáculos cefálicos, donde adoptan una forma sacular llamada esporocisto. Este, que es de color verde o amarillo con unos conspicuos anillos pardos o negros concéntricos, efectúa unos movimientos pulsátiles al ritmo de cuarenta a setenta veces por minuto. Con ello, los tentáculos del caracol parasitado se dilatan y contraen, lo cual atrae la atención de los pájaros, que, tomándolos por larvas de insectos, los ingieren. De este modo, el complejo ciclo vital del parásito queda completado.

Además de su indudable valor alimenticio, no siempre exento de riesgos como hemos visto, los caracoles terrestres se han usado como remedio en la Medicina tradicional y se siguen usando en la Medicina moderna como fuente de medicamentos. Ingeridos o aplicados en forma de fomentos o cataplasmas eran utilizados en la Antigüedad para tratar las hemorragias nasales, las dermatitis y la gota. Plinio escribió que cinco de ellos machacados y mezclados con jugo de acacia y vino de mirto eran una cura infalible para la disentería. El moco segregado por los caracoles también se empleó en otras épocas como lubricante de las vías aéreas para tratar el asma bronquial y la bronquitis. Los médicos franceses de

Conus leopardus (Salomón).

mediados del siglo XIX lo prescribían en el tratamiento de la tisis o tuberculosis pulmonar en forma de un preparado llamado helicina, el cual no era otra cosa que moco seco y pulverizado del caracol común o de jardín (*Cornu aspersum*).

La gran capacidad regenerativa que el moco de los caracoles terrestres tiene sobre la piel y las mucosas se sospechó al observarse que las heridas de las manos de quienes se dedicaban a criarlos cicatrizaban con una gran rapidez. De hecho, ya se había usado tradicionalmente en Inglaterra para tratar eczemas y otras afecciones cutáneas. Tal propiedad se debe al poder antioxidante y estimulador del crecimiento de los fibroblastos que tienen la alantoína, el ácido glicólico y ciertos mucopolisacáridos presentes en el moco de los caracoles. Basándose en ello, la industria cosmética ha comercializado cremas y lociones hechas con moco de caracol. Han demostrado ser realmente eficaces en retrasar el envejecimiento de la piel y en acelerar su reparación tras haber estado expuesta a agentes nocivos como la radiación solar, la sequedad ambiental o productos químicos. También son útiles para tratar las dermatitis causadas por la radioterapia antitumoral y reducen las estrías cutáneas debidas a celulitis. Se investiga además el uso de moco de caracol para acelerar la soldadura de los huesos fracturados, dada su alta concentración en carbonato cálcico y su facultad de endurecerse con rapidez, así como para restaurar la mucosa gástrica dañada por una úlcera. A este respecto, en Turquía fue costumbre comer caracoles y babosas vivos para aliviar las úlceras de estómago, y en Creta se usaban los emplastos de los clausílidos del género *Albinaria* como remedio de las crisis hemorroidales.

De los géneros de gasterópodos marinos *Haliotis*, *Tegula* y *Lobatus* se han aislado sustancias con capacidad para inhibir el crecimiento de las bacterias y virus, y en ciertas babosas marinas también se han aislado otras dotadas de actividad antitumoral. Una de estas últimas, denominada dolastina por proceder de una especie de babosa llamada *Dolabella auricularia*, es activa en determinados tipos de leucemia. A su vez, el kahalalido K, que procede de la especie *Elysia rufescens*, es activo en los tumores de próstata y mama.

Por su parte, las singulares propiedades de las conotoxinas auguran importantes avances en el tratamiento de las enfermedades neurológicas. Aunque de momento solo se ha estudiado una mínima fracción de estas sustancias presentes en el veneno de los conos, dado que las primeras se descubrieron hace solo unas décadas, está fuera de duda que darán origen a nuevos fármacos debido a su gran capacidad para discriminar entre los muchos y parecidos canales para el sodio, el potasio y el calcio de las membranas de las neuronas, las fibras musculares y las placas motoras. Esa capacidad discriminativa de las conotoxinas es impresionante. Por ejemplo, las α-conotoxinas, que bloquean los receptores de acetil-colina en las placas motoras, distinguen estos de los existentes en las neuronas, a diferencia del curare, que es también un agente bloqueante de dichos receptores. Por su parte, las ω-conotoxinas GVIA y MVIIA poseen una capacidad para discriminar entre los diferentes subtipos de los canales de calcio superior a 10^6, y otro tanto tienen las μ-conotoxinas para discriminar entre los numerosos subtipos de los canales de sodio. Además, en el complejo y todavía insuficientemente estudiado veneno de los conos hay otros péptidos con efectos muy distintos, caso de las conopresinas, de acción similar a la vasopresina, ya que provocan la contracción de la musculatura lisa de las arterias.

La industria farmacéutica comercializó hace ya años el ziconotide, una ω-conotoxina cuyo efecto analgésico es mil veces superior al de la morfina, pero que, a diferencia de esta, no induce somnolencia ni crea adicción. Se usa por vía intratecal para aliviar el dolor refractario a opiáceos y analgésicos en enfermos de cáncer y SIDA. La contulaquina, otra ω-conotoxina, es eficaz para tratar la lumbalgia crónica, y la conantoquina lo es en formas severas de epilepsia que no responden a los fármacos anticonvulsionantes habituales. En la actualidad se están investigando otras conotoxinas para estudiar y tratar la enfermedad de Parkinson, la demencia presenil de Alzheimer, la esclerosis múltiple, el alcoholismo, la angina de pecho y la diabetes. La paradoja de que las neurotóxicas conotoxinas sean útiles para el tratamiento de las enfermedades neurológicas confirma pues el viejo aforismo médico de *Similia similibus curantur* (El remedio está en lo similar).

CAPÍTULO 24
JOYAS Y CARACOLES

CONCHAS DE *Nassarius kraussianus* PERFORADAS PARA SU USO COMO CUENTAS DE COLLAR. SE HALLARON EN LA CUEVA BLOMBOS DE SUDÁFRICA Y TIENEN UNA DATACIÓN DE 75.000 AÑOS. (CRISTOPHER HENSHILWOOD, FRANCESCO D'ERRICO Y MARIAN VANHAEREN).

COLLAR DE CONCHAS DE *Oliva reticularis* FABRICADO POR LOS TAÍNOS, PRIMEROS HABITANTES DE CUBA.

El uso de conchas como abalorios se remonta a la Prehistoria. De hecho, las piezas de joyería más antiguas que se conocen son conchas perforadas para servir como cuentas de collares. Uno de estos collares fue fabricado hace alrededor de 75.000 años con las conchas de un pequeño caracol marino llamado *Nassarius kraussianus*. Varias decenas de tales conchas, todas de igual tamaño y perforadas en el mismo punto, se descubrieron en 1991 en una gruta de la costa oriental de Sudáfrica llamada Blombos, en la cual también fueron halladas varias conchas de orejas de mar conteniendo ocre, herramientas de piedra talladas con una técnica que no se empleó en Europa hasta 55.000 años más tarde y los primeros símbolos gráficos abstractos conocidos. En la cueva de Las Palomas, un yacimiento paleolítico próximo a Taforalt, en el este de Marruecos, se hallaron otras trece cuentas de collar hechas con conchas perforadas de *Tritia gibbosula*, especie muy parecida a la anterior. La datación las atribuyó una antigüedad de 82.000 años. Otras conchas similares datadas en 92.000 años atrás fueron descubiertas en dos grutas de Israel llamadas Qafzeh y Skhul. Por su parte, el *Pergamon Museum* de Berlín exhibe un collar hecho con las conchas de dos pequeñas especies de conos del golfo Pérsico (*Conus ebraeus* y *Conus parvatus*). Proceden de una tumba excavada en Uruk, una ciudad de Mesopotamia cuya antigüedad se calcula en alrededor de 5.000 años y de la cual se cree que pudo ser el primer asentamiento urbano.

El autor de este libro ha visto conchas de conos, muy desgastadas por su uso durante generaciones, adornando el cuello de las mujeres bereberes de Marruecos, de las *gurung* de Nepal y de las *himba* de Angola y Namibia. La *ohumba*, un amuleto de fertilidad que las muchachas de esta última tribu heredan de sus madres y que es su posesión más apreciada, ya que su valor iguala al de un buey, está hecha con la concha de un cono literato, leopardo o marmóreo (*Conus litteratus*, *Conus leopardus* y *Conus marmoreus*). Estos conos solo viven en el Indopacífico, pero los *himba* consiguieron sus conchas finales del siglo XIX, cuando se las cambiaron por ganado a los portugueses,

Cinturón procedente de Ghana hecho con conchas de *Monetaria annulus*.

Turbo petholatus (Bali). Estos ejemplares muestran sus opérculos pétreos de color verde, los cuales son conocidos en bisutería como «ojos de gato».

quienes debieron traerlas de las colonias que por entonces tenían en Mozambique, Macao y Timor. Los discos con un dibujo espiral obtenidos de la base de las conchas de los conos son también un adorno muy valorado por los *himba* y otras tribus africanas. Cuando empezaron a excavarse las minas de diamantes de Kimberley, los nativos creían que lo que los blancos buscaban en aquel lugar eran tales discos. El explorador David Livinsgtone contó que media docena de ellos podían cambiarse por un colmillo de elefante. En Filipinas, varias tribus también usan las conchas de conos como adornos. Los *bagabo* hacen brazaletes con sus secciones, y los *bontoc* y *tinguian* enfilan varias de estas secciones en una pieza de tela que llevan como cinturón.

Los opérculos de los caracoles turbante y de sus parientes las astreas eran considerados amuletos en ciertas culturas africanas y americanas. Se les atribuía la capacidad de proteger del «mal de ojo» a quien los llevara, tal vez por su lejana semejanza con un ojo. De hecho, los lustrosos opérculos del turbante tapiz del Indopacífico (*Turbo petholatus*) son conocidos como «ojos de gato», y los de la astrea rugosa del Mediterráneo (*Bolma rugosa*) como «ojos de Santa Lucía». Los marineros británicos del siglo XIX los llevaban colgados al cuello o engastados en un brazalete. Un siglo después, la moda *hippy* resucitó los colgantes hechos con estos curiosos objetos naturales.

Sin duda, las piezas de joyería más atractivas fabricadas con conchas de caracoles son los camafeos. Los primeros conocidos datan de la época de Alejandro Magno; estuvieron luego de moda entre las clases privilegiadas durante la Antigüedad y volvieron a estarlo en el Renacimiento, el Rococó y el Romanticismo. Inicialmente se tallaban en piedras semipreciosas como el ágata, el ónice, la cornalina, la sardónica, el lapislázuli o la malaquita. No fue hasta mediados del siglo XIX que empezaron a usarse para hacerlos las conchas de los caracoles marinos llamados cascos. Estas conchas son gruesas y tienen una capa externa blanca, en la cual se graba el relieve del camafeo, y otra subyacente que hace resaltar la figura grabada, ya que es de color negruzco en el casco emperador (*Cassis madagascariensis*) y rojiza en el casco rojo (*Cypraecassis rufa*). Desde 1878, el principal centro de producción de camafeos se encuentra en Torre del Greco, un suburbio de Nápoles que es además el centro mundial de acopio y comercio del coral rojo del Mediterráneo.

También se fabrican hermosos camafeos con las conchas del estrombo gigante (*Lobatus gigas*), aunque tienen el inconveniente de que su bonito color rosa palidece con el tiempo debido a que el pigmento es un carotenoide degradable cuando se expone a la luz. En raras ocasiones, el estrombo gigante produce unas perlas de color asimismo rosa y provistas de atractivas flámulas, un efecto al que los joyeros llaman *chattoyance*. Estas perlas se cotizan a unos 2.000 dólares por quilate, un valor muy superior al de las perlas habituales procedentes de madreperlas. Una del

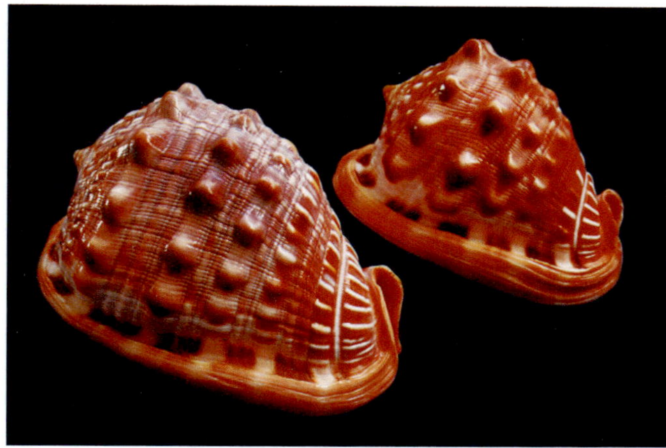

Cypraecassis rufa (Mozambique).

tamaño de una uva se vendió en París hace varias décadas por 12.000 dólares. En la actualidad se estudian métodos para cultivarlas, ya que de forma natural solo uno de cada 15.000 estrombos contiene una perla, y por lo general pequeña y de pobre calidad. La voluta melón (*Melo melo*) también produce unas perlas valiosas y flamuladas, pero de color naranja. Los pescadores de Tailandia, Camboya y el archipiélago Mergui, en Myanmar, hacen su fortuna cuando hallan una de ellas en tales caracoles, a los que pescan como alimento.

Si bien carentes por lo general de valor comercial, se conocen perlas procedentes de cipreas, olivas, tritones, fascioláridos y muchos otros caracoles marinos. Igual que las que producen las madreperlas y las almejas de agua dulce, son el resultado de una reacción defensiva del manto del molusco ante una partícula de arena u otro cuerpo extraño que este no es capaz de expulsar. Cuando eso ocurre, la porción del manto contigua al cuerpo extraño se invagina en derredor de este a fin de formar el llamado saco perlífero y envolverlo en capas concéntricas de nácar, que es el material natural más duro al tiempo que el más suave al tacto. En este sentido, los moluscos, seres de blando y delicado cuerpo, son como aquella princesa del cuento de Andersen que era capaz de percibir un guisante bajo varios colchones de plumas.

Camafeo elaborado con la concha de *Cypraecassis rufa*.

La mayoría de las perlas naturales, sean producidas por caracoles o por moluscos bivalvos, no son esféricas sino irregulares. Se las conoce como «perlas barrocas». Suelen ser además de tipo *mabé* o *blister*, lo cual significa que no son perlas libres sino que están fijas al endostraco de la concha, del que forman parte. A principios del siglo XX, las perlas *mabé* procedentes de orejas de mar fueron muy apreciadas por los joyeros del *Art Nouveau*. La más famosa de ellas fue la llamada *Big Pink*, una perla barroca de color rosa y 470 quilates.

Los fragmentos pulidos del nácar de las orejas de mar o abulones se usan en bisutería. Su iridiscencia tiene poco que envidiar a la de los ópalos, pero son mucho más baratos. La especie de la que se obtienen los más hermosos es la oreja

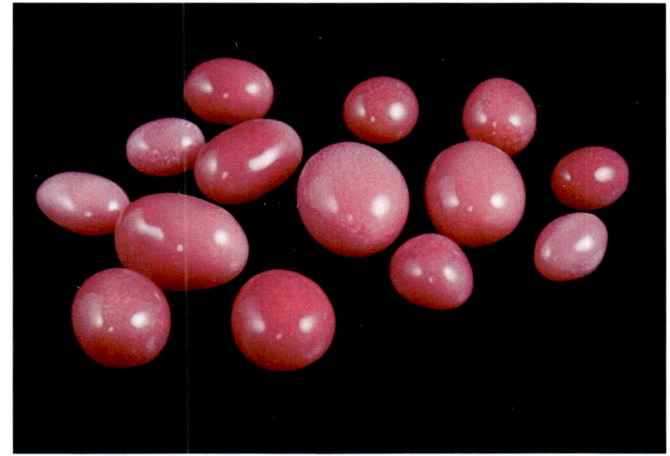

Perlas de *Lobatus gigas*. (Monili Fine Jewelry).

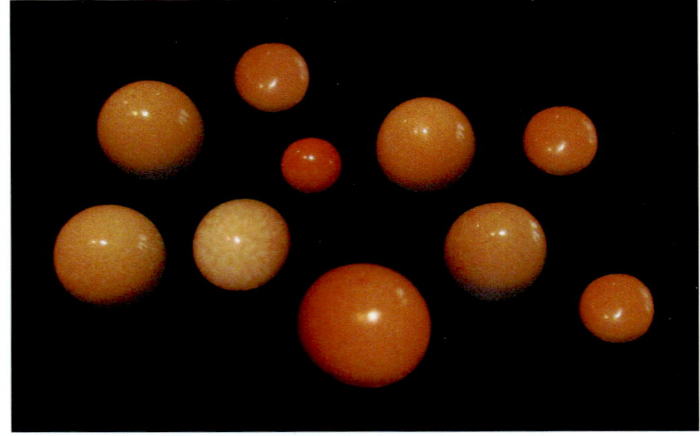

Perlas de *Melo melo*. (Monili Fine Jewelry).

de mar de Nueva Zelanda o *paua* (*Haliotis iris*), aunque también se explotan al efecto las orejas de mar verde, roja y rosa (*Haliotis fulgens*, *Haliotis rufescens* y *Haliotis corrugata*), todas nativas de California. Otros atractivos materiales para bisutería se obtienen de las conchas de varias especies de lapas, en concreto la lapa verde (*Lottia mesoleuca*), del Pacífico de México; la lapa de ribete naranja (*Cellana solida*), de Australia y Tasmania, y la lapa carey (*Cellana testudinaria*), de Japón, Filipinas y Taiwán.

En los siglos XVII y XVIII, las grandes conchas del turbante verde (*Turbo marmoratus*) se pulían hasta dejar al descubierto su nácar y luego se labraban para convertirlas en objetos suntuarios. Montadas en plata servían de copas, como también se hacía con las conchas de los nautilos. Durante el siglo XIX se usaron para fabricar botones, si bien esta industria empleaba mayormente conchas de madreperlas, las de varias especies de almejas de agua dulce de Norteamérica y, sobre todo, las del tróquido comercial o trompo del nácar (*Rochia niloticus*). Por dicho motivo, este gran caracol marino fue tan intensamente recolectado a lo largo de su extensa área de distribución por el Indopacífico que sus poblaciones acabaron por agotarse. Las principales pesquerías estaban en Indonesia, Filipinas, Nueva Guinea, Nueva Caledonia, el norte de Australia y los archipiélagos de Vanuatu, Fiyi y Salomón. Desde ellas, miles de toneladas de conchas se exportaban cada año a Europa y Estados Unidos para abastecer las fábricas de botones. La industria llegó a tener tanta importancia que hacia 1890 las fábricas de Birmingham empleaban a unas 5.000 personas. La irrupción del plástico en la década de 1950 acabó con ella, aunque no definitivamente, pues a finales de la de 1970 varios fabricantes de ropa de Francia, Italia, Alemania, Japón, Singapur y Hong Kong decidieron

Haliotis iris (Nueva Zelanda). Abajo puede verse una caja fabricada con trozos de nácar de esta especie.

Turbo marmoratus (Filipinas). Ejemplares pulidos y labrados.

Concha de *Rochia nilotica* de la que se han extraído bocados para hacer botones.

Rochia nilotica (Australia). El ejemplar de la derecha ha sido decorticado y pulido.

volver a emplear botones de nácar como complemento de sus camisas y prendas de mejor calidad. Desde 1980, la exportación de conchas de trompos del nácar es de 3.000 a 4.000 toneladas anuales. Como esta cantidad no basta para satisfacer la actual demanda, en Broome y otras localidades australianas se han puesto en marcha programas de cría de ejemplares juveniles en tanques de agua para repoblar con ellos los arrecifes coralinos en los que los trompos fueron antaño abundantes. En la India, las conchas enteras y sin pulir de *Umbonium vestiarium*, otro tróquido pariente del anterior pero de mucho menor tamaño, también se usaron como botones de vestidos, uso al que precisamente alude el nombre específico de dicha especie.

Durante el siglo XIX se hizo costumbre entre los marineros y balleneros británicos y norteamericanos el regalar a sus novias o esposas unas cajas de madera lindamente decoradas con composiciones hechas a base de conchas de pequeños caracoles y moluscos bivalvos. Conocidas por el nombre de *valentines*, ya que se regalaban el día de san Valentín, patrón de los enamorados, tales cajas solían incluir frases emotivas del tipo de *Remember me* (Recuérdame) o *Forget me not* (No me olvides). Hubo un discreto comercio de ellas en las islas Barbados y otros puertos del Caribe, donde las mujeres locales las fabricaban para vendérselas a los marineros que no tenían la habilidad de hacerlas o que preferían gastar su tiempo libre a bordo fumando o jugando a las cartas.

En la Antigüedad existió una curiosa industria cuya materia prima se extraía de ciertos caracoles marinos del Mediterráneo, en concreto de la cañadilla o múrice tintorial (*Bolinus brandaris*) y de otras tres especies de murícidos (*Hexaplex trunculus*, *Stramonita haemastoma* y *Ocenebra erinaceus*). Estos gasterópodos poseen un órgano, la llamada glándula hipobranquial, el cual segrega la púrpura, una sustancia que ellos usan como repelente de los predadores y que

Izquierda. *Valentine* hecho en Inglaterra a principios del siglo xx. Muestra, entre otras conchas, varias de *Aporrhais pespelecani*. Derecha. El descubrimiento de la púrpura, óleo de Theodoor van Thulden realizado entre 1636 y 1638. (Museo del Prado, Madrid).

los antiguos pobladores del Mediterráneo usaron como base para un tinte cuyo color oscilaba entre el morado intenso y el rosa pálido, dependiendo de la especie de caracol empleado, de la concentración del tinte y del número de inmersiones a las que fueran sometidas las telas. Las especies *Bolinus brandaris* y *Stramonita haemastoma* daban una púrpura roja o rojiza violácea denominada *blatta*, en tanto que *Hexaplex trunculus* era la fuente de otra púrpura de tono más azulado llamada *hyacinthea*. Uno y otro tipo eran sumamente caros, ya que se necesitaban de 8.000 a 10.000 caracoles para obtener un gramo de tinte concentrado, y teñir el ribete de una capa requería al menos un gramo y medio.

Los datos que se conocen sobre el uso de la púrpura revelan su carácter estrictamente suntuario. Por ejemplo, los textos bíblicos dicen que uno de los cuatro velos o cortinas que cubrían el Tabernáculo, donde se guardaba el Arca de la Alianza, estaba teñido de púrpura, y que el rey Baltasar ofreció vestir de púrpura a la persona que descifrara las enigmáticas palabras que una mano invisible escribió en una pared de su palacio, tarea a la cual se brindó el profeta Daniel. Plutarco escribió que, cuando Alejandro Magno entró en Susa tras haber derrotado a Darío, halló en el palacio de este rey persa un tesoro en telas teñidas en púrpura que valía su peso en oro. Sócrates, Platón y otros filósofos griegos condenaron el uso de los vestidos púrpuras por creerlos una muestra de ostentación y decadencia copiada de los persas.

La primera evidencia del uso tintorial de la púrpura data del 1600 o 1700 a. J.C. y procede de Creta, si bien es probable que ya se conociese de antes en las ciudades cananeas de la costa de Siria y Palestina, desde donde se extendió a otras culturas mediterráneas de la Edad del Bronce como la minoica, la egipcia, la helénica y la fenicia. Los fenicios atribuían el descubrimiento de la púrpura al perro de Melkart, Hércules en versión griega, el cual, cuando paseaba con su amo por la orilla del mar, se tiñó el hocico al olfatear un caracol. Este pueblo monopolizó la producción y comercio de ropas de lana teñidas de púrpura, que, junto con el vidrio, el vino, el aceite de oliva, la madera de cedro y el marfil, eran su producto de trueque más importante. De hecho, la palabra «fenicio» procede del griego *phoinikas*, que significa «rosado» y alude al color de esas ropas. Los principales centros fenicios de producción de púrpura estaban en Sidón, Tiro y Biblos, ciudades en las que, a decir tanto del historiador griego Estrabón como del ingeniero militar romano Vitrubio, el hedor causado por la descomposición de las enormes cantidades de caracoles empleadas en la industria era insoportable, ya que, además, durante el proceso se liberan mercaptanos, compuestos sulfurosos malolientes. En 1864 se descubrió en las ruinas

Hexaplex trunculus (España).

Stramonita haemastoma (España).

Bolinus brandaris (España).

de Sidón un montículo de 120 metros de base por seis u ocho de altura integrado por miles de conchas de *Hexaplex trunculus*, todas fracturadas en su ápice. Cerca de él había otro de conchas de *Stramonita haemastoma*. Más acumulaciones de conchas de estos dos murícidos se han hallado también en Sicilia, Tarento, Malta, Cádiz, Ibiza, Túnez, Mogador, Lanzarote, Delos, Atenas y Pompeya, ciudad esta última donde se desenterró un mosaico con la figura de una cañadilla o múrice tintorial. La figura de este caracol marino aparece asimismo en las monedas acuñadas en Sidón, Tiro, Biblos y Corinto.

La Roma imperial mantuvo el uso suntuario de las prendas teñidas con púrpura, sobre las que Plinio dijo que hacían semejantes a dioses a quienes las vestían. Los senadores mostraban esta condición suya con la *laticlava* o toga adornada con una cenefa púrpura, en tanto que los *equites* o caballeros usaban la *angusticlava*, de cenefa más estrecha. Solo los gobernadores y los generales victoriosos podían llevar una capa totalmente púrpura, llamada *palludamentum*, y así fue hasta que Nerón promulgó un edicto reservando su uso exclusivamente para la casa imperial. Esta norma se mantuvo en el Imperio Romano de Oriente, cuyos emperadores y emperatrices vestían telas de lana y seda teñidas de púrpura como signo de su dignidad. De hecho, el emperador era llamado *purpuratus*, y el término *porphyrogenitos*, que significa «nacido en púrpura», se reservaba para sus hijos legítimos. Toda persona ajena a la corte que usara ropas teñidas con púrpura podía ser acusada de alta traición. La manufactura de la púrpura fue un monopolio estatal durante el reinado de los emperadores Graciano, Valentiniano y Teodosio. En el código de este último, el caracol productor de la púrpura es denominado *murex sacer adorandus*, es decir, «múrice sagrado que debe ser adorado». Durante la Edad Media, la púrpura siguió manufacturándose

Mosaico con la imagen de Justiniano y su séquito. El emperador lleva una toga enteramente púrpura; sus cortesanos, togas con los bordes teñidos de ese color. (Iglesia de San Vital, Rávena).

en Haifa y otras localidades del Mediterráneo oriental, pero, tras la toma de Constantinopla por los turcos en 1453, el producto se hizo tan escaso que en 1467 el papa Pablo II ordenó sustituirlo para las vestiduras de los cardenales por una tintura escarlata más barata obtenida de un insecto áfido llamado quermes o cochinilla de la encina. Mediado el siglo XVII, los españoles empezaron a importar púrpura de México y otros lugares de América Central, donde los nativos la obtenían de la especie *Plicopurpura patula*, ya usada con el mismo fin por los aztecas. A fin de abastecer la demanda sin acabar con las poblaciones de los caracoles productores, se dejaba que exudaran la púrpura sacándolos fuera del agua, se cosechaba la sustancia y se devolvían los caracoles a sus emplazamientos para que pudieran ser «ordeñados» días después.

En las islas Británicas, la púrpura se extraía de otro murícido llamado *Nucella lapillus*, según lo avalan los depósitos de conchas de dicha especie hallados en varios puntos de Irlanda y Gales. Esta era la clase de púrpura con la que los irlandeses y escoceses teñían sus *tweeds* y *tartans* y de cuyo uso como tinta para iluminar códices y pergaminos habló en el siglo VIII el monje Beda el Venerable.

La púrpura perdió importancia al descubrirse otros productos naturales de los que se podía extraer un tinte de color rojizo, concretamente un liquen llamado orchilla, que abundaba en las islas orientales de Canarias, por eso llamadas «Purpurarias», y la cochinilla de la chumbera, un insecto de México del que se extrae el ácido carmínico. Quedó definitivamente arrinconada en 1857, cuando, tratando de obtener quinina para combatir la malaria, el químico inglés William Perkin descubrió el primer tinte sintético, una anilina a la que llamó malveína. Tenía dieciocho años cuando patentó su descubrimiento y a los veintiuno ya era millonario. La industria por él creada, la primera industria química que hubo en el mundo, puso de moda el color malva. Reinas como Eugenia de Francia y Victoria de Inglaterra gustaban de usar ropas teñidas con malveína o púrpura de Perkin y por ello la década de 1890 fue conocida como «la década malva». En 1909, el alemán Paul Friedländer, tras procesar 2.000 múrices tintoriales y obtener de ellos 1'4 gramos de tinte, identificó la estructura química de la auténtica púrpura, que es la dibromo-indigotina. Desde entonces es también posible producirla de forma sintética.

El método natural de obtención de la púrpura acabó por ser olvidado. En el verano de 1857, el mismo año en que Perkin descubrió la malveína, el naturalista francés Henri de Lacaze-Duthiers estaba en Menorca dedicado a estudiar la vida marina. Allí observó cómo un pescador que le servía de ayudante se entretenía trazando líneas sobre un trozo de tela blanca con un palito que mojaba en la secreción de un ejemplar de *Stramonita haemastoma*. Cuando el pescador expuso la tela a la luz del sol, el naturalista percibió un olor desagradable y observó que las líneas viraban de un color amarillo pálido a un violeta intenso. El autor de este libro repitió el experimento en Cuba con un espécimen de *Plicopurpura patula*, obteniendo unos resultados idénticos.

En su *Historia Naturalis*, Plinio describió el complicado método de obtención de la púrpura, recogido en 1616 por Fabio Colonna en su opúsculo *De Purpura*. Los murícidos productores tenían que ser colectados vivos para evitar que exudaran la sustancia como defensa antes de morir, lo cual, habida cuenta de que son predadores y carroñeros, se hacía mediante nasas cebadas con trozos de pescado. Tras ello se reunía a los caracoles en otras nasas más grandes o en cisternas ubicadas a la orilla del mar, de forma que la marea alta pudiera llenarlas. En estas condiciones antinaturales, los caracoles más grandes atacaban a menudo a los pequeños abriendo agujeros en sus conchas para devorarlos. Cuando el número de caracoles recolectados se consideraba suficiente, se rompía el ápice de las conchas con un pequeño martillo para eliminar el vacío sin dañar las glándulas productoras de púrpura, cuyo grosor es inferior a un milímetro, por lo que era menester extraerlas cuidadosamente una a una. Los caracoles más pequeños simplemente se machacaban. El material obtenido se ponía a macerar en agua salada durante tres días, se retiraban las impurezas que afloraran a la superficie y se concentraba el líquido exponiéndolo entre diez y quince días al calor suave de un fuego algo alejado. La mezcla se filtraba y así se obtenía un concentrado de color negruzco. Las prendas que fueran a ser teñidas eran hervidas primero en un gran caldero a fin de eliminar las burbujas de oxígeno y, tras dejarlas enfriar, se añadía la púrpura, se removían y se dejaban allí de unas horas a varios días. La alcalinidad era esencial para el proceso de teñido, y, para conseguirla, se mezclaba agua con cenizas de madera a fin de que se formara hidróxido potásico; la mezcla se decantaba y se añadía al caldero de tinción. Otra manera de proveer alcalinidad era mediante orina fermentada durante una semana para que se convirtiera en amoniaco. Finalmente, las prendas se sacaban y, al objeto de fijar su teñido, se metían en vinagre a temperatura ambiente durante una hora.

En la India, desde siglos antes de que en Europa se usara la púrpura, las conchas de la pírula o turbinela sagrada (*Turbinella pyrum*) se consideraban y se siguen considerando objetos religiosos, ya que en el hinduismo se las vincula con Laksmi, diosa consorte de Visnú, la cual representa abundancia y prosperidad. Los hindúes dan a estas conchas el nombre de *chanka*, una palabra que significa «agua buena», ya que creen que, si se usan como recipientes, el agua que contengan queda bendita. La imagen de un *chanka* fue el emblema de Travancore y figuró en el escudo de armas de este estado indio, así como en su bandera, monedas y sellos de correos, hasta su desaparición en 1956.

Diferentes tonos de púrpura extraidos de varias especies de murícidos productoras de dicha sustancia tintorial.

Los ejemplares siniestros de *chanka*, que los hindúes ven como diestros, ya que, al igual que hacían los primeros malacólogos, orientan las conchas con el ápice hacia abajo y la abertura a la derecha, se consideran particularmente sagrados, ya que se dice que reflejan el movimiento del Sol, la Luna, los planetas y las estrellas. Casi todos los templos

Ejemplar de *chanka* o *Turbinella pyrum* montado en plata.

hindúes tienen en sus altares un *chanka* diestro, pero muy pocos poseen uno siniestro o *dakshinavarti chanka*, *valampuri chanku* en lengua tamil, dado que solo uno de cada 600.000 lo es y los que poseen esa rara condición alcanzan un enorme valor. El precio de un *chanka* normal pulido en las joyerías de Nueva Delhi especializadas oscila entre 500 y 1.500 rupias, pero uno siniestro llega a valer, dependiendo de su peso y calidad, de 500.000 a 2.500.000 rupias (de 9.000 a 45.000 euros). Esto los convierte en las conchas más caras del mundo. No es pues extraño que se falsifiquen con las del *Busycon contrarium*, una especie americana que es habitualmente siniestra. Los *chankas* siniestros suelen montarse en plata y adornarse con turquesas y otras piedras preciosas. Uno engarzado en oro y rubíes era pieza destacada de la regalía de los reyes de Birmania. En la antigua China se los creía dotados con poderes para aplacar las tempestades y tifones y alejar a los demonios, razón por la cual los emperadores se los daban a los almirantes encargados de misiones peligrosas y a los gobernadores de provincias marítimas.

La importancia que las conchas de *chankas* tuvieron en la India fue documentada en un opúsculo publicado por James Hornell, un zoólogo y etnólogo que a la sazón era superintendente de las pesquerías de dichos caracoles y de madreperlas en Ceilán, hoy Sri Lanka, isla que por entonces estaba bajo dominio británico. Desde el 2000 a. J.C., los brazaletes fabricados con las secciones circulares de los *chankas*, por lo general pulidas y grabadas al ácido, se usaban profusamente en la India, Assam y Tíbet. Llegaron incluso a formar parte del uniforme de gala de las tropas *sepoy*, los soldados regulares empleados por los británicos durante su ocupación de la India. Su uso estaba tan extendido que cada año se pescaban de cuatro a cinco millones de *chankas* para poder abastecer la demanda de brazaletes y esta industria ocupaba a unas 15.000 personas entre pescadores, cortadores, pulidores, grabadores y comerciantes. Tan ingente cantidad motivó que a principios del siglo XX empezaran a escasear. Por entonces, el número de ejemplares colectados anualmente había bajado a menos de un millón y medio, y la mayor parte de ellos provenía de Ceilán, porque las pesquerías del golfo de Mannar y del sur de la India estaban esquilmadas.

Los *chankas* se siguen capturando en la actualidad del mismo modo que se capturaban en otras épocas, por medio de buceadores que operan desde barcazas. Una vez llevados a tierra, se cuecen, se les extrae el cuerpo, se corta la carne del pie en lonchas y se ponen estas a secar para que sirvan como alimento. Los opérculos se hierven a fin de obtener una matriz adherente para las varillas de sándalo. En cuanto

Monje budista tañendo un *chanka*.

Jewel quality Dakshinavarti Shankha

The Jewel quality Dakshinavarti Shankha is a very rare variety which has a very good shine and luster not found in the regular Dakshinavarti Shankhas.

All products supplied by us come with an authentication certificate with picture signed by Pandit S.P.Tata. See certificate example

The following are the genuine Jewel quality Dakshinavarti Shankhas you can buy from us.

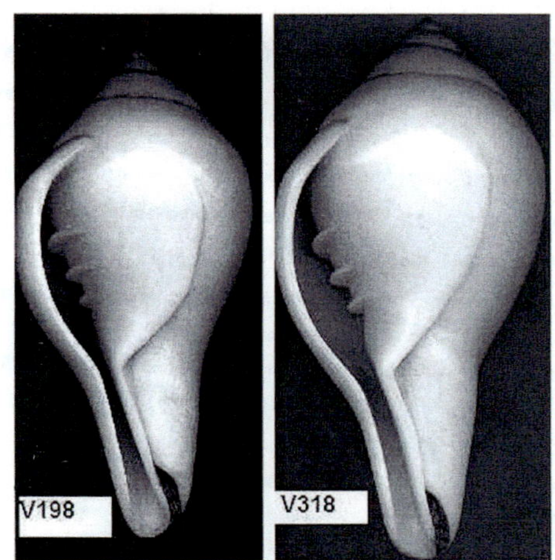

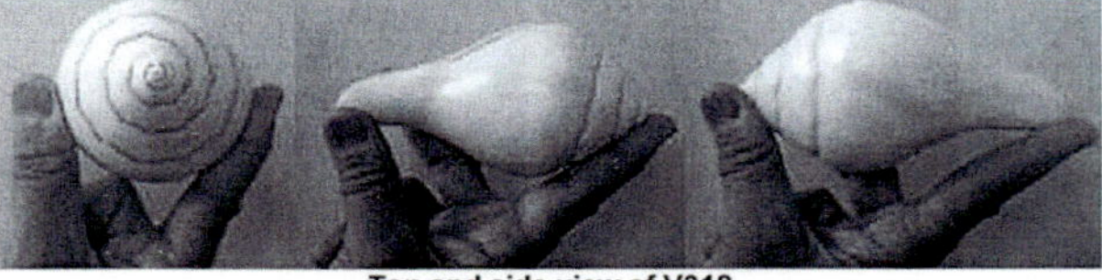

Top and side view of V318

The following are the details.

Dakshinavarti V198 - Jewel Quality - Fully Polished.

Página de *Internet* anunciando ejemplares siniestros de *chanka* a la venta.

a las conchas, raramente se fabrican ya brazaletes con sus secciones; suelen destinarse a recipientes para el agua bendita, o, una vez perforado su ápice, para ser usadas como trompetas por los sacerdotes hinduistas y monjes budistas. Iniciar y acabar una ceremonia religiosa haciendo sonar un *chanka* se considera de buen augurio. Los tamiles también lo hacen así cuando ponen la primera piedra de una casa.

El profundo sonido que se origina al tañer un *chanka* u otra concha de caracol de cierto tamaño a la que se le haya perforado el ápice es el resultado de la vibración de la columna de aire contenida en su espiral, y la espiral es la única curva que puede crecer indefinidamente sin cambiar de forma, por lo cual representa mejor que ninguna otra cosa la idea de la expansión del universo y el concepto de eternidad. Es posible que en ese sonido se encuentre el origen de la invocación sagrada *om*, que, según el hinduismo, simboliza el sonido primigenio con que empezó la Creación, y la fusión con ella de quien la pronuncia.

PARTE 2ª
LAS VARIACIONES DE LA ESPIRAL

Ancistrolepis vietnamensis (VIETNAM).

«... Conchas vacías de la arena
que dejó el mar cuando se fue,
cuando se fue el mar a viajar,
a viajar por otros mares.
Dejó las conchas marineras,
pulidas por su maestría,
blancas de tanto ser besadas
por el mar que se fue de viaje.»

Pablo Neruda

CARACOLES MARINOS

Patélidos (*Patellidae*): lapas.

1. *Patella caerulea* (España)
2. *Patella crenata* (Canarias)
3. *Patella ulyssiponensis* (España)
4. *Patella candei* (Canarias)
5. *Patella ferruginea* (Islas Chafarinas)
6. *Patella lugubris* (Cabo Verde)
7. *Scutellastra longicosta* (Sudáfrica)
8. *Cymbula oculus* (Sudáfrica)
9. *Cymbula compressa* (Sudáfrica)

Nacélidos (*Nacellidae*) y **Lótidos** (*Lottiidae*): lapas.

1. *Nacella deaurata* (Argentina)
2. *Cellana nigrolineata* (Japón)
3. *Cellana nigrolineata* (Japón)
4. *Cellana radiata* (Mauricio)
5. *Patelloida saccharina* (Filipinas)

Fisurélidos (*Fissurellidae*): lapas perforadas o de ojo de cerradura.

1. *Fissurella viridis* (Panamá)
2. *Fissurella nigra* (Chile)
3. *Fissurella maxima* (Chile)
4. *Diodora listeri* (Nicaragua)
5. *Scutus antipodes* (Tasmania)

Haliótidos (*Haliotidae*): orejas de mar o abulones.

1. *Haliotis tuberculata* y *H. tuberculata lamellosa* (España)
2. *Haliotis tuberculata coccinea* (Canarias)
3. *Haliotis squamosa* (Madagascar)
4. *Haliotis asinina* (Filipinas)
5. *Haliotis discus hannai* (Taiwán)

Haliótidos (*Haliotidae*): orejas de mar o abulones.

1. *Haliotis cracherodii* (México)
2. *Haliotis fulgens* (México)
3. *Haliotis rufescens* (California)

Haliótidos (*Haliotidae*): orejas de mar o abulones.

1. *Haliotis rubra* y *H. laevigata* (Australia)
2. *Haliotis cyclobates* (Australia)
3. *Haliotis scalaris* (Australia)
4. *Haliotis scalaris* y *H. rubra* (Australia)
5. *Haliotis coccoradiata* y *H. roei* (Australia)
6. *Haliotis elegans* (Australia)
7. *Haliotis iris* (Nueva Zelanda)

Pleurotomáridos (*Pleurotomariidae*): pleurotomarias o caracoles de hendidura.

1. *Bayerotrochus teramachii* (Japón)
2. *Entemnotrochus adansonianus* (Bahamas)
3. *Entemnotrochus rumphii* (Taiwán)
4. *Entemnotrochus rumphii* (Taiwán)
5. *Perotrochus anseeuwi* (Filipinas)
6. *Perotrochus metivieri* (Saya de Malha)

Caliostomátidos (*Calliostomatidae*) y **Eucíclidos** (*Eucyclidae*): caliostomas.

1. *Calliostoma annulatum* (California)
2. *Calliostoma granulatum* (Italia)
3. *Calliostoma conulus, C. granulatum* y *C. zizyphinum* (España)
4. *Astele monile* (Australia)
5. *Jububinus exasperatus* (España)
6. *Maurea tigris* y *M. punctulata* (Nueva Zelanda)
7. *Lischkeia alwinae* (Japón)

Tróquidos (*Trochidae*) y **Margarítidos** (*Margaritidae*): trompos y peonzas.

1. *Trochus maculatus* (Filipinas)
2. *Trochus ferreirai* (Filipinas)
3. *Tectus triserialis* (Filipinas)
4. *Tectus dentatus* (Egipto)
5. *Rochia nilotica* (Filipinas y Australia)

Tróquidos (*Trochidae*) y **Margarítidos** (*Margaritidae*): trompos y peonzas.

1. *Cittarium pica* (Cuba)
2. *Clanculus puniceus* (Madagascar), *C. margaritarius* (Japón) y *C. corallinus* (Malta)
3. *Clanculus pharaonius* (Egipto)
4. *Umbonium vestiarium* (Tailandia)
5. *Phorcus turbinatus* (España)
6. *Gibbula magus* (España) y *G. ardens* (Túnez)
7. *Steromphala cineraria* (España)
8. *Gaza superba* (México)

Turbínidos (*Turbinidae*): turbantes y astreas o caracoles estrella.

1. *Turbo jourdani* (Australia)
2. *Turbo jourdani* (Australia)
3. *Turbo setosus* (Mauricio)
4. *Turno canaliculatas* (Costa Rica)
5. *Turbo marmoratus* (Filipinas)

Turbínidos (*Turbinidae*): turbantes y astreas o caracoles estrella.

1. *Turbo fluctuosus* (Costa Rica)
2. *Turbo petholatus* (Filipinas)
3. *Turbo chrysostomus* (Fiyi)
4. *Turbo imperialis* (Madagascar)
5. *Turbo petholatus* (Filipinas)
6. *Turbo lajonkairii* (Australia)
7. *Turbo cornutus* (Japón)

Turbínidos (*Turbinidae*): turbantes y astreas o caracoles estrella.

1. *Lithopoma phoebium* (Honduras)
2. *Megastraea turbanica* (California)
3. *Astraea heliotropium* (Nueva Zelanda)
4. *Astralium saturnum* (Filipinas)
5. *Bolma rugosa* (España)
6. *Bolma girgyllus* (Filipinas)
7. *Guildfordia yoka* (Japón)
8. *Guildfordia yoka* (Japón)

Angáridos (*Angariidae*) y **Liótidos** (*Liotiidae*): delfínulas o angarias y liotias.

1. *Angaria delphinus* (Filipinas)
2. *Angaria sphaerula* (Filipinas)
3. *Angaria sphaerula* (Filipinas)
4. *Angaria formosa* y *A. rugosa* (Filipinas)
5. *Angaria vicdani* (Filipinas)
6. *Angaria vicdani* (Filipinas)
7. *Liotinaria peronii*, *Dentarene loculosa* y *D. sarcina* (Filipinas)

Fasianélidos (*Phasianellidae*): fasianelas o caracoles faisán.

1. *Phasianella australis* (Tasmania)
2. *Phasianella ventricosa* (Australia)
3. *Phasianella ventricosa* (Australia)
4. *Tricolia speciosa* (España)

Lepetodrílidos (*Lepetodrilidae*), **Provánidos** (*Provaniidae*) y **Peltospíridos** (*Peltospiridae*): caracoles abisales.

1. *Lepetodrilus fucensis* (Dorsal de Juan de Fuca, Pacífico Este)
2. *Ifremeria nautilei* (Canal de la Isla Manus, Pacífico Oeste)
3. *Alviniconcha hessleri* (Fosa de las Marianas, Pacífico Oeste)
4. *Alviniconcha adamantis* (Monte submarino Diamante, Pacífico Oeste)
5. *Chrysomallon squamiferum* (Dorsal del Índico Central)

Nerítidos (*Neritidae*) y **Neritópsidos** (*Neritopsidae*): neritas.

1. *Vitta virginea* (Cuba)
2. *Vitta usnea* (Guatemala)
3. *Vitta luteofasciata* (Perú)
4. *Puperita pupa* (Florida)
5. *Vittina waigiensis* (Filipinas)
6. *Vittina coromandeliana* (Filipinas)
7. *Neritodryas dubia* (Filipinas)
8. *Smaragdia rangiana* (Filipinas)

Nerítidos (*Neritidae*) y **Neritópsidos** (*Neritopsidae*): neritas.

1. *Nerita peloronta* (Cuba)
2. *Nerita exuvia* (Filipinas)
3. *Nerita plicata* (Filipinas)
4. *Nerita versicolor* (Cuba)
5. *Nerita textilis* (Mozambique)
6. *Nerita undata* (Australia)
7. *Nerita scabricosta* (Galápagos)
8. *Neritopsis radula* (Australia)

Cerítidos (*Cerithiidae*) y **Campanílidos** (*Campanilidae*): ceritios y badajos.

1. *Cerithium nodulosum* (Filipinas)
2. *Cerithium citrinum* (Australia)
3. *Cerithium vulgatum* (España)
4. *Pseudovertagus aluco* (Filipinas)
5. *Pseudovertagus nobilis* (Filipinas)
6. *Campanile symbolicum* (Australia)

Potamídidos (*Potamididae*): ceritios de manglar o caracoles del fango.

1. *Telescopium telescopium* (Malasia)
2. *Terebralia sulcata* (Mozambique)
3. *Terebralia palustris* (Vietnam)
4. *Tympanotonos fuscatus* (Angola)
5. *Tynpanotonos fuscatus* (Senegal)
6. *Cerithideopsis montagnei* (Ecuador)
7. *Cerithideopsilla cingulata* (Malasia)

Turritélidos (*Turritellidae*): turritelas o torrecillas.

1. *Turritella terebra* (Filipinas)
2. *Turritella turbona* y *T. communis* (España)

Silicuáridos (*Siliquariidae*) y **Vermétidos** (*Vermetidae*): vermetos o caracoles gusano.

1. *Tenagodus armatus* (Filipinas)
2. *Tenagodus ponderosus* (Australia)
3. *Thylacodes arenarius* (España)

Capúlidos (*Capulidae*) y **Caliptreidos** (*Calyptraeidae*): zapatillas y tacitas.

1. *Capulus ungaricus* (España)
2. *Crepidula fornicata* (España)

1

2

Cipreidos (*Cypraeidae*): cipreas, cauris o porcelanas.

1. *Cypraea tigris* (Filipinas)
2. *Cypraea pantherina* (Etiopía)
3. *Leporycypraea valentia* (Filipinas)
4. *Leporycypraea mappa* (Filipinas)
5. *Raybaudia porteri* (Filipinas)
6. *Macrocypraea cervus* (México)
7. *Macrocypraea cervinetta* (Panamá)

Cipreidos (*Cypraeidae*): cipreas, cauris o porcelanas.

1. *Callistocypraea aurantium* (Filipinas)
2. *Callistocypraea broderipii* (Sudáfrica)
4. *Callistocypraea leucodon* (Filipinas)

Cipreidos (*Cypraeidae*): cipreas, cauris o porcelanas.

1. *Mauritia mauritiana* (Filipinas)
2. *Mauritia maculifera* (Hawái)
3. *Mauritia arabica* (Madagascar)
4. *Mauritia histrio* (Tanzania)
5. *Nucleolaria granulata* (Hawái)
6. *Periserossa guttata* (Filipinas)
7. *Austrasiatica langfordi* (Filipinas)

Cipreidos (*Cypraeidae*): cipreas, cauris o porcelanas.

1. *Monetaria moneta* (Rodríguez)
2. *Monetaria annulus* (Mauricio)
3. *Monetaria caputdraconis* (Pascua) y *M. caputserpentis* (Kenia)
4. *Naria helvola* (Mozambique)
5. *Naria erosa* (Mauricio)
6. *Naria spurca* (España)
7. *Cribarula cribaria* (Filipinas)
8. *Palmadusta diluculum* (Tanzania)
9. *Palmadusta asellus* (Filipinas)

Cipreidos (*Cypraeidae*): cipreas, cauris o porcelanas.

1. *Luria lurida* (Canarias)
2. *Luria pulchra* (Omán)
3. *Arestorides argus* (Filipinas)
4. *Lyncina lynx* (Zanzíbar)
5. *Lyncina vitellus* (Filipinas)
6. *Talparia talpa* (Filipinas)
7. *Erronea onyx* (Filipinas)

Cipreidos (*Cypraeidae*): cipreas, cauris o porcelanas.

1. *Umbilia armeniaca* (Australia)
2. *Zoila marginata* (Australia)
3. *Barycypraea teulerei* (Omán)
4. *Barycypraea fultoni* (Mozambique)
5. *Trona stercoraria* (Cabo Verde)

Cipreidos (*Cypraeidae*): cipreas, cauris o porcelanas.

1. *Cypraeovula fuscorubra* (Sudáfrica)
2. *Cypraeovula cruickshanki* (Sudáfrica)
3. *Pustularia cicercula* (Tahití)
4. *Neobernaya spadicea* (California)
5. *Zonaria pyrum angolensis* (Angola)

Ovúlidos (*Ovulidae*): óvulas y cifomas o cinturitas.

1. *Ovula ovum* (Vanuatu)
2. *Ovula costellata* (Taiwán)
3. *Cyphoma gibbosum* (Cuba)
4. *Volva volva* (Filipinas)
5. *Phenacovolva birostris* (Filipinas)
6. *Rotaovula hirohitoi* (Japón)
7. *Calpurnus verrucosus* (Salomón)
8. *Jenneria pustulata* (Panamá)

Litorínidos (*Littorinidae*): litorinas o bígaros.

1. *Littoraria scabra* (Nueva Caledonia) y *L. scabra angulifera* (Borneo)
2. *Littorina saxatilis* (España)
3. *Cenchritis muricatus* (Honduras)
4. *Echilittorina peruviana* (Costa Rica)

Planáxidos (*Planaxidae*), **Hidróbidos** (*Hydrobiidae*) y **Risoidos** (*Rissoidae*): planaxis, hidrobias y risoas.

1. *Planaxis sulcatus* (Samoa)
2. *Angiola zonata* (Hawái)
3. *Hinea brasiliana* (Australia)
4. *Peringia ulvae* (España)
5. *Potamopyrgus antipodarum* (Nueva Zelanda y España)
6. *Alvania cimex* (España)
7. *Rissoa auriscalpium* (España)
8. *Rissoa membranacea* y *R. variabilis* (España)

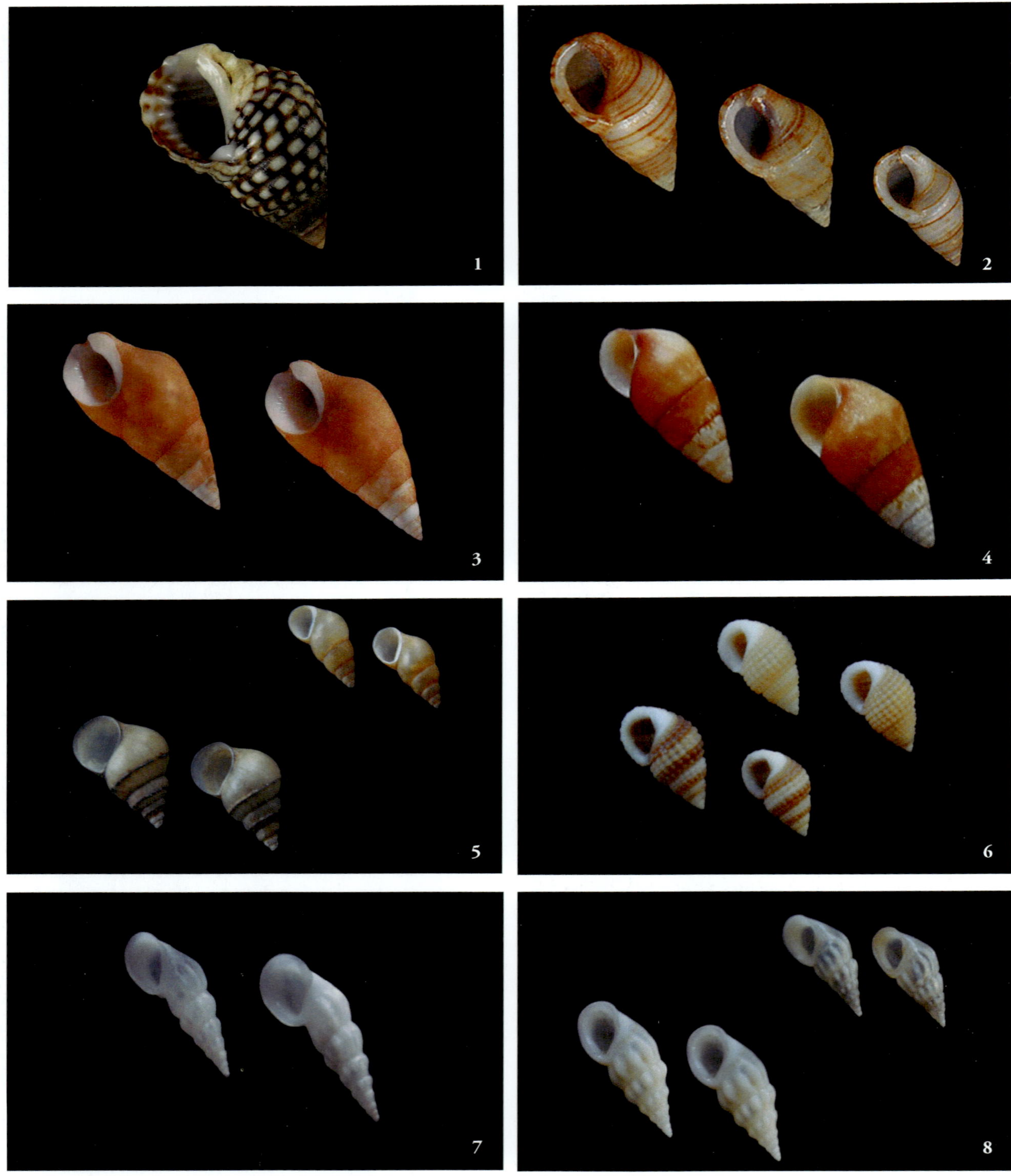

Natícidos (*Naticidae*): náticas y lunatias.

1. *Polinices mammilla*, *P. pyriformis* y *P. flemingianus* (Filipinas)
2. *Mammilla melanostoma* (Filipinas)
3. *Neverita lewisii* (Canadá)
4. *Neverita josephinia* (Sicilia)
5. *Natica turtoni* (Mauritania) y *Naticarius alapapilionis* (Japón)
6. *Natica turtoni*, *N. acinonyx*, *N. fulminea* (Senegal) y *N. arachnoidea* (Filipinas)
7. *Naticarius hebraeus* y *Tecnotnatica sagraiana* (España)

Estrómbidos (*Strombidae*): estrombos, caracolas o cobos y lambis o caracolas araña.

1. *Strombus pugilis* (Florida)
2. *Lobatus costatus* (Colombia)
3. *Lobatus raninus* (Bermudas)
4. *Lobatus peruvianus* (México)
5. *Lobatus gigas* (Bahamas)

Estrómbidos (*Strombidae*): estrombos, caracolas o cobos y lambis o caracolas araña.

1. *Lobatus goliath* (Brasil)
2. *Lobatus raninus* (Bermudas)
3. *Lobatus gallus* (Brasil)
4. *Mirabilistrombus listeri* (Tailandia)
5. *Canarium mutabile* (Filipinas)
6. *Gibberulus gibberulus* (Rodríguez)

Estrómbidos (*Strombidae*): estrombos, caracolas o cobos y lambis o caracolas araña.

1. *Harpago chiragra* (Filipinas)
2. *Harpago chiragra* (Filipinas)
3. *Lambis lambis* (Filipinas)

1

2

3

Estrómbidos (*Strombidae*): estrombos, caracolas o cobos y lambis o caracolas araña.

1. *Lambis scorpius* (Filipinas)
2. *Lambis crocata* (Zanzíbar)
3. *Lambis lambis* (Filipinas)
4. *Lambis millipeda* (Filipinas)
5. *Ophiglossolambis digitata* (Madagascar)
6. *Ophiglossolambis violacea* (Reunión)

Rosteláridos (*Rostellariidae*) y **Terebélidos** (*Terebellidae*): tibias y terebelos.

1. *Tibia fusus* (Filipinas)
2. *Tibia insulaechorab* (Yemen)
3. *Rostellariella martinii* (Taiwán)
4. *Terebellum terebellum* (Filipinas)

Aporráidos (*Aporrhaidae*) y **Estrutioláridos** (*Struthiolariidae*): patas de pelícano y patas de avestruz.

1. *Aporrhais pespelecani* (España)
2. *Aporrhais serresianus* (España)
3. *Struthiolaria papulosa* (Nueva Zelanda)

Cásidos (*Cassidae*): cascos y bonetes.

1. *Cassis madagascariensis* (Bahamas)
2. *Cassis tuberosa* (Cuba)
3. *Cassis cornuta* (Filipinas)

3

Násidos (*Cassidae*): cascos y bonetes.

1. *Cassis tuberosa* (Cuba)
2. *Cassis tessellata* (Costa de Marfil)
3. *Cypraecassis rufa* (Madagascar)
4. *Cypraecassis tenuis* (Galápagos)
5. *Cypraecassis testiculus* (Brasil)

Cásidos (*Cassidae*): cascos y bonetes.

1. *Semicassis undulata* (España)
2. *Galeodea thyrrena* y *G. echinophora* (España)
3. *Casmaria ponderosa* (Filipinas)
4. *Phalium glaucum* (Filipinas)
5. *Phalium flammiferum* (Taiwán)
6. *Phalium areola* (Filipinas)

Tónidos (*Tonnidae*): caracoles tonel.

1. *Tonna dolium* (Filipinas)
2. *Tonna allium* (Filipinas)
3. *Tonna perdix* (Java)
4. *Malea pomum* (Kenia)
5. *Malea ringens* (México)

Fícidos (*Ficidae*): caracoles higo.

1. *Ficus pellucida* (Colombia)
2. *Ficus ventricosa* (México)
3. *Ficus gracilis* (Filipinas)

Búrsidos (*Bursidae*): bufonarias o tritones sapo.

1. *Tutufa bardeyi* (Somalia)
2. *Tutufa bubo* (Filipinas)
3. *Tutufa rubeta* (Filipinas)
4. *Bursa lamarckii* (Filipinas)
5. *Bufonaria foliata* (Kenia) y *B. margaritula* (Filipinas)

Cimátidos (*Cymatiidae*) y **Persónidos** (*Personidae*): tritones pilosos, tritones hoja de arce y distorsios.

1. *Cymatium femorale* (Brasil)
2. *Cymatium ranzanii* (Omán)
3. *Monoplex pilearis* (Mozambique)
4. *Cabestana spengleri* (Tasmania)
5. *Gelagna succinta* (Filipinas)
6. *Lotoria lotoria* (Filipinas)
7. *Septa rubecula* (Filipinas) y *S. hepatica* (Bali)

Cimátidos (*Cymatiidae*) y **Persónidos** (*Personidae*): tritones pilosos, tritones hoja de arce y distorsios.

1. *Gyrineum perca* (Taiwán)
2. *Gyrineum natator*, *G. gyrinum* y *G. roseum* (Filipinas)
3. *Distorsio anus* (Filipinas)
4. *Distorsio reticularis* (Filipinas)

Carónidos (*Charoniidae*) y **Ranélidos** (*Ranellidae*): tritones o trompetas.

1. *Charonia tritonis* (Kenia)
2. *Charonia variegata* (Colombia)

1

2

Carónidos (*Charoniidae*) y **Ranélidos** (*Ranellidae*): tritones o trompetas.

1. *Charonia lampas* (España)
2. *Charonia lampas* (España)
3. *Ranella australasia* (Nueva Zelanda)
4. *Ranella olearium* (España)

Trívidos (*Triviidae*): trivias o porcelanitas.

1. *Trivia monacha* (España)
2. *Pusula radians* (Panamá)

1

2

Xenofóridos (*Xenophoridae*): xenóforas o caracoles coleccionistas y estelarias o caracoles sol.

1. *Xenophora crispa* (España)
2. *Xenophora conchyliophora* (México)
3. *Xenophora granulosa* (Filipinas)
4. *Xenophora pallidula* (Filipinas)
5. *Stellaria solaris* (Java)

Epitónidos (*Epitoniidae*): escalarias o epitonios.

1. *Epitonium scalare* (Filipinas)
2. *Epitonium scalare* (Filipinas)
3. *Epitonium imperiale* (Australia)
4. *Epitonium pyramidale* (Filipinas)
5. *Epitonium turtonis* (España)

Epitónidos (*Epitoniidae*): escalarias o epitonios.

1. *Gyroscala lamellosa* (España)
2. *Cirsotrema varicosum* (Filipinas)
3. *Cirsotrema rugosum* (Filipinas)
4. *Boreoscala greenlandica* (Noruega)
5. *Amaea magnifica* (Japón)
6. *Opalia crenata* (España)

Jantínidos (*Janthinidae*) y **Eulímidos** (*Eulimidae*): caracoles pelágicos y caracoles parásitos.

1. *Janthina janthina* (Rodríguez)
2. *Melanella grandis* (Filipinas)

1

2

Buccínidos (*Buccinidae*): buccinos, neptúneas y busicones.

1. *Busycon carica* (Georgia)
2. *Busycon contrarium* (México)
3. *Busycon contrarium* (Florida)
4. *Busycoarctum coarctatum* (México)
5. *Busycotypus canaliculatus* (Nueva Jersey)
6. *Sinistrofulgur perversum* (México)

Pisánidos (*Pisaniidae*) y **Colubráridos** (*Colubraridae*): pisanias y colubrarias.

1. *Aplus dorbignyi* (España)
2. *Pollia undosa* (Mozambique)
3. *Clivipollia pulchra* (Filipinas)
4. *Colubraria cumingi* y *C. sowerbyi* (Filipinas)

Babilónidos (*Babyloniidae*): babilonias.

1. *Babylonia zeylanica* (Sri Lanka)
2. *Babylonia spirata* (Tailandia)
3. *Babylonia japonica* (Japón)

Columbélidos (*Columbellidae*) y **Nasáridos** (*Nassariidae*): palomitas y nasas.

1. *Columbella rustica striata* (Canarias)
2. *Anachis valledori* (Cabo Verde) y *Mitrella moleculina* (Argentina)
3. *Nassarius labordei* (Tanzania)
4. *Nassarius papillosus* (Zanzíbar)
5. *Nassarius scalaris* (Japón)
6. *Tritia reticulata* (España)
7. *Tritia incrassata* (España)

Fascioláridos (*Fasciolariidae*): husos, látiros y tulipas.

1. *Fusinus colus* (Mozambique)
2. *Apertifusus caparti* (Angola)
3. *Marmorofusus nicobaricus* (India)
4. *Fusinus pulchellus* y *Aptyxis syracusanus* (España)
5. *Benimakia lanceolata* (Mauricio)
6. *Dolicholatirus lancea* (Filipinas)

Fascioláridos (*Fasciolariidae*): husos, látiros y tulipas.

1. *Tarantinaea lignaria* (España)
2. *Latirus polygonus* (Filipinas)
3. *Turrilatirus turritus* (Filipinas)
4. *Opeatostoma pseudodon* (Costa Rica)
5. *Cinctura hunteria* (Florida)
6. *Peristernia reincarnata* (Filipinas)
7. *Cyrtulus serotinus* (Marquesas)

Fascioláridos (*Fasciolariidae*): husos, látiros y tulipas.

1. *Granolaria salmo* (Perú)
2. *Triplofusus giganteus* (México)
3. *Triplofusus giganteus* (México)
4. *Pleuroploca trapezium* (Filipinas)
5. *Fasciolaria tulipa* (Brasil)

Melongénidos (*Melongenidae*): coronas o caracoles berenjena y pugilinas.

1. *Melongena corona* (Florida)
2. *Melongena melongena* (Panamá)
3. *Hemifusus colosseus* (Taiwán)
4. *Volegalea cochlidium* (Filipinas)
5. *Pugilina morio* (Brasil)

Murícidos (*Muricidae*): múrices, latiaxis, coraliófilas, caracoles rábano, trofones, púrpuras y drupas.

1. *Murex pecten* (Filipinas)
2. *Murex troscheli* (Filipinas)
3. *Murex tribulus* (Filipinas)
4. *Bolinus brandaris* (España)
5. *Bolinus cornutus* (Senegal)
6. *Haustellum haustellum* (India)
7. *Vokesimurex gallinago* (Filipinas)

Murícidos (*Muricidae*): múrices, latiaxis, coraliófilas, caracoles rábano, trofones, púrpuras y drupas.

1. *Chicoreus chicoreus* (Filipinas)
2. *Chicoreus chicoreus* (Japón)
3. *Chicoreus torrefactus* (Filipinas)
4. *Chicoreus palmarosae* (India)
5. *Chicoreus saulii* (Filipinas)
6. *Chicoreus cnissodus* (Filipinas)
7. *Chicoreus axicornis* (India)
8. *Chicoreus cornucervi* (Australia)

Murícidos (*Muricidae*): múrices, latiaxis, coraliófilas, caracoles rábano, trofones, púrpuras y drupas.

1. *Chicoreus ramosus* (Seychelles)
2. *Chicoreus miyokoae* (Filipinas)
3. *Chicoreus orchidiflorus* (Filipinas)
4. *Homalocantha anatomica* (Israel)
5. *Homalocantha zamboi* (Filipinas)

Murícidos (*Muricidae*): múrices, latiaxis, coraliófilas, caracoles rábano, trofones, púrpuras y drupas.

1. *Hexaplex regius* (Perú)
2. *Hexaplex brassica* (Perú)
3. *Hexaplex radix* (Ecuador)
4. *Hexaplex nigritus* (California)
5. *Hexaplex trunculus* (España)

Murícidos (*Muricidae*): múrices, latiaxis, coraliófilas, caracoles rábano, trofones, púrpuras y drupas.

1. *Timbellus bednalli* (Australia)
2. *Timbellus phyllopterus* (Martinica)
3. *Siratus beauii* (Florida)
4. *Siratus alabaster* (Japón)
5. *Pterynotus elongatus* (Filipinas)
6. *Naquetia barclayi* (Filipinas)
7. *Chicomurex venustulus* (Filipinas)

Murícidos (*Muricidae*): múrices, latiaxis, coraliófilas, caracoles rábano, trofones, púrpuras y drupas.

1. *Pteropurura trialata* (California)
2. *Ocenebra erinaceus* (España)
3. *Favartia brevicula* (Filipinas)
4. *Trophon geversianus* (Argentina)
5. *Boreotrophon bentleyi* (Oregón)
6. *Forreria belcheri* (California)
7. *Thyphinellus labiatus* (España)
8. *Monstrothyphis tosaensis* (Japón)

Murícidos (*Muricidae*): múrices, latiaxis, coraliófilas, caracoles rábano, trofones, púrpuras y drupas.

1. *Babelomurex hirasei* (Japón)
2. *Babelomurex princeps* (Filipinas)
3. *Babelomurex spinosus* (Filipinas)
4. *Babelomurex kawamurai* (Filipinas)
5. *Babelomurex lischkeanus* (Filipinas)
6. *Coralliophila radula* (Filipinas)
7. *Coralliophila violacea* (Filipinas)
8. *Latiaxis mawae* (Japón)
9. *Rapa rapa* (Mauricio)

Murícidos (*Muricidae*): múrices, latiaxis, coraliófilas, caracoles rábano, trofones, púrpuras y drupas.

1. *Neorapana muricata* (Ecuador)
2. *Drupa rubisidaeus* y *D. morum* (Filipinas)
3. *Tribulus planospira* (Galápagos)
4. *Stramonita haemastoma* (España)
5. *Concholepas concholepas* (Perú)

Murícidos (*Muricidae*): múrices, latiaxis, coraliófilas, caracoles rábano, trofones, púrpuras y drupas.

1. *Purpura persica* (Filipinas)
2. *Rapana venosa* (Japón)
3. *Trochia cingulata* (Sudáfrica)
4. *Nucella lapillus* (Francia)
5. *Acanthina monodon* (Chile)

Turbinélidos (*Turbinellidae*): turbinelas o chankas y vasos o jarrones.

1. *Turbinella pyrum* (India)
2. *Turbinella angulata* (Bahamas)
3. *Syrinx aruanus* (Australia)

Turbinélidos (*Turbinellidae*): turbinelas o chankas y vasos o jarrones.

1. *Vasum ceramicum* (Filipinas)
2. *Vasum cassiforme* (Brasil)
3. *Vasum turbinellus* (Zanzíbar)
4. *Altivasum flindersi* (Australia)
5. *Tudivasum armigerum* (Australia)

Columbáridos (*Columbariidae*): columbarios o pagodas.

1. *Columbarium pagoda* (Filipinas)
2. *Columbarium formosissimum* (Taiwán)

1

2

Mítridos (*Mitridae*): mitras.

1. *Mitra papalis* (Filipinas)
2. *Mitra stictica* (Mozambique)
3. *Mitra mitra* (Filipinas)
4. *Quasimitra cardinalis* (Mozambique)
5. *Isara pele* (Filipinas)
6. *Nebularia incompta* (Filipinas)
7. *Subcancilla belcheri* (Panamá)

Mítridos (*Mitridae*): mitras.

1. *Domiporta filaris* (Tonga)
2. *Domiporta praestantissima* (Filipinas)
3. *Domiporta gloriola* (Filipinas)
4. *Domiporta granatina* (Filipinas)
5. *Pterygia fenestrata* (Salomón)
6. *Swainsonia fissurata* (Mozambique)
7. *Strigatella aurora* (Filipinas)
8. *Strigatella paupercula* (Taiwán)

Costeláridos (*Costellariidae*): mitras acostilladas.

1. *Vexillum regina* (Madagascar)
2. *Vexillum taeniatum* (Filipinas)
3. *Vexillum taeniatum* (Filipinas)
4. *Vexillum formosense* (Taiwán)
5. *Vexillum sanguisuga* (Filipinas)
6. *Vexillum vulpecula* (Filipinas)

1 2 3 4 5 6

Volútidos (*Volutidae*): volutas y liras.

1. *Voluta ebraea* (Brasil)
2. *Voluta musica* (Trinidad y Barbados)
3. *Callipara festiva* (Somalia)
4. *Callipara duponti* (Mozambique)
5. *Odontocymbiola americana* (Brasil)

Volútidos (*Volutidae*): volutas y liras.

1. *Harpulina loroisi* (India)
2. *Harpulina arausiaca* (Sri Lanka)
2. *Harpulina arausiaca* (Sri Lanka)

Volútidos (*Volutidae*): volutas y liras.

1. *Adelomelon beckii* (Argentina)
2. *Adelomelon ancilla* (Argentina)
3. *Adelomelon magellanica* (Argentina)
4. *Zidona dufresnei* (Brasil)
5. *Alcithoe arabica* (Nueva Zelanda)
6. *Alcithoe benthicola* (Nueva Zelanda)
7. *Provocator mirabilis* (Nueva Zelanda)
8. *Neptuneopsis gilchristi* (Sudáfrica)

Volútidos (*Volutidae*): volutas y liras.

1. *Lyria delessertiana* (Madagascar)
2. *Lyria kurodai* (Taiwán)
3. *Lyria kuniene* (Nueva Caledonia) y *L. planicostata* (Filipinas)
4. *Lyria lyraeformis* (Kenia)
5. *Fulgoraria rupestris* (Japón) y *F. hamillei* (Taiwán)
6. *Fulgoraria clara* (Japón)
7. *Fulgoraria hirasei* (Japón)

Volútidos (*Volutidae*): volutas y liras.

1. *Scaphella junonia* (México)
2. *Scaphella dubia* (Florida)
3. *Ampulla priamus* (España)
4. *Ericusa sowerbyi* (Australia)
5. *Livonia roadnightae* (Australia)
6. *Livonia mammilla* (Australia)

Volútidos (*Volutidae*): volutas y liras.

1. *Cymbiola pulchra* (Australia)
2. *Cymbiola thatcheri* (Nueva Caledonia)
3. *Cymbiola innexa* (Bali)
4. *Cymbiola aulica* (Filipinas)
5. *Cymbiola vespertilio* (Filipinas)
6. *Cymbiola imperialis* (Filipinas)
7. *Cymbiola chrysostoma* (Molucas)
8. *Cymbiola magnifica* (Australia)
9. *Cymbiola nobilis* (Tailandia)

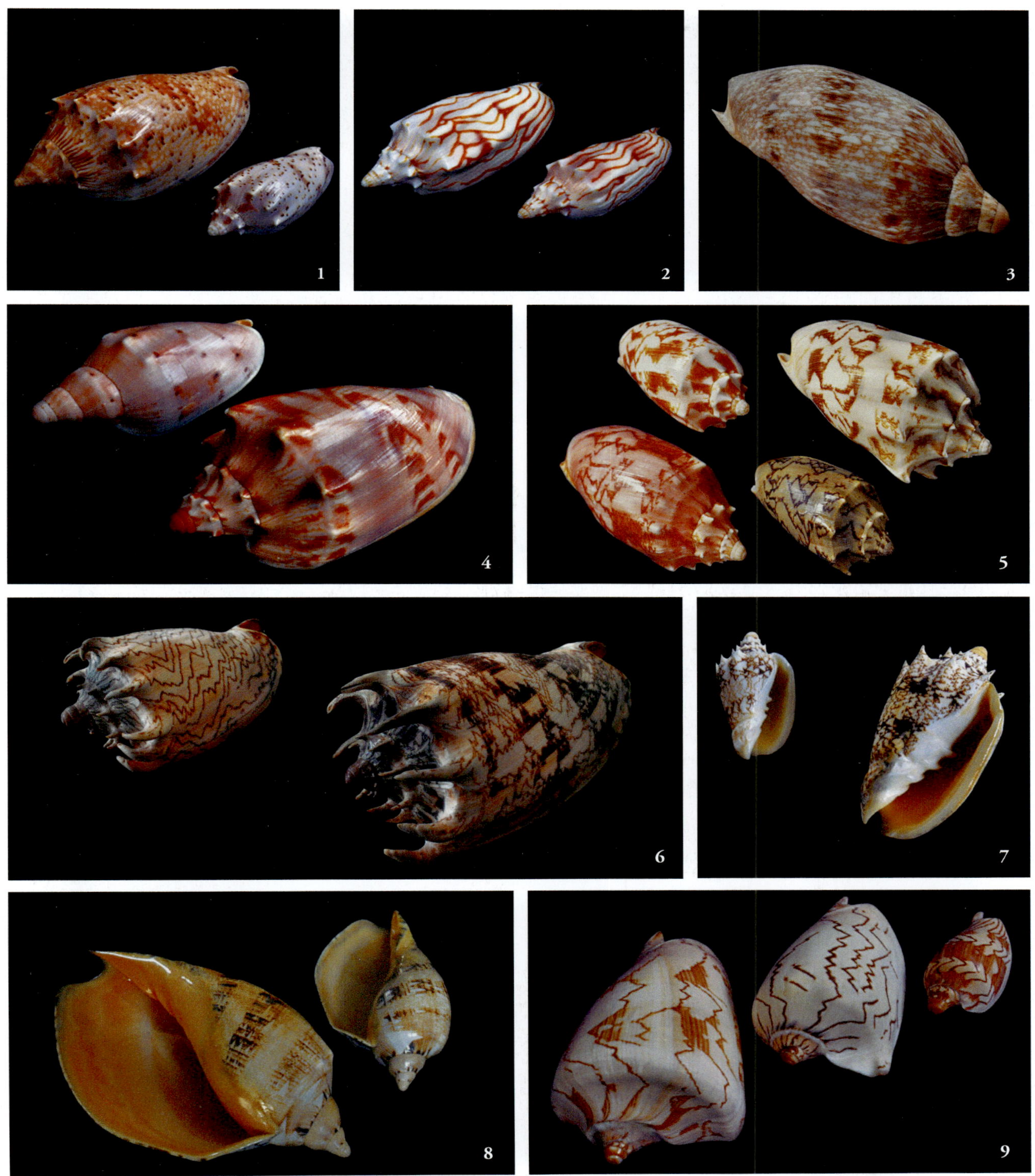

Volútidos (*Volutidae*): volutas y liras.

1. *Cymbium glans* (Senegal)
2. *Cymbium olla* (Portugal)
3. *Melo melo* (Filipinas)
4. *Melo amphora* (Australia)

Volútidos (*Volutidae*): volutas y liras.

1. *Amoria grayi* y *A. grayi kawamurai* (Australia)
2. *Amoria dampieria* (Australia)
3. *Amoria zebra* (Australia)
4. *Amoria ellioti* (Australia)
5. *Amoria damonii* (Australia)
6. *Amoria undulata* y *A. macandrewi* (Australia)
7. *Paramoria guntheri* (Australia)

Volútidos (*Volutidae*): volutas y liras.

1. *Cymbiola imperialis robinsona* (Filipinas)
2. *Volutoconus bednalli* (Australia)

1

2

Olívidos (*Olividae*): olivas.

1. *Oliva porphyria* (Panamá)
2. *Oliva sericea* (Filipinas)
3. *Oliva annulata carnicolor* y *O. annnulata intricata* (Filipinas)
4. *Oliva rubrolabiata* (Vanuatu)
5. *Oliva reticulata* (Filipinas)
6. *Oliva oliva* (Filipinas)

Olívidos (*Olividae*): olivas.

1. *Americoliva reticularis* (Cuba)
2. *Felicioliva peruviana* (Perú)
3. *Miniaceoliva miniacea* (Filipinas)
4. *Miniaceoliva miniacea marrati* (Filipinas)
5. *Agaronia gibbosa* (Sumatra)
6. *Olivella volutella* (Perú)
7. *Olivancillaria vesica auricularia* (Uruguay)

Anciláridos (*Ancillariidae*): ancilas.

1. *Ancilla cinnamomea* (Egipto)
2. *Eburnea lienardii* (Brasil)
3. *Ancillista velesiana* (Australia)

Árpidos (*Harpidae*): arpas y moras.

1. *Harpa harpa* (Filipinas)
2. *Harpa articularis* (Filipinas)
3. *Harpa cabriti* (Seychelles)
4. *Harpa costata* (Mauricio)
5. *Harpa costata* (Mauricio)

Árpidos (*Harpidae*): arpas y moras.

1. *Harpa major* (Filipinas)
2. *Harpa crenata* (Colombia)
3. *Harpa doris* (Cabo Verde)
4. *Morum cancellatum* (Japón)
5. *Morum dennisoni* (Colombia)

Marginélidos (*Marginellidae*) y **Cistíscidos** (*Cystiscidae*): marginelas.

1. *Afrivoluta pringlei* (Sudáfrica)
2. *Marginella diadochus* (Sudáfrica)
3. *Marginella goodalli* (Senegal)
4. *Marginella sebastiani* (Senegal)
5. *Marginella nebulosa* (Senegal)
6. *Glabella pseudofaba* (Mauritania)
7. *Marginellona gigas* (Taiwán)
8. *Prunum cinctum* (Senegal)
9. *Persicula cingulata* (Senegal)

Canceláridos (*Cancellariidae*): cancelarias o caracoles enrejados.

1. *Bivetiella cancellata* (España)
2. *Bivetopsia haemastoma* (Galápagos)
3. *Scalptia crenifera* (Filipinas)
4. *Scalptia mercadoi* (Filipinas)
5. *Cancellaria lyrata* (Senegal) y *C. cooperii* (California)
6. *Trigonostoma milleri* (Costa Rica)
7. *Trigonostoma scalare* (Filipinas) y *T. thysthlon* (Japón)

Cónidos (*Conidae*): conos.

1. *Conus gloriamaris* (Filipinas)
2. *Conus gloriamaris* (Filipinas)
3. *Conus bengalensis* (Tailandia)
4. *Conus excelsus* (Salomón)
5. *Conus milneedwardsi* (India)

Cónidos (*Conidae*): conos.

1. *Conus textile* (Bali)
2. *Conus textile vaulberti* (Madagascar)
3. *Conus abbas* (Sri Lanka)
4. *Conus geographus* (Filipinas)
5. *Conus omaria* (Filipinas)
6. *Conus aulicus* (Filipinas)
7. *Conus magus* (Taiwán)
8. *Conus striatus* (India)

Cónidos (*Conidae*): conos.

1. *Conus spurius lorenzianus* (Honduras)
2. *Conus virgo* (Malasia)
3. *Conus barthelemyi* (Reunión)
4. *Conus cedonulli* (San Vicente)
5. *Conus mustelinus* (Singapur)
6. *Conus ammiralis* (Filipinas)
7. *Conus nobilis skinneri* (Bali)
8. *Conus crocatus thailandis* (Tailandia)
9. *Conus thalassiarchus* (Filipinas)

Cónidos (*Conidae*): conos.

1. *Conus leopardus* (Salomón)
2. *Conus marmoreus* (Filipinas)
3. *Conus marmoreus* y *C. bandanus* (Filipinas)
4. *Conus leopardus* y *C. litteratus* (Filipinas)
5. *Conus imperialis* (Zanzíbar)
6. *Conus hirasei* (Filipinas)

Cónidos (*Conidae*): conos.

1. *Conus genuanus* (Cabo Verde)
2. *Conus mercator* (Senegal)
3. *Conus pulcher siamensis* (Canarias)
4. *Conus ventricosus* (España)
5. *Conus eburneus* (Taiwán)
6. *Conus tessellatus* (India) y *C. byssinus* (Sáhara)
7. *Conus chaldaeus* (Mozambique) y *C. ebraeus* (Mauricio)

Cónidos (*Conidae*): conos.

1. *Conus betulinus* (Filipinas)
2. *Conus dusaveli* (Filipinas)
3. *Conus cervus* (Filipinas) y *C. vicweei* (Myanmar)
4. *Conus figulinus* (Madagascar)
5. *Conus nussatella* (Zanzíbar)
6. *Conus voluminalis* (Filipinas)
7. *Conasprella comatosa* (Filipinas)

Terébridos (*Terebridae*): terebras o tornillos.

1. *Terebra subulata* (Filipinas)
2. *Terebra guttata* (Mozambique)
3. *Oxymeris maculata* (Filipinas)
4. *Oxymeris dimidiata* (Filipinas)

Terébridos (*Terebridae*): terebras o tornillos.

1. *Cinguloterebra commaculata* (Filipinas)
2. *Cinguloterebra pretiosa* (Japón)
3. *Triplostephanus triseriatus* (Filipinas)
4. *Hastula hectica* (Seychelles)
5. *Hastula lanceata* (Zanzíbar)
6. *Clathroterebra mactanensis* (Filipinas)
7. *Duplicaria duplicata* (Filipinas)

Túrridos (*Turridae*): túrridos.

1. *Turris babylonia* (Filipinas)
2. *Turris crispa* (Filipinas)
3. *Turris undosa* (Filipinas)
4. *Turris spectabilis* (Filipinas)
5. *Unedogemmula indica* (Japón)
6. *Gemmula speciosa* (Filipinas)
7. *Gemmula congener* (Filipinas)

Drílidos (*Drilliidae*), **Clavatúlidos** (*Clavatulidae*), **Mangélidos** (*Mangeliidae*) y **Coclespíridos** (*Cochlespiridae*): túrridos.

1. *Clavus enna* (Filipinas)
2. *Clavus unizonalis* (Filipinas)
3. *Caliendrula elstoni* (Sudáfrica)
4. *Mangelia unifasciata* (Francia)
5. *Cochlespira pulchella* (Japón)

Rafitómidos (*Raphitomidae*) y **Pseudomelatómidos** (*Pseudomelatomidae*): túrridos.

1. *Inquisitor insignita* (Malasia)
2. *Inquisitor aesopus* e *I. flavidula* (Filipinas)
3. *Raphitoma linearis* (Grecia)
4. *Thatcheria mirabilis* (Japón)
5. *Thatcheria mirabilis* (Japón)

Arquitectonícidos (*Architectonicidae*): arquitectónicas o relojes de sol.

1. *Architectonica máxima* (Australia)
2. *Architectonica perspectiva* (India)
3. *Architectonica perspectiva* (India) y *A. maxima* (Australia)
4. *Architectonica nobilis* (Brasil) y *A. perdix* (Filipinas)
5. *Heliacus stramineus* (Japón)
6. *Psilaxis radiatus* (Mozambique)

Búlidos (*Bullidae*), **Acteónidos** (*Acteonidae*) y **Piramidélidos** (*Pyramidellidae*): bulas o caracoles burbuja, acteones, piramidelas y otros opistobranquios.

1. *Bulla mabillei* (Canarias)
2. *Aplustrum amplustre* (Rodríguez)
3. *Hydatina physis* (Filipinas)
4. *Hydatina albocincta* (Taiwán)
5. *Haminoea navicula* (España)
6. *Scaphander lignarius* (España)
7. *Acteon eloiseae* (Omán) y *Maxacteon flammeus* (Japón)
8. *Pyramidella dolabrata* (Sáhara)

Pterópodos (*Pteropoda*) y **Heterópodos** (*Heteropoda*): gasterópodos planctónicos y carinarias o nautilos de cristal.

1. *Cavolinia inflexa* (Sicilia)
2. *Carinaria cristata* (Mozambique)

Sifonáridos (*Siphonariidae*): sifonarias o falsas lapas.

1. *Siphonaria gigas* (México)
2. *Siphonaria funiculata* (Australia)
3. *Siphonaria diemedensis* (Australia)
4. *Siphonaria pectinata* (Canarias)

CARACOLES DULCEACUÍCOLAS

Ampuláridos (*Ampullariidae*): ampularias o caracoles manzana.

1. *Pomacea maculata* (Argentina) y *P. paludosa* (Cuba)
2. *Pomacea maculata* (España)
3. *Pomacea canaliculata* (Myanmar)
4. *Pomacea megastoma* (Uruguay)
5. *Pila ampullacea* (Malasia)
6. *Lanistes grasseti* (Tanzania)
7. *Marisa cornuarietis* (Florida)

Vivipáridos (*Viviparidae*) y **Bitínidos** (*Bithyniidae*): paludinas y bitinias.

1. *Cipangopaludina chinensis* (China) y *Sinotaia guangdungensis* (Vietnam)
2. *Filopaludina bengalensis* (India)
3. *Taia elitoralis* (Myanmar)
4. *Bithynia tentaculata* (Finlandia)

Paquiquílidos (*Pachychilidae*), **Hemisínidos** (*Hemisinidae*) y **Pleurocéridos** (*Pleuroceridae*): faunos y brotias.

1. *Faunus ater* (Malasia)
2. *Pachychilus glaphyrus* (Guatemala)
3. *Brotia sumatrensis* (Sumatra)
4. *Brotia herculea* (Myanmar)
5. *Brotia pagodula* (Tailandia)
6. *Hemisinus guayaquilensis* (Ecuador)
7. *Elimia vanhyningiana* (Florida)
8. *Elimia acuta* (Illinois)
9. *Pachymelania aurita* (Gabón)

Tiáridos (*Thiaridae*), **Melanópsidos** (*Melanopsidae*) y **Paludómidos** (*Paludomidae*): tiaras, melanias, melanopsis y caracoles del lago Tanganica.

1. *Melanoides tuberculata* (Guatemala)
2. *Tarebia granifera* (Guatemala)
3. *Thiara amarula* (Reunión)
4. *Melanopsis tricarinata* (España)
5. *Tiphobia horei* (Tanzania)
6. *Cleopatra johnstoni* (Zaire)
7. *Lavigeria grandis* y *L. nassa* (Tanzania)

Limneidos (*Lymnaeidae*), **Físidos** (*Physidae*) y **Chilínidos** (*Chilinidae*): limneas, fisas y chilinas.

1. *Lymnaea stagnalis* (Francia)
2. *Stagnicola fuscus* (España)
3. *Stagnicola elodes* (Utah)
4. *Galba truncatula* (España)
5. *Radix auricularia* (España)
6. *Physella acuta* (España)
7. *Chilina fulgurata* (Argentina)

Planórbidos (*Planorbidae*): planorbis y lapas dulceacuícolas.

1. *Planorbella duryi* (Myanmar) y *Planorbarius corneus* (Austria)
2. *Planorbarius metidjensis* (España)
3. *Planorbis carinatus* (Austria) y *Anisus vortex* (Inglaterra)
4. *Biomphalaria glabrata* (Puerto Rico)
5. *Ancylus fluviatilis* (España)

CARACOLES TERRESTRES

Helicínidos (*Helicinidae*): helicinas, émodas y vianas.

1. *Viana regina* (Cuba)
2. *Helicina adspersa* (Cuba)
3. *Emoda briarea* (Cuba)
4. *Emoda sagraiana* (Cuba)
5. *Priotrochatella constellata* (Cuba)
6. *Eutrochatella cavearum* (Jamaica)
7. *Eutrochatella tankervillii* (Jamaica)

Megalomastómidos (*Megalomastomidae*) y **Pupínidos** (*Pupinidae*): caracoles cacahuete y pupinas.

1. *Farcimen bituberculatum* (Cuba)
2. *Farcimen vignalense* (Cuba)
3. *Farcimen procer* (Cuba)
4. *Farcimen tortum* (Cuba)
5. *Tortulosa tortulosa* (Tailandia)
6. *Obscurella giganteum* (España)
7. *Raphaulus chrysalis* (Myanmar)
8. *Pollicaria elephas* (Borneo)

Anuláridos (*Annulariidae*): caracoles engolados.

1. *Annularia rosenbergi* (Jamaica)
2. *Blaesospira echinus infernalis* (Cuba)
3. *Chondropometes eximium* (Cuba)
4. *Chondrothyra cerina* (Cuba)
5. *Chondrothyra parilis* (Cuba)
6. *Hendersonina hendersoni* (Cuba)
7. *Xenopoma spinosissimum* (Cuba)

Pomátidos (*Pomatiidae*): pomatias y tropidóforas.

1. *Pomatias elegans* (España)
2. *Tudorella sulcata* (Sicilia)
3. *Tudorella mauretanica* (Marruecos)
4. *Tropidophora articulata* (Rodríguez)
5. *Tropidophora fimbriata* (Mauricio)
6. *Tropidophora deburghiae* (Madagascar)
7. *Tropidophora cuvieriana* y *T. occlusa* (Madagascar)

Ciclofóridos (*Cyclophoridae*): ciclóforos.

1. *Alycaeus somnueki* (Tailandia)
2. *Cyclophorus tigrinus* (Filipinas)
3. *Cyclophorus involutus* (Sri Lanka)
4. *Cyclophorus rafflesi* (Sumatra), *C. siamensis* (Tailandia) y *C. pallens* (Vietnam)
5. *Rhiostoma jalorense* (Tailandia)

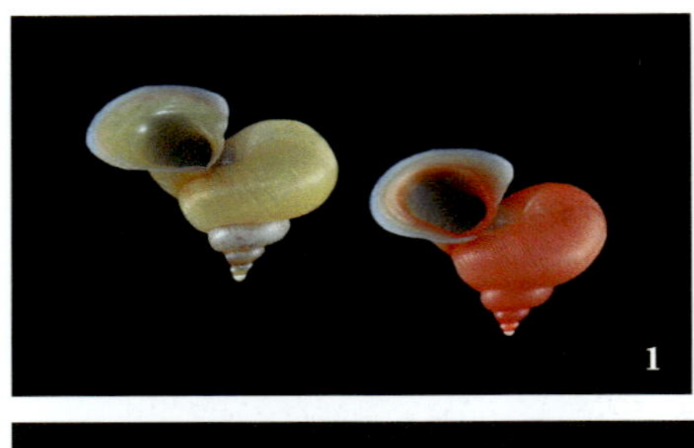

1

2

3

4

5

Succineidos (*Succineidae*): succíneas o caracoles de ámbar.

1. *Succinea putris* (Finlandia)
2. *Oxyloma elegans* (España)
3. *Quickella arenaria* (Francia)

Condrínidos (*Chondrinidae*) y **Énidos** (*Enidae*): condrinas y enas.

1. *Chondrina tenuimarginata* (España)
2. *Abida secale* (España)
3. *Zebrina detrita* (España)
4. *Jaminia quadridens* (España)
5. *Napaeus obesatus*, *N. moquinianus* y *N. baeticatus* (Canarias)

Clausílidos (*Clausiliidae*): clausilias.

1. *Clausilia bidentata* (España) y *Balea biplicata* (Bélgica)
2. *Cochlodina laminata* (España) e *Isabellaria thermophylarum* (Grecia)
3. *Papillifera bidens* y *Siciliaria stigmatica* (Italia)
4. *Siciliaria calcarae* (Sicilia)
5. *Siciliaria grohmanniana* (Sicilia)
6. *Albinaria manselli* y *A. terebra* (Creta)

Clausílidos (*Clausiliidae*): clausilias.

1. *Megalophaedusa martensi* (Japón)
2. *Stereophaedusa japonica* (Japón)
3. *Grandinenia fuchsi* (China)
4. *Oospira eregia cuongi* (Vietnam)
5. *Nenia tridens* (Puerto Rico)

Partúlidos (*Partulidae*) y **Acatinélidos** (*Achatinellidae*): pártulas y acatinelas.

1. *Partula otaheitana* (Polinesia Francesa)
2. *Partula suturalis* (Polinesia Francesa)
3. *Partula thalia* (Polinesia Francesa)
4. *Achatinella turgida* (Hawái)
5. *Achatinella vulpina* (Hawái)
6. *Achatinella buddii* (Hawái)
7. *Achatinella casta* (Hawái)
8. *Achatinella fulgens* (Hawái)

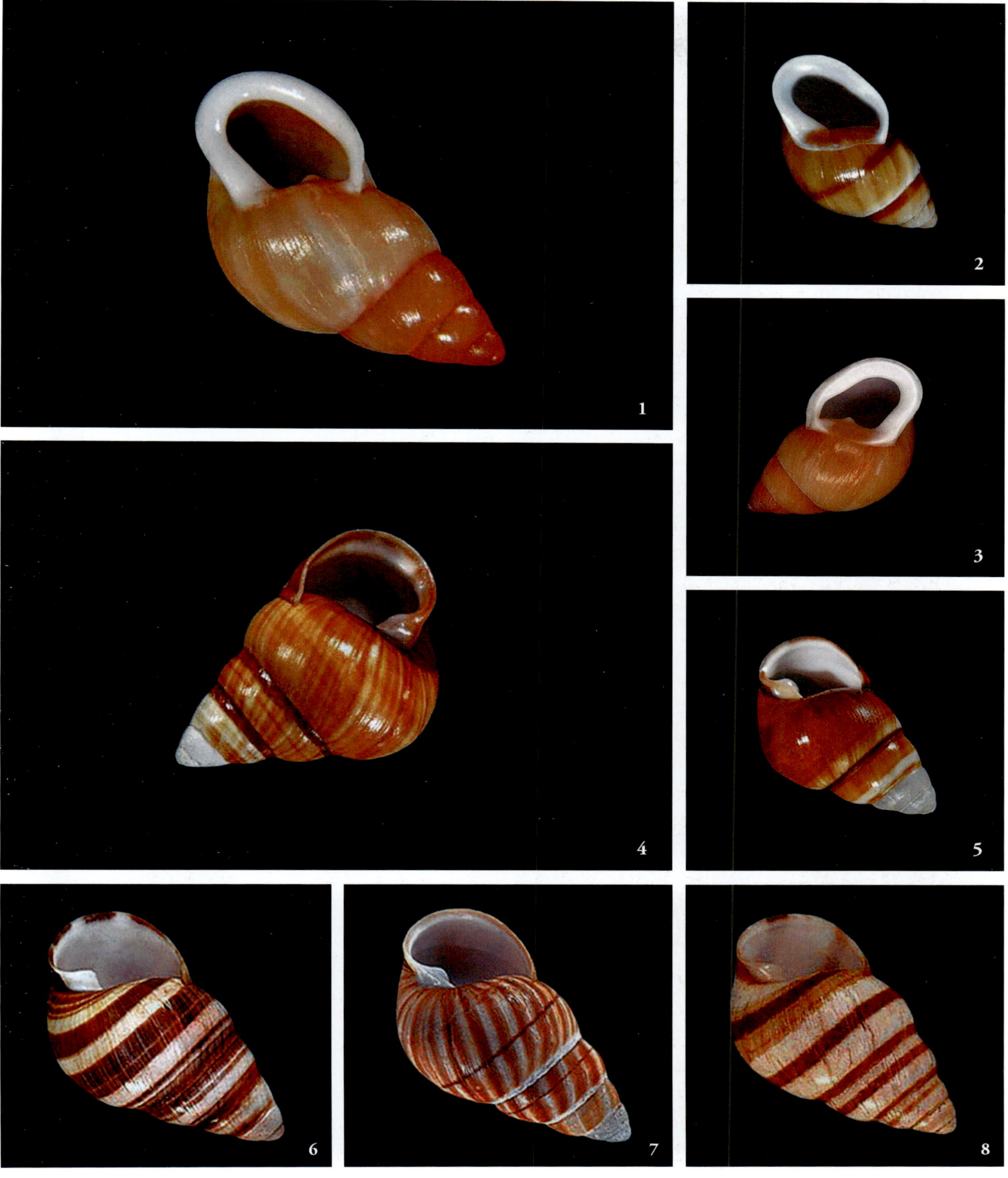

Ortalícidos (*Orthalicidae*): ortalicus, sultanas y ligus.

1. *Orthalicus reses* (Brasil)
2. *Sultana vicaria* (Perú)
3. *Porphyrobaphe iostoma* (Ecuador)

1

2

3

Ortalícidos (*Orthalicidae*): ortalicus, sultanas y ligus.

1. *Liguus fasciatus goodrichi* y *L. fasciatus achatinus* (Cuba)
2. *Liguus fasciatus sanctamariae* y *L. fasciatus crenatus* (Cuba)
3. *Liguus fasciatus romanoense* (Cuba)
4. *Liguus fasciatus guanensis* (Cuba)
5. *Liguus fasciatus aurantius* (Florida)
6. *Liguus virgineus* (Haití)

Urocóptidos (*Urocoptidae*) y **Megaspíridos** (*Megaspiridae*): urocóptidos y megaspiras.

1. *Callonia ellioti* (Cuba)
2. *Callonia gemmata* (Cuba)
3. *Pycnoptychia humboldti* (Cuba)
4. *Apoma chemnitzianum* (Jamaica)
5. *Tetrentodon clenchi* (Cuba)
6. *Megaspira iheringi* (Brasil)

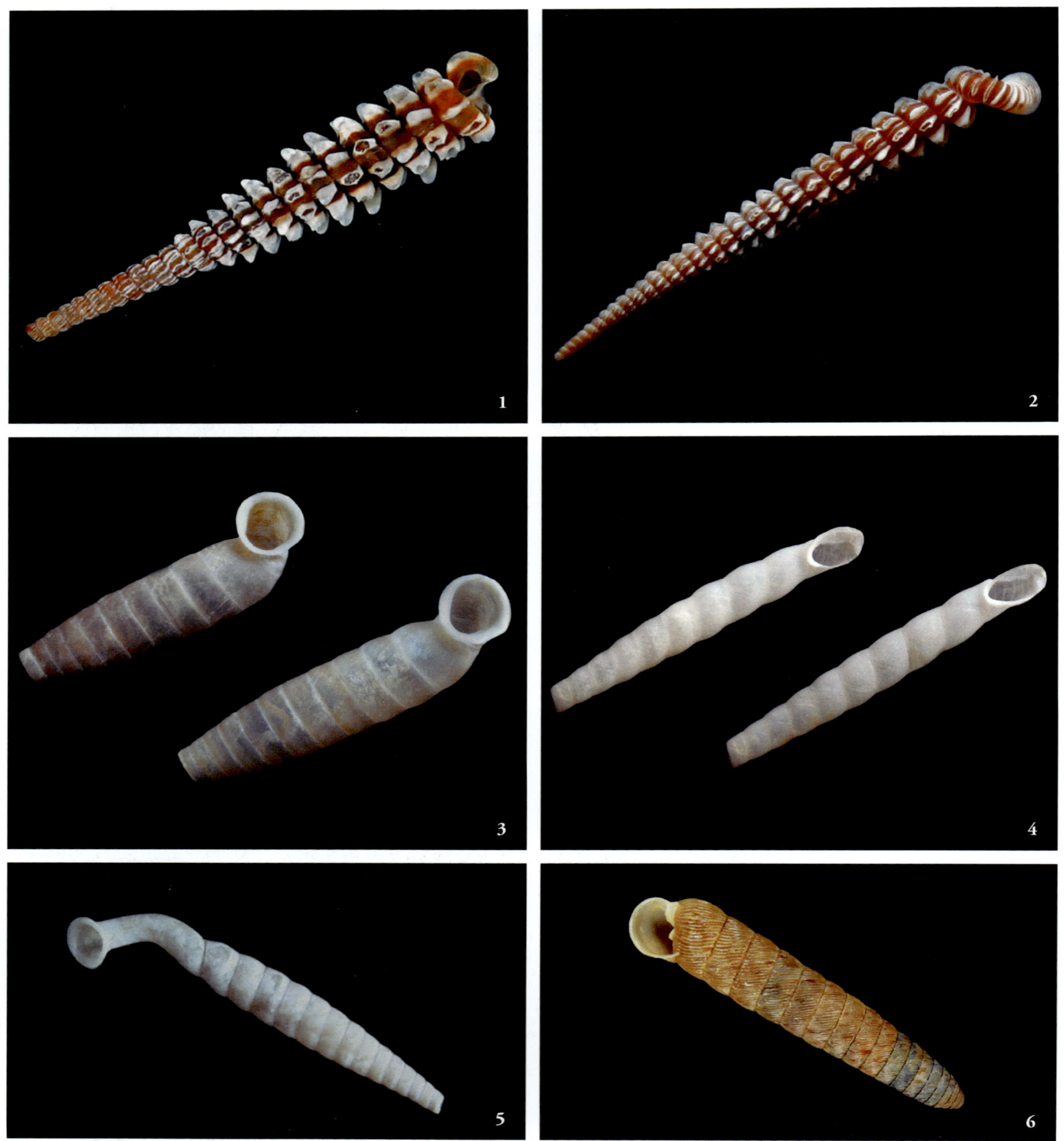

Cerionidos (*Cerionidae*): heading

Ceriónidos (*Cerionidae*): ceriones.

1. *Cerion uva* (Aruba)
2. *Cerion glans* (Cuba)
3. *Cerion sagraianum* (Cuba)
4. *Cerion canaisense* (Cuba)
5. *Cerion laureani* (Cuba)
6. *Cerion regium* (Cuba)

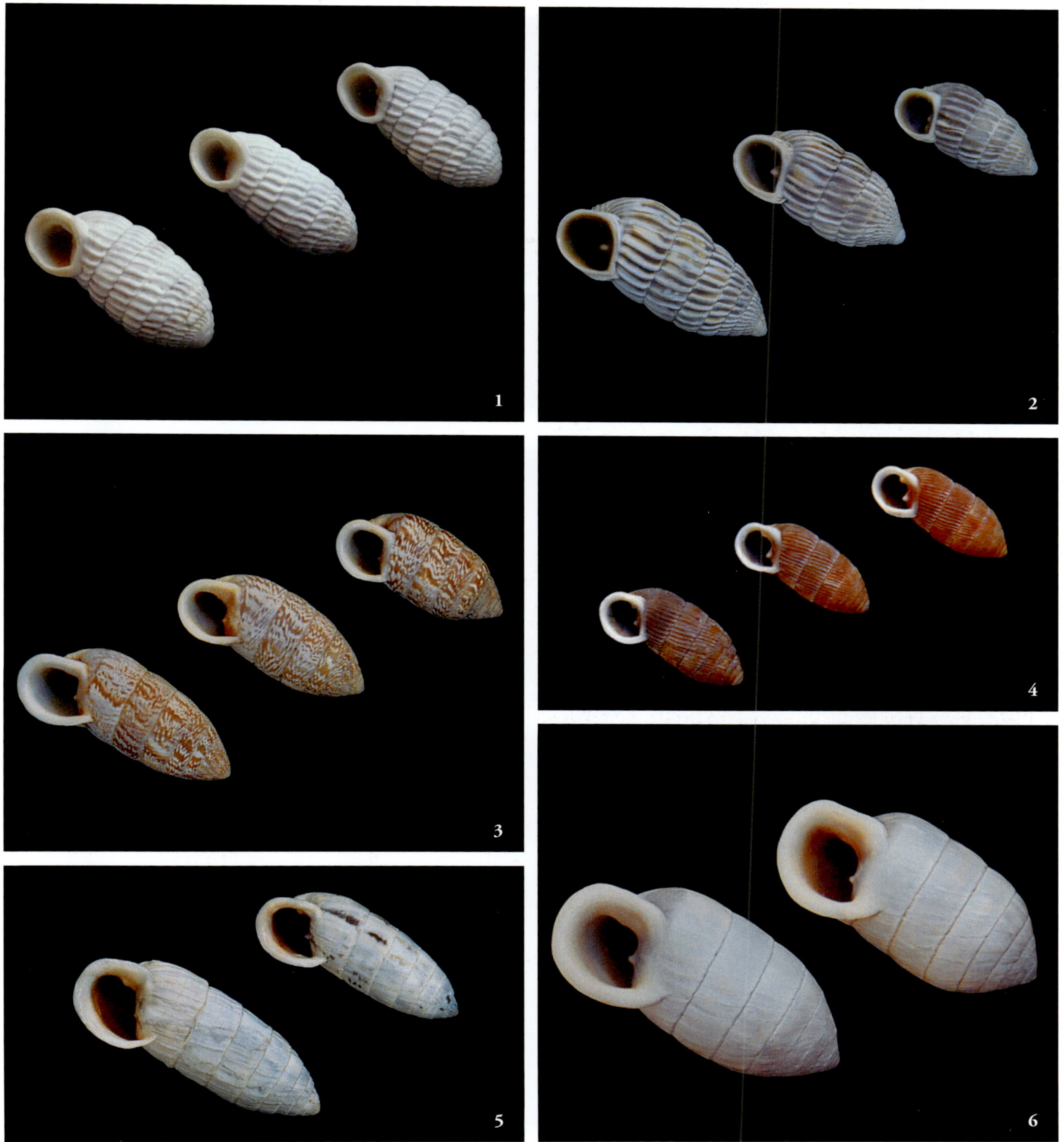

Bulimúlidos (*Bulimulidae*): bulimos.

1. *Bulimulus monachus* (Perú)
2. *Bulimulus quitensis* (Ecuador)
3. *Bostryx huanucensis* (Perú)
4. *Drymaeus notatus* (Colombia)
5. *Drymaeus murrinus* (Perú)
6. *Drymaeus interpunctus* (Perú)
7. *Drymaeus vexillum* (Perú)
8. *Plekocheilus fulminans* (Venezuela)

Bulimúlidos (*Bulimulidae*): bulimos.

1. *Neopetraeus binneyanus* (Perú)
2. *Neopetraeus lobbii* (Perú)
3. *Neopetraeus catamarcanus* (Perú)
4. *Auris bilabiata* (Brasil)
5. *Auris bilabiata nigriformis* (Brasil)
6. *Naesiotus* varias especies (Galápagos)

Odontostómidos (*Odontostomidae*): bulimos dentados.

1. *Anostoma ringens* (Brasil)
2. *Plagiodontes dentatus* (Uruguay) y *P. daedalus* (Argentina)
3. *Burringtonia exesa* y *B. pantagruelina* (Brasil)

Botriembriόntidos (*Bothriembryontidae*): placostilos.

1. *Placostylus fibratus* (Nueva Caledonia)
2. *Placostylus strangei* (Salomón)
3. *Aspatus miltocheilus* (Salomón)
4. *Bothriembryon costulata* (Australia)

Acatínidos (*Achatinidae*): acatinas o caracoles gigantes africanos, obeliscos, columnas, ruminas o caracoles truncados y subulinas.

1. *Lissachatina reticulata* (Zanzíbar)
2. *Archachatina bicarinata* (Santo Tomé y Príncipe)
3. *Archachatina marginata* (Zaire)

1

2

3

Acatínidos (*Achatinidae*): acatinas o caracoles gigantes africanos, obeliscos, columnas, ruminas o caracoles truncados y subulinas.

1. *Achatina achatina* (Sierra Leona)
2. *Lissachatina fulica* Malasia)
3. *Lissachatina inmaculata* (Mauricio)
4. *Leucotaenius favanii* (Madagascar)
5. *Limicolaria flammea* (Senegal)
6. *Columna columna* (Santo Tomé y Príncipe)

Acatínidos (*Achatinidae*): acatinas o caracoles gigantes africanos, obeliscos, columnas, ruminas o caracoles truncados y subulinas.

1. *Rumina decollata paiva* (Marruecos) y *R. saharica* (Grecia)
2. *Rumina decollata* (España)
3. *Obeliscus obeliscus* (Brasil)
4. *Striosubulina striatella* (Mauricio) y *Subulina octona* (Galápagos)
5. *Rhodea cousini* (Ecuador)

Oleacínidos (*Oleacinidae*) y **Espiráxidos** (*Spiraxidae*): oleacinas o caracoles aceitados y euglandinas o caracoles lobo.

1. *Laevoleacina oleacea* (Cuba)
2. *Euglandina rosea* (Mauricio)

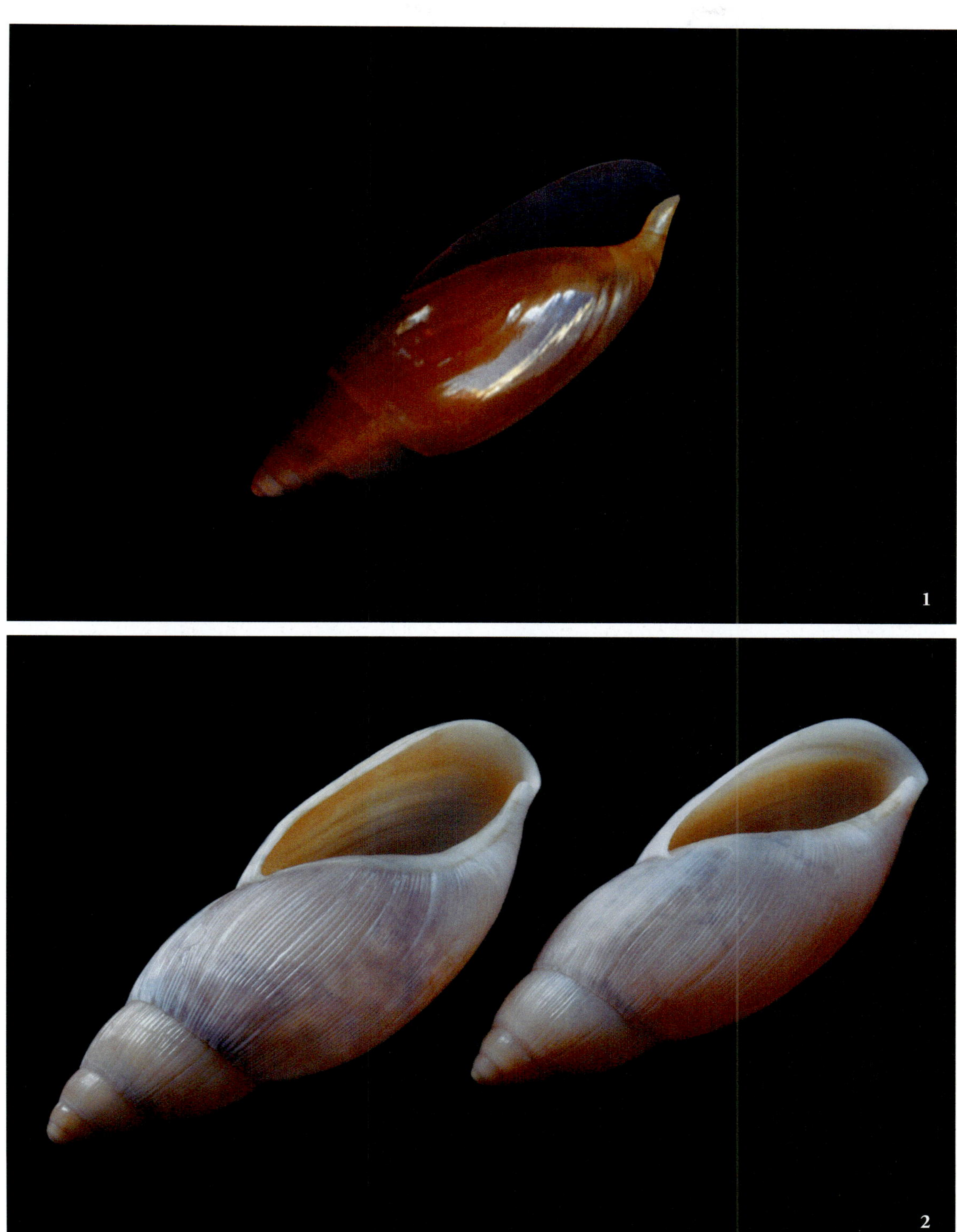

Testacélidos (*Testacellidae*) y **Estreptáxidos** (*Streptaxidae*): testacelas y gulelas.

1. *Testacella haliotidea* y *T. maugei* (España)
2. *Streptaxis zischkai* (Bolivia)
3. *Gulella davisae* (Sudáfrica)
4. *Gonidomus concameratus* (Mauricio)

Ritídidos (*Rhytididae*): parifantas o caracoles de charol.

1. *Paryphanta debusbyi* y *P. lignaria* (Nueva Zelanda)
2. *Powelliphanta hochstetteri* (Nueva Zelanda)
3. *Powelliphanta superba* (Nueva Zelanda)

Acávidos (*Acavidae*): acavus, ampelitas y helicofantas.

1. *Acavus haemastoma* (Sri Lanka)
2. *Ampelita madecassina* (Madagascar)
3. *Helicophanta magnifica* (Madagascar)

Estrofoqueilidos (*Strophocheilidae*): megalobulimos o caracoles gigantes sudamericanos.

1. *Megalobulimus ovatus* y *M. bronni* (Brasil)
2. *Megalobulimus oblongus* (Argentina)
3. *Megalobulimus granulosus* (Brasil)

Zonítidos (*Zonitidae*) y **Oxiquílidos** (*Oxychilidae*): caracoles de cristal.

1. *Retinella incerta* (España)
2. *Aegopis verticillus* (Eslovenia)
3. *Oxychilus draparnaudi* (España)

Ariofántidos (*Ariophantidae*) y **Helicariónidos** (*Helicarionidae*): naninas y hemiplectas.

1. *Hemiplecta obliquata* (Célebes)
2. *Sarika asamurai* (Tailandia)
3. *Macrochlamys indica* (Rodríguez)
4. *Xesta citrina* (Nueva Guinea)
5. *Kalidos griffithshouchleri* (Madagascar)

Dayáquidos (*Dyakiidae*) y **Crónidos** (*Chroniidae*): dayaquias, asperitas y risotas.

1. *Dyakia regalis* (Borneo)
2. *Asperitas bimaensis viridis* (Sumba)
3. *Asperitas sturtiae hadiprajitnoi* (Timor)
4. *Asperitas trochus badjavensis* (Flores)
5. *Asperitas trochus nemorensis* (Sumbawa)
6. *Ryssota otaheitana* (Filipinas)

Ságdidos (*Sagdidae*), **Plectopílidos** (*Plectopylidae*) y **Escolóntidos** (*Scolontidae*): sagdas y polidontes.

1. *Sagda jayana* (Jamaica)
2. *Granodomus lima* (Puerto Rico)
3. *Polydontes imperator* (Cuba)
4. *Polygyratia polygyrata* (Brasil)
5. *Chersaecia leiophis* (Myanmar)

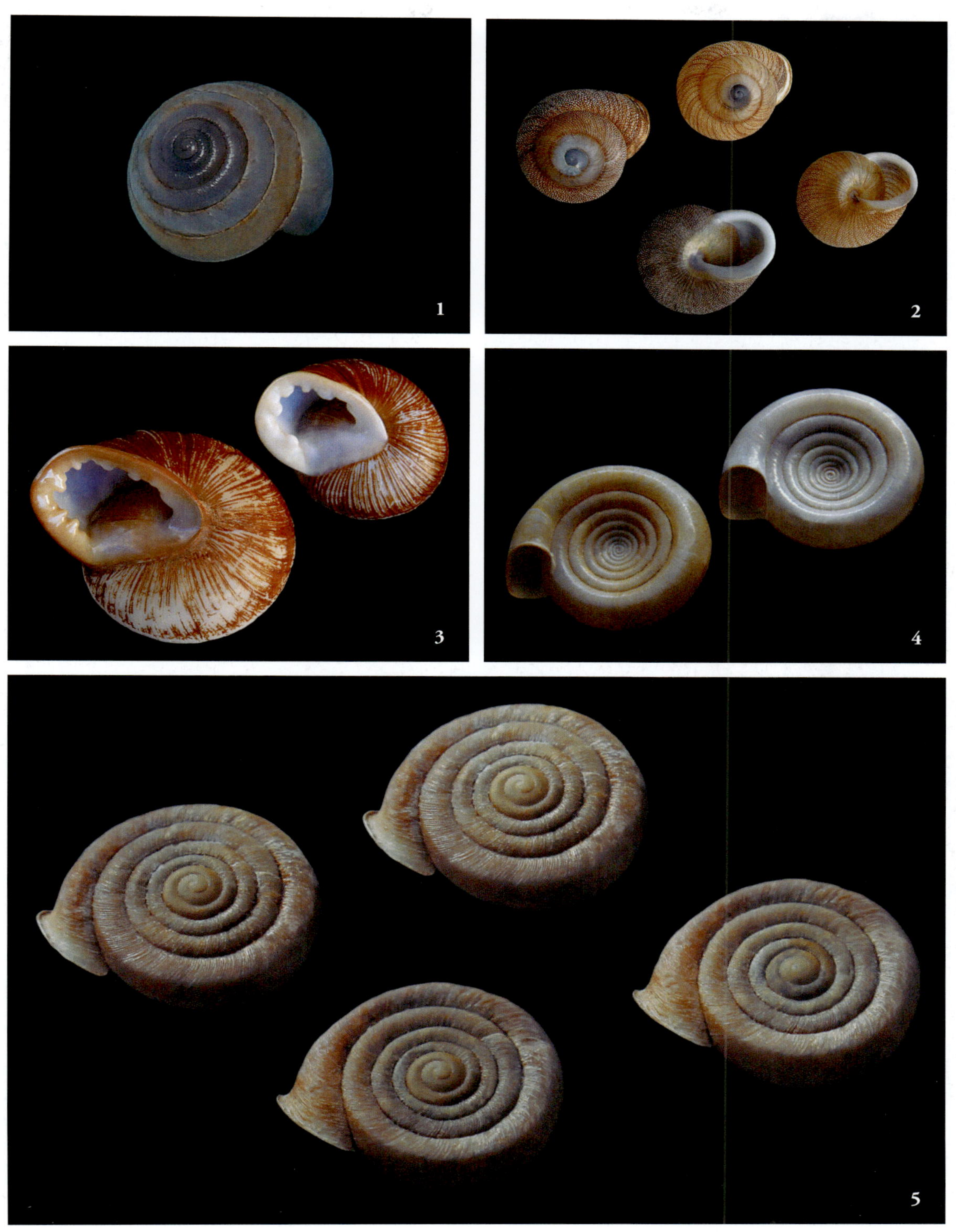

Solarópsidos (*Solaropsidae*) y **Zacrísidos** (*Zachrysiidae*): solaropsis, caracolus y zacrisias.

1. *Solaropsis undata* (Surinam)
2. *Caracolus carocola* (Puerto Rico)
3. *Caracolus sagemon* (Cuba)
4. *Zachrysia guanensis* (Cuba)
5. *Zachrysia petitiana* (Cuba)

Pleurodóntidos (*Pleurodontidae*) y **Laberíntidos** (*Labyrinthidae*): pleurodontes y laberintos.

1. *Dentellaria atavus* (Jamaica)
2. *Dentellaria peracutissima* (Jamaica)
3. *Dentellaria peracutissima* (Jamaica)
4. *Labyrinthus labyrinthus* (Panamá)
5. *Labyrinthus anuulatus* (Panamá)

Camaénidos (*Camaenidae*): coclostilas, anfidromos y papuinas.

1. *Chloraea dryope* (Filipinas)
2. *Chloraea stenopsis* (Filipinas)
3. *Obba rota* (Filipinas)
4. *Obba scrobiculata* (Filipinas)

Camaénidos (*Camaenidae*): coclostilas, anfidromos y papuinas.

1. *Chrysallis aspersa* (Filipinas)
2. *Chrysallis virgata* (Filipinas)
3. *Chrysallis virgata* (Filipinas)
4. *Cochlostyla bicolorata* (Filipinas)
5. *Cochlostyla lignaria* (Filipinas)
6. *Cochlostyla woodiana* (Filipinas)
7. *Cochlostyla woodiana portei* (Filipinas)

Camaénidos (*Camaenidae*): coclostilas, anfidromos y papuinas.

1. *Cochlostyla annulata* (Filipinas)
2. *Cochlostyla tenera* (Filipinas)
3. *Cochlostyla pulcherrima* (Filipinas)
4. *Cochlostyla festiva* (Filipinas)
5. *Cochlostyla festiva chrysocheila* (Filipinas)
6. *Cochlostyla pan* (Filipinas)
7. *Cochlostyla royssiana* (Filipinas)

Camaénidos (*Camaenidae*): coclostilas, anfidromos y papuinas.

1. *Amphidromus richardi* (Flores)
2. *Amphidromus quadrasi* (Filipinas)
3. *Amphidromus heerianus robustus* (Java)
4. *Amphidromus poecilochrous* (Flores)
5. *Amphidromus pictus* y *A. adamsi* (Borneo)
6. *Amphidromus palaceus* (Java)
7. *Amphidromus perversus sultanus* (Bali) y *A. perversus butotus* (Madura)

Camaénidos (*Camaenidae*): coclostilas, anfidromos y papuinas.

1. *Papustyla pulcherrima* (Isla Manus)
2. *Papustyla pulcherrima* (Isla Manus)

1

2

Camaénidos (*Camaenidae*): coclostilas, anfidromos y papuinas.

1. *Papustyla pulcherrima* (Isla Manus)
2. *Papustyla xanthochila* (Salomón)
3. *Papuina hermione* (Salomón)
4. *Megalacron admiralitatis* (Isla Manus)
5. *Rynchotrochus taylorianus* (Nueva Guinea)
6. *Planispira deaniana* (Nueva Guinea)

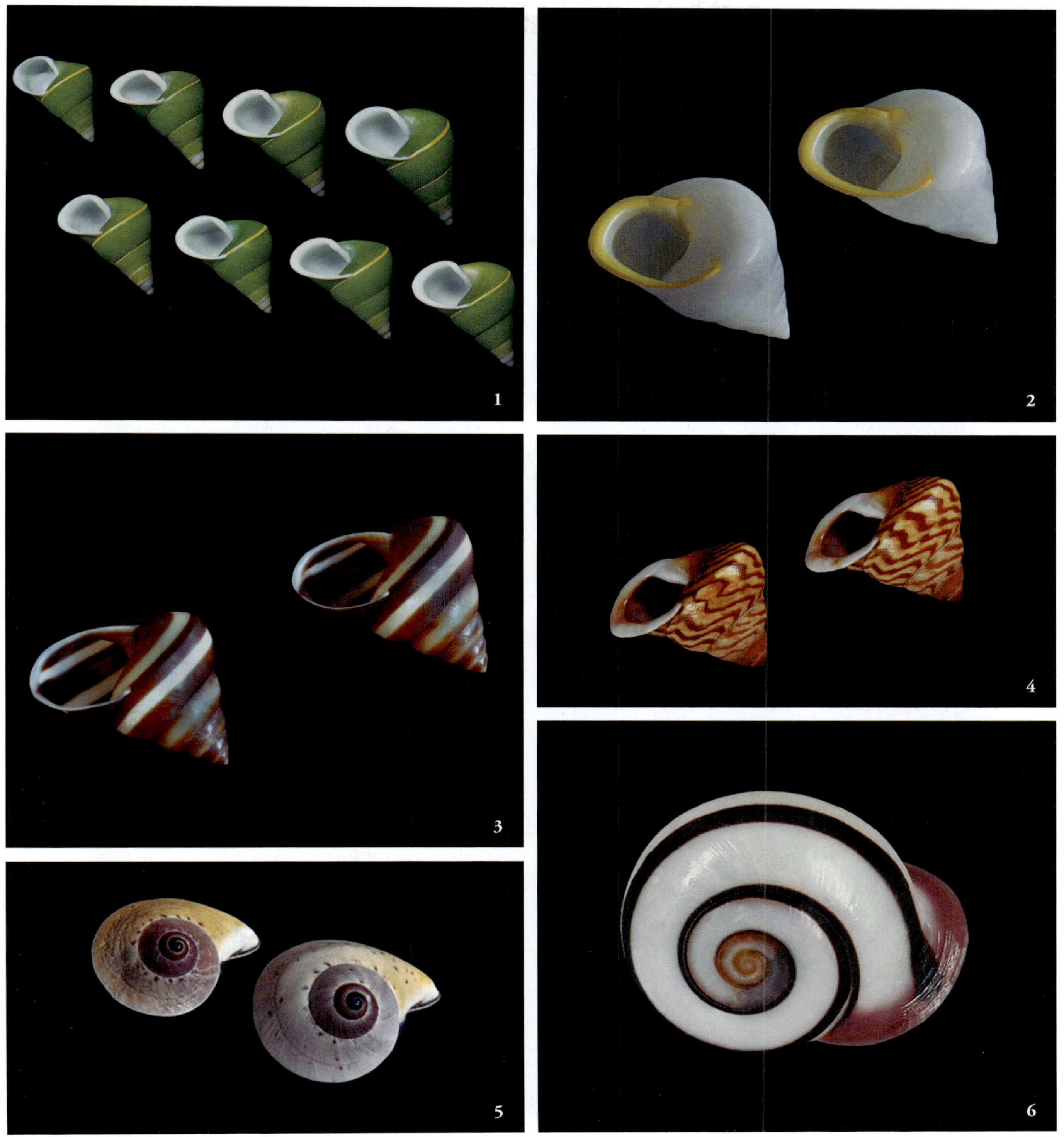

Helícidos (*Helicidae*): caracoles de jardín, de bosque y de duna, otalas e íberus.

1. *Helix lucorum* (Italia) y *H. cincta* (Turquía)
2. *Helix pomatia* (Bélgica) y *Cornu aspersum* (España)
3. *Cornu aspersum* (España)
4. *Cepaea nemoralis* (España)
5. *Cepaea hortensis* (Inglaterra), *C. nemoralis* (Inglaterra) y *C. vindobonensis* (Austria)

Helícidos (*Helicidae*): caracoles de jardín, de bosque y de duna, otalas e íberus.

1. *Eremina inexpectata* (Marruecos)
2. *Helicopsis turcica* (Marruecos)
3. *Otala xanthodon* y *Alabastrina soluta* (Islas Chafarinas)
4. *Alabastrina pallaryi* y *A. shouraensis* (Marruecos)
5. *Rossmassleria homadensis* (Marruecos)
6. *Otala connoleyi* y *O. lucasi* (Marruecos)

Helícidos (*Helicidae*): caracoles de jardín, de bosque y de duna, otalas e íberus.

1. *Eobania vermiculata* (España)
2. *Pseudotachea splendida* (España)
3. *Hemicycla plicaria* (Canarias)
4. *Theba geminata* (Canarias)
5. *Helicigona lapicida* (España)

Helícidos (*Helicidae*): caracoles de jardín, de bosque y de duna, otalas e íberus.

1. *Iberus gualtieranus gualtieranus* (España)
2. *Iberus alonensis* (España)
3. *Iberus marmoratus* (España)
4. *Iberus marmoratus cobosi* (España)

Higrómidos (*Hygromiidae*) y **Geomítridos** (*Geomitridae*): higromias, helicelas y coclicelas.

1. *Helicella itala* (España)
2. *Xerosecta explanata* (España)
3. *Pyrenaearia cantabrica* (España)
4. *Monacha cartusiana* (España)
5. *Metafruticicola lecta* (Creta)
6. *Cochlicella acuta* (España)
7. *Cochlicella barbara* (España)

Elónidos (*Elonidae*), **Trisexodóntidos** (*Trissexodontidae*) y **Poligíridos** (*Polygyridae*): elonas, oestóforas y poligiros.

1. *Elona quimperiana* (España)
2. *Oestophora lusitanica* (Portugal)
3. *Daedalochila uvulífera* (Florida)

Esfinteroquílidos (*Sphincterochilidae*): álbeas.

1. *Sphincterochila candidissima* (España)
2. *Sphincterochila otthiana* (Marruecos)

Cepólidos (*Cepolidae*): polimitas o caracoles pintados cubanos.

1. *Polymita picta fuscolimbata* (Cuba)
2. *Polymita picta fuscolimbata* (Cuba)
3. *Polymita picta nigrolimbata* (Cuba)
4. *Polymita picta iolimbata* (Cuba)
5. *Polymita picta nigrolimbata* y *P. picta roseolimbata* (Cuba)

Cepólidos (*Cepolidae*): polimitas o caracoles pintados cubanos.

1. *Polymita picta* (Cuba)
2. *Polymita muscarum* (Cuba)
3. *Polymita venusta* (Cuba)

1

2

3

Cepólidos (*Cepolidae*): polimitas o caracoles pintados cubanos.

1. *Polymita versicolor* (Cuba)
2. *Polymita versicolor* (Cuba)
3. *Polymita brocheroi* (Cuba)
4. *Coryda alauda* (Cuba)
5. *Jeanneretia subtussulcata* (Cuba)

BIBLIOGRAFÍA

ABBOTT, R. T. 1982. Kingdom of the Seashell. Bonanza Books. Nueva York.

ABBOTT, R. T. 1989. Compendium of Landshells. Madison Publishing Associates. Nueva York.

ABBOTT, R. T. 1989. Shells. Portland House. Nueva York.

ABBOTT, R. T. 1994. Conchas marinas del mundo. Editorial Trillas. México.

ABBOTT, R. T. & DANCE, S. P. 1986. Compendium of Seashells. Madison Publishing Associates. Nueva York.

ABBOTT, R. T. & SANDSTRÖM, G. F. 1968. A Guide to Field Identification of Seashells of North America. Western Publishing Co. & Golden Press. Nueva York.

ADAMS, A. & REEVE, L. A. 1848-1850. The Zoology of the Voyage of H. M. S. Samarang, under the command of Captain Sir Edward Berlcher. Mollusca. Londres.

ADANSON, M. 1757. Histoire naturelle du Sénégal. Coquillages. París.

ALBERTUS MAGNUS. 1479. De Animalibus. Mantua.

ALDROVANDI, U. 1606. De reliquis animalibus exanguibus libri quatuor, etc. Bolonia.

ALF, A., KREIPL, K. & POPPE, G. T. 2003. A Conchological Iconography. The family Turbinidae: The genus *Turbo*. ConchBooks. Hackenheim.

ALTIMIRA, C. 1970. Moluscos y conchas recogidos en cavidades subterráneas. Speleon 17: 67-75.

ALTIMIRA, C. & BALCELLS, E. 1972. Formas malacológicas del Alto Aragón occidental obtenidas en agosto de 1970 y junio de 1971. Pirineos 104: 15-81.

ÁLVAREZ, J. 1972. *Lymnaea stagnalis* (L.) en Espagne. Haliotis 2 (1): 41-42.

ÁLVAREZ HALCÓN, R. M. & ARRÉBOLA, J. R. 2001. Los orígenes de la Malacología española. Ingenium 7: 37-51.

ANGELETTI, S. 1977. Conchiglie: racolta e collezione. Istituto Geographico de Agostini. Novara.

ANGELO, G. D.' & GARGIULLO, S. 1991. Guida alle conchiglie Mediterranee. Gruppo Editoriale Fabbri. Milán.

ANÓNIMO. 1491. Hortus sanitatis. Maguncia.

ANÓNIMO. 1865. The celebrated Dennison collection of shells. A catalogue of the choice, valuable and extensive collection of shells, being one of the finest ever offered to public competition, etc. Londres.

ANÓNIMO. 1891. The celebrated Barclay collection of shells. A catalogue of the entire celebrated, extensive and valuable collection of shells formed by the late Sir David W. Barclay, etc. Londres.

ANSEEUW, P. & GOTO, Y. 1996. The living Pleurotomariidae. Elle Scientific Publications. Osaka.

ARDOVINI, R. & COSSIGNANI, T. 1999. Atlante delle conchiglie di profondità del Mediterraneo. L'Informatore Piceno Ed. Ancona.

ARGENVILLE, A. J. D. D'. 1742. L'Histoire Naturelle éclaircie dans deux de ses parties principales, La Lithologie et la Conchyliologie, dont l'une traite des Pierres et l'autre des Coquillages. París.

ARGENVILLE, A. J. D. D'. 1780. La Conchyliologie, ou Histoire Naturelle des Coquilles de Mer, d'Eau Douce, Terrestres et Fossiles. Avec un Traité de Zoomorphose, ou représentation des Animaux qui les habitent. París.

ARISTÓTELES. 1970. Historia Animalium. Loeb Classical Library. Harvard University Press. Cambridge.

AZPEITIA, F. 1927. Noticia de un nuevo ejemplar de *Conus gloria-maris* y revisión de los ya conocidos con seguridad y de otros cuya existencia es más o menos incierta. Revista de la Real Academia de Ciencias Exactas, Físicas y Naturales de Madrid 23: 1-22.

BAIL, P., LIMPUS, A. & POPPE, G. T. 2001. A Conchological Iconography. The genus *Amoria*. ConchBooks. Hackenheim.

BAIL, P. & LIMPUS, A. 2005. A Conchological Iconography. The recent volutes of New Zealand. ConchBooks. Hackenheim.

BAIL, P. & POPPE, G. T. 2001. A Conchological Iconography. The recent Volutidae. ConchBooks. Hackenheim.

BAIL, P. & POPPE, G. T. 2004. A Conchological Iconography. The tribe Lyriini. ConchBooks. Hackenheim.

BARKER, G. M. 2001. The Biology of Terrestrial Molluscs. CABI Publishing Series. Wallingford.

BARKER, G. M. 2002. Molluscs as Crop Pests. CABI Publishing Series. Wallingford.

BARKER, G. M. 2004. Natural Enemies of Terrestrial Gastropods. CABI Publishing Series. Wallingford.

BEAUVAIS, V. DE. 1473. Speculum Naturae, etc. Estrasburgo.

BECH, M. 1990. Fauna malacològica de Catalunya. Molluscs terrestres i d'aigua dolça. Treballs de la Institució Catalana d'Historia Natural. Ingoprint S. A. Barcelona.

BECH, M. 1993. Descripción de nuevas especies para la malacofauna ibérica. Butl. Centre d'Est. Natura B-N 2 (3): 271-277.

BECH, M. 1999. Áreas de distribución geográfica de las especies del género *Pyrenaearia* (Gastropoda: Hygromiidae) en la Península Ibérica. Butl. Centre d'Est. Natura B-N 4 (3): 311-318.

BELON, P. 1553. De Aquatilibus libri duo, etc. París.

BENTHEM JUTTING, W. S. S. VAN. 1939. A brief history of the conchological collections at the Zoological Museum of Amsterdam with some reflections on eighteenth-century shell cabinets and their proprietors, on the occasion of the centenary of the Royal Zoological Society «Natura Artis Magistra». Bijd. Dierk. 27: 167-246.

BERNASCONI, R. & RIEDEL, A. 1994. Mollusca. Encyclopaedia Biospeleologica 1: 53-61.

BESLER, B. & LOCHNER, J. H. 1716. Rariora Musei Besleriani, etc. Núremberg.

BIELER, R. 1993. Architectonicidae of the Indo-Pacific. Gustav Fischer Verlag. Stuttgart.

BLAINVILLE, H. M. D. DE. 1825-1827. Manual de Malacologie et de Conchyliologie, etc. París & Estrasburgo.

BORN, I. E. VON. 1780. Testacea Musei Caesari Vindobonensis, etc. Viena.

BOUCHET, P., KANTOR, Y. I., SYSOEV, A. & PUILLANDRE, N. 2011. A new operational classification of the Conoidea (Gastropoda). Journal of Molluscan Studies 77: 273-308.

BOUSSUET, F. 1558. De natura aquatilium carmen, in universam Giulielmi Rondeletii, etc. Lyón.

BRAGADO, M. D., ARAUJO, R. & APARICIO, M. T. 2010. Atlas y Libro Rojo de los Moluscos de Castilla-La Mancha. Organismo Autónomo de Espacios Naturales de Castilla-La Mancha. Guadalajara.

BRATCHER, T. & CERNOHORSKY, O. W. 1987. Living Terebras of the World. A Monograph of the Recent Terebridae of the World. Tucker Abbott, R. & American Malacologists. Melbourne, Florida.

BREHM, A. E., HAACKE, W. & PECHUËL-LOESCHE, E. 1893. Brehms Tierleben: Allgemeine Kunde des Tierreichs. Vol. 10. Bibliographisches Institut. Leipzig & Viena.

BRIANO, B. 1993. Descrizione di un nuovo genere e una nuova specie di Cypraeidae dalla Somalia. World Shells 5: 14-15.

BRODERIP, W. J. 1826. Description of some new and rare volutes. Zool. J. Lond. 2 (5): 27-36.

BRODERIP, W. J. 1841. Description of shells collected and brought to this country by Hugh Cuming Esq. Proc. Zool. Soc. Lond. 8: 83-91.

BROWN, T. 1833. The conchologist's text-book, embracing the arrangements of Lamarck and Linnaeus, etc. Glasgow.

BRUGUIÈRE, J. G. 1792. Encyclopédie méthodique. Histoire naturelle des Vers. París.

BUONANNI, F. 1681. Ricreatione dell'Occhio e della Mente nell'Osservation delle Chiocciole, etc. Roma.

BUONANNI, F. 1684. Recreatio mentis et oculi in observatione animalium testaceorum, etc. Roma.

BUONANNI, F. 1709. Musaeum Kircherianum, sive Musaeum a P. Athan. Kirchero in Collegio Romano Soc. Jesu, etc. Roma.

BURGESS, M. D. 1985. Cowries of the World. Seacomber Publications. Ciudad del Cabo.

CADEVALL, J. & OROZCO, A. 2016. Caracoles y babosas de la Península Ibérica y Baleares. Ediciones Omega. Barcelona.

CAMERON, R. 1964. Les Coquillages. Librairie Hachette. París.

CAPINHA, C., ESSL, F., SEEBENS, H., MOSER, D. & PEREIRA, H. M. 2015. The dispersal of alien species redefines biogeography in the Anthropocene. Science 12-June-2015. DOI: 10.1126/science.aaa8913.

CAPROTTI, E. 1994. L'Illustrazione malacologica dalle origini al 1800. Bibliografia. Edizioni Libreria Naturalistica Bolognese. Bolonia.

CARR, R. 2002. Geographical variation of taxa in the genus *Rumina* (Gastropoda: Subulinidae) from the Mediterranean region. J. Conch. 37 (5): 569-577.

CATTANEO-VIETTI, R., CHEMELLO, R. & GIANNUZZI-SAVELLI, R. 1990. Atlas of Mediterranean nudibranchs. Editrice La Conchiglia. Roma.

CERUTI, B. & CHIOCCO, A. 1622. Musaeum Franc. Calceolarii Veronensis, etc. Verona.

CHATENAY, J. M. 1977. Porcelaines niger et rostrees de Nouvelle Caledonia. J. M. Chatenay (editor). Nueva Caledonia.

CHEMNITZ, J. H. 1777. Von einer ausserordentlich seltenen Art walzenförmiger Tuten oder Kegelschnekken, welche den Namen Gloria maris führt. Beschäftigungen der Berlinischen Gesellschaft Naturforschender Freunde 3: 321-331.

CHEN, C., WATANABE, H. K. & OHARA, Y. 2018. A very deep *Provanna* (Gastropoda: Abyssochrysoidea) discovered from Shinkai Seep Field, Southern Mariana Forearc. Journal of the

Marine Biological Association of the United Kingdom 98 (3): 439-447.

CHENU, J. C. 1843-1853. Illustrations Conchyliologiques, ou description et figures de toutes les coquilles connues, vivants et fossiles. París.

CHENU, J. C. 1859-1862. Manuel de Conchyliologie et de Paléontologie conchyliologique. París.

COLONNA, F. 1616. Aquatilium et terrestrium aliquot animalium, etc. Roma.

COLONNA, F. 1616. Purpura. Hoc est de purpura ab animali testaceo fusa, etc. Roma.

CONSOLADO, M. C. 1999. Conchas marinhas de Portugal. Editorial Verbo. Lisboa.

COPPOIS, G. & WELLS, S. 1987. Threatened Galapagos land snails. Oryx 21: 236-241.

COSSIGNANI, T. 1994. Bursidae of the World. L'Informatore Piceno Ed. Ancona.

COSSIGNANI, T. & COSSIGNANI, V. 1995. Atlante delle Conchiglie Terrestri e Dulciacquicole Italiane. L'Informatore Piceno Ed. Ancona.

DALL, W. H. & OCHSNER, W. H. 1928. Landshells of the Galapagos Islands. Proc. Calif. Acad. Sci. 17 (4): 141-185.

DAMON, R. 1867. Notes on a collection of recent shells discovered among the ruins of Pompeii, and preserved in the Museo Borbonico at Naples. Geol. Mag. 4 (7): 293.

DANCE, S. P. 1967. Report on the Linnaean shell collection. Proc. Linn. Soc. Lond. 178: 1-18.

DANCE, S. P. 1969. Rare Shells. Faber and Faber Ltd. Londres.

DANCE, S. P. 1971. The Cook voyages and Conchology. J. Conch. 26: 354-79.

DANCE, S. P. 1972. Shells and shell collection. Hamlyn Publications. Londres.

DANCE, S. P. 1974. The Encyclopaedia of Shells. Blandford Press. Londres.

DANCE, S. P. 1984. Conchological cosmeticism. Conch. Newsletter 90: 189-192.

DANCE, S. P. 1986. A History of Shell Collecting. E. J. Brill Publishing Co. Leiden.

DANCE, S. P. & HEPPELL, D. 1991. Classic Natural History Prints: Shells. Studiolo Editions. Londres.

DANCE, S. P., WITTKOPF, H. E. & JOFFE, A. 2005. Out of My Shell. A diversion for shell lovers. C-Shell-3, Inc. Sanibel, Florida.

DAUTZENBERG, P. 1913. Atlas de Poche des Coquilles des Côtes de France. Librairie des Sciences Naturelles Paul Klincksieck. París.

DELL, R. K. 1990. Antarctic Mollusca, with special reference to the Fauna of the Ross Sea. The Royal Society of New Zealand. Wellington.

DONOVAN, E. 1823. Naturalist's Repository. Vols. 1 y 2. Londres.

DRIVAS, J. & JAY, M. 1993. Coquillages de La Réunion et de l'île Maurice. Les éditions du Pacifique. Singapur.

DUBOIS, C. 1821. A catalogue of the rare and fine specimens of exotic conchology forming the Cabinet of Mrs. Angus. Londres.

DUBOIS, C. & SWAINSON, W. 1822. A catalogue of the rare and valuable shells which formed the celebrated collection of the late Mrs. Bligh. Description of several new shells, and remarks on others, etc. Londres.

DUHART, F. 2009. Caracoles y sociedades en Europa desde la Antigüedad Reflexiones etnozoológicas. Studium: Revista de Humanidades 15: 115-139.

DUMOLINET, C. 1692. Le Cabinet de la Bibliothèque de Sainte-Geneviève. París.

EISENBERG, J. M. 1989. A Collector's Guide to Seashells of the World. Crescent Books. Nueva York.

ELIANO, C. 1984. Historia Animalium. Editorial Gredos S. A. Madrid.

EMERSON, W. K. & FEININGER, A. 1972. Shells. Thames and Hudson. Londres.

ESPINOSA, J., ORTEA, J. & LARRAMENDI, J. 2009. Moluscos terrestres de Cuba. Spartacus Foundation & Sociedad Cubana de Zoología. UPC Print. Vasa.

FALNIOWSKI, A., SZAROWSKA, M., SIRBU, I., HILLEBRAND, A. & BACIU, M. 2008. *Heleobia dobrogica* (Grossu & Negrea, 1989) (Gastropoda: Rissoidea: Cochliopidae) and the estimated time of isolation in a continental analogue of hydrothermal vents. Molluscan Research 28 (3): 165-170.

FAVANNE DE MONTCERVELLE, J. G. 1784. Catalogue systématique et raisonné, ou description du magnifique cabinet appartenant ci-devant à M. le Comte de la Tour d'Auvergne. París.

FAVREAU, P., LE GALL, F. & MOLGÓ, J. 1999. Le venin des cônes: source de nouveaux outils pour l'étude de récepteurs et canaux ioniques. Annales de l'Institut Pasteur 19 (2): 273-284.

FECHTER, R. & FALKNER, G. 1993. Moluscos. Guías Blume de Naturaleza. Naturart S. A. Barcelona.

FERNÁNDEZ MILERA, J. M. 2000. Polymita: forma y color integrados a la Naturaleza. Editorial Científico-Técnica. La Habana.

FERNÁNDEZ URIEL, P. 2010. Púrpura. Del mercado al poder. Universidad Nacional de Educación a Distancia. Madrid.

FERRANTE, I. 1599. Dell'Historia Naturale di Ferrante Imperato Napolitano, etc. Venecia.

FERRARIO, M. 1992. Guía del coleccionista de conchas. Editorial de Vecchi S. A. Barcelona.

FÉRUSSAC, A. E. & DESHAYES, G. P. 1819-1851. Histoire Naturelle générale et particulière des Mollusques Terrestres et Fluviatiles, etc. París.

FISCHER, P. 1880-1887. Manuel de Conchyliologie et Paléontologie conchyliologique, etc. París.

FORCELLI, D. O. 2000. Moluscos Magallánicos. Guía de los Moluscos de la Patagonia y del Sur de Chile. Vázquez Mazzini Editores. Buenos Aires.

FOWKES TOBIN, B. 2014. The Duchess's shells. Natural History collecting in the age of Cook's voyages. Yale University Press. New Haven & Londres.

FRAUENFELD, G. R. VON. 1867. Reise der Oesterreichischen Fregatte Novara um die Erde in den Jahren 1857-1859. Mollusken. Viena.

FRAUSSEN, K. & TERRYN, Y. 2007. A Conchological Iconography. The family Buccinidae: The genus *Neptunea*. ConchBooks. Hackenheim.

GAILLARD, J. M. 1979. Les mollusques marins. Éditions Atlas. París.

GARRIDO, J. A., ARRÉBOLA, J. R. & BERTRAND, M. 2005. Extant populations of *Orculella bulgarica* (Hesse, 1915) in Iberia. J. Conch. 38 (6): 653-662.

GEIGER, D. L. & POPPE, G. T. 2000. A Conchological Iconography. The family Haliotidae. ConchBooks. Hackenheim.

GEOFFROY, E. L. 1767. Traité sommaire des coquilles, tant fluviatiles que terrestres qui se trouvent aux environs de Paris. París.

GERLACH, J. 1987. The Land Snails of Seychelles. A Field Guide. Sanders & Company. Northampton.

GERSAINT, E. F. 1744. Catalogue raisonné d'une collection considérable de diverses curiosités en tous genres, contenues dans les Cabinets de Monsieur Bonnier de la Mosson. París.

GESSNER, K. 1558. Historiae Animalium Liber IIII, qui est de Piscium & Aquatilium animantium natura, etc. Zúrich.

GESSNER, K. 1560. Nomenclator Aquatilium animantium. Icones animalium aquatilium in mari & dulcibus aquis degentium, etc. Zúrich.

GEVE, N. C. G. 1755. Monatliche Belustigung im Reiche der Natur, an Conchylien und Seegewächsen. Hamburgo.

GIANNUZZI-SAVELLI, R., PUSATERI, A., PALMERI, A. & EBREO, C. 1997. Atlante delle Conchiglie Marine del Mediterraneo. Vols. 1, 2, 3, 4, 5, 6 y 7. Edicioni La Conchiglia. Roma.

GITTENBERGER, E. & RIPKEN, T. E. J. 1987. The genus *Theba* (Mollusca: Gastropoda: Helicidae), systematics and distribution. Zoologische Verhandelinge 241: 1-59.

GIUSTI, F., MANGANELLI, G. & SCHEMBRI, P. J. 1995. The non-marine molluscs of the Maltese Islands. Museo Regionale di Scienze Naturali. Turín.

GOFAS, S., MORENO, D. & SALAS, C. 2011. Moluscos Marinos de Andalucía. Vols. 1 y 2. Universidad de Málaga. Málaga.

GÓMEZ, B., MORENO, D., ROLÁN, E. & ÁLVAREZ-HALCÓN, R. M. 2001. Protección de moluscos en el Catálogo Nacional de Especies Amenazadas. Reseñas Malacológicas XI. Sociedad Española de Malacología.

GONZÁLEZ GUILLÉN, A. 2008. Cuba, the landshells paradise. Greta Editores. Lérida.

GOODWIN, D. R. 2006. The use of molluscs as biological indicators in assesing climatre and environmental change. Visaya 17: 1-11.

GRAY, J. E. & SOWERBY, G. B. (I). 1839. The Zoology of Capt. Beechey's voyage to the Pacific and Behring's Straits in H. M. S. Blossom in the years 1825-1828. Molluscous animals and their shells. Londres.

GREBNEFF, A. 2005. Strophy: a poorly known mode of coiling in gastropods. Visaya 12: 1-7.

GREW, N. 1681. Musaeum Regalis Societatis: or a description of the natural and artificial rarities belonging to the Royal Society and preserved at Gresham College, etc. Londres.

GRIFFITHS, O. L. & FLORENS, V. F. B. 2006. A Field Guide to the Non-Marine Molluscs of the Mascarene Islands (Mauritius, Rodrigues and Réunion) and the Northern Dependencies of Mauritius. Bioculture Press. Mauricio.

GROH, K., POPPE, G. T. & CHARLES, M. 2002. A Conchological Iconography. The family Acavidae. ConchBooks. Hackenheim.

GUALTIERI, N. 1742. Index Testarum Conchyliorum quae adservantur in Museo Nicolai Gualtieri, etc. Florencia.

HAAS, F. 1929. Fauna malacológica terrestre y de agua dulce de Cataluña. Treb. Mus. Cienc. Nat. Barcelona 13: 1-491.

HANLEY, S. C. T. 1840. The young conchologist's book of species. Univalves, etc. Londres.

HELLE, A. & REMY, P. 1757. Catalogue raisonné d'une collection de coquilles rares et choisies, du cabinet de M. le Marquis de Bonnac. París.

HELLER, J. & KURZ, T. 2015. Sea Snails. A Natural History. Springer International Publishing. Heidelberg, Nueva York, Dordrecht & Londres.

HILL, L. 1997. Shells: Treasures of the Sea. Könemann Verlagsgesellschaft. Colonia.

HINDS, R. B. 1844-1845. The Zoology of the Voyage of H. M. S. Sulphur, under the command of Capt. Sir Edward Belcher during 1836-1842. Mollusca. Londres.

HIRASE, Y. 1914-1921. Kai Sen Shu: One Thousand Kinds of Shells existing in Japan. Tokio.

HORNELL, J. 1914. The Sacred Chank of India: A monograph of the Indian Conch *Turbinella pyrum*. Madras Fisheries Bureau Bull. 7. Government Press. Madrás.

HOVART, R. 1994. Illustrated Catalogue of recent species of Muricidae named since 1971. Christa Hemmen Verlag. Wiesbaden.

HUBENDICK, B. 1951. Recent Lymnaeidae. Their variation, morphology, taxonomy, nomenclature and distribution. K. Svenska Vetensk Akad. Handl. Serv. 3 (1):1-223.

HUMPHREY, G. 1779. Museum Humfredianum; a Catalogue of the Large and Valuable Museum of Mr. George Humphrey. Londres.

HUMPHREY, G. 1797. Museum Calonnianum. Specification of the various articles which compose the Museum of Natural History collected by M. de Calonne in France, etc. Londres.

HUTCHINSON, W. M. 1958. Conchas y caracoles marinos. Timun Mas S. A. Barcelona.

IBÁÑEZ, M. & ALONSO, M. R. 1977. Geographical distribution of *Potamopyrgus jenkinsi* (Smith 1889) (Prosobranchia: Hydrobiidae) in Spain. J. Conch. 29: 141-146.

JACKSON, J. W. 1917. Shells as evidence of the migration of early culture. Manchester.

JANUS, H. 1965. Land and Freshwater Molluscs. Burke Publishing Company Ltd. Londres.

JARRET, A. G. 2000. Marine Shells of the Seychelles. Carole Green Publishing. Cambridge.

JEFFREYS, L. S., CARY, S., HESSLER, R. & OHTA, S. 1988. Chemoautotrophic Symbiosis in a Hydrothermal Vent Gastropod. Biol. Bull. 174: 373-378.

JOCHUM, A., DE WINTER, A. J., WEIGAND, A. M., GÓMEZ, B. & PRIETO, C. 2015. Two new species of *Zospeum* Bourguignat, 1856 from the Basque-Cantabrian Mountains, Northern Spain (Eupulmonata, Ellobioidea, Carychiidae). ZooKeys 483: 81-96.

JOHNSON, R. I. 1974. Thomas Wyatt and Edgar Allan Poe, a pair of conchological plagiarists. Occ. Pap. Mollusks Harv. 4 (50): 50-51.

JOHNSON, R. I. 1999. The Duchess, the Brahmin, and the Chank Shell. Occ. Pap. Mollusks Harv. 6 (78): 67-81.

JOHNSON, R. I. 2002. The marvellous, monstrous, mythical, marine mollusk *Cochlea sarmatica* Thevet, 1575. Occ. Pap. Mollusks Harv. 6 (81): 149-163.

JOHNSON, S. B., WARÉN, A., TUNNICLIFFE, V., VAN DOVER, C., WHEAT, C. G., SCHULTZ, T. & VRIJENHOEK, R. C. 2014. Molecular taxonomy and naming of five cryptic species of *Alviniconcha* snails (Gastropoda: Abyssochrysoidea) from hydrothermal vents. Systematics and Biodiversity (2014): 1-18.

JONG, K. M. DE & COOMANS, H. E. 1998. Marine Gastropods from Curaçao, Aruba and Bonaire. E. J. Brill Publishing Co. Leiden.

JONSTON, J. 1650. Historiae Naturalis de Exanguibus Acuaticis Libri IV. Fráncfort.

KENNELLY, D. H. 1969. Marine Shells of Southern Africa. Books of Africa Ltd. Ciudad del Cabo.

KERNEY, M. P. & CAMERON, R. A. D. 1979. Land Snails of Britain and North-West Europe. William Collins Sons and Co. Ltd. Londres.

KING, P. P. 1819. A catalogue of the rare and fine shells forming the genuine and well-known museum of William Broderip, Esq. of Bristol, etc. Londres.

KIRA, T. 1965. Shells of the Western Pacific in colour. Vols. 1 y 2. Hoikusha Publishing Co. Ltd. Osaka.

KLEIN, J. T. 1753. Tentamen methodi ostracologicae, sive dispositio naturalis cochlidium et concharum. Leiden.

KNORR, G. W. 1757-1772. Vergnügen der Aug und Gemüths, in Vorstellung einer allgemeinen Sammlung von Muscheln und andern Geschöpfen, etc. Núremberg.

KNORR, G. W. 1760-1773. Les délices des yeux et de l'esprit, ou Collection générale de coquillages, etc. Núremberg.

KOHN, A. J. 2016. Human injuries and fatalities due to venomous marine snails of the family Conidae. Int. J. Clin. Pharmacol. Ther. 54 (7): 524-538.

KOHN, A. J. 2018. *Conus* envenomation of humans: in fact and fiction. Toxins 11 (1): 10.

KOSUGE, S. & SUZUKI, M. 1985. Illustrated Catalogue of *Latiaxis* and its Related Groups: Family Coralliophilidae. Institute of Malacology of Tokyo. Tokio.

KREIPL, K. 1997. Recent Cassidae. Christa Hemmen Verlag. Wiesbaden.

KREIPL, K. & ALF, A. 1999. Recent Xenophoridae. ConchBooks. Hackenheim.

KREIPL, K. & POPPE, G. T. 1999. A Conchological Iconography. The family Strombidae. Conchbooks. Hackenheim.

LAMARCK, J. B. M. DE. 1818-1822. Histoire Naturelle des animaux sans vertèbres. París.

LANDMAN, N. H., MIKKELSEN, P. M., BIELER, R. & BRONSON, B. 2001. Pearls: A Natural History. Harry N. Abrams, The

American Museum of Natural History & The Field Museum. Nueva York.

LA TORRE, C. DE, BARTSCH, P. & MORRISON, P. E. 1942. The Cyclophorid Operculate Land Mollusks of America. Smithsonian Institution & United States National Museum. Washington.

LA TORRE, C. DE & BARTSCH, P. 2008. Los moluscos terrestres cubanos de la familia Urocoptidae. Edición homenaje al 150 aniversario del natalicio de don Carlos de La Torre. Editorial Científico-Técnica. La Habana.

LE GALL, F., FAVREAU, P., RICHARD, G., LETOURNEUX, Y. & MOLGÓ, J. 1999. The strategy used by some piscivorous cone snails to capture their prey: the effects of their venoms on vertebrates and on isolated neuromuscular preparations. Toxicon 37: 985-998.

LEGATI, L. 1677. Museo Cospiano annesso a quello del famoso Ulisse Aldrovandi, etc. Bolonia.

LEROY DE BARDE, A. I. 1814. A descriptive catalogue of the different subjects represented in the large water colour drawings by the Chevalier de Barde; now exhibiting at Mr. Bullock's Museum, etc. Londres.

LESSER, F. C. 1744. Testaceo-Theologia, etc. Leipzig.

LIÉTOR, J. & TUDELA CÁRDENA, A. R. 2014. Guía de la variabilidad intraespecífica de las conchas del género *Iberus* Montfort, 1810 del sur de la Península Ibérica. ConchBooks. Hackenheim.

LIGHTFOOT, J. 1786. A catalogue of the Portland Museum, lately the property of the Duchess Dowager of Portland, deceased: which will be sold by auction, etc. Londres.

LINDNER, G. 1977. Moluscos y caracoles de los mares del mundo. Ediciones Omega. Barcelona.

LINNÉ, C. VON. 1758. Systema Naturae, etc. Editio decima, reformata, etc. Regnum Animale. Estocolmo.

LINNÉ, C. VON. 1764. Museum S. R. M. Ludovicae Ulricae Reginae, etc. Estocolmo.

LIPPARINI, G. Z. & NEGRA, O. 2009. Conchas y caracolas del mundo. Lynx Edicions. Barcelona.

LISTER, M. 1678. Historiae Animalium Angliae tres tractatus. Unus de araneis. Alter de cochleis cum terrestribus cum fluviatilibus. Tertius de cochleis marinis. Londres.

LISTER, M. 1685-1692. Historiae conchyliorum. Londres.

LISTER, M. 1692-1697. Historiae sive synopsis methodica conchyliorum, etc. Londres.

LISTER, M. 1694. Exercitatio anatomica. In qua de cochleis, maximè terrestribus & limacibus, agitur. Londres.

LISTER, M. 1770. Historiae sive synopsis methodicae conchyliorum et tabularum anatomicorum. Oxford.

LOCARD, A. 1897-1898. Expéditions scientifiques du Travailleur et du Talisman pendant les années 1880, 1881, 1882, 1883. Mollusques testacés. París.

LÓPEZ, J. 2001. Conotoxinas. Spira 1: 7-11.

LÓPEZ-ALCÁNTARA, A., RIVAS, P., ALONSO, M. R. & IBÁÑEZ, M. 1983. Origen de *Iberus gualtieranus*. Modelo evolutivo. Haliotis 13: 145-154.

LÓPEZ-ALCÁNTARA, A., RIVAS, P., ALONSO, M. R. & IBÁÑEZ, M. 1985. Variabilidad de *Iberus gualtieranus* (Linneo, 1758) (Pulmonata, Helicidae). Iberus 5: 81-112.

LORENZ, F. & HUBERT, A. 2000. A guide to Worldwide Cowries. ConchBooks. Hackenheim.

LOZET, J. B. & PÉTRON, C. 1977. Coquillages des Antilles. Les éditions du Pacifique. Tahití.

LUQUE, A. A., BARRAJÓN, A., REMÓN, J. M., MORENO, D. & MORO, L. 2012. *Marginella glabella* (Mollusca: Gastropoda: Marginellidae): a new alien species from tropical West Africa established in southern Mediterranean Spain through a new introduction pathway. Marine Biodiversity Records 5: 1-5.

LUCAS-NUNNINK, M. 1997. Enfermedades de las colecciones de conchas y posibles soluciones. Com. Soc. Malac. Urug. 72-73: 57-61.

MALLARD, D. & ROBIN, A. 2005. Fasciolariidae. Muséum du Coquillage. Les Sables d'Olonne.

MARCY, J. & BOT, J. 1969. Les Coquillages. Editions Beubee & Cie. París.

MARTINI, F. H. W. & CHEMNITZ, J. H. 1769-1829. Neues Systematisches Conchylien-Cabinet, etc. Núremberg.

MARTYN, T. 1784-1789. The Universal Conchologist, exhibiting the Figure of every known Shell, etc. Londres.

MATSUKUMA, A., OKUTANI, T. & HABE, T. 1991. World Seashells of Rarity and Beauty. National Science Museum. Tokio.

MAURIES, P. 1994. Shell Shock: Conchological Curiosities. Thomas and Hudson Ltd. Nueva York.

MAWE, J. 1821. The voyager's companion, or shell collector's pilot: with instructions and directions where to find the finest shells, etc. Londres.

MAYSISIAN, S. 1977. Les Porcelaines, merveilles de la nature. Editions Tiko Tiki-Noumea. Brisbane.

MEINHARDT, H. 1995. The Algorithmic Beauty of Sea Shells. Springer Verlag. Berlín & Heidelberg.

MENDES DA COSTA, E. 1771. Conchology, or the Natural History of Shells, etc. Londres.

MENDES DA COSTA, E. 1778. Historia Naturalis Testaceorum Britanniae, or the British Conchology, etc. Londres.

MONTEIRO, A., TENORIO, M. J. & POPPE, G. T. 2004. A Conchological Iconography. The family Conidae: The genus *Conus* of West Africa and the Mediterranean species. ConchBooks. Hackenheim.

MONTFORT, D. DE. 1808-1810. Conchyliologie systématique et classification méthodique des coquilles, etc. París.

MOSCARDO, L. 1656. Note overo Memorie del Museo di Ludovico Moscardo nobile Veronese, etc. Padua.

MÜLLER, O. F. 1771. Von Wurmern des sussen und salzigen Wassers, etc. Copenhague.

MÜLLER, O. F. 1773-1774. Vermium terrestrium et fuviatilium, etc. Copenhague & Leipzig.

MÜLLER DA FONSECA, A. L. & THOMÉ, J. W. 1997. La degradación de conchas en colecciones, la «enfermedad de Byne» o eflorescencia. Com. Soc. Malac. Urug. 72-73: 80.

NIEBURGER, E. & BALDINGER, A. J. 2012. Claud-Mantle, Harvard, and two Sinistral Sacred Chank Shells. A thrilling discovery. American Conchologist 40 (1): 4-9.

NORDSIECK, F. 1986. Die Europäischen Meeres-Gehänseschnecken (Prosobranchia) Von Eismeer bis Kapverden un Mittelmeer. Gustav Fischer Verlag. Stuttgart.

NÚÑEZ CORTÉS, C. & NAROSKY, T. 1997. Cien caracoles argentinos. Editorial Albatros. Buenos Aires.

OKUTANI, T. 2000. Marine Mollusks in Japan. T. Okutani Editor. Tokai University Press. Tokio.

OLEARIUS, A. 1674. Die Gottorfische Kunstkammer, etc. Gottorp, Schleswig-Holstein.

OLIVER, A. P. H. & NICHOLLS, J. 1975. Les coquillages marins du monde en couleurs. Elsevier Séquoia. Bruselas.

ORBIGNY, A. D. D'. 1839-1842. Mollusques. En La Sagra, R. de, Histoire physique, politique et naturelle de l'Île de Cuba. París.

ORBIGNY, A. D. D'. 1839. Mollusques. En Webb, P. B. & Berthelot, S., Histoire Naturelle des Îles Canaries. París.

PACAUD, J. M. 2003. First fossil record of the recent Ovulid genus *Pseudocypraea* Schilder, 1927 (Mollusca, Gastropoda) with description of a new species. Geodiversitas 25 (3): 451-462.

PARDON, D. 1999. Buscadores de conchas. Apnea (julio-agosto 1999): 23-27.

PARENZAN, P. 1970. Carta d'identità delle conchiglie del Mediterraneo. Vol. 1: Gasteropodi. Ed. Bios Taras. Taranto.

PARKINSON, B., HEMMEN, J. & GROH, K. 1987. Tropical Landshells of the World. Christa Hemmen Verlag. Wiesbaden.

PENNANT, T. 1777. British Zoology. Vol. 4. Londres.

PENNIKET, J. R. & MOON, G. J. H. 1970. New Zealand Seashells in colour. A. W. Reed Ltd. Wellington.

PERERA, G. & WALLS, J. G. 1996. Apple Snails in the Aquarium. T. F. H. Publications. Neptune City, Nueva Jersey.

PERRY, G. 1811. Conchology, or The Natural History of Shells, etc. Londres.

PFEIFFER, L. 1848-1877. Monographia Heliceorum viventium, etc. Leipzig.

PFLEGER, V. 1999. Molluscs. Blitz Editions. Leicester.

PHILIPPI, R. A. 1853. Handbuch der Conchyliologie und Malacozoologie. La Haya.

PIERSON, R. & PIERSON, G. 1975. Porcelaines mystérieuses de Nouvelle-Calédonie. R. Pierson Editor. Noumea, Nueva Caledonia.

PIETERS, F. & MOOLENBEEK, R. 2005. Rare schelpen en schaaldieren. Raadsels rond de illustraties bij D'Amboinsche Rariteitkamer van Georgius Everhardus Rumphius. Jarboek van Het Nederland van Gemelts Bibliofilen 12: 111-136.

PIETERS, F. & WINTHAGEN, D. 1999. Maria Sibylla Merian, naturalist and artist (1647-1717): a commemoration in the 350th anniversario of her birth. Archives of Natural History 26 (1): 1-18.

PILSBRY, H. 1912. Study of Variation and Zoogeography of *Liguus* in Florida. J. Acad. Nat. Sci. Philadelphia 15 (2): 429-471.

PLINIO SEGUNDO, C. 1992. Historia Natural. Adosa & Gráficas Topacio S. A. Madrid.

POE, E. A. 1839. The Conchologist's First Book. Filadelfia.

POINTIER, J. P. & LAMY, D. 1998. Guía de moluscos y caracolas de mar del Caribe. Grupo Editorial M. & G. Difusión S. L. Elche.

POLI, G. S. 1791-1827. Testacea utriusque Siciliae eorumque Historia et Anatome tabulis aeneis illustrata. Parma.

POPPE, G. T. 2002. Fake shells from the Philippines. Visaya 2: 1-9.

POPPE, G. T. 2008. Philippine Marine Mollusks. Vols. 1 y 2. ConchBooks. Hackenheim.

POPPE, G. T. 2016. Collecting shells in times of Internet. Conchbooks. Hackenheim.

POPPE, G. T., DANCE, S. P. & BRULET, T. 1999. A Conchological Iconography. The family Harpidae. ConchBooks. Hackenheim.

POPPE, G. T. & GOTTO, Y. 1982. Volutes. L'Informatore Piceno Ed. Ancona.

POPPE, G. T. & GOTTO, Y. 1991. European Seashells. Vol. I. Christa Hemmen Verlag. Wiesbaden.

POPPE, G. T. & GOTTO, Y. 1993. Recent Angariidae. L'Informatore Piceno Ed. Ancona.

POPPE, G. T. & TAGARO, S. P. 2006. The new classification of Gastropods according to Bouchet & Rocroi, 2005. Visaya 21: 1-16.

POWELL, A. W. B. 1976. Shells of New Zealand. Whitcoulls Publishers. Christchurch, Nueva Zelanda.

PUILLANDRE, N., DUDA, T. F., MEYER, C., OLIVERA. B. M. & BOUCHET, P. 2014. One, four or 100 genera? A new classification of the cone snails. Journal of Molluscan Studies 81: 1-23.

QUOY, J. R. C. & GAIMARD, J. P. 1832-1835. Voyages de découvertes de l'Astrolabe, etc., sous le commandement de M. J. Dumont d'Urville. Zoologie. Mollusca. París.

RADWIN, G. E. & ATTILIO, A. D'. 1976. An illustrated Guide to the Muricidae. Murex Shells of the World. Stanford University Press. Stanford, California.

RAMOS, M. A. & APARICIO, M. T. 1984. La variabilidad de *Cepaea nemoralis* (L.) y *Cepaea hortensis* (Müll.) en poblaciones mixtas de la región central de España. Iberus 4: 105-123.

RAYBUDI, L. 1997. *Chimaeria incomparabilis*, una conchiglia diabolica. World Shells 20: 76.

REEVE, L. A. 1840-1841. Conchologia Systematica, or Complete System of Conchology, etc. Londres.

REEVE, L. A. & SOWERBY, G. B. (II). 1843-1878. Conchologia Iconica or Illustrations of the Shells of Molluscous Animals, etc. Londres.

REGENFUSS, F. M. 1758. Auserlesne Schnecken, Muscheln und andre Schaalthiere, etc. Choix de Coquillages et de Crustacés peints d'après Nature, etc. Copenhague.

REMY, P. 1766. Catalogue raisonné des tableaux, estampes, coquilles, et autres curiosités; après de décès de feu Monsieur Dezallier d'Argenville, Maître des Comptes, et Membre des Sociétés Royales des Sciences de Londres et de Montpellier. París.

REMY, P. 1771. Catalogue raisonné des tableaux, dessins, estampes, bronzes, terres cuites, laques, porcelaines, meubles curieux, bijoux, minéraux, cristallisations, madrépores, coquilles et autres curiosités, qui composent le Cabinet de feu M. Boucher, premier peintre du Roi. París.

RICHARDS, D. 1981. South African shells: a collector's guide. C. Struik Publishers. Ciudad del Cabo.

ROBIN, A. 2008. Encyclopaedia of Marine Gastropods. ConchBooks. Hackenheim.

ROBIN, A. & MARTIN, J. C. 1987. Mitridae and Costellariidae. ConchBooks. Hackenheim.

RÖCKEL, D., KORN, W. & KOHN, A. J. 1995. Manual of the Living Conidae. Christa Hemmen Verlag. Wiesbaden.

ROEMER, B. VAN DE. 2004. Neat Nature: The Relation between Nature and Art in a Dutch Cabinet of Curiosities from the Early Eighteenth Century. Hist. Sci. 42: 48-84.

ROLÁN, E. 2005. Malacological Fauna from the Cape Verde Archipelago. ConchBooks. Hackenheim.

ROLÁN, E. & LUQUE, A. 2002. Two new species of Columbellidae from Cape Verde. Iberus 20 (1): 73-83.

ROMÉ DE L'ISLE, J. B. & DUGUAT, A. 1767. Catalogué systématique et raisonné des curiosités de la nature et de l'art, qui composent le Cabinet de M. Davila, etc. París.

RONDELET, G. 1555. Universae aquatilium Historiae pars altera, cum veri ipsorum Imaginibus. Lyón.

ROOS, A. M. 2018. Martin Lister and his remarkable daughters. The Art of Sience in the Seventeenth Century. Bodleian Library. Londres.

ROSSMÄSSLER, E. A. & ALTER. 1835-1920. Iconographie der Land und Süsswasser Mollusken, etc. Dresde, Leipzig & Wiesbaden.

RUIZ, A., CÁRCABA, A., PORRAS, A. I. & ARRÉBOLA, J. R. 2006. Caracoles Terrestres de Andalucía. Guía y manual de identificación. Fundación Gypaetus & Junta de Andalucía. Sevilla.

RUMPF, G. E. 1705. D'Amboinsche Rariteitkamer, etc. Ámsterdam.

RUMPF, G. E. 1711. Thesaurus Imaginum Piscium, Testaceorum, etc. Leiden.

SABELLI, B. 1982. Guía de Moluscos. Ediciones Grijalbo S. A. Barcelona.

SALVAT, B. & RIVES, C. 1980. Coquillages de Tahiti. Delachaux & Niestlé S. A. Lausanne.

SAUL, M. 1974. Shells: An Illustrated Guide to a Timeless and Fascinating World. The Hamlyn Publishing Group Ltd. Londres.

SAUNDERS, J. R. & IRVING, J. G. 1960. Conchas marinas. Editorial Novaro S. A. México.

SAY, T. 1830-1834. The American Conchology, or Descriptions of the Shells of North America, illustrated by coloured figures from original drawings executed from Nature. New Harmony, Indiana.

SCALES, H. 2015. Spirals in Time. The Secret Life and Curious Afterlife of Seashells. Bloomsbury Sigma. Londres.

SCHEMBRI, P. J., BORG, J. A., DEIDUM, A., KNITTWEIS, L. & MELLADO LÓPEZ, T. 2007. Is the endemic Maltese top-shell *Gibbula nivosa* extinct? Rapp. Comm. int. Mer Médit. 38: 592.

SCHRÖTER, J. S. 1779. Die Geschichte der Flussconchylien, etc. La Haya.

SCHYNVOET, S. & POSTHUMUS, V. 1714. Catalogus Musaei Praestantissimi, etc. Ámsterdam.

SEBA, A. 1734-1765. Locupletissimum Rerum Naturalium Thesauri, etc. Ámsterdam.

SEPI, G. DE. 1678. Romani Collegii Societatis Jesu Musaeum Celeberrimum. Ámsterdam.

SHORT, J. W. & POTTER, D. G. 1987. Shells of Queensland and the Great Barrier Reef: Marine Gastropods. Golden Press Pty. Ltd. Bathurst, Australia.

SMITH, A. G. 1971. New record for a rare Galapagos land snail. Nautilus 85: 5-8.

SOLER, J., MORENO, D., ARAUJO, R. & RAMOS, M. A. 2006. Diversidad y distribución de los moluscos de agua dulce en la Comunidad de Madrid (España). Graellsia 62: 201-252.

SOWERBY, G. B. (I). 1825. A Catalogue of the shells contained in the collection of the late Earl of Tankerville, together with and Appendix, containing descriptions of many new species. Londres.

SOWERBY, G. B. (I, II & III). 1842-1887. Thesaurus Conchyliorum, or Monograph of genera of shells. Londres.

SPARY, E. C. 2004. Scientific symmetries. Hist. Sci. 52: 1-46.

SPRINGSTEEN, F. & LEOBRERA, F. M. 1986. Shells of the Philippines. Carfel Seashell Museum. Manila.

STERBA, G. H. 2003. Olividae: Fibel der Schalen. G. H. Sterba Edit. & Litho und Scannertechnick Gmb. H. Kiel.

STIX, H., STIX, M. & TUCKER ABBOTT, R. 1988. The Shell: Five Hundred Million Years of Inspired Design. Harry N. Abrams. Nueva York.

STUPAKOFF, I. 1986. Observations on the feeding behaviour of the gastropod *Pleuroploca princeps* (Fasciolariidae) in the Galapagos Islands. Nautilus 100: 92-95.

SUTTY, L. 1990. Seashells of the Caribbean. MacMillan Education Ltd. Londres.

SWAINSON, W. 1812. A Catalogue of the rare and valuable shells which formed the cellebrated collection of the late Mrs. Bligh, with an appendix containing scientific descriptions of many new species and two plates. Londres.

SWAINSON, W. 1821-1822. Exotic Conchology; or figures and descriptions of rare, beautiful, and undescribed shells. Londres.

TAYLOR, J. & WALLS, J. G. 1975. Cowries. T. F. H. Publications. Neptune City, Nueva Jersey.

TAYLOR, J. & GLOVER, E. 2003. Field observations on the diet of *Syrinx aruanus* (Linnaeus, 1758) (Turbinellidae), the largest living gastropod. En Wells, F., Walker, D. & Jones, D., The Marine Flora and Fauna of Dampier. Western Australia Museum. Perth.

TEMPLADO, J., RICHTER, A. & CALVO, M. 2016. Reef building Mediterranean vermetid gastropods: disentangling the *Dendropoma petraeum* complex species. Med. Mar. Sci. 17 (1): 13-31.

TENORIO, J. M., MONTEIRO, A. & ROLÁN, E. 2008. A Conchological Iconography. The family Conidae: The South African species of *Conus*. ConchBooks. Hackenheim.

TERRYN, Y. 2007. A Collectors Guide to Recent Terebridae. ConchBooks. Hackenheim.

THACH, N. N. 2007. Recently collected Shells of Vietnam. L'Informatore Piceno Ed. Ancona.

THOMAS, I. 2007. Coquillages: de la parure aux arts décoratifs. Éditions Citadelle & Mazenod. París.

THOMSON, F. G. 1987. Giant Carnivorous Land Snails from Mexico and Central America. Bull. Florida State Mus. Biol. Sci. 30 (2): 29-52.

TIBERI, N. 1879. Le conchiglie Pompeiane. Bull. Soc. Mal. Ital. 5: 139-151.

TRADESCANT, J. 1630. Musaeum Tradescantianum: or a collection of rarities preserved at South-Lambeth, etc. Londres.

TRYON, G. W. 1862. A sketch of the history of Conchology in the United States. Am. J. Sci. Arts 33: 13-32.

TURSCH, B & GREIFENEDER, D. 2001. Oliva Shells. The genus *Oliva* and the species problem. L'Informatore Piceno Ed. Ancona.

VALENCIENNES, A. 1833. Coquilles. En Humboldt, A. von & Bonpland, A., Voyage aux régions équinoxiales du Nouveau Continent, etc. París.

VALENTIJN, F. 1724-1726. Oud en Nieuw Oost-Indiën. Dordrecht y Ámsterdam.

VALENTINI, B. M. 1714. Museum Museorum, etc. Fráncfort.

VALLEDOR DE LOZOYA, A. 1980. Fauna malacológica de los lagos montanos del Pirineo y Sistema Central. Bol. R. Soc. Española Hist. Nat. (Biol.) 78: 403-415.

VALLEDOR DE LOZOYA, A. 2000. Conos y himbas. Butl. Centre d'Est. Natura B-N 5 (1): 69-78.

VALLEDOR DE LOZOYA, A. 2003. Coleccionismo de conchas: pasado y presente de una actividad dañina para la fauna malacológica. Quercus 211: 44-50.

VALLEDOR DE LOZOYA, A. 2004. Los caracoles terrestres de Cuba: desconocidas joyas de la Naturaleza. Quercus 216: 54-60.

VALLEDOR DE LOZOYA, A. 2006. Lapas: los invertebrados marinos más amenazados. Quercus 241: 20-27.

VALLEDOR DE LOZOYA, A. 2007. Lapas y burgados de Canarias: de la escasez a la extinción. Quercus 258: 28-35.

VALLEDOR DE LOZOYA, A. 2007. Falsificaciones de conchas: pasado y presente de una práctica en aumento. Quercus 260: 26-34.

VALLEDOR DE LOZOYA, A. 2007. Los caracoles terrestres de las islas Chafarinas: el aislamiento como motor de la evolución. Quercus 262: 36-43.

VALLEDOR DE LOZOYA, A. 2009. El último artículo de Darwin. Quercus 276: 40-47.

VALLEDOR DE LOZOYA, A. 2014. Caracoles viajeros. Quercus 342: 34-44.

VALLEDOR DE LOZOYA, A. & ARCONADA, B. 2001. Hidróbidos: un ejemplo de extinción inaparente. Quercus 186: 20-22.

VAUGHT, K. C. 1989. A classification of the living Mollusca. Tucker Abbot, R. & Boss, K. J. & American Malacologists. Melbourne, Florida.

VERCO, J. 1935. Combing the Southern Seas. B. C. Cotton Editor. Adelaida.

VERHAEGE, M. & POPPE, G. T. 2000. A Conchological Iconography. The family Ficidae. ConchBooks. Hackenheim.

VERMEULEN, J. J. & WHITTEN, A. J. 1998. Guide to the Land Snails of Bali. Backhuys Publishers. Leiden.

VINK, D. L. N. & COSEL, R. VON. 1985. The *Conus cedonulli* complex: Historical review, taxonomy and biological observations. Rev. Suisse Zool. 92 (3): 525-603.

VOS, C. & TERRYN, Y. 2007. A Conchological Iconography. The family Tonnidae. ConchBooks. Hackenheim.

VOSMAER, A. 1800. Catalogue de livres, de portraits, d'instruments de Physique, de pierres taillées, de curiosités, de coquillages et de minéraux délaisses par feu M. Arnout Vosmaer. La Haya.

WALKER, G. 1784. A Collection of the Minute and Rare Shells, lately discovered in the sand of the sea shore near Sandwich, by William Boys. Londres.

WALLS, J. G. 1979. Cone Shells. A synopsis of the living Conidae. T. F. H. Publications. Neptune City, Nueva Jersey.

WALLS, J. G. 1980. Conchs, Tibias, and Harps. T. F. H. Publications. Neptune City, Nueva Jersey.

WALLS, J. G. 1981. Shell Collecting. T. F. H. Publications. Neptune City, Nueva Jersey.

WARÉN, A. & BOUCHET, P. 1993. New records, species and genera, and a new family of gastropods from hydrothermal vents and hydrocarbon seeps. Zoologica Scripta 22: 1-90.

WARMKE, G. L. & TUCKER ABBOTT, R. 1961. Caribbean Seashells. A guide to the Marine Mollusks of Puerto Rico and other West Indian Islands, Bermudas and the Lower Florida Keys. Livingston Publishing Co. Wynnewood, Pennsylvania.

WAY, K. The Linnaean shell collection at Burlinghton House. The Linnean Society. The Linnean special issue 7: 37-46.

WEAVER, C. S. & PONT, J. E. DU. 1970. Living Volutes. A Monograph of the Recent Volutidae of the World. Delaware Museum of Natural History. Greenville, Delaware.

WEIL, A., BROWN, L. & NEVILLE, B. 1999. The Wentletrap book. Guide to the Recent Epitoniidae of the World. Arti Grafiche La Moderna. Roma.

WELTER-SCHULTES, F. 2008. Bronze Age shipwreck snails from Turkey: first direct evidence for oversea carriage of land snails in antiquity. Journal of Molluscan Studies 74 (1): 79-87.

WELTER-SCHULTES, F. 2012. European non-marine molluscs, a guide for species identification. Planet Poster Edition. Gotinga.

WHITEHEAD, P. J. P. 1978. A guide to the dispersal of the zoological material from Captain Cook's voyages. Pacific Studies (1978): 52-93.

WILKINS, G. L. 1952. The shell collections of Sir Hans Sloane (1660-1753). With digressions upon the books and people connected with them. J. Conch. 23: 247-259.

WILKINS, G. L. 1954. Captain Cook's Imperial Sun Trochus. J. Conch. 24: 7-12.

WILSON, A. B., GLAUBRECHT, A. & MEYER, A. 2004. Ancient lakes as evolutionary reservoirs: evidence from the thalassoid gastropods of Lake Tanganyika. Proc. R. Soc. Lond. 271: 529-536.

WILSON, B. R. 1993-1994. Australian Marine Shells. Vols. I y II. Odyssey Publishing. Kallaroo, Australia.

WILSON, B. R. & GILLETT, K. 1979. A field guide to Australian Shells: Prosobranchs and Gastropods. A. H. & A. W. Reed Pty. Ltd. Sídney.

WOOD, W. 1818. Index Testaceologicus; or a Catalogue of Shells, British and Foreign, arranged according to the Linnean System, etc. Londres.

WORM, O. 1655. Museum Wormianum, etc. Leiden.

WYE, K. R. 1989. The Mitchell Beazley Pocket Guide to Shells of the World. Mitchell Beazley Publishers. Londres.

WYE, K. R. 1991. The Illustrated Encyclopaedia of Shells. Quarto Publishing. Londres.

ZEIGLER, R. F. & PORRECA, H. C. 1969. Olive Shells of the World. Rochester Polychrome Press. Rochester, Nueva York.